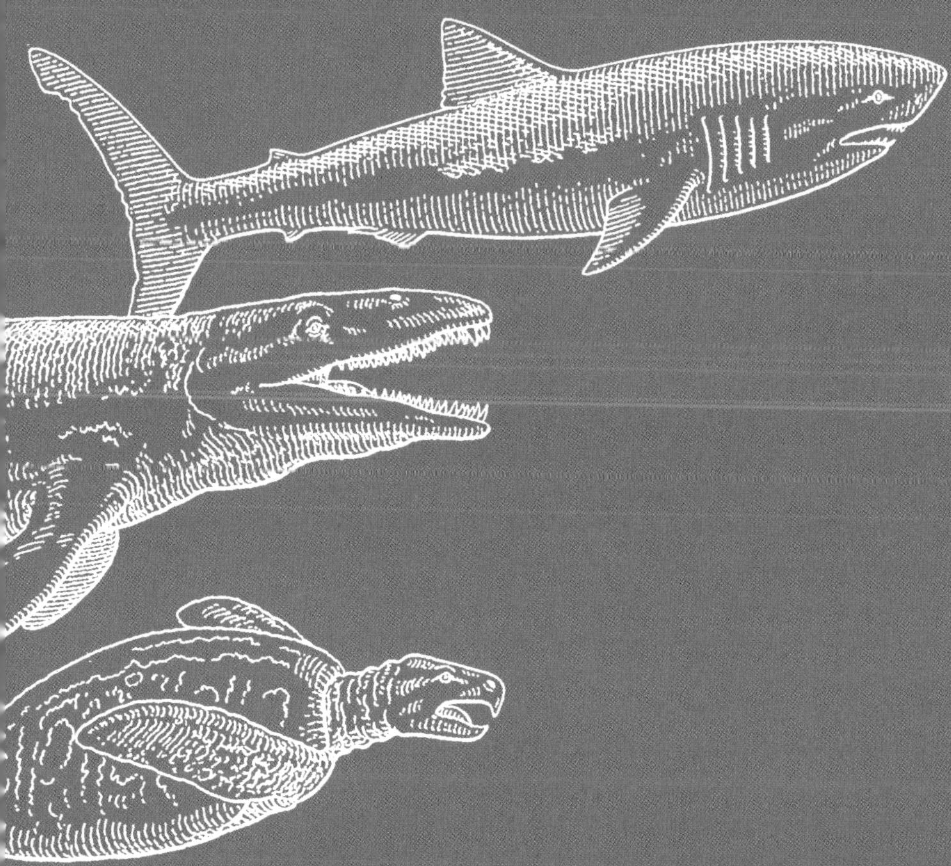

mare
wissen

Für Zoë

Die Deutsche Nationalbibliothek verzeichnet diese Publikation in der Deutschen Nationalbibliografie; detaillierte bibliografische Daten sind im Internet unter http://dnb.ddb.de abrufbar.

2. Auflage 2012

Lektorat Claudia Jürgens
Reihengestaltung Simone Hoschack
Layout und Satz Simone Hoschack, Sandy Weps, Nadja Zobel
Bildrecherche Petra Koßmann
Grafiken und Karten Walther-Maria Scheid
Schrift Bembo, Syntax
Druck Memminger MedienCentrum, Memmingen
Bindung Buchbinderei Lachenmaier, Reutlingen
Printed in Germany
ISBN 978-3-86648-123-7

www.mare.de

DAGMAR RÖHRLICH

URMEER

Die Entstehung des Lebens

Mit Illustrationen von Jürgen Willbarth

mare
wissen

Inhalt

Vorbemerkung

Eine Reise in die Tiefe der Zeit

Man schrieb das Jahr 1666. In Florenz sezierte Nicolaus Steno den Kopf eines gewaltigen Weißen Hais. Der junge Däne war ein berühmter Anatom. Nun, im Alter von 28 Jahren, war er bereits einer der wichtigsten Protagonisten einer wissenschaftlichen Revolution, die von Menschen wie Galileo Galilei ausgegangen war: Die Natur sollte nicht aus dem geschriebenen Wort heraus erkannt werden – gleichgültig ob aus der Bibel oder den Texten der griechischen Gelehrten –, vielmehr sollten unvoreingenommene Beobachtung und nachvollziehbare Experimente die Basis sein. Darin stellte Nicolaus Steno alle in den Schatten.

Er war ein ungeheuer geschickter Anatom mit einer äußerst genauen Beobachtungsgabe und einem höchst scharfen Verstand. Sein wichtigster Beitrag zur Wissenschaft stand nun bevor, allerdings auf einem völlig anderen Fachgebiet: Angeregt durch die Zähne dieses Hais, sollte er den Grundstein für die Geologie als Wissenschaft legen – und damit auch zu unserem modernen Weltbild. So wie wenige Jahrzehnte zuvor Galilei mit dem Fernrohr den Zugang zum Weltall eröffnet hatte, erschloss Nicolaus Steno durch seine Feldforschungen die Vergangenheit der Erde. Er erkannte, dass die Steine verraten, wie die Erde zu dem wurde, was sie ist. Die Muscheln in den Bergen erzählen von längst vergangenen Meeren, die einst das Land überflutet haben, und davon, dass sich die Gebirge aus diesen Meeren erhoben haben.

Diese Erkenntnis sollte weitreichende Konsequenzen haben. Während Kopernikus, Galilei und Kepler den Menschen aus dem Zentrum des Kosmos verdrängt hatten, als sie die Bewegung der Erde um die Sonne erkannten, gab Steno der Welt eine Geschichte. Eine Geschichte, die weit über das Maß der Bibel hinausreichte. Er veränderte erneut die Position der Menschen: Die Erde war ihnen nicht mehr untertan, sie war keine mit Abschluss der Schöpfung unveränderliche Bühne für die Menschheit, sondern ein sich unabhängig wandelnder Planet. Der Mensch wurde Teil der Natur. Weil er der Erde die Dimension Zeit eröffnete, stehen Nicolaus Steno und einige seiner Freunde aus dem damals illustren Kreis florentinischer Gelehrter am Anfang dieses Buches, das sich mit der wechselvollen Geschichte des Lebens auf der Erde beschäftigt. Die erzählerischen Passagen orientieren sich dabei sehr eng an den wissenschaftlichen Aufsätzen, Briefen und anderen Dokumenten aus der Zeit.

Der Weg aus dem Barock zu den modernen Wissenschaften war lang. So brauchte es Generationen, ehe die Erkenntnis von Stenos engem Freund Francesco Redi allgemein akzeptiert wurde, dass Leben nicht aus nichts – oder besser: aus Dreck – entsteht. Darwin war es, der unsere Augen für die Evolution öffnete, die im Wechselspiel von Umwelt und Organismen in einem steten Reigen immer neue Spielarten des Lebens hervorgebracht hat und hervorbringt, während ebenso fortwährend andere verschwinden.

In welchen Zeiträumen sich diese Geschichte wirklich abspielt, konnte Steno nicht ahnen. Erst seit Mitte des 20. Jahrhunderts wissen wir, dass die Erde viereinhalb Milliarden Jahre alt ist. Dazu war viel wissenschaftlicher und technologischer Fortschritt notwendig, auch um zu erfassen, wie der Planet »funktioniert«. Inzwischen verraten moderne Hightech-Analysen auch, wie sehr er sich im Lauf der Zeit verändert hat und wie tief das Leben ihn prägt.

Dieses Buch erzählt in 13 Kapiteln die Geschichte der Erde und des Lebens, davon, wie die Evolution »arbeitet«. Es berichtet von den Theorien zu den Anfängen des Lebens, von einer Erde ohne Sauerstoff, in der wir sofort zugrunde gingen, von außergewöhnlichen Zeiten, als unser Planet vielleicht – oder vielleicht auch nicht – zu einem kosmischen Schneeball gefroren war. Es befasst sich mit der unglaublichen Entwicklung von den Mikroben hin zu den ersten großen, für unseren Geschmack bizarren Kreaturen. Dann geht es weiter zu den ersten Tieren, deren scheinbar plötzliches Auftreten Charles Darwin so beschäftigt hat. Er wäre erfreut zu erfahren, dass dieses für ihn so rätselhafte Phänomen inzwischen sozusagen »Wurzeln« bekommen hat: Auch an diesem entscheidenden Punkt in der Evolution entstand nichts aus nichts, hatten alle Lebewesen Ahnen.

Im weiteren Verlauf des Buches holen wir diverse Meeresbewohner aus den Schubladen der paläontologischen Museen, lassen die Raubtiere des Kambriums noch einmal auf die Jagd gehen, schwimmen mit den ersten Fischen, enträtseln seltsame Fossilien, die ganze Forschergenerationen verwirrten, und wagen den Sprung an Land. Etwas Grusel gibt es auch, vor allem, wenn es um die »Meeresungeheuer« sehr viel späterer Tage geht.

Das »Urmeer« ist eine unglaubliche Reise in die Tiefe der Zeit. Was das wirklich bedeutet, hat uns Pulitzer-Preisträger John McPhee einmal in einem fantastischen Vergleich vor Augen geführt: Wenn die ausgebreiteten Arme die Spanne des Erdalters darstellen und die Zeit von links nach rechts verläuft, dann formte sich die Erde an der Spitze des Mittelfingers der linken Hand. Kurz vor dem linken Ellenbogen entstand der Schleim – und er beherrschte die Welt für die restliche Länge des Arms, über die Schulter, den Körper, die andere Schulter und den rechten Ellenbogen hinweg bis hin zum rechten Handgelenk. Dort schwimmen die ersten vielzelligen Organismen durch die Meere. Die Menschheit steckt in der Nagelspitze der rechten Hand. Also machen wir uns mit Nicolaus Steno und seinen Zeitgenossen auf die Reise vom Mittelfinger der linken zu dem der rechten Hand.

1

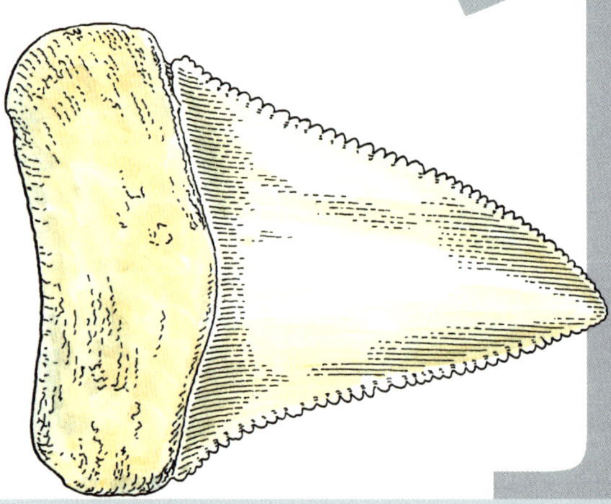

Die Natur der Fossilien – oder Die Entstehung der Geologie

Einen Moment hält Nicolaus Steno inne. Das Skalpell in der Hand, wirft er einen kurzen Blick in die erwartungsvollen Gesichter seiner Zuschauer, die sich im voll besetzten Saal des Anatomischen Theaters von Florenz drängen. Dann betastet er vorsichtig den abgehackten Schädel mit den milchig leeren Augen. Der Hai ist schon eine Weile tot, rottet vor sich hin. Der Fischgestank ist bestialisch, füllt mit klebrig-schweren Schwaden den Saal. Die empfindlichen unter den Zuschauern pressen parfümierte Taschentücher vor Mund und Nase, bleiben, weil sie auf ein außerordentliches Spektakel hoffen: Schließlich hat Großherzog Ferdinand II. Steno, dem gefeierten Wunderanatomen aus Kopenhagen, die Ehre zuteilwerden lassen, das Ungetüm zu sezieren. Und der ist ganz in seine Arbeit vertieft, nimmt den Geruch kaum wahr.

Im 17. Jahrhundert holten die Medici berühmte Wissenschaftler an ihren Hof in Florenz. Darunter war auch der Däne Nicolaus Steno, der dort – angeregt durch einen Haizahn – die Grundlagen der Geologie als Wissenschaft legen sollte.

Er gibt seinen Helfern ein Zeichen. Sie wuchten den Schädel herum, damit jeder ihn von allen Seiten betrachten kann. Was für ein Maul! Das Publikum schaudert, als Steno mit der Hand über die Zähne fährt, den Unterkiefer hochzieht:

»Ein solcher Hai verschlingt ohne Weiteres einen Menschen!«

Der Anatom weiß, wie er den Nervenkitzel schafft, der die Höflinge und edlen Herrschaften angelockt hat. Ebenso bewusst ist ihm, dass seine gelehrten Kollegen hier sind, um ihm genau auf die Finger zu schauen. Und ihm ist klar, dass er unter ihnen nicht nur Freunde und Anhänger hat, sondern auch Neider: Bei einem kurzen Blick ins Publikum erkennt er den sizilianischen Mathematiker Giovanni Alfonso Borelli. Auslöser des Konflikts zwischen den beiden Männern sind Stenos Arbeiten zur Funktionsweise der Muskeln. Während Borelli glaubt, dass Muskeln sich aufblähen, wenn sie ein Gewicht heben oder die Faust ballen, ist Steno vom Gegenteil überzeugt, davon, dass sich die Muskelfasern dabei zusammenziehen. Sein Angebot, die Frage gemeinsam zu erforschen, hatte der Sizilianer brüsk abgelehnt. Steno schiebt die Erinnerung an die unschöne Szene beiseite – keinen Fehler machen, keine Angriffsfläche bieten.

»Gerade hundert Jahre ist es her, dass der berühmte und hochverehrte Guillaume Rondelet im Bauch von genau so einem Menschenfresser wie diesem hier einen Mann gefunden hat, der noch mit seinem Brustharnisch gepanzert war.«

Dieses Gebiss ist wirklich beeindruckend – aber zunächst muss Steno sich um anderes kümmern. Seine Helfer drehen den Kopf wieder herum und er macht sich daran, die zähe Haut zu durchtrennen und ins Innere des Tieres vorzudringen. Er hat bereits Haie präpariert. Dieser hier jedoch ist ein Prachtexemplar, auch wenn das weiche Gewebe schon in die Verwesung übergeht. Zwischen Maul und Augen des Fischs bemerkt Steno viele Poren, aus denen eine weißliche, gallertartige Flüssigkeit austritt, sobald er die Haut zusammendrückt. Mit einem feinen Schnitt legt er ein paar der Poren frei.

»Sie sehen aus wie Granatäpfel, die man in der Mitte durchschneidet.«

Da ist ein Gefäß, so etwas wie eine Ader vielleicht, eingehüllt in eine weiße Substanz. Dieses Gefäß ist über Verästelungen mit anderen verbunden. Alle sind sie etwa fingerlang und »so dick wie eine mittlere Gänsefeder«. Sie liegen knapp unter der Haut, einige davon durchbrechen sie mit Kanälen.

NICOLAUS STENO – EIN LEBEN IN KÜRZE

Der dänische Arzt, Anatom, Naturforscher und Geologe wurde 1638 als Niels Stensen in Kopenhagen geboren und lutherisch getauft. Nach einem Medizinstudium an der dortigen Universität führten ihn Studien- und Vortragsreisen nach Amsterdam, Leiden, Paris, Montpellier, Pisa und nach Florenz, wo Großherzog Ferdinand II. von Medici seine breit gefächerten Forschungen unterstützte. In dieser Zeit entdeckte Steno die Grundprinzipien der Geologie und konvertierte zum Katholizismus. Anschließend unternahm er geologische Forschungsreisen durch Europa. 1672 folgte er einem Ruf des dänischen Königs und ging als königlicher Anatom und Universitätslehrer nach Kopenhagen. 1674 kehrte Steno als Erzieher des Erbprinzen nach Florenz zurück, wurde ein Jahr später zum Priester geweiht und übernahm am Hof der Medici die Position eines Seelsorgers und Beichtvaters. 1677 folgte die Weihe zum Bischof. Papst Innozenz XI. entsandte ihn auf Wunsch des ebenfalls konvertierten Herzogs Johann Friedrich von Braunschweig-Calenberg nach Hannover. Dort sollte Steno die verbliebenen katholischen Gemeinden in Norddeutschland und Skandinavien betreuen. Nach dem Tod des Herzogs übernahm dessen lutheranischer Bruder die Herrschaft. Steno wurde nach Münster gesandt. Die nächste Station war Hamburg, wo er die katholische Gemeinde betreute. 1685 folgte Schwerin.

Die de' Medici unterstützten ihn während der ganzen Zeit. Nach kurzer, schwerer Krankheit starb Nicolaus Steno in Schwerin im Alter von 48 Jahren. Sein Leichnam wurde im Auftrag des toskanischen Großherzogs einbalsamiert, per Schiff nach Livorno überführt und in der Basilika San Lorenzo in Florenz beigesetzt. Am 23. Oktober 1988 sprach Papst Johannes Paul II. Nicolaus Steno selig.

Anschließend untersucht er die Augen, dann das Gehirn – für ein fast zwei Tonnen schweres Tier ist es mit 93 Gramm winzig:

»Jedenfalls wenn man davon ausgeht, dass alle Lebensaußerungen allein von diesem Gehirn und nicht auch noch vom Rückenmark aus gesteuert werden – und das müssen wir vorerst wohl.«

Jetzt endlich kann er sich den Zähnen widmen.

Musste das sein?, denkt Steno. Die Fischer haben sich an dem Haikopf ausgetobt. Sie haben die meisten der nadelspitzen, rasiermesserscharfen Zähne herausgebrochen, die in dichten Reihen um den Schlund der Bestie standen. Nur in der Mitte des Unterkiefers ist alles noch einigermaßen intakt. Sorgfältig schneidet Steno an einer gut erhaltenen Stelle das weiche, schwammartige Zahnfleisch weg. Warum sind die inneren Zahnreihen einwärts gekrümmt? Wie viele Reihen sind es überhaupt? Dreizehn zählt er. Die dreizehnte, innerste, ist ganz im Zahnfleisch verborgen, ist weich …

NICOLAVS STENONIVS

»Weich wie Fleisch«, verkündet er seinem Publikum.

Von den Anwesenden ahnte niemand, dass sie dem Beginn einer wissenschaftlichen Revolution beiwohnten. Der Astronom Kopernikus und seine Nachfolger hatten die Erde und damit den Menschen aus dem unbeweglichen Zentrum des Kosmos verdrängt und in Bewegung versetzt. Und Nicolaus Steno erkannte, dass die Welt keine mit Abschluss der Schöpfung unveränderliche Bühne war, auf der sich das Leben der Menschheit abspielte, sondern ein sich wandelnder Planet, der in seinen Steinen die Chronik der Ereignisse bewahrte. Auch wenn er heute längst nicht so bekannt ist wie Kopernikus oder Galileo, so ist sein Verdienst um unser modernes Weltbild nicht geringer. Steno legte den Grundstein der Geologie als moderner Wissenschaft.

Nicolaus Steno (1638–1686) erscheint heute als widersprüchlich: Er war tiefgläubig, aber wenn es darum ging, die Welt zu erkennen, vertraute er weder der Bibel noch überkommenen Autoritäten, sondern dem Studium der Natur, seiner Beobachtungsgabe und seinem scharfen Verstand.

Deren Geburtsstunde schlug danach in der letzten Septemberwoche 1666: Französische Fischer hatten ein paar Seemeilen vor der Küste von Livorno den Kopf einer Lamia auftauchen sehen, eines Weißen Hais, *Carcharodon carcharias,* »umgeben von Tausenden dummer Fische«, wie die Männer später erzählten: »ein furchterregendes Tier, gigantisch«. Trotzdem fingen sie das Ungeheuer mit einem Tau ein und zerrten es an Land. Anfangs wehrte und wand sich der Hai. Aber die Fischer banden ihn an einen Baum und erschlugen ihn unter dem Geschrei und Gejohle der herbeiströmenden Menge. Die Nachricht vom toten Untier verbreitete sich wie ein Lauffeuer. Sie erreichte auch Florenz, wo sie die Neugier von Großherzog Ferdinand II. de' Medici weckte.

Anders als die meisten Adeligen seiner Zeit, war er ein gebildeter Mann, der sich für die schönen Künste und die Wissenschaften interessierte. Die offiziellen Pflichten eines Herrschers der Toskana reizten ihn nicht sonderlich. Er war glücklich, wenn er im Palazzo Pitti seiner Leidenschaft für Teleskope, Thermometer, Hygrometer und Barometer frönen konnte. Als er von dem Hai hörte, war er sofort begeistert. Er befahl, das Tier, das angeblich 1200 oder sogar 1800 Kilogramm wog, sofort nach Florenz zu bringen. Inzwischen hatten die Fischer den Bauch des Hais aufgeschnitten und ihn ausgenommen. Seine Leber wog mindestens 150 Kilogramm! Sie hatten sie ins Meer geworfen, ebenso die Gedärme, das Herz und leider auch den gesamten Körper. Und so ging nur der gewaltige Kopf auf die Reise nach Florenz.

Die Stadt war im 17. Jahrhundert ein Hort der Wissenschaften. Es herrschte eine Zeit des Übergangs. Gerade eine Generation war es her, dass die Kirche Galileo Galilei zum Widerruf gezwungen und die Erde zurück ins Zentrum des Universums gerückt hatte – vorerst. Dieses Urteil hatte jedoch die Stellung des berühmten Astronomen nicht wirklich erschüttert: Seine Freunde und Beschützer hatten zu ihm gehalten – allen voran die de' Medici. Die bewahrten sein Vermächtnis, das die mittelalterliche Art zu forschen davonfegte, nämlich durch das Studium – vor allem – der klassischen Bücher: Nach Galileis Tod 1642 gründeten Großherzog Ferdinand und sein Bruder Prinz Leopold eine wissenschaftliche Gesellschaft, die Accademia del Cimento. An ihr wurde – ganz im Sinne Galileis – die Kunst des Experimentierens gepflegt und die des exakten Messens. Wahre wissenschaftliche Erkenntnis, so hatte Galilei erklärt, gründe auf direkter Naturbeobachtung und auf Versuchen. Und so verbrachte Prinz Leopold als begeisterter Experimentator viele Winternächte in der Kälte, um zu erkunden, warum sich gefrierendes Wasser ausdehnt. Leopold war immerfort bemüht, junge Wissenschaftler in den Kreis der Akademie einzubinden. Deshalb war er hocherfreut, als es ihm gelang, Steno zu

FLORENTINISCHE ELITESCHMIEDE

Der Accademia del Cimento war kein langes Leben beschieden: 1667, zehn Jahre nach ihrer Gründung, wurde sie aufgelöst. Für ihr Scheitern gibt es mehrere Gründe. So betrachteten viele Mitglieder die Akademie als so etwas wie ein Graduiertenkolleg: Sobald sie genügend Selbstvertrauen aufgebaut hatten, widmeten sie sich lieber ihren eigenen Forschungen. Außerdem wünschte Leopold, dass die Forschungsergebnisse in den *Saggi di naturali esperienze (Aufsätze zu naturwissenschaftlichen Erfahrungen)* lediglich die reinen Fakten und Schlussfolgerungen enthielten – und vor allem, dass sie anonym veröffentlicht werden sollten. Eine für selbstbewusste Wissenschaftler schwierige Forderung. Zudem waren sich die Forscher notorisch uneins darüber, was sie denn nun mit ihren Experimenten eigentlich genau bewiesen hatten: Die Debatten waren endlos. Weil im Grunde nur Prinz Leopold die Akademie zusammenhielt, zerfiel sie, als er zum Kardinal berufen wurde und nach Rom übersiedelte – ausgerechnet er, der besonders gern kirchlich zensierte Bücher las und witzelte, mit wissenschaftlichen Methoden »das Buch Genesis an mehreren Stellen des Irrtums überführt« zu haben. Aber es musste sein: Er war der einzige Medici, der das Amt ausüben konnte – und schließlich hatte Ferdinand jahrelang mit dem Vatikan darüber verhandelt.

gewinnen: ein großer Erfolg, denn der 1638 als Niels Stensen geborene Nicolaus Steno war ein Star, der mit offenen Armen willkommen geheißen wurde.

Für Steno war Florenz ein wissenschaftliches Paradies: Während es für einen Anatomen normalerweise nicht immer einfach war, an Leichen zu kommen, hatte er hier dank des Großherzogs keine Probleme. Dieser ordnete an, den Gelehrten bei seiner Arbeit zu unterstützen. So war ihm der Nachschub aus Hospitälern und von Hinrichtungen sicher. Weil ihm außerdem eine »Arche Noah« an Zootieren zur Verfügung stand, kamen auch seine vergleichenden Studien voran. Fehlte die gewünschte Art, ließ Ferdinand II. sie von überall her beschaffen.

Steno war ein Kind seiner Epoche – der Zeit, in der die modernen Naturwissenschaften entstanden. 1642 war Galilei gestorben, 1643 war das Geburtsjahr Newtons. 28-jährig, war Steno berühmt für seinen Verstand, seine scharfe Beobachtungsgabe und seine Geschicklichkeit mit dem Skalpell. In Leiden und Paris – den wohl wichtigsten Universitäten seiner Zeit – hatte er für Aufsehen gesorgt und mit seinen Arbeiten alte Vorstellungen über Bord geworfen. Wohin er auch kam, brachte er frischen Schwung in die Wissenschaft und machte zahllose Entdeckungen.

René Descartes (1596–1650) zählte zu den Vorbildern Stenos, bis der junge Forscher gravierende Fehler in den Arbeiten des Franzosen entdeckte. In der Folge wandte sich Steno gegen die »prahlerische Gewissheit«, mit der descartessche Ideen vertreten wurden, wie etwa die, dass Tiere nichts weiter seien als Maschinen: seelenlos und unfähig zu Empfindungen.

So hatte Steno während seiner Zeit im niederländischen Leiden erkannt, dass das Herz nicht der Sitz der »Lebenswärme« ist, eine Art »Ofen«, der das Blut erhitzt und durch den Körper strömen lässt. Dieser weit zurück in der Wissenschaftsgeschichte wurzelnden Ansicht hing René Descartes an und Steno war zunächst ein glühender Anhänger Descartes' – bis ein gekochtes Ochsenherz ihn eines Besseren belehrte. Um diesen inneren »Ofen« näher zu untersuchen, hatte Steno das Herz von den äußeren Häuten befreit und die Wände freigelegt. Diese bestanden aus Fasern – wie Muskeln. Sollte Descartes irren? Und zwar ausgerechnet in seinem zentralen Werk *De homine (Über den Menschen)*, das aus Furcht vor der Inquisition erst nach seinem Tod erschienen war? Steno griff zum Ersten, das er finden konnte – einer Kaninchenpfote, die er sezierte: Die Fasern des Herzens sahen genauso aus wie die Muskelfasern des Karnickels. Das Herz war ein Muskel, der das Blut mechanisch durch die Adern pumpte.

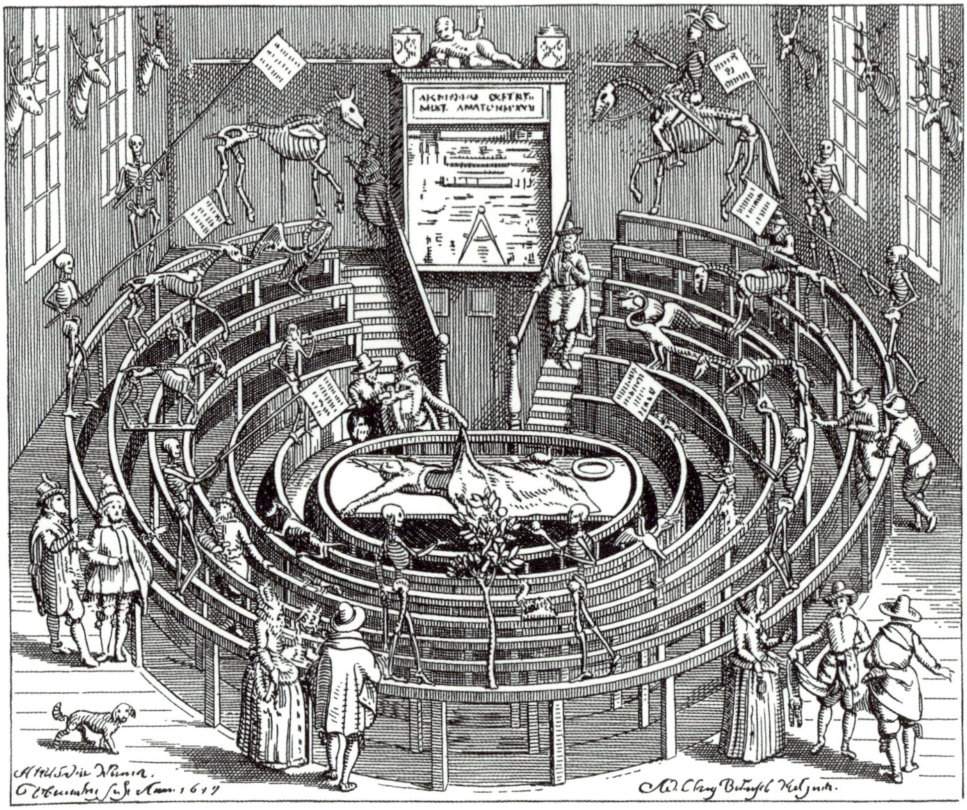

Das Anatomische Theater der Universität Leiden. Zwischen den Vorlesungen schmückten Skelette die Bänke. Sie trugen Banner mit Sinnsprüchen wie »Die Geburt ist der Beginn des Todes« oder »Wir sind nichts als Staub und Schattenbilder«.

Stenos Glaube an René Descartes war zutiefst erschüttert. Wenn sein Idol hier irrte, wie konnte dann dessen Aussage stimmen, man müsse nur alles in Gedanken zerlegen und analysieren, um zu gesicherten Erkenntnissen zu gelangen – in Naturwissenschaft und Religion? Nicolaus Steno fühlte sich, als ob ihm der Boden unter den Füßen fortgezogen würde: »Wenn diese Herren sich schon bei den materiellen Dingen, die den Sinnen zugänglich sind, so getäuscht haben, welche Sicherheit können sie mir dann dafür bieten, dass sie sich nicht täuschen, wenn sie von Gott und der Seele sprechen?«

Er prüfte weiter und entdeckte nicht nur in Descartes' Thesen über die Arbeitsweise des Herzens Fehler. Auch das Gehirn konnte auf keinen Fall so funktionieren, wie der Philosoph es sich ausgedacht hatte.

Das Gehirn war für Steno das größte Geheimnis, seine Funktion rätselhaft. Also sezierte er menschliche Hirne, aber auch die von anderen Säugetieren, Fischen und Vögeln, fand Gemeinsamkeiten und augenfällige Unterschiede. Schließlich hielt er darüber einen Vortrag, und zwar in Paris, im Haus des Humanisten und Naturforschers Melchisédec Thévenot, der später Bibliothekar Ludwigs XIV. werden sollte. Seine Rede begann harmlos. Er erklärte, wie wenig man doch über das Gehirn wisse, dieses »Meisterwerk der Natur«, das wichtigste Organ der Seele: »Unsere Seele glaubt, nichts in der Welt könne ihrer Erkenntnis eine Grenze setzen, aber wenn sie in ihre eigene Wohnung einkehrt, ist sie außerstande, diese zu beschreiben, und kennt sich selbst nicht mehr.« Dann holte er zum Schlag gegen den früher so bewunderten René Descartes aus: Die Idee, dass das Hirn durch die eiförmige Zirbeldrüse mit der Seele in Verbindung stehe, sei nichts als eine sinnreiche Spekulation. Mehr noch: Steno widersprach der These des Philosophen, dass nur Menschen eine Seele haben, während die Tiere bloße Maschinen seien!

Seine Zuhörer waren wie vom Blitz gerührt – und hingerissen. Auch wenn sie nach dem Vortrag diskutierten: Steno, der mit 21 Jahren beschlossen hatte, nichts mehr einfach nur deshalb zu akzeptieren, weil es in irgendeinem Buch geschrieben stand, hatte die besseren Argumente auf seiner Seite. Wie immer. Im *Journal des Sçavans,* der ersten wissenschaftlichen Zeitschrift Europas, stand deshalb über den jungen Dänen: »Das Eigentümliche an ihm ist, dass er das meiste von dem, was er unternimmt, so handgreiflich ausführt, dass man sich überzeugen lassen muss und sich nur wundert, dass dies allen früheren Anatomen entgehen konnte.«

Die Revolution, die Nicolaus Steno in Gang setzte, sollte sich vom späten 18. Jahrhundert bis weit in die zweite Hälfte des 20. Jahrhunderts hinein fortsetzen. Indem er sich selbst mit den Dingen auseinandersetzte, beobachtete, maß, Beweise suchte, löste Steno die statische Sicht der Erde durch eine dynamische, eine evolutionäre ab. Er arbeitete wie ein moderner Forscher, wenn auch mit sehr viel beschränkteren technischen Mitteln. Wenn sich Steno ein Thema vornahm, beobachtete er den Gegenstand seines Interesses so gründlich und unvoreingenommen, wie es ihm nur möglich war – und entwickelte dann Schritt für Schritt eine Theorie, die er immer wieder infrage stellte und anhand derer er überprüfte, was andere herausgefunden hatten. Jahrhunderte vor der Entdeckung von Relativitätstheorie und Quantenphysik machte er darauf aufmerksam, dass die Beobachtung auf das Beobachtete einwirke – und dass man sich dessen bewusst sein müsse, um Fehler zu vermeiden.

Wandernde Muscheln und ausgefallene Zähne

Das Bild des Haikopfs, den Nicolaus Steno 1666 sezierte. Diese Arbeit markiert den Beginn der modernen Geologie. Ausgehend von den Haizähnen, entwickelt Steno eine Argumentationskette, in der er nachweist, dass die Welt wandelbar ist, sich seit der Schöpfung verändert hat. Ein damals unerhörter Gedanke.

Im Anatomischen Theater von Florenz ist die Sektion unterdessen weitergegangen.

»Was in aller Welt macht der Hai mit so vielen Zähnen?«, überlegt Steno, als er in das Maul starrt. Zum Kauen werden sie nicht taugen, eher zum Töten und Stücke-Herausreißen.

»Die inneren Zahnreihen könnten der Ersatz für die äußeren sein, die beim Zuschnappen brechen.«

So wie es aussieht, dürfte ein Hai bei jeder Mahlzeit ein paar Zähne verlieren: »Wie viel weniger Schmerzen gäbe es, wenn wir das Geheimnis der nachwachsenden Zähne lüften könnten?«

Das Publikum lacht, während Steno sich daranmacht, die Zahnreihen näher zu untersuchen. Er verkündet, dass – anders als die vier innersten, butterweichen Zahnreihen – die äußeren durch und durch hart seien und dass es dazwischen alle möglichen Übergangsformen in Größe und Härte gebe. Und dass allen eines gemeinsam sei: ihre Form – dreieckig und mit scharfen Kanten.

Insgeheim schießen ihm andere Gedanken durch den Kopf: Diese Haizähne sehen tatsächlich so aus wie die Zungensteine, die Glossopetren, die ihm in Kopenhagen sein Lehrer Thomas Bartholin gezeigt hat. Bartholin hat sie von seiner Maltareise im Jahr 1644 mitgebracht. Für die Inselbewohner sind diese Glossopetren ein einträgliches Geschäft, weil sie in der Medizin und der Zauberei reichlich Verwendung finden. Sein Lehrer, der bei Heilmitteln mehr von Edelsteinen hielt, erklärte ihm, dass es in den Steinen der Basilikata in Süditalien

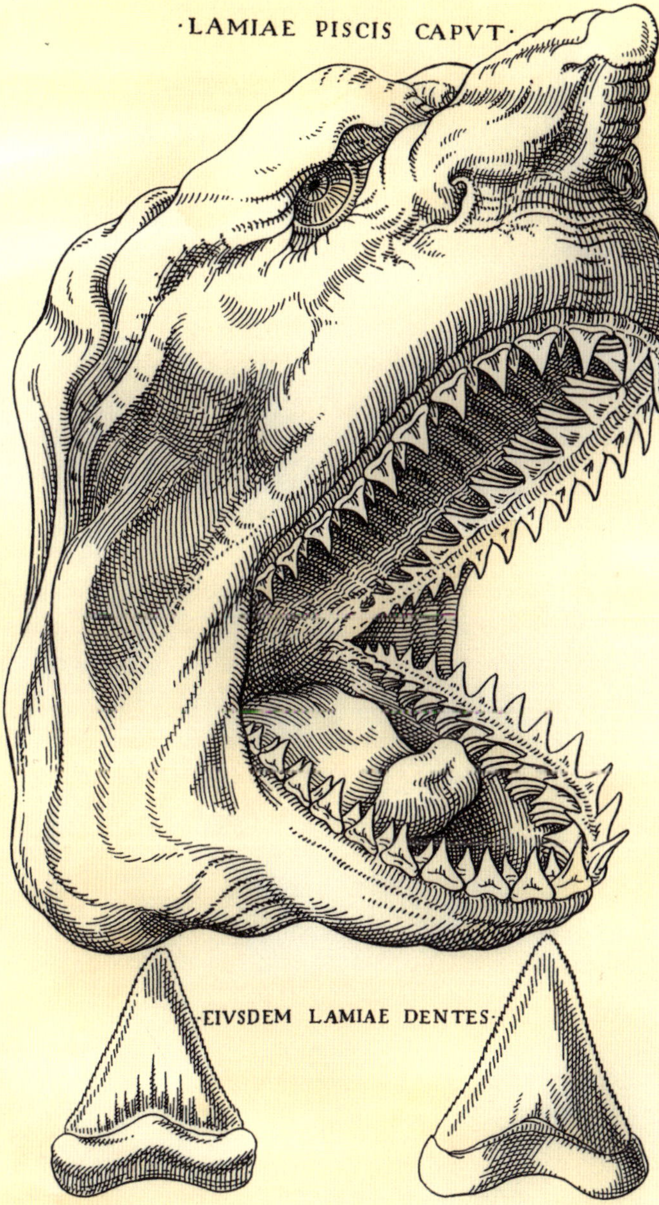
·LAMIAE PISCIS CAPVT·
·EIVSDEM LAMIAE DENTES·

ganz ähnliche Zungensteine gebe, nur anders gefärbt – und dass die einen wie die anderen fossile Haizähne seien.

Mit dieser Überzeugung zählte Bartholin zwar zu den Außenseitern, alleine stand er damit jedoch nicht da. Die Ähnlichkeit zwischen Glossopetren und Haizähnen war 1554 auch Guillaume Rondelet aufgefallen, als er die Überreste des Soldaten aus dem Bauch eines Hais schnitt, ebenso – 50 Jahre bevor Steno den Hai auseinandernahm – dem neapolitanischen Juristen Fabio Colonna. Diesen hatten epileptische Anfälle gezwungen, seine Anwaltstätigkeit aufzugeben. Verzweifelt suchte er deshalb ein Heilmittel und war so zum Naturforscher geworden. Bei seinen Recherchen war er auf die Bücher Rondelets gestoßen, samt den Ausführungen zu den Zungensteinen. Colonna war noch weiter gegangen, hatte die Glossopetren nicht nur beschrieben, sondern auch aufgebrochen, um ihr Inneres zu analysieren. Dann hatte er sie verbrannt und die Asche untersucht, sie mit der von anderen tierischen Knochen und Zähnen verglichen. Letztendlich hatte er 1616 in Rom *De glossopetris dissertatio* veröffentlicht, seine *Abhandlung über die Zungensteine.* Darin kam er – ebenso wie Rondelet – zu dem Schluss, dass es sich bei diesen seltsamen Gebilden um nichts anderes als die versteinerten Überreste eines Lebewesens handelte. Ihren Zeitgenossen jedoch erschien das Ganze einfach zu unglaublich. Wie sollten Haizähne versteinern? Was hatten sie überhaupt an Land zu suchen?

Thomas Bartholin (1616–1680) zählte zu den Lehrern Stenos. Der Däne war Arzt, Anatom, Mathematiker und Theologe und gilt unter anderem als Entdecker des Lymphsystems.

GEGEN DEN BÖSEN BLICK

Zungensteine – Glossopetren – haben schon früh die Aufmerksamkeit der Menschen erregt. Sie wurden als Nattern- und Drachenzungen interpretiert und mit Menschenzungen verglichen. Magische Fähigkeiten schrieb man den Glossopetren zu: Als Amulett dienten sie der Abwehr des bösen Blicks, und wenn sie mit Gift in Berührung kamen, schwitzten sie angeblich. In Alkohol eingelegt oder pulverisiert, verordnete man sie gegen epileptische Anfälle, Fieber, Pocken oder Darmwürmer. Sie sollten Stumme zum Sprechen bringen und unerlässlich für das »Umwerben holder Frauenzimmer« sein.

Dass es so viele Zungensteine gibt, erklärt sich ganz einfach durch die Physiologie der Haie: Ihr Gebiss wächst ständig nach und manche Arten bringen in ihrem Leben 20 000 Zähne hervor. Kein Wunder, dass Meeresablagerungen hin und wieder mit ihnen gespickt sind.

Genau dazu hatten sich Rondelet wie Colonna ausgeschwiegen. Dazu hatten allerdings bereits griechische Philosophen im 6. Jahrhundert v. Chr. eine Meinung gehabt: Ein Meer habe die Muscheln, ebenso versteinert wie die Zungensteine, auf den Bergen zurückgelassen. Später war Aristoteles (348–322 v. Chr.) davon ausgegangen, dass sich die Erde durchaus dramatisch verändern kann und es natürliche Schwankungen zwischen Ozean und Festland gibt: Nur erklären könne man das nicht, weil das Geschehen chaotisch sei und unverständlich.

Dass Meer und Land nicht endgültig aufgeteilt sind, sondern dass es Schwankungen gibt, hatte auch ein anderer angenommen, von dessen Gedanken Steno jedoch nichts ahnte: Schließlich hatte Leonardo da Vinci seine große Abhandlung über das Wasser nie vollendet. Seine gesamten wissenschaftlichen Überlegungen zum Fluss des Wassers, zum Brückenbau, der Natur der Fossilien oder der der Gebirge, des Lichts oder des Mondes waren im Manuskriptstadium stecken geblieben – 72 Seiten, eng in Spiegelschrift beschrieben. Noch für Jahrhunderte blieben die später *Codex Leicester* genannten Ausführungen unbekannt.

Zu Beginn des 16. Jahrhunderts hatte Leonardo intensiv über das Wasser und die Natur der Fossilien nachgegrübelt. Ob rund um seinen Geburtsort Vinci oder in den Bergen um Verona: Wo immer er in den Steinen Korallen, Herzmuscheln oder Austern fand, war der nächste Strand weit – dabei kroch dieses Getier, falls überhaupt, höchstens ein paar Zentimeter pro Tag: »Angesichts einer solchen Fortbewegungsgeschwindigkeit ist es kaum denkbar, dass sie die Strecke von der Adria bis nach Monferrato in der Lombardei, eine Distanz von 250 Meilen, in 40 Tagen zurückgelegt haben – wie jener behauptet, der diese Zeit in den Schriften festgehalten hat«, führt Leonardo in seinen Notizbüchern aus und bezieht sich damit auf die biblischen Berichte von der Sintflut.

Da war noch etwas: Leonardo erkannte, dass die Fossilien die gleichen Kratzer und Wurmlöcher, die gleichen Sprünge und Beschädigungen, die gleichen Seepocken und Verkrustungen besaßen wie die Muschelschalen, die er am Strand fand. An ihren Wachstumsstreifen ließen sich die Jahre abzählen. Manche schienen sogar lebendig im

Schlamm begraben worden zu sein, im Moment ihres Todes erstarrt. Als Leonardo das Gestein um die Fossilien herum studierte, entdeckte er darin gewundene Wurmgänge, genau wie im sandigen Meeresboden. Er sammelte Indiz um Indiz, füllte Seite um Seite seiner Notizbücher mit Spiegelschrift, war sich schließlich sicher: Die steinernen Muscheln hatten ebenso in einem Meer gelebt wie die, die er zum Abendessen aß. Ozeane mussten entstanden und wieder vergangen sein und die Muschelschichten waren nichts anderes als die Uferlinien längst vergangener Zeiten.

Leonardo stimmte Aristoteles zu, der die Erde im Wandel sah. Dass in der Bibel nichts darüber verzeichnet war, ließ er nicht als Gegenargument gelten: »Da die Dinge weit älter sind als die Schriften, darf es nicht verwundern, wenn in unserer Zeit aus keiner Urkunde hervorgeht, dass sich die Meere über so viele Länder erstreckt haben … Uns genügt jedoch die Beweiskraft der Dinge, die im Salzwasser entstanden und nun in den Gebirgen wiederzufinden sind, bisweilen in weiter Ferne von den Meeren.«

Sosehr Colonna oder Leonardo auch von ihren Ansichten überzeugt gewesen sein mögen, ihre Mitmenschen auf der Straße waren anderer

VON HEXEN UND STEINEN

Wo immer auf Äckern oder in Wäldern rätselhafte Felsblöcke lagen, glaubte man, Zwerge, Hexen oder gar der Teufel höchstpersönlich hätten sie dort hinterlassen. Meist aus Wut: weil eine neue Kirche gebaut wurde, die Glocken störten oder Beelzebub beim Handel um eine Seele mal wieder von cleveren Menschen betrogen worden war. Auch Hügel hatten oft etwas mit dunklen Mächten zu tun: Sie bestanden angeblich aus Sand, der dem Teufel aus einem Sack rieselte. Allerdings konnte das auch Naturgeistern wie den Trollen passieren. Die Hölle zu finden war damals auch kein Problem: Meist vermutete man sie unter einem Vulkan. Der Vesuv war sehr beliebt, auch Hekla auf Island. Notfalls lieferte eine Höhle einen guten Ort für den Eingang in die Unterwelt.

Die Zungensteine auf Malta brachte man mit der Apostelgeschichte in Verbindung. Darin wird berichtet, dass Paulus auf Malta von einer Natter gebissen wurde, als er Reisig aufs Feuer legen wollte. Alle, die das sahen, erschraken, fürchteten, dass Paulus tot umfallen würde. Aber nichts geschah, jedenfalls nicht dem Apostel. Dafür verwandelten sich in diesem Moment die Zungen aller maltesischen Giftschlangen in Zungensteine und sind seitdem in den Klippen der Insel zu finden – und sie schützen die Menschen.

Ansicht. Für die meisten Europäer des 17. Jahrhunderts waren Versteinerungen im Allgemeinen und Zungensteine im Besonderen mineralisch: Sie wüchsen, so glaubten sie, wie Kristalle – durch formgebende, »plastische« Kräfte, die der Erde innewohnen. In der Vorstellung von Stenos Zeitgenossen triefte die Erde geradezu von »gesteinsbildenden Säften« und »Ausdünstungen«. Dazu kamen Strahlen, mit denen Sterne und Planeten im Boden Gold entstehen ließen, Eisen oder Silber. Warum nicht auch Fossilien?

Dass Muscheln, Schnecken und Haizähne, die selbst auf den höchsten Bergen gefunden werden, von einem verschwundenen Urozean erzählen, erschien ihnen hingegen unsinnig: Wie sollte ein Meer je dorthin gestiegen sein? Sicher, es gab die Sintflut: Aber die Erde versank nach 40 Tagen und 40 Nächten Regen im Süßwasser und darin schwimmt nun mal kein Hai. Die Sintflut könnte allenfalls die Knochen und seltsame Pflanzen erklären, die in manchen Felsen stecken. Nein, die Sache mit den Strahlen erschien da logischer und war bibelkonform: Fossilien wachsen ganz einfach dort, wo man sie findet, und ansonsten war und bleibt die Erde so, wie Gott sie vor ein paar Tausend Jahren erschaffen und gewollt hat – von Eingriffen wie der Sintflut einmal abgesehen. Basta.

Allerdings wirkte Galileis Einfluss auch bei den Anhängern dieser »traditionellen« Ansicht: Wäre es nicht schön, die Existenz dieser Kräfte und Säfte beweisen zu können? Also experimentierten auch sie und wollten Fossilien in Laboratorien züchten. Oder sie krochen in Bergwerken herum, um zu beobachten, wie Muscheln im Felsen wuchsen. Trotz all ihrer Bemühungen stand für Nicolaus Steno und andere kritische Denker des 17. Jahrhunderts der Beweis für die Existenz dieser geheimnisvollen Mächte aus.

Die Wahrheit aus dem Stein

Und so dreht – anderthalb Jahrhunderte nach Leonardo – Nicolaus Steno nachdenklich einen Haizahn zwischen seinen Fingern. Die Autopsie ist vorbei und er hat zum Vergleich einige Glossopetren aus der Sammlung des Palazzo Pitti hervorgeholt. Sie gleichen sich »wie ein Ei dem anderen«, stellt er fest. Steno glaubt fest an den Schöpfergott, der sich in seinem Werk den Menschen offenbart – aber nicht an formgebende Kräfte. Ist es dann nicht sehr viel wahrscheinlicher, dass die Zungensteine einmal im Maul eines Hais gesteckt haben, als dass sie im Gestein wuchsen? Dass es deshalb so viele gibt, ohne eine Spur ihres einstigen Besitzers, weil sie andauernd herausbrechen und nachwachsen? Er beschließt, der Sache auf den Grund zu gehen.

Die Geologie fasziniert ihn. Schon in Kopenhagen, als während der Besatzung der Stadt durch die Schweden das universitäre Leben fast zum Erliegen gekommen war, hat er geologische Schriften gewälzt. Damals führte er Tagebuch über seine Studien: das Chaos-Manuskript, ein buntes Durcheinander von Themen und Ideen, die ihn gerade beschäftigten – von Fossilien bis zur Form der Schneeflocken. Darin findet sich auch ein Abschnitt, dem er durch eine Unterstreichung besonderen Nachdruck verlieh:

Für die de' Medici war der Palazzo Pitti, den sie von ihren Rivalen, den Pitti, unvollendet gekauft hatten, die wichtigste Residenz. Im Lauf der Zeit bauten sie das einst schlichte Gebäude prächtig aus.

»Schnecken, Muscheln, Austern, Fische etc., die versteinert an Orten weit entfernt vom Meer gefunden werden. Entweder sind sie dort nach einer urzeitlichen Flut zurückgeblieben oder weil der Meeresboden langsam verändert wurde.«

WEG MIT DEN MYTHEN

Seitdem er begonnen hatte, sich für die Naturforschung zu interessieren, wunderte sich Steno selbst über die Sprunghaftigkeit, mit der er sich mal dem einen Forschungsgebiet zuwandte und mal dem anderen. War das wirklich Gottes Wille? Aber auch wenn sich sein Interesse jetzt auf die Geologie verlagerte, sezierte er weiter. Dabei gelangen ihm erstaunliche Entdeckungen und er räumte immer wieder mit Mythen auf: etwa dem, dass Frauen bei der Empfängnis passive Gefäße seien. Als er einen trächtigen Hai obduzierte, stellte er fest, dass auch lebend gebärende Tiere Eierstöcke besitzen – genau wie Vögel. Bis dahin hatten Anatomen angenommen, dass die Eierstöcke lediglich verkümmerte Hoden seien und neues Leben aus dem Samen des Mannes entstehe.

Dann, ein Jahr vor dieser Hai-Autopsie, hat er auf seiner Südfrankreichreise 1665 britische Naturforscher kennengelernt, mit denen er sich über geologische Studien austauschte. Auf seinen Wanderungen sind ihm fossile Muscheln fernab der Strände aufgefallen.

Wenn man nun die Zungensteine dazunimmt: Kann es sein, dass Meere entstehen und vergehen? Wandelt sich die Welt? Was für ein ungeheurer Gedanke! Der Haischädel ist der Ausgangspunkt. Er liest die Literatur – und beginnt die Diskussion über die Veränderlichkeit der Erde mit einer Abhandlung, *Canis Carchariae Dissectum Caput (Über die Sektion eines Carcharia-Haikopfes):* »Wie in einer Gerichtsverhandlung ein Mann als Ankläger auftritt und ein anderer als Angeklagter und beide sich dem Richterspruch unterwerfen, so wünsche ich aus den bisherigen Beobachtungen heraus die Beweise derjenigen vorzubringen, die vermuten, dass diese Körper von Tieren stammen, und an anderer Stelle die Ansicht der anderen Seite, um dann von denjenigen, die besser informiert sind als ich, das richtige Urteil zu erwarten …«

Steno argumentiert methodisch, kommt zu dem Schluss, dass die Zungensteine nichts anderes als Haizähne sind – und dass damit neues Land aus dem Meer emporgehoben worden sein müsse, in dessen Gestein sich die Überreste finden. Die Welt hat sich also seit der Schöpfung verändert, ist wandelbar.

Großherzog Ferdinand II. ist über das ihm gewidmete Werk offenbar erfreut, denn nun darf Steno in seinem Palast wohnen, er gewährt ihm ein bescheidenes Salär. Aber sein neuer Wissenschaftler weiß, dass er mehr Beweise braucht, um seine Theorie zu untermauern. Es reicht nicht, Fossilien mit den heute lebenden Gegenstücken zu vergleichen. Er muss sich die Felsen selbst ansehen.

Zu Lebzeiten genoss der Däne Ole Borch (1626–1690) einen hervorragenden Ruf als Arzt, Chemiker, Botaniker, Philologe und Dichter. Heute ist er vor allem als Lehrer von Nicolaus Steno bekannt – und dafür, dass er in seiner Heimat zu denen zählte, die das Forschen anhand von Experimenten einführten.

Die nächsten Monate sind für Steno arbeitsreich: Er pendelt zwischen Stadt und Land, begibt sich mit der Unterstützung des Großherzogs immer wieder auf Reisen durch die Toskana. Wenn er die Hofgesellschaft auf die Jagd oder in die Sommerresidenz begleitet, interessieren ihn nicht die Vergnügungen, sondern die Felswände. Schwitzend und staubbedeckt krabbelt er durch Steinbrüche, sucht in Spalten und Stollen nach Kristallen, wühlt in der Erde. In Volterra begutachtet er die Fossilien in den Treppen und Säulen von Kirchen und Palästen. Er ist überzeugt: Auch wenn er das Urmeer nicht mehr mit eigenen Augen sehen kann, so kann er doch anhand der Sedimente, die es hinterlassen hat, die Geschichte der Erde und des Lebens auf ihr entschlüsseln.

Den Steinen dieses Rätsel zu entreißen, darum kreisen seine Gedanken. »Eine Muschel, die im Fels wächst, müsste das harte Gestein um sich herum bersten lassen.« Sorgfältig sucht Steno also das Gestein um die Fossilien herum ab – aber er findet weder Spalten noch Risse.

Er überlegt weiter: Was ist mit Baumwurzeln? »Baumwurzeln können im harten Boden auf mannigfaltige Weise gewunden und zusammengedrückt werden, sodass sie ganz andere Figuren bilden als jene im weicheren Boden.« Die Versteinerungen zeigen solche Unterschiede nicht – ob in hartem oder in weichem Boden, sie sehen immer gleich aus.

Liegen die Fossilien oben auf dem Boden und greift das Regenwasser sie an, scheinen sie sich langsam aufzulösen. Das widerspricht der Theorie, dass sie bei Regenfällen im Boden keimen wie ein Samenkorn und wachsen wie eine Möhre.

Steno untersucht nicht nur die Versteinerungen und wie sie in den Sedimenten eingebettet sind, sondern auch die Sedimente selbst. Sie bestehen aus vielen übereinanderliegenden Schichten. Aber wie kommen diese Schichten zustande?

DAS LESEBUCH DER STEINE

Steno war nicht der Erste, der die Geschichte der Erde zu entziffern versuchte. Auch René Descartes hatte sich damit beschäftigt, aber dafür nicht die Felsen selbst untersucht, sondern sich in sein Arbeitszimmer zurückgezogen. So gelangte er zu dem Schluss, dass die Erde aus einem Stern erstarrt sei, der erkaltete, als sich auf ihm mehr und mehr Sonnenflecken wie Schlacke ansammelten. Schichten entstanden, flüssige und feste, von außen nach innen, immer im Wechsel, mit Hohlräumen darin. Wenn tief gelegene Hohlräume kollabierten, brachen die Schichten darüber ein – ein Gebirge entstand, so seine Erklärung.

In den Laboratorien der Accademia del Cimento hat Steno das Wachstum von Kristallen analysiert, unter anderem das eines Achats, der von außen nach innen gewachsen war. Als der Großherzog ihm eine wertvolle Perle zur Untersuchung überließ, fand er in ihrer Mitte ein Sandkorn – und um dieses Korn herum war die Perle Schicht für Schicht entstanden: von innen nach außen. Wie aber ist das bei den Gesteinen, in denen die Fossilien stecken?

Wann immer es geht, streift Steno Tag für Tag durch die Wälder des Apennin, immer auf der Suche nach der nächsten Stelle, an der Gesteine des Untergrunds zutage treten. Dabei erinnert er sich an ein Experiment, das ihm sein Lehrer Ole Borch während seiner Studienzeit in Kopenhagen vorgeführt hat. Borch hatte etliche Pulver in warmem Wasser aufgelöst, das Ganze abkühlen lassen – und das Pulver erschien wieder, sank wie Schneeflocken zu Boden, wo es sich als Schlick absetzte. Steno stellt sich vor, dass die Sedimente, in denen die Versteinerungen stecken, genauso entstehen: aus dem Wasser heraus. »Dass Lehm und Sand sich mit stark bewegtem Wasser vermischen, sieht man in jedem Sturzbach. Auch, dass die Sedimentkörnchen, die das Wasser schlammig machen, auf den Grund sinken und sich absetzen, wenn die Bewegung aufhört. Dafür muss man sich nur eine Flussmündung anschauen.«

Da kann man dann auch feststellen, dass die schweren Körner zuerst absinken, während die feinen viel länger schweben. Eine Schichtung entsteht, und genau das sieht man in Sedimenten: Sie bildeten sich also im Wasser – und die Muscheln, die darin stecken, waren lebendig,

NICOLAI STENONIS

DE SOLIDO

INTRA SOLIDVM NATVRALITER CONTENTO

DISSERTATIONIS PRODROMVS.

AD

SERENISSIMVM

FERDINANDVM II.

MAGNVM ETRVRIÆ DVCEM.

FLORENTIÆ

Ex Typographia ſub ſigno STELLÆ MDCLXIX.

SVPERIORVM PERMISSV.

bevor sie, Sandkorn für Sandkorn, unter einem wachsenden Sedimentstapel begraben worden sind: »Das Gestein war noch nicht fest, als es die Muschel darin einschloss – es war noch Sand oder Schlamm, fest wurde es erst später.«

Steno ist sich sicher: Gesteine und Fossilien entstehen durch natürliche Prozesse. Die Erkenntnis, wie die Muscheln in die Berge kommen – so banal sie heute klingt, sie war der Anfang der modernen Geologie.

»Die Böden, aus denen Muscheln und andere Meeresablagerungen ausgegraben wurden, waren Sedimente eines schlammigen Meeres.« Aber wie wird aus dem Meeresgrund die Toskana, die er vor sich sieht? Für Steno gibt es da zwei Möglichkeiten: Entweder hat das Meer das Land überspült und sich danach wieder zurückgezogen oder das Land ist abgesunken und wieder aufgetaucht. Bibelkonform wäre beides – das ist für Steno ebenso wichtig wie für andere große Denker seiner Zeit, etwa für Gottfried Wilhelm Leibniz. Wenn die Sintflut alles ertränken kann, dann können die Meere auch ansteigen und Schlamm samt Muscheln hinterlassen. Im Alten Testament ist auch die Rede davon, dass Berge durch Erdbeben herausgehoben werden oder untergehen. Das geht also auch.

In De Solido *schrieb Steno: »Eine Muschel am Meeresgrund stirbt, wird von Sediment begraben und versteinert darin. Das Meer zieht sich zurück, die Sedimente werden trockenes Land. Wind und Wetter lassen sie wieder zerfallen – und legen die Muschel wieder frei, die wir dann finden.« Fossilien sind also Lebewesen längst vergangener Tage.*

Und so hing Nicolaus Steno seinen Gedanken nach. Vielleicht hatte Malta ja einmal auf dem Grund eines Urmeers gelegen, Haie waren darüber hinweggeschwommen, und ihre ausgebissenen Zähne waren in den schlammigen Meeresboden gesunken. Lange Zeit könnte es so gegangen sein – bis Erdbeben alles geändert haben könnten, »durch eine plötzliche Explosion unterirdischer Ausdünstungen« – und so wurde aus dem Meeresboden die Insel Malta. Warum nicht?

Schließlich war bekannt, dass es solche Ausdünstungen gab. Die heißen, stinkenden Dampfaustritte der Vulkane beispielsweise, wo ja auch oft die Erde bebte. Weil niemand ahnte, warum Vulkane wirklich ausbrechen und wie Erdbeben tatsächlich entstehen, erinnert Stenos Mechanismus für das Auf- und Abtauchen des Landes an die von seinen Kollegen zitierten gesteinsbildenden Säfte, die das Erdinnere durchdringen. Vorwerfen kann man ihm das nicht: Dass dahinter die Plattentektonik steckt, die auf der Erde die Kontinente verschiebt,

Gebirge auftürmt und Meere öffnet oder schließt, diese Erkenntnis stammt erst aus dem 20. Jahrhundert. Und selbst dann sollten mehr als 70 Jahre, Dutzende von Forschern, etliche Zufälle und viel Geräteaufwand nötig sein, ehe sie sich gegen die überkommenen Vorstellungen durchsetzen konnte. Bis in die frühen 1970er-Jahre hinein waren physikalisch problematische Mechanismen in der Diskussion, wenn es um die Entstehung von Gebirgen und Meeren ging. Und während sich die Plattentektonik damals zunächst in den Vereinigten Staaten durchsetzte, sollte das in Europa noch ein paar Jahre länger dauern. Überholte wissenschaftliche Theorien können langlebig sein.

EINE WISSENSCHAFT WIRD GEBOREN

Steno war der Erste, der die Geschichte der Erde anhand des Gesteins aufdecken wollte. Um die Steine zu verstehen, griff er auf simple Geometrie zurück – und entschlüsselte so die Prinzipien der Geologie.

Wasser ist danach der »Quell« der Sedimente: Es schafft Sand und Schlick heran, die sich wie ein Tuch auf alles legen, sobald die Kraft des Wassers nachlässt. Wenn Sedimente schichtweise übereinanderliegen, ist die unterste Schicht die älteste, die oberste die jüngste. Wenn Sedimente entstehen, liegen sie immer horizontal. Stehen sie schräg oder sind sie gefaltet, laufen diese Verformungen erst später ab, nachdem sie zu Stein geworden sind. Aber selbst wenn sie auf dem Kopf stehen, lässt sich immer noch Oben und Unten unterscheiden, schließlich sinkt bei der Sedimentation das Schwere zuerst aus dem Wasser und zum Schluss das Leichte – der Schwerkraft sei Dank.

Im Frühjahr 1668 bricht Steno seine Untersuchungen ab und beginnt zu schreiben: Innerhalb weniger Wochen ist *De solido intra solidum naturaliter contento dissertationis prodromus* fertig, die Vorabveröffentlichung einer Abhandlung über Festes, das in der Natur in Festem eingeschlossen ist. Darin sichert er sich zunächst einmal ab – aus Höflichkeit, und weil er seine Feinde kennt: »Derweil ich meine Meinung als wahrscheinlich vorlege, will ich die Vertreter der entgegengesetzten Anschauung nicht des Irrtums bezichtigen. Ein und dasselbe Phänomen kann auf verschiedene Weise erklärt werden.«

Und dann entwickelt er eine These, die bis heute ihre Gültigkeit bewahrt hat: »Eine Muschel am Meeresgrund stirbt, wird von Sediment begraben und versteinert darin. Das Meer zieht sich zurück, die Sedimente werden trockenes Land. Wind und Wetter lassen sie wieder zerfallen – und legen die Muschel wieder frei, die wir dann finden.« Die Fossilien in den Steinen, sie waren also nichts anderes als die Tiere und Pflanzen längst vergangener Tage.

2

Aus der Tiefe der Zeit – oder Das Alter der Erde

Lebe des Todes eingedenk – die Zeit eilt, wir sind nur Schatten«: Nicolaus Steno schätzte diesen nicht gerade lebensfrohen Spruch aus Kindertagen ganz besonders. Neben anderen Bildtafeln wie »O Mensch, gedenke der Ewigkeit! Gottes Auge ruht auf dir!« schmückte er das Haus des Kopenhagener Universitätsprofessors Simon Paulli, mit dessen Söhnen Steno sein Leben lang befreundet war. Über der Küchentür hing: »Die fette Küche ist die Mutter der Krankheiten« – ein sehr sinnreicher Spruch angesichts der königlichen Sauf- und Fressorgien Christians IV., die Stadtgespräch waren.

Immanuel Kant wusste, dass die Planeten unseres Systems alle in der gleichen Richtung um die Sonne laufen und in einer Ebene. Er schloss daraus, dass sie aus einer rotierenden Staub- und Gaswolke entstanden sind, einer »protoplanetaren Scheibe«. Mitte der 1990er Jahre gelangen mit Hilfe des Hubble-Weltraumteleskops die ersten Aufnahmen dieser »kosmischen Kinderstuben«.

Diese Sprüche spiegelten das Lebensgefühl dieser Zeit wider: Unglück und Tod lauern überall und der Mensch, er ist ein nichtiges Geschöpf. Die Zeiten waren ja auch alles andere als einfach: Als Niels Stensen klein war, in der ersten Hälfte des 17. Jahrhunderts, marodierte die Soldateska des Dreißigjährigen Kriegs durch das Heilige Römische Reich Deutscher Nation. Die Kopenhagener spürten vor allem die wirtschaftlichen Folgen und sie erfuhren von den Grausamkeiten, die sich anderswo abspielten. Der Dreißigjährige Krieg, den der

Machthunger diverser Fürsten und Könige ebenso befeuerte wie der Kampf zwischen Protestanten und Katholiken, war bestialisch. Nicht nur, weil es ein Glaubenskrieg war, sondern vor allem, weil sich keiner der beteiligten Herrscher die Heere wirklich leisten konnte. Deshalb versorgten sich die Söldnerarmeen selbst. Der Krieg ernährte den Krieg, so die Logik. Die Schrecken, die für die Zivilbevölkerung daraus erwuchsen, waren grenzenlos, sollten erst mit den Giftgasangriffen und dem Trommelfeuer in den Stellungskriegen des Ersten Weltkriegs Ebenbürtiges finden. Aber da traf der Terror vor allem die Soldaten in den Schützengräben. Als 1648 der Westfälische Friede geschlossen wurde, war rund ein Viertel der Menschen im deutschen Reichsgebiet gestorben – an Folter, von Söldnern ermordet, gefallen in den Schlachten, an Hunger und vor allem durch die Seuchen, die der Krieg mit sich brachte.

Das Hadaikum (rund 4,6 bis 4 Milliarden Jahre vor heute) ist das erste Äon der Erdgeschichte. Aus dieser Zeit, in der Kollisionen mit anderen Himmelskörpern noch häufig waren, gibt es kaum Zeugnisse. Zirkone legen jedoch nahe, dass es eine feste Erdkruste gab und so etwas wie eine ozeanische Wasserhülle.

Darunter die Pest, die Geißel des Alltags, die mal hier und mal dort auftauchte und ihre Opfer forderte. Auch nach dem Krieg gab sich die Seuche nicht geschlagen. 1654 – Steno absolvierte sein vorletztes Schuljahr – suchte sie Kopenhagen heim, wo sie ein Jahr lang wütete. Rund ein Drittel der 25 000 Bewohner raffte sie dahin, darunter besonders

viele Schüler der Liebfrauenschule, die Steno besuchte. Wenn er zum Unterricht ging, begleitete ihn immer das mulmige Gefühl, wen seiner Freunde er an diesem Tag nicht wiedersehen würde. Oft starben die Jungen von heute auf morgen – qualvoll. Fast die Hälfte der 240 Zöglinge überlebte diesen Pestzug nicht. Einmal mussten 60 von ihnen an einem einzigen Tag begraben werden. Der Grund für ihre hohe Sterblichkeit: Da der Besuch der Lateinschule als erster Schritt in einen geistlichen Beruf angesehen wurde, gehörte es zu den Pflichten der Kinder, zwischen acht Uhr morgens und der Abendglocke aus vollem Hals zu singen und die Körper der Verstorbenen fortzutragen.

Der anglikanische Theologe James Ussher (1581–1656) berechnete die Dauer der Weltgeschichte und datierte darin den Zeitpunkt der Schöpfung auf den 23. Oktober 4004 v. Chr. Im 17. Jahrhundert war Usshers Werk weitverbreitet und einflussreich.

Als 16-Jähriger kannte Stensen das Sterben, hatte Glück, dass er überlebte. Tief beeindruckt betete er: »Gib, Herr, dass wir immer den Tod vor Augen haben, immer das Wort im Munde führen: Memento mori.«

Die Menschen rechneten angesichts der Wirrnisse ihrer Tage fest damit, dass das Ende der Welt nah sei. Diese Überzeugung hatte Auswirkungen, die in unseren Augen heute bizarr wirken. Eine davon illustriert der Geburtstag von Niels Stensen. Er war am Neujahrstag geboren worden – und zwar am Neujahrstag des julianischen Kalenders, der damals in Kopenhagen galt. Nach dem katholischen, dem gregorianischen Kalender war sein Geburtstag der 11. Januar, denn ein Jahrhundert zuvor hatte Papst Gregor XIII. mit seiner Reform die Zeitrechnung der Menschen wieder mit dem Sonnenjahr in Übereinstimmung gebracht.

Aber protestantische Länder weigerten sich, die Neuerung anzunehmen, zum einen, weil sie Rom misstrauten, zum anderen, weil sie die Korrektur nicht mehr der Mühe für wert hielten: 6000 Jahre sollte die Erde bestehen, so die Interpretation der Bibel. 1650 hatte James Ussher, anglikanischer Erzbischof von Armagh, Primas der Kirche von Irland und Vizekanzler des Trinity College in Dublin, das Datum für die Entstehung der Welt berechnet: der 23. Oktober 4004 v. Chr. Um sechs Uhr, so schrieb er, ließ Gott das Chaos werden – und aus dem Chaos die Welt. Das Ende war also schon nahe. Was kümmerte es da, dass das julianische Jahr gegenüber dem Sonnenjahr 11 Minuten und 14 Sekunden zu lang war?

REIFE ÄPFEL UND SONNENWENDE

Usshers Erdalter basiert auf dem Studium des Alten Testaments, darauf, dass seit Adam und Eva 21 Generationen gelebt haben. Bei seinen Berechnungen ging der Erzbischof davon aus, dass Adam laut Genesis 930 Jahre alt wurde, sein Nachfahre Methusalem lebte 969 Jahre. Adam war bei der Geburt seines ersten Sohns Seth 130 Jahre alt und so weiter. Das Datum ergab sich, weil im Paradies die Äpfel reif waren, als Adam und Eva vertrieben wurden, und weil es ein besonderer Tag gewesen sein musste, wählte Ussher den der Tagundnachtgleiche. Also kam er – nach dem julianischen Kalender – auf den 23. Oktober. Adam erblickte danach am 29. Oktober 4004 v. Chr. das Licht der Welt. Die Vertreibung aus dem Paradies ereignete sich am 10. November. Die Arche Noah landete am 5. Mai 2348 v. Chr. auf dem Berg Ararat – einem Mittwoch.

Der »Lebensdauer« der Erde waren also enge Grenzen gesetzt. Zwar hatten schon griechische Philosophen, allen voran Aristoteles, das Universum als ewig angesehen. Diese Ansicht zu vertreten war jedoch nicht ungefährlich, wie das Schicksal Giordano Brunos zeigte. Allerdings war das dann nur eines seiner minderen Vergehen, wegen derer er 1600 wegen Ketzerei und Magie in Rom auf dem Scheiterhaufen endete.

Steno wusste, dass die Sacra Congregatio Sancti Officii, die Heilige Römische Inquisition, gegen Druckwerke vorging, die die Glaubensgrundlagen erschütterten – wie sollte es auch anders sein in Florenz, der Stadt Galileis. Außerdem war ihm klar, dass Rom gegen die Forscher längst nicht so strikt vorging wie die protestantische Gegenseite, die die Bibel wörtlich auslegte. Trotzdem war er nervös, als er im Hochsommer 1668 dem Kanzler der florentinischen Inquisition das fertige *De solido*-Manuskript zur Prüfung der Druckerlaubnis übergab. Mit seiner Arbeit war die Vergangenheit der Erde entschlüsselbar geworden! Ihre Geschichte stand in den Steinen niedergeschrieben. Aber er war klug genug, dem Vorwurf der Ketzerei vorzubeugen. Er schrieb: »Damit niemand die Gefahr von Neuerungen befürchte, werde ich kurz die Übereinstimmung der Natur mit der Heiligen Schrift auseinandersetzen.«

James Ussher verstand die Bibel wortwörtlich. Seine Chronologie geriet nicht in Vergessenheit, weil sie etwa 50 Jahre nach seinem Tod kommentierten Ausgaben einflussreicher Übersetzungen wie der King-James-Bibel beigefügt worden ist.

Und er erklärte, wie wunderbar die Steine der Toskana zur Bibel passten. Darin, so schreibt Steno, werde von zwei »Wasserphasen« berichtet, der am Anfang der Schöpfung und der Sintflut. Auch in der geologischen Geschichte seien zwei Fluten abzulesen, von denen eine die hohen Gebirge mit ihren Felsen und die andere die weicheren Sedimente der Hügel hinterlassen habe. »Auch dass in den Felsen des Apennins keine Fossilien stecken, deckt sich mit der Bibel: Schließlich entstanden die, als das trockene Land aus den Fluten geschieden wurde. Die Meerestiere folgten erst danach.«

Was die Sintflut angeht, dachte Steno nicht daran, sich auf Noah zu berufen. Der Regen und damit das Süßwasser passten nicht zum geologischen Befund. Vielmehr erklärt er: »Was einmal geschehen ist, kann wieder geschehen.« Auf der Erde gebe es durchaus Orte, die das Meer mehrfach erobert habe, warum sollte es also nicht auch mehrfach alles verschlingen können? Und er erklärt, dass sich die natürlichen Dinge langsam und kontinuierlich verändern.

Wenn die Erde aber nur 6000 Jahre alt war, wie sollte das alles in dieser kurzen Zeitspanne passiert sein? Dazu äußerte sich Steno nicht, jedenfalls nicht in den erhaltenen Schriften. In denen wählt er seine Worte mit Bedacht: »Betrachtet man die Details, widersprechen sich der Zeitpunkt der Sintflut in der biblischen und der weltlichen Geschichte nicht.« Von der geologischen Geschichte sprach er nicht. Ihm war es wichtig, dass der Leser seine Ideen verstand und akzeptierte. Es ging ihm um die Prinzipien der Geologie, eine Debatte über die Zeit wollte er nicht führen. Überhaupt: Wie die Menschen im 17. Jahrhundert Zeit verstanden, »gefühlt« haben, das können wir uns heute wohl beim besten Willen nicht vorstellen. Ebenso wenig, wie wir die viereinhalb Milliarden Jahre, die die Erde alt ist, wirklich begreifen. Es ist eine große, eine abstrakte Zahl.

Dem Alten Testament zufolge dauerte die Sintflut ein Jahr und zehn Tage, und selbst der höchste Berg der Welt soll im Wasser verschwunden sein.

STEIGENDE FLUTEN

Für Steno war die Geologie vor allem eine Abfolge von Katastrophen, in denen die Meere die Erde verschlangen und neue Gesteine entstanden, und von Perioden, in denen die neuen Steine verwitterten und die Landschaften sich formten, bis der Ozean wieder alles eroberte. Zu der Frage, warum die Meere steigen oder fallen, bot er zwei mögliche Lösungen an.

Einmal die Theorie, dass das Erdinnere teilweise hohl sei. Dadurch seien der Mittelpunkt der Schwerkraft und der geometrische Mittelpunkt verschoben und die Erde sei schief. Die Meere füllten den unteren Teil dieser Erde. Weil aber immer wieder einmal ein unterirdischer Hohlraum einbreche und die Steine der Hochlagen abgetragen und ins Meer gespült würden, verlagerte sich der Schwerpunkt – und die Meere passten sich den neuen Gegebenheiten an: Sie überfluteten die nun tief gelegenen Gebiete, während sie andere freigaben.

In einer alternativen Theorie führte Steno aus, dass es tief im Erdinneren Wasserreservoire gebe, die durch die innere Hitze der Erde gelegentlich überkochten. Das Wasser schösse dann heraus und bedecke das Land, bis es wieder ins Erdinnere zurückgesickert sei. Die Theorie der Plattentektonik, die erklärt, wie Gebirge entstehen und Meere sich öffnen, sollten Geologen erst im 20. Jahrhundert entwickeln.

Wie alt die Erde tatsächlich ist, damals ließ sich das nicht einmal im Traum herausfinden. Dazu musste erst einmal Antoine Henri Becquerel im Jahr 1896 die Radioaktivität entdecken und selbst dann dauerte es

noch Jahrzehnte, bis die entsprechende Technik entwickelt worden war. Bis weit ins 20. Jahrhundert hinein gab es zum Erdalter nur »fundierte Vermutungen« – oder besser, was man dafür hielt: Man riet und rechnete so vor sich hin.

Eine Wissenschaft formiert sich

Eine offen geführte Auseinandersetzung um das Alter der Erde begann lange nach Stenos Tod, im 18. Jahrhundert. Es war James Hutton, der durch seine Fortentwicklung der Geologie die Grundlagen für die Diskussion legte. 1726 als Sohn einer wohlhabenden schottischen Familie geboren, studierte er erfolgreich Medizin, aber Arzt mochte er nicht werden. Dieser Beruf verlangte in einer Zeit, in der es noch keine Narkose gab, viel Nervenstärke. Kein Wunder, dass ihn chemische Experimente mehr faszinierten – vor allem, als sie sich als höchst profitabel erwiesen: Gemeinsam mit seinem Freund James Davie gründete Hutton eine Fabrik, in der die Arbeiter aus Ruß Salmiaksalz herstellten. Außerdem widmete sich Hutton dem Ackerbau und der Viehzucht, bezeichnete sich selbst als »wissenschaftlich interessierten Bauern«. Das Experimentieren ließ ihn nicht los. Auf seiner Farm führte er neue landwirtschaftliche Methoden ein und zunehmend beschäftigte er sich mit Meteorologie und Geologie. Deshalb beteiligte er sich an der immer noch laufenden Debatte um die Frage, die Steno lange vor ihm gelöst hatte: Warum gibt es Muscheln auf den Bergen?

Der Schotte James Hutton (1726–1797) zählt zu den »Gründern« der Geologie. Auch er erkannte, dass sich die Erde seit jeher verwandelt hat.

Als Hutton über das Muschelproblem nachdachte, hatten sich in der Geologie zwei Lager herausgebildet: das der Neptunisten, für die sich alle Gesteine als Sedimente aus dem Meer heraus abgelagert haben, und das der Plutonisten. Letztere gehen davon aus, dass die wesentlichen Gestaltungskräfte der Erde vom »Zentralfeuer« im Erdinnern stammen – vom Vulkanismus also. Der bekannteste Vertreter der Neptunisten war Abraham Gottlob Werner von der Freiberger Bergakademie. Werner war die geologische Kapazität seiner Zeit. Studenten aus ganz Europa pilgerten in seine Vorlesungen. Und er wusste zu überzeugen. Allerdings beruhten seine Ideen weniger auf eigener Anschauung als vielmehr – seiner angeschlagenen Gesundheit wegen – auf den Feldforschungen seiner Kollegen, die im Harz arbeiteten, im Erzgebirge oder im Thüringer Wald.

Grundlage für sein Verständnis der Geologie war außerdem die Arbeit des französischen Naturforschers Georges-Louis Leclerc de Buffon, für den die Erde und die anderen Planeten durch Kollisionen von Kometen mit der Sonne entstanden waren. Anfangs war die Erde heiß, aber sie kühlte sich ab, ein Urozean überflutete sie, dessen Wasser allmählich verdunstete und die Kontinente freigab, die sich an seinem Grund angesammelt hatten. Das alles sei innerhalb von 75 000 Jahren geschehen. Das war die erste nicht aus der Bibel abgeleitete Datierung – und prompt bekam der Graf Ärger mit der theologischen Fakultät der Sorbonne. Um des lieben Friedens willen zog er seine Einschätzung zurück.

Leclerc de Buffon war Neptunist, also der Überzeugung, dass alle Steine aus diesem Urozean ausgefällt worden waren, und dem stimmte Abraham Gottlob Werner zu: Selbst die Vulkangesteine seien, so glaubte er, in diesem Meer entstanden. Werner erklärte, dass sich zuerst in den tiefsten Wassern die Granite und Schiefer des »Urgebirges« geformt hätten. Als das Meer flacher und trüber wurde, rieselte das

Georges-Louis Marie Leclerc, Comte de Buffon (1707–1788) stellte sich nicht nur gegen Usshers Berechnungen, sondern entwickelte auch die Idee einer evolutionären Stufenleiter, auf der sich Arten im Lauf der Zeit vervollkommneten oder zurückbildeten, also veränderlich waren

DIE VERBRANNTEN FINGER DES COMTE DE BUFFON

Der Comte de Buffon interessierte sich für viele Aspekte der Naturwissenschaft. Schon 100 Jahre vor Darwin rang er in seiner 44-bändigen Enzyklopädie *Histoire naturelle générale et particulière (Allgemeine Historie der Natur nach allen ihren besonderen Theilen abgehandelt)* mit der Ähnlichkeit zwischen Affen und Menschen und sprach von einem gemeinsamen Ahn – eine Idee, die er jedoch wieder verwarf. Er glaubte, dass die Umwelt über »organische Partikel« auf die Lebewesen einwirke und sie verändere – auch das ein Widerspruch zur Schöpfungsgeschichte. Und die Erde wandle sich ebenfalls. Deshalb erörterte er 1788, kurz vor seinem Tod, in *Les Époques de la Nature (Die Epochen der Natur)*, dass der Planet sehr viel älter sein müsse, als Bischof Ussher behauptet hatte.

Seine Datierung beruhte auf wagemutigen Experimenten, in deren Verlauf er und seine Gehilfen sich des Öfteren die Finger übel verbrannten. Da er davon ausging, dass die Erde einst glühend heiß gewesen sei, erhitzte Leclerc Metallkugeln bis zur Weißglut und ermittelte, wie lange es dauerte, ehe er sie berühren konnte, und dann, bis sie Raumtemperatur erreichten. So kam er schließlich auf 75 000 Jahre.

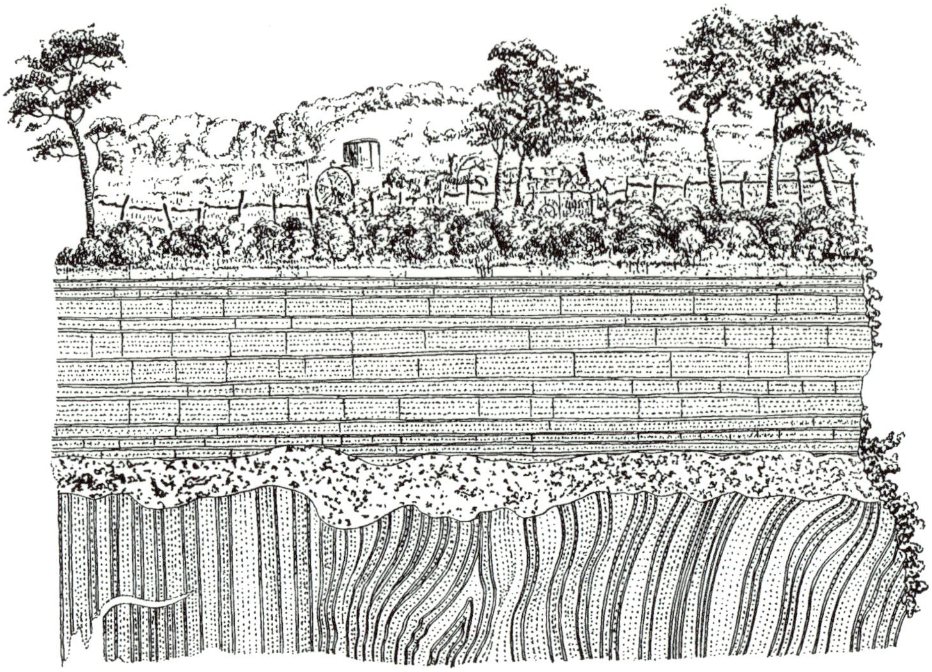

In Siccar Point an der schottischen Ostküste konnte James Hutton nachweisen, dass sich zunächst Sedimente ablagerten, die später verfaltet und anschließend abgetragen wurden, nur um dann unter neuen Sedimenten begraben zu werden: Prozesse, die über unendlich lange Zeiträume ablaufen.

»Übergangsgebirge« heraus, in das sich erste Fossilien mischten und ein wenig Sand und Lehm. Je flacher der Ozean wurde, desto größer wurde die Rolle von Lehm und Sand und schließlich verwandelte sich das Übergangsgebirge in das fossilienreiche »Flözgebirge«, das wiederum vom »Aufgeschwemmten Gebirge« abgelöst wurde, dem Stadium der Flusstäler, in dem nur noch Sand und Lehm zu finden seien. Die vulkanischen Sedimente, so Werner, bildeten den Abschluss. Die Vulkane, die heute Lava spucken, hätten kaum etwas zu den Steinen der Erde beigetragen, seien eher die Garnitur auf einer Torte.

Als James Hutton begann, sich mit Geologie zu beschäftigen, waren die Anhänger Werners in der Überzahl. Hutton war Plutonist und damit ganz anderer Ansicht. Für ihn entstanden Granite und Basalte nicht aus dem Meerwasser, sondern aus Magma – und es waren vulkanische Kräfte, die die Erde formten. Hutton entwickelte seine geologische Theorie durch intensive Feldforschung, ein zu Kutschenzeiten rückenmarterndes Unterfangen. Einmal reisten er und sein Freund

und Kollege John Playfair nach Siccar Point an der Ostküste Schottlands, um einen höchst ungewöhnlichen Felsen zu untersuchen: Dort werden stark zusammengepresste, hochkant gestellte Schieferschichten von einem hübsch waagerechten Sandsteinpaket überlagert.

Lebhaft diskutierten die beiden, was sie sahen, und ließen in Gedanken die Geschichte noch einmal abspulen: Der Ton hatte sich einst am Meeresgrund gesammelt, war zu immer dickeren Schichten herangewachsen und dabei tiefer und tiefer hinabgelangt, in den Bereich, wo die vulkanischen Kräfte der Erde den Ton mit Hitze und Druck in Schiefer verwandelten. Die stellten ihn senkrecht und hoben ihn schließlich aus der Erde heraus, sodass die Brandung das Gestein abrasieren konnte. Dann kehrten sich die vulkanischen Kräfte wieder um. Das Meer wurde erneut tiefer, Sand lagerte sich auf der alten Schnittfläche ab. Auch der versank, wurde zusammengepresst und schließlich so hoch emporgehoben, dass ihn nun Wind und Wetter angriffen … Die Kräfte, um die es hier geht, entstehen durch die vulkanische Glut – so Hutton und Playfair.

Huttons geologische Welt ist eine große Maschine, die von der Hitze im Erdinneren angetrieben wird. Sedimentstapel werden dort zu Magma aufgeschmolzen, das Steine über sich von unten her zusammenpresst, verformt und hochdrückt, sodass ein neues Gebirge entsteht. Erdbeben und Vulkanausbrüche sind Symptome dieses Geschehens. Später graben sich Flüsse in das Gebirge ein, schleppen den Verwitterungsschutt ins Meer und der Kreis schließt sich: Alles beginnt von Neuem.

Dazu, wie lange dieser Kreislauf die Erde prägt, schwieg Hutton zunächst. Dass er endlos sein konnte, gefiel ihm als ausgebildetem Mediziner mit einer Dissertation zum Thema Blutkreislauf ausnehmend gut. Allerdings bot er damit seinen Kritikern angesichts der Macht des seligen Herrn Ussher eine geradezu ideale Angriffsfläche. Hutton lästere Gott, schimpften die Anhänger des anglikanischen Theologen: »Die abwegige und unnatürliche Vorstellung von der Ewigkeit der Erde führt zuerst zur Skepsis und schließlich zu völliger Ungläubigkeit und zu Atheismus.« Nein, Huttons Theorie sei gegen alle Vernunft.

Hutton war tief gekränkt. Seine Freunde rieten ihm, seine Gedanken und Beweise ausführlich darzustellen: in *The Theory of the Earth (Die Theorie der Erde),* deren erste 1000 Seiten er 1795 veröffentlichte. Darin schrieb er: »No vestiges of a beginning, no prospect of an end« – Anfang und Ende liegen außerhalb des Blickfelds der Wissenschaft. Hutton war damals schwer erkrankt, sein Zustand kritisch, er musste sogar operiert werden. Von diesem Eingriff erholte er sich nie wieder, die starken Schmerzen verließen ihn zeit seines Lebens nicht mehr. Der Text, den er in diesem Zustand schrieb, ist unendlich schwerfällig und nebulös. Selbst eingedenk der Lesegewohnheiten jener Tage: Wer wollte sich durch so etwas kämpfen? Seine Erkenntnisse drohten verloren zu gehen.

Nach Huttons Tod jedoch nahm sich John Playfair der Arbeit an, brachte das Ganze in eine verständliche Form und veröffentlichte es unter dem Titel *Illustrations of the Huttonian Theory of the Earth (Erläuterungen zur Hutton'schen Theorie der Erde)* – und auf dieser Grundlage arbeiteten die Geologen künftiger Generationen weiter.

Die forschenden Gentlemen

So seltsam sich die Ideen der Neptunisten aus heutiger Sicht auch anhören, einen Vorteil hatten sie gegenüber Huttons Kreislauf: Die Zeit hatte eine Richtung, von Alt nach Jung, sie war im Fluss. Dieser Zeitfluss von Alt nach Jung stand im späten 18. und im 19. Jahrhundert im Zentrum der neuen Bemühungen, die Erdgeschichte in Kapitel zu unterteilen. Auch wenn die Geologen keinen Schimmer hatten, wie alt die Erde sein mochte, machten sie sich doch daran, Ordnung in die Steine zu bringen. Es waren vor allem britische, wohlhabende und oft exzentrische Gentlemen – übrigens gerne auch Geistliche, für die die Beschäftigung mit Naturwissenschaften als angemessener Zeitvertreib galt –, die sich nach Stenos Prinzipien anhand von Versteinerungen ans Werk machten: Sie ordneten die Erde nach Fossilienzonen. Das funktioniert, weil die meisten Tier- und Pflanzenarten entstehen und wieder verschwinden. Deshalb verändert sich zwischen den Schichten das

»Bild« in den Steinen, die Erdgeschichte wird lesbar wie ein Buch. Und weil dankenswerterweise einige Lebewesen wie die Ammoniten oder Trilobiten sehr schnell neue Formen hervorbrachten, lässt sich die verflossene Zeit recht fein untergliedern – meistens jedenfalls.

Es war genau das, wonach es sich anhört: eine Sisyphusarbeit. Mal durchnässte der Regen die Herren bis auf die Haut, mal litten sie unter der glühenden Sonne und ihr Schweiß vermischte sich mit dem Staub. Sie rutschten aus, wenn sie über schlüpfrige Felsen krabbelten, und ruinierten sich ihre dunklen Anzüge in Höhlen und Steinbrüchen. Die klebrigen Spinnweben und der verschmierte Dreck werden ihre Gattinnen und vor allem die Angestellten schier zur Verzweiflung gebracht haben. Mücken überfielen und zerstachen die Gentlemen, aber das machte alles nichts, denn Geologie war im 19. Jahrhundert groß in Mode – und verlangte von ihren Anhängern nun einmal eine gewisse Leidensfähigkeit.

Die Strapazen der Feldforschung mit all ihren Widrigkeiten waren zu vernachlässigen angesichts der verbissenen Diskussionen darüber, ob eine bestimmte Ablagerung nun in die eine Zeit einzuordnen sei oder in eine andere. Das Erarbeiten der Einteilung und das Zuordnen der Schichten kosteten immens viele Nerven, denn sie führten oft zu heftigen Streitgesprächen, wütenden Briefwechseln und polemischen Artikeln. Aus Freunden wurden erbitterte Feinde, die sich gegenseitig die Krätze an den Hals wünschten.

Legendär war die Auseinandersetzung zwischen Adam Sedgwick aus Cambridge und dem Schotten Roderick Murchison. Jeder der beiden beanspruchte eine bestimmte Gesteinsschicht für sich: Für Sedgwick gehörte sie in die Zeit des Kambriums, für Murchison ins Silur. Was 1835 mit einer gemeinsamen Veröffentlichung begann und zunächst in eine Diskussion unter Gentlemen mündete, endete in einer Schlammschlacht. Die wurde 1897 beigelegt, indem eine neue Periode in die Erdgeschichte zwischen Kambrium und Silur eingefügt wurde, das Ordovizium. Aber das erlebten die beiden Kampfhähne nicht mehr. Es war Charles Lapworth – ein Geologe mit scharfem und pragmatischem Verstand, der wie Nicolaus Steno nur seinen eigenen Augen traute –, der das salomonische Urteil fällte und rund 50 Millionen

Jahre Erdgeschichte nach dem keltischen Stamm der Ordovizier benannte. Ohne ihn hätten die Debatten wohl noch sehr viel länger gedauert …

Im Grunde entzündete sich dieser Streit an der schlichten Tatsache, dass die Welt nicht überall gleich ist und die Lebensräume ihre eigenen Tiere und Pflanzen besitzen. Niemanden erstaunt, dass ein See andere Bewohner hat als das Meer. Die in den Tropen unterscheiden sich von denen am Nordpol, in der Tiefsee sind es andere als am Strand … Das Ganze aus Millionen von Jahre alten Steinen herauszulesen, ist jedoch nicht ganz so einfach – vor allem, wenn man dabei Steine miteinander in Beziehung zu setzen versucht, die weit auseinanderliegen. Um herauszufinden, ob sie überhaupt etwas miteinander zu tun haben, braucht man etwas, mit dem sich die Schichten miteinander in Beziehung setzen lassen. In den Meeren zum Beispiel gibt es Tiere, die zu einer bestimmten Zeit überall vorkommen – und zwar nur dann. Findet man sie, hat man Glück. Aber was ist, wenn sie nicht da sind? Richtig schwierig wird es, wenn man das Land einbindet und beweisen möchte, dass die uralten Flussablagerungen von Strömen stammen, die in das längst verschwundene Meer mündeten, dessen Steine man andernorts untersucht hat. Vielleicht findet man in den Felsen das Flussdelta, das beide Bereiche miteinander verband. Oder ein Vulkanausbruch hat im Meer und an Land eine Aschelage hinterlassen, die als Zeitmarke dient. Noch heute, wo die Geologen auf der Arbeit ihrer Vorgänger aufbauen und mit vielen modernen Messgeräten die Steine datieren, ihre magnetische Ausrichtung erkennen, mit Mikrofossilien und geochemischen Fingerabdrücken arbeiten, kann dieses »Gleichschalten der Uhren« durchaus anspruchsvoll sein. Damals war jede Einordnung eine bewunderungswürdige Leistung.

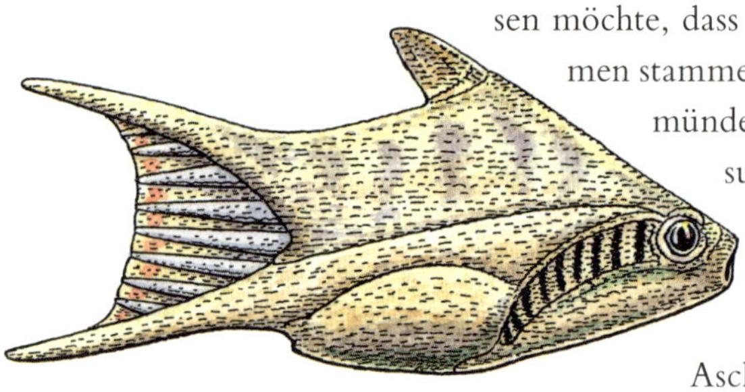

Die Furcacauda *gehören zu längst ausgestorbenen, kieferlosen Fischen, die zwischen 440 und 370 Millionen Jahren vor unserer Zeit durch die Meere geschwommen sind, vom Ordovizium bis ins Devon.*

Es war eine Meisterleistung, als die Geologen des 19. Jahrhunderts die Erdgeschichte mit Etiketten wie Kambrium, Ordovizium, Silur oder Devon versahen. Aber keiner von ihnen konnte sagen, welche Zeiträume sich dahinter verbargen. Obwohl die geologische Zeitskala allmählich die biblische verdrängte, wusste niemand, wann die Trilobiten im Kambrium aufgetaucht waren, die ersten Urhaie im Devon oder die Mammuts des Quartärs. Wenn damals ein Geologe ein Dinosaurierskelett aus dem Boden kratzte, konnte es ebenso gut 10 000 Jahre alt sein wie 100 000 oder 100 Millionen. Es gab keine Möglichkeit, das zu bestimmen.

Zwar hatte der Comte de Buffon seinerzeit mit 75 000 Jahren einen ersten Versuch der Bestimmung des Erdalters vorgelegt, aber damit war er noch weit entfernt von der Realität. Das erschien auch den Wissenschaftlern des 19. Jahrhunderts so. Sie glaubten, dass seit der Entstehung der Welt mindestens einige Millionen, vielleicht sogar einige Zehnmillionen Jahre vergangen sein mussten. So ging zum Beispiel der britische Geologe Charles Lyell davon aus, dass die Erde von genau denselben langsamen Prozessen geformt worden sei, die auch heute noch wirken. Das bedeutete, dass sie noch sehr viel älter sein musste, als man es sich vorstellen konnte. Charles Darwin pflichtete seinem Freund und Vorbild Lyell bei und erkannte, dass die Evolution über lange Zeiträume hinweg die heutige Lebenswelt geschaffen hat: 1859 verkündete er in der *Entstehung der Arten,* dass die Erosion allein für die Erschaffung der südenglischen Landschaft Weald 306 663 400 Jahre gebraucht habe. Eine überraschend konkrete Aussage, die so viel Streit auslöste, dass er sie aus der dritten Auflage seines Buchs tilgte. Warum noch eine Front aufmachen? Alle anderen Auseinandersetzungen waren schon schwierig genug.

Mit seiner Aussage zum Weald hatte Darwin jedoch einen Gegner auf den Plan gerufen: William Thomson, der als Lord Kelvin in die Wissenschaftsgeschichte eingehen sollte. Kelvin war einer der begnadetsten Denker seiner Zeit: Er entwickelte nicht nur die nach ihm benannte absolute Temperaturskala, sondern auch Verstärker, mit denen man Telegramme über die Ozeane schicken konnte. Für die Seemacht Großbritannien höchst bedeutsam, verbesserte er mit seinen Erfindungen Schifffahrt und Navigation und er schrieb Dutzende von theoretischen Arbeiten über Elektromagnetismus, Mechanik, Thermodynamik und vieles mehr. Weil ihm alles, was er anpackte, zu gelingen schien, machten ihn die Probleme mit der Bestimmung des

William Thomson, 1. Baron Kelvin (1824–1907), griff in die Debatte um Darwins Evolutionstheorie ein. Er hielt die Erde für zu jung, als dass sich die Tiere und Pflanzen langsam und stetig hätten entwickeln können.

Erdalters schier verrückt. Er wollte Darwins Annahme einer uralten Erde widerlegen: teils aus religiöser Überzeugung, teils, weil die Sonne seiner Ansicht nach einfach nicht alt genug sein konnte, damit sich die Erde so langsam verwandelte, wie Lyell und Darwin behaupteten. Damals war die Kernfusion, die in der Sonne Wasserstoff zu Helium verschmilzt, noch unbekannt. Kein Wunder also, dass sich die Gelehrten die Frage stellten, woher der Brennstoff für die Hunderte von Millionen oder gar Milliarden von Jahren kommen sollte. Das alles erschien vollkommen unmöglich. Und so wollte auch Kelvin das Alter der Erde über ihre Abkühlung berechnen, galten doch die Gesetze der Thermodynamik seit Anbeginn des Universums.

Seine Lordschaft erklärte, dass die Erde nach der Entstehung des Sonnensystems vor einer moderaten Anzahl von Jahrmillionen zu heiß für Leben gewesen sei und sich erst vor relativ kurzer Zeit von einem rot glühenden Planeten in eine Welt mit Meeren, Flüssen und Seen verwandelt habe. 1862 schätzte er das Erdalter auf 25 bis 400 Millionen Jahre ein und 1897 auf 20 bis 40 Millionen Jahre. Er ahnte nicht, dass die Entdeckung der Radioaktivität 1896, im Jahr zuvor, seine Kalkulationen bald Makulatur werden lassen sollte – zum einen, weil der radioaktive Zerfall die Erde aufheizt, was seine Berechnungen verdarb, zum anderen, weil sie die Grundlage für eine exakte Datierungsmethode bildete.

Die Geologie »rechnet« in Milliarden und Millionen von Jahren. Die Zeiträume sind unvorstellbar groß: Würde man die gesamte Erdgeschichte in 24 Stunden pressen, erschiene der Mensch erst in den letzten Sekunden vor Mitternacht.

Es war 1911, als der 21-jährige Doktorand Arthur Holmes am Imperial College in London eine erste Methode entwickelte, um das Phänomen des radioaktiven Zerfalls für die Altersbestimmung von Gesteinen zu nutzen. Holmes hatte kaum Geld und seine Geräte waren sehr, sehr einfach. Trotzdem gelang es ihm 1913, das Alter der Erde auf etwa 1,6 Milliarden Jahre abzuschätzen. Das ist zwar, wie man heute weiß, weit gefehlt, aber er kam damit auf ein wesentlich höheres Alter, als seine Kollegen es für möglich hielten.

Dementsprechend heftig wurde Holmes von ihnen attackiert. 1915, auf der Tagung der Britischen Geologischen Gesellschaft in London, bestanden die anderen Wissenschaftler darauf, dass die Erde unmöglich älter als 100 Millionen Jahre sein könne. Holmes hatte einen sehr schweren Stand, weshalb er nach seiner Promotion 1920 resigniert

Äon	Ära	System I Epoche		Alter (Mio. Jahre)
Phanerozoikum	Känozoikum (Erdneuzeit)	Neogen	Holozän	0,01
			Pleistozän	2,588
			Pliozän	5,332
			Miozän	23,03
		Paläogen	Oligozän	33,9
			Eozän	55,8
			Paläozän	65,5
	Mesozoikum (Erdmittelalter)	Kreide	obere	99,6
			untere	145,5
		Jura	oberes	161,2
			mittleres	175,6
			unteres	199,6
		Trias	obere	228
			mittlere	245
			untere	251
	Paläozoikum (Erdaltertum)	Perm		299
		Karbon		359,2
		Devon		416
		Silur		443,7
		Ordovizium		488,3
		Kambrium		542
Präkambrium	Proterozoikum	Neoproterozoikum (Neues Proterozoikum)	Ediacarium	635
			Cryogenium	850
			Tonium	1000
		Mesoproterozoikum (Mittleres Proterozoikum)		1600
		Paläoproterozoikum (Frühes Proterozoikum)		2500
	Archaikum			4000
	Hadaikum			4600

● *33,5 bis heute* Känozoische Eiszeit

✱ 65 Kreide-Paläogen Massenaussterben

✱ 205 Triassisch-Jurassisches Massenaussterben

▲ *ab 210* erste Säugetiere

✱ 251 Permo-Triassisches Massenaussterben

▲ erste Reptilien

● *360 – 260* Karoo-Eiszeit

✱ *375 – 360* Spät-Devonisches Massenaussterben

▲ erste Amphibien

✱ *450 – 440* Ordovizisch-Silurisches Massenaussterben

● *460 – 420* Anden-Sahara-Eiszeit

▲ erste Fische

● *582 – 580* Gaskiers Eiszeit

● *650 – 635* Marinoische Eiszeit

● *750 – 700* Sturtische Eiszeit

▲ *ab 1500 (?)* erste Grünalgen

▲ *ab 2100 (?)* älteste vielzellige Tiere

● *2400 – 2100* Huronische Eiszeit

▲ *ab 2700 (?)* erste Cyanobakterien

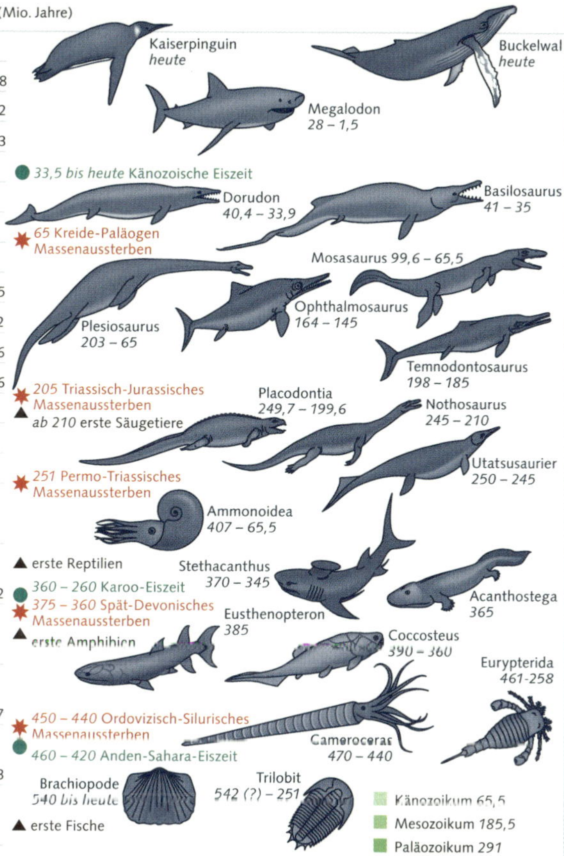

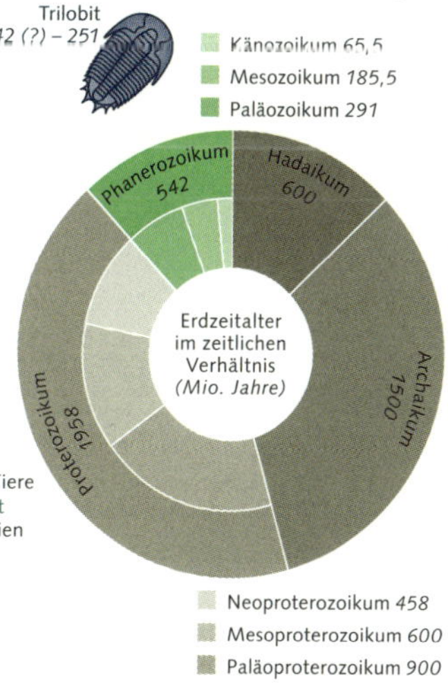

einen Job bei einer Ölfirma annahm und nach Burma ging: Schließlich musste er Frau und Kind ernähren und konnte sich den Luxus der Forschung nicht länger leisten. Zum Glück für die Wissenschaft ging das Unternehmen pleite und Holmes kehrte nach Großbritannien zurück, um Geologie zu lehren. Durch die Weiterentwicklung der Messgeräte kam er 1946 zu dem Schluss, dass die Erde mindestens drei Milliarden Jahre alt sein müsse, wahrscheinlich aber noch älter. 1956 dann hatte er Pech: Clair Patterson vom California Institute of Technology veröffentlichte das wahre Erdalter von 4,5 Milliarden Jahren – sehr schade für Holmes, den Erfinder der radiometrischen Datierung.

Die 4,5 Milliarden Jahre sind zwar schon eine recht genaue Angabe, aber für den Geschmack der modernen Wissenschaftler längst nicht exakt genug. Immer genauer kreisen sie das Erdalter ein und deshalb laufen in modernen Laboratorien Massenspektrometer, die mit großem technischem Aufwand die Isotope nach ihrem Gewicht trennen und messen, wie viel davon haargenau in einer Probe ist. 2010 kam ein Team aus Forschern der Universitäten Münster und Cambridge sowie der Eidgenössischen Technischen Hochschule Zürich zu dem Schluss, dass die Erde 4,44 bis 4,51 Milliarden Jahre alt ist.

DIE TIEFE DER ZEIT MESSEN

Materie besteht aus den Atomen chemischer Elemente und jedes Atom eines Elements trägt dieselbe Zahl positiv geladener Teilchen im Kern. Diese Protonen werden von neutralen Teilchen gegeneinander isoliert, damit der Atomkern nicht auseinanderfliegt. Das sind Neutronen und bei ihnen erlaubt sich die Natur einige Freiheiten: Ihre Zahl kann höher sein als unbedingt erforderlich – und deshalb gibt es Isotope: unterschiedlich schwere Varianten eines chemischen Elements.

Nun sind nicht alle diese Varianten stabil. Einige zerfallen radioaktiv, wobei sie sich – der Traum aller Alchimisten – in ein anderes Element umwandeln. Diese instabilen Atome heißen Radionuklide. Auch wenn für jedes einzelne von ihnen der Moment, in dem es zerfällt, reiner Zufall ist, ändert sich das Bild, sobald man die Summe betrachtet: Nach einer für jedes Radionuklid typischen Zeit ist die Hälfte des Ausgangsmaterials verschwunden. Diese Halbwertszeit ist das Geheimnis hinter der absoluten Altersbestimmung. Weil manche Radionuklide innerhalb von Sekundenbruchteilen zur Hälfte verschwunden sind, während andere dafür Jahrmilliarden brauchen, gibt es für jeden Zeitraum die passende »Uhr«.

Wie ein Planet entsteht

Die Erde ist genauso alt wie der Mond. Das ist kein Zufall: Der gängigen Theorie nach entstand der Mond, als ein Planet namens Theia, so groß wie der Mars, in die Erde raste, und diese Kollision fand vor 4,51 bis 4,44 Milliarden Jahren statt. Sie war verheerend und die Erde hatte Glück, dass sie sie überstand. Allerdings sind Kollisionen die Methode, mit der grundsätzlich Steinplaneten im inneren Sonnensystem wachsen. Fliegen zwei Staubkörner mit der richtigen Geschwindigkeit ineinander, bleiben sie aneinander haften. So wachsen sie zu Sandkörnern, die mit anderen Sandkörnern zusammenstoßen und zu Steinchen verkleben, zu Steinen, zu Felsbrocken. Wieder und wieder rasen sie ineinander. Sind sie zu schnell, zerbrechen sie und der Schutt bekommt mit anderen Zufallsbruchstücken eine neue Chance. Sind zwei Kontrahenten zu langsam, spielen sie kosmisches Billard und der Leichtere wird vom Gewichtigeren auf neue Bahnen geschubst, wo er dann wieder auf andere Brocken trifft und für eine gewisse Durchmischung des planetaren Baumaterials sorgt.

Arthur Holmes gehört zu den Pionieren der absoluten Altersbestimmung. 1913 – noch bevor er seinen Doktortitel erhielt – schlug er eine geologische Zeitskala vor, die er mithilfe von radioaktiven Datierungsmethoden erstellt hatte.

So wachsen aus Felsbrocken Planetenkeime oder Planetesimale, die einen Durchmesser von mehreren Kilometern haben. Zunächst sind sie noch unregelmäßig geformt. Doch die Wucht der andauernden Einschläge lässt ihr Inneres schmelzen, ebenso die große Menge an kurzlebigen radioaktiven Elementen in ihnen, deren Zerfall sie aufheizt. Die Schwerkraft tut dann ein Übriges: Aus unregelmäßig geformten Planetesimalen werden runde Protoplaneten. Je mehr die heranwachsen, desto größer wird ihre Anziehungskraft. Jetzt gehen sie »gezielt« auf die Jagd nach kleineren Planetesimalen und ziehen sie an: Planeten wie die Erde wachsen, indem sie große Brocken »verschlingen« – sie sind Kannibalen.

In dieser Zeit sind die Planetenkörper weich, vielleicht sogar teilweise geschmolzen. Leichte Elemente wie Magnesium und Kalzium schwimmen auf, bilden die erste Kruste, die immer wieder durch kosmische Bomben zerfetzt wird. Gleichzeitig sickern schwere Elemente wie Eisen und Nickel hinab und bilden den flüssigen, metallischen Planetenkern. So war es auch auf der Protoerde. Und es war während

KOSMISCHE KÄMPFE

Theia und die Erde sollen mit einer Geschwindigkeit von rund 39000 Stundenkilometern ineinandergerast sein. Die Wucht des Einschlags zerschmetterte Theia und zerrüttete die größere Erde zutiefst. Gestein verdampfte. Magma spritzte in feurigen Fontänen bis in den Weltraum hinauf, ebenso Asche und Staub. Ein Ring aus Trümmern kreiste um die Erde, über die Wogen aus glühendem Magma rollten. Aus diesem Trümmerring wuchs der Mond nach dem Kollisionsprinzip in vielleicht 18000 oder 25000 Kilometern Entfernung von ihr. Einer Modellrechnung zufolge dauerte es ein bis höchstens 100 Jahre, dann flog der junge Mond als geschmolzene Feuerkugel um die Erde. Er sammelte noch ein Weilchen den restlichen Schutt und kühlte ab. Nach weniger als 20 Millionen Jahren war er wohl fertig. Die Kollision zwischen Theia und der Urerde markiert die Geburtsstunde von Erde und Mond. Die Erde verleibte sich dabei lediglich einen Teil Theias ein, das meiste ging an den Mond, an den auch unsere Erde etwas von sich abgab.

dieser letzten Phase, als es zum Showdown zwischen ihr und ihrem Schwesterplaneten Theia kam.

Die Erde siegte und erhielt dafür den Mond. Sie war nun fertig. Was dann passierte, ist schwer zu entschlüsseln. Es gab eine Zeit, als von weit draußen zahllose Kometen ins innere Sonnensystem eindrangen und auf den Planeten einschlugen. Auf der Erde hat die Plattentektonik die Spuren dieses »Großen Kosmischen Bombardements« längst verwischt, aber auf Mond und Mars blieben sie erhalten. Und so konnte das Ereignis dank der Proben datiert werden, die die Apollo-Astronauten Ende der 1960er- und Anfang der 1970er-Jahre von ihren sechs geglückten Mondmissionen zurückgebracht haben – und zwar auf 3,9 bis 3,8 Milliarden Jahre vor unserer Zeit.

Die Zeit zwischen der Kollision mit Theia und dem Großen Kosmischen Bombardement wurde 1972 Hadaikum genannt: eine 600 bis 700 Millionen Jahre währende irdische Kinderstube, benannt nach Hades, dem Totenreich der griechischen Mythologie. Die Erde soll ein lebensfeindlicher Ort gewesen sein: höllisch aufgeheizt durch schwere Meteoriteneinschläge und den intensiven radioaktiven Zerfall in ihrem Inneren. Eine sehr dünne Haut aus Stein soll den glutheißen Planetenkörper überzogen haben, immer wieder durchbrochen von Lavaströmen und zerfetzt durch die Einschläge aus dem All. Allerdings sollen

Einer Theorie zufolge entstand der Mond, als ein marsgroßer Planet mit der Protoerde kollidierte. Der fremde Planet, der das Ganze nicht überstand, erhielt den inoffiziellen Namen Theia – nach der Titanin, die in der griechischen Mythologie die Mondgöttin Selene gebar.

die Kometen, die das Hadaikum beendeten, das irdische Wasser angeliefert haben und damit die Möglichkeit, dass sich irgendwann Leben entwickeln konnte.

Das Bild schien klar. Dann traten Ungereimtheiten auf. Einer der Gründe: Von seinem chemischen Fingerabdruck her stammt das Gros des irdischen Wassers eher aus dem Inneren des Sonnensystems als aus den Tiefen des Raums, wo die Kometen zu Hause sind.

Lesen in den Spuren der Zeit

Wasser wäre damit also viel länger schon Teil der Erde als gedacht. Darauf deuten auch die ältesten Spuren hin, die bislang auf der Erde gefunden werden konnten: die Zirkone aus den westaustralischen Jack Hills. Die noch nicht einmal stecknadelkopfgroßen Kristallsplitter, die dort in einem viel jüngeren Sandstein aus groben weißlichen Quarzkörnern stecken, sind mehr als vier Milliarden Jahre alt. Der älteste von ihnen bringt es auf 4,405 Milliarden Jahre. Als er entstand, war die Erde höchstens 100 Millionen Jahre jung – sozusagen gerade erst entstanden.

Wenn die Geologen die Isotopenzusammensetzung dieser uralten Zirkone richtig interpretieren, erzählen diese winzigen Kristalle, dass die Erde nach ihrem Entstehen sehr schnell abgekühlt sein muss: Innerhalb von gerade einmal 100 Millionen Jahren könnte es flüssiges Wasser auf ihr gegeben haben – und damit vielleicht auch Meere. Diese Meere müssen stabil gewesen sein, weil alle Methusalemzirkone den Fingerabdruck von Wasser tragen: Selbst große Einschläge dürften das System Erde dann nur für kurze Zeit gestört haben.

Wie gesagt: falls die Interpretation der Messwerte stimmt. Es ist notorisch schwierig, aus der Analyse eines Tausendstel Millimeter winzigen Bereichs in einem Kristall eine ganze Welt entstehen zu lassen. Aber die nächstjüngeren, sicher datierten und gut analysierten Gesteine, die etwas über das Geschehen an der Erdoberfläche erzählen, sind sehr viel jünger: Es ist der Meeresboden von Isua, einem einsamen Landstrich in Westgrönland, etwa eine Helikopterflugstunde von der

KOSMISCHE WASSERTRÄGER

Die Frage, woher das irdische Wasser stammt, ist Gegenstand langer und heftiger wissenschaftlicher Dispute. Es gibt zwei Theorien. Zum einen könnte das Wasser bei der Planetenentstehung gleich mit eingebaut und zum anderen eben von den Kometen angeschleppt worden sein. Letztere sind im Grunde schmutzige Schneebälle und gäben ideale »Wasserträger« ab.

Wenn sie dieses Rätsel lösen wollen, bleibt den Forschern nur die Aussagekraft von Isotopen, da die verschieden schweren Varianten ein und desselben Elements unterschiedlich auf Umweltbedingungen reagieren. In diesem Fall geht es um Wasserstoffisotope, die Hauptbausteine des Wassers. Kometen entstehen weit draußen im Sonnensystem. Dort ist es kälter als in der Heimat der Asteroiden zwischen Mars und Jupiter, sodass die Wasserstoffisotope beider Zonen unterschiedliche Signaturen besitzen.

Vergleicht man die Signaturen der Wassermoleküle in den Weltmeeren mit denen der Kometen Hale-Bopp, Hyakutake oder Halley, scheint keiner der drei zu passen und als »Wasserträger« infrage zu kommen. Vielmehr schien das Gros des irdischen Wassers aus lokalen Quellen zu stammen, unter Zulieferung von Asteroiden aus der Region zwischen Mars und Jupiter. Erst mit 103P/Hartley 2 identifizierten die Forscher erstmals einen Kometen, dessen Wasser ein ähnliches Verhältnis von schwerem zu normalem Wasserstoff aufweist wie irdisches: »Während es bislang so aussah, als ob weniger als zehn Prozent des irdischen Wassers von Kometen stammen könnte, kommen Kometen vom Typ eines Hartley 2 ebenso wie die Asteroiden als Wasserlieferanten in Betracht«, erklärt Paul Hartogh vom Max-Planck-Institut für Sonnensystemforschung in Katlenburg-Lindau, der diesen Kometen mit dem Herschel-Weltraumteleskop beobachtet hat. Falls 103P/Hartley 2 kein kosmischer Einzelgänger sei, sondern sich noch andere Kometen mit dieser Signatur fänden, müsse die »Wasserrechnung« noch einmal neu aufgestellt werden.

ZIRKONE SIND FÜR DIE EWIGKEIT GEMACHT

In Zirkonen bleibt der Moment ihres Entstehens »eingefroren«. Der Grund: Es gibt nur sehr wenige Prozesse tief im Erdinneren, die einen Zirkon wieder vernichten können. An der Erdoberfläche ist er unzerstörbar. Von Wind und Wasser kann er über große Distanzen transportiert und in neue Sedimente eingebettet werden, ohne dass er sein chemisches Gedächtnis verliert. Deshalb werden diese Kristalle inzwischen eifrig als Zeugen der irdischen Frühgeschichte analysiert.

Sie zu finden ist nicht einfach. Hunderte von Kilogramm an Probenmaterial werden abgeschlagen, verpackt, in die Labors geschafft, vorsichtig in Mörsern gebrochen. Dann werden die hellen, durchsichtigen Zirkone aussortiert, die für die Messungen taugen. Sie landen in speziellen Ionensonden, die ihr Alter ermitteln – und zwar punktgenau, mit einem Messbereich von wenigen Tausendstelmillimetern. Damit die Resultate zuverlässig sind, müssen die einzelnen Zonen Dutzende Male analysiert werden. Denn Zirkone wachsen in Schüben über Jahrmillionen hinweg. Wachstumszonen entstehen, die wie Baumringe die Geschichte des Kristalls erzählen.

Über einen Bildschirm wird das Zielgebiet auf dem Zirkon eingestellt und ein Strahl aus elektrisch geladenen Ionen darauf fokussiert. Der schlägt Uran- und Blei-Ionen aus dem Zirkon heraus, die beschleunigt, durch ein starkes Magnetfeld sortiert und am Ende gezählt werden. Das Verhältnis zwischen den diversen Uran- und Bleiisotopen verrät das Alter.

grönländischen Hauptstadt Nuuk entfernt. In Isua lässt sich die ferne Vergangenheit anfassen. Es sind Steine, ein ganzes System von Steinen, eine fossile Landschaft.

Dort hatten Geophysiker Mitte der 1960er-Jahre am Rand des Inlandeises vom Flugzeug aus eine starke magnetische Anomalie gemessen. Sogar der Kompass der Maschine spielte verrückt. Die Ursache dafür war ein schwarzer Berg, der aus dem Gletscher ragte: Iron Mountain – ein Klotz aus reinem Bändereisenerz, das nur in der Frühzeit der Erde entstand, bevor sich die Luft dank der Aktivität von Bakterien und später von Algen mit freiem Sauerstoff zu füllen begann.

Als die Geologen der Kryolit-Marcona-Bergwerksgesellschaft ein paar Jahre später das Gebiet näher untersuchten, fanden sie erstaunliche Gesteine, über die sie auch in der Kneipe redeten, wenn sie denn einmal in der Zivilisation waren. Dort trafen sie eines Abends die beiden Geologen Stephen Moorbath von der University of Oxford und Vic McGregor. Der Neuseeländer McGregor arbeitete schon eine Weile in Nuuk, das damals noch Godthåb hieß. Er sollte die Gegend für den

In Isua, etwa eine Helikopterflugstunde von der grönländischen Hauptstadt Nuuk entfernt, ist ein Stück 3,8 Milliarden Jahre alter Meeresboden erhalten geblieben.

Geologischen Dienst Dänemarks kartieren. Man unterhielt sich und Isua weckte die Neugier der beiden jungen Wissenschaftler. Sie wussten jedoch, dass es schwierig war, dorthin zu kommen. Man brauchte eine Genehmigung der dänischen Regierung und die erteilte sie immer nur sehr ungern, erinnert sich Stephen Moorbath. Die beiden wollten jedoch unbedingt mit eigenen Augen sehen, was die anderen ihnen erzählten. Man war unter Kollegen, verstand sich gut und so machten sich die zwei eines Tages in dem kleinen Boot, das Vic McGregor für seine Kartierungen benutzte, auf: Sie fuhren den eisbergübersäten Godthåb-Fjord hinauf, um zum Treffpunkt zu gelangen, an dem der Helikopter auf sie wartete. So begann 1971 die Erforschung des Grünsteingürtels von Isua.

Als die nahen Gletscher den Grünsteingürtel von Isua vor gar nicht allzu langer Zeit freigegeben haben, ließen sie an den Flanken der Berge Moränen zurück. Zeugen dieser Zeit sind auch die riesigen Blöcke, die wie Perlen auf den Hügelketten aufgereiht sind. Die abschmelzenden Gletscher haben sie dort liegen gelassen. Im Sommer, wenn der Schnee sich nur noch in kargen Resten in schattigen Niederungen halten kann, regiert hier das Wasser: Rinnsale wispern durch Gras und Kräuter, fließen in rauschende Bäche, die in den Tälern dunkle Seen speisen und schließlich in die reißenden Flüsse münden, die aus den

Vor 3,8 Milliarden Jahren floss in Isua Lava ins Meer, die beim Kontakt mit dem Wasser Kissen bildete – so wie heute beispielsweise auf Hawaii. Die uralten Kissenlaven verrieten den Geologen, dass es auf der Erde sehr viel früher Wasser gegeben hat, als man in den 1960er-Jahren gedacht hatte.

großen türkisblauen Gletscherseen strömen. Und dazwischen gibt der Vegetationspelz die Steine frei, die die Geologen hierherlocken.

Der Datierungsspezialist Stephen Moorbath bestimmte das Alter der mitgenommenen Proben und kam auf bis zu 3,8 Milliarden Jahre – oder anders, 3800 Millionen oder 3800000000 Jahre. Ein Alter, das nicht nur Nicolaus Steno mit Sicherheit sehr überrascht hätte.

Isua ist ein ungeheurer Glücksfall. Die meisten Gesteine aus der Frühzeit der Erde sind längst wieder im Erdinneren verschwunden, wo sie aufgeschmolzen und vielleicht durch Vulkane zu neuem Gestein recycelt worden sind. Die Zeiträume, um die es hier geht, sind so gewaltig, dass die Erosion auch diese »neuen« Steine fast immer schon lange wieder in ihre Bestandteile zerlegt hat. Und selbst die Sedimente, die sich daraus formten, sind fast alle schon lange wieder Teil des Kreislaufs geworden. Auf der Erde gibt es nur einen oder zwei Orte, von denen wir wissen, dass es dort mit Sicherheit ältere Gesteine als die von Isua gibt: Einer ist der Acasta-Gneis im Nordwesten Kanadas. Er bringt es auf 4,04 Milliarden Jahre. Aber dieser Gneis entstand aus Magma tief im Inneren der Erde und seine geologische Geschichte hat ihn stark beansprucht und verändert. Als Zeuge der Frühzeit taugt er nicht mehr. Darüber wiederum, wie alt der Nuvvuagittuq-Grünsteingürtel an der Hudson Bay ist, gehen die Meinungen stark auseinander. 2008

FLÜSSIGES WASSER – ODER DAS LOB DER FRAKTALEN GEOMETRIE?

Als in Isua die Kissenlaven entdeckt wurden, machte der US-Astronom Carl Sagan auf ein Problem aufmerksam: Sterne brennen immer stärker, je älter sie werden. Als in Isua ein Meer brandete, war die junge Sonne rund ein Drittel schwächer als heute. Ein gewaltiger Treibhauseffekt musste verhindern, dass die Erde zum Schneeball gefror. 1972 glaubte Carl Sagan, dass in einer methanreichen Uratmosphäre eine Prise Ammoniak diesen Job besorgte. Aber im harten UV-Licht ist Ammoniak nicht stabil. Also überlegte er, ob vielleicht ein Schleier aus organischen Partikeln die junge Erde umgab: Dieser Dunst könnte das UV-Licht blockiert und den wärmenden Ammoniak geschützt haben. Modellrechnungen zeigten jedoch, dass ein solcher Partikelschleier die Erde weiter abgekühlt hätte.

Die nächste Idee: Das Kohlendioxid aus den auf Hochtouren arbeitenden Vulkanen sorgte für das Megatreibhaus. Die Luft war tatsächlich voll davon, aber geochemische Analysen der ältesten Gesteine zeigen, dass es nicht ausgereicht hätte. Irgendetwas muss den Treibhauseffekt verstärkt haben. Vielleicht Carbonylsulfid, ein farbloses, stinkendes Giftgas aus Sauerstoff, Kohlenstoff und Schwefel, das auch aus den Vulkanen quoll? Die Frage ist offen.

Nach der Entstehung des Lebens machten Mikroorganismen, die Methan produzieren, die Sache einfacher. Hoch oben in der Atmosphäre zerstört Sonnenlicht diese Methanmoleküle ebenso wie Stickstoffverbindungen. Die Fragmente reagieren miteinander, bilden organische Kügelchen, die in tiefere Atmosphärenstockwerke absinken und sich dabei zu Ketten und komplexeren Strukturen zusammenschließen. Das Besondere an diesen Aggregaten: Sie folgen der fraktalen Geometrie, einem sich ständig wiederholenden Grundmuster. Dieser »fraktale Nebel« verhält sich vollkommen anders als der schlichte Partikelschleier, über den Carl Sagan nachgedacht hatte. Er blockiert das kurzwellige UV-Licht, lässt aber den Rest des Sonnenlichts durch, sodass sich die Erde erwärmt. Der Dunstschleier bildet einen Schutzschirm gegen das kurzwellige UV-Licht, sodass das Treibhausgas Ammoniak erhalten bleibt. Davon konnten auch die frühen Lebewesen profitieren, schließlich waren sie der gefährlichen Strahlung nicht mehr schutzlos ausgeliefert.

wurde er auf 4,3 Milliarden Jahre datiert, aber andere Forschergruppen kommen nur auf ein Alter, das dem von Isua gleicht.

In Isua jedenfalls öffnet sich vor den Gletschern ein weites Tal, dessen sommerlich grüne Hänge mit schwarzen Felsen durchsetzt sind. Als die Geologen diese Felsen zum ersten Mal untersuchten, trauten sie ihren Augen nicht: Darin steckten Kissenlaven – also Lava in einer typischen Form, die entsteht, wenn sie unter Wasser erstarrt. Vor ihnen lag ein uralter Meeresboden. Einen Zweifel an der Interpretation kann es nicht geben: Obwohl seit diesem Moment Jahrmilliarden vergangen sind, ist jedes einzelne Kissen immer noch deutlich zu erkennen, selbst die dünne Abkühlungshaut, die durch den Wasserkontakt abgepellt ist – Spuren, die eine Ewigkeit überstanden haben.

Diese Kissenlaven waren damals eine Sensation. »Als ich in den 1970er-Jahren mit der offiziellen Arbeit in Isua angefangen habe, glaubten wir noch, dass es zu dieser Zeit auf der Erde kein Wasser gegeben hat. Wir dachten, sie sei dafür zu heiß gewesen«, erinnert sich Stephen Moorbath. Das Wasser dieses Ozeans von Isua jedenfalls war warm. Und es war voll von gelöstem Eisen, das zusammen mit anderen Metallen aus Black Smokern am Meeresgrund quoll, aus hydrothermalen Quellen, die die zahllosen Vulkane der jungen Erde begleiteten. Das viele Eisen rieselte aus dem Wasser und sammelte sich am Meeresgrund zum Ausgangsmaterial für den 1240 Meter hohen Iron Mountain an. Die Steine von Isua erzählen auch, dass damals Inseln aus dem Wasser ragten, denn neben den Eisenablagerungen entstanden auch Sedimente aus Sand und Silt. Die hatten Wind und Wetter von den Inseln abgetragen und in den Ozean gespült.

Zu Lebzeiten von Nicolaus Steno hätte wohl noch nicht einmal der fantasiebegabteste Dichter ein solches Szenario ersonnen. 1668 war Steno jedenfalls glücklich zu hören, dass der Kanzler der florentinischen Inquisition sein Manuskript von *De solido* zur Zensur an Stenos Freunde geschickt hatte: an Francesco Redi und an Vicenzo Viviani. Beide sollten dem Autor später bescheinigen, dass seine Arbeit nicht nur wissenschaftlich äußerst wertvoll sei, sondern auch von Frömmigkeit zeuge. Aber während der Mathematiker Viviani, der als junger Mann Schüler des alten, blinden Galilei gewesen war, sein Urteil sofort abgab, zauderte Redi.

Vincenzo Viviani (1622–1702) war mit 17 Jahren Mitarbeiter Galileo Galileis geworden und hatte ihn bis zu seinem Tod begleitet. Als die Kirche 1737 erlaubte, Galileo mit einem Monument beizusetzen, konnte es in der Santa Croce mit dem von Viviani speziell dafür hinterlassenen Geld errichtet werden.

3

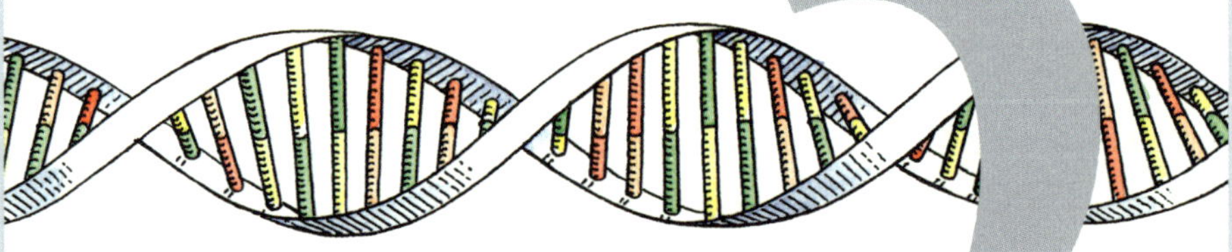

Urknall des Lebens – oder »Alles Leben kommt aus dem Ei«

Nicolaus Steno traf es tief, dass sein Freund Francesco Redi so lange für sein Urteil über *De solido* brauchte. Warum der zögerte, weiß bis heute niemand. Mit der Art der Beweisführung jedenfalls müsste Redi, der durch den Prozess gegen Galilei strikt den persönlichen Glauben von der experimentellen Wissenschaft trennte, sehr zufrieden gewesen sein. Wie Steno wollte Redi, geboren 1626 in Arezzo, Wissenschaft mit nachvollziehbaren Beweisen betreiben, nicht blind glauben oder einfach nur vermuten. Als Gründungsmitglied der Accademia del Cimento hatte er sich das »Prüfen und Überprüfen« auf die Fahnen geschrieben – oder anders: mit Versuchen und logischen Schlussfolgerungen beweisen oder widerlegen. Und: Wie Steno dachte Redi über Dinge nach, die die Leute, denen sie auf der Straße begegneten, erstaunt hätten.

Alle Lebewesen heute setzen die Desoxyribonukleinsäure (DNA) als Trägerin ihrer Erbinformationen – der Gene – ein. Die ersten Lebewesen vor mehr als dreieinhalb oder vielleicht sogar vier Milliarden Jahren werden so etwas Kompliziertes wie die DNA-Doppelhelix wohl nicht besessen haben. Wie sie ihre Erbinformationen weitergaben, ist unklar.

Im Juni 1663 beispielsweise war in der Apotheke des Palazzo Pitti eine Kiste voller Schlangen angekommen. Der Großherzog Ferdinand II. und sein Sohn Cosimo bestaunten die seltsame Lieferung, diskutierten, was zu tun sei, falls jemand gebissen würde, und darüber, was es mit dem Schlangengift überhaupt auf sich habe. Redi war hingerissen. Wortreich erläuterte er ihnen seine Pläne: Er wollte experimentell herausfinden, wie Schlangen ihr Gift produzieren. Dazu müsse er jede erdenkliche Art untersuchen. Außerdem brauche er Tauben und Stubenküken. Viele, viele Stubenküken. Manche wollte er beißen lassen, anderen das Gift in kleine Schnitte streichen oder sie mit vergifteten Dornen stechen.

Die Arbeit begann. Als Erstes ging Redi der Vermutung nach, dass das Schlangengift in der Galle der Reptilien entstehe – und das war die Chance für seinen Gehilfen Jacopo Sozzi, in die Wissenschaftsgeschichte einzugehen. Anscheinend mit einem eisernen Magen begabt, hatte er Schlangengalle in ein Glas Wasser gerührt, es getrunken und dabei noch nicht einmal das Gesicht verzogen. Ein paar Höflinge taten es Sozzi gleich, auch Hunde und Tauben bekamen das bittere Zeug eingeflößt. Sie alle überlebten und damit schied die Galle aus.

Als Francesco Redi (1626–1697) mit seinen Experimenten die Spontanzeugung widerlegte, eröffnete er die moderne Suche nach den Ursprüngen des Seins.

Als Nächstes nahm sich Redi die Zähne der Schlangen vor und sezierte die Drüsen, die sich dahinter verbargen. Die gelbliche Flüssigkeit, die diese Drüsen absonderten, war vielversprechend. Also griff Jacopo Sozzi sich eine große Viper, zwang das aufgeregte Tier, sein Gift samt Speichel in ein Glas Wein zu spritzen – und trank alles auf einen Zug aus. Am nächsten Morgen wiederholte er das Ganze mit dem Gift von drei Schlangen – »ohne eine Spur von Angst«, wie Redi bemerkte. Getrunken war das gelbliche Zeug also nicht giftig, zumindest nicht in dieser Dosierung und von diesen Schlangen. Aber was passiert, wenn es in die Blutbahn gerät? Jetzt waren die Tauben und Stubenküken dran – und sie starben alle. Allerdings, so stellte Redi anschließend zufrieden fest, schmeckten sie trotz ihres Gifttodes danach genauso gut wie sonst auch.

Noch bevor seine Arbeit *Osservaziono intorno alle vipere (Beobachtungen des Schlangeninneren)* veröffentlicht war, hatte sich Redi bereits dem nächsten Thema zugewandt: Im 17. Jahrhundert (und auch lange danach) galt allgemein, dass Gott für die Erschaffung der »edleren Wesen« zuständig sei. Mit den niederen Kreaturen wie Fliegen und Kröten, Schnecken und Würmern musste er sich nicht abgeben. Die entstanden angeblich jederzeit spontan aus unbelebter Materie wie Schlamm

FRANC^s REDI

EIN MANN MIT VIELEN TALENTEN

Francesco Redi war eine eindrucksvolle Persönlichkeit: gewandt, geistreich, ein hervorragender Experimentator, ein Anhänger Galileo Galileis, in dessen Tradition seine Arbeit stand. Er war der Leibarzt des Großherzogs Ferdinand II. und weit über Florenz hinaus ebenso berühmt für seine prachtvollen Lockenperücken wie für seine wissenschaftliche Neugier. Francesco Redi gilt als der Vater der Mikrobiologie und als der Erste, der systematisch kontrollierte Experimente für die Forschung eingesetzt hat. Aber er hatte auch eine andere Seite, denn er war als Dichter bekannt. Er gehörte immerhin zwei literarischen Gesellschaften an. Bis heute wird sein Loblied *Bacco in Toscana (Bacchus in der Toskana)* verlegt.

oder faulendem Fleisch: Schließlich tauchen nach einem Regen plötzlich überall schleimige Nacktschnecken auf und in totem Fleisch wimmelt es in Windeseile von Maden. Es waren sogar Rezepte im Umlauf, die genau beschrieben, zu welchen Teilen Kot und Fleisch diverser Art gemischt werden müssten, damit Schmetterlinge, Schlangen oder Bienen daraus entspringen. Athanasius Kircher, damals ein weltberühmter Universalgelehrter, vertrat die Ansicht, dass die fruchtbare Kraft der Sonnenstrahlen aus einer »schwangeren Mixtur« von Salz, Schwefel, Quecksilber, Dampf und Hitze Leben entstehen lasse.

Athanasius Kircher (1601/1602–1680) galt als »der letzte Mensch, der alles wusste«. Er veröffentlichte 40 Arbeiten, vor allem zur Orientalistik, Geologie und Medizin. Grenzen zwischen den Disziplinen gab es für ihn nicht und so referierte er in einem Aufsatz über Magnetismus, Anziehungskraft und Liebe.

Aber »wird« Leben einfach so? Aus einer »schwangeren Substanz«, ob sie nun in der Erde oder in der Sonne steckt? Francesco Redi bezweifelte das. Auf einem Spaziergang mit Großherzog Ferdinand II. bemerkten beide einige Insektenkokons an einer Ulme und diskutierten, was es mit der Spontanzeugung auf sich habe. Es war ein höchst reizvolles Forschungsgebiet für einen experimentierfreudigen Verstand, wie Francesco Redi ihn besaß. Und es bedeutete, sich mit Geistesgrößen wie dem griechischen Philosophen Aristoteles anzulegen, was der Sache noch mehr Reiz verlieh. Also waren die Experimente beschlossene Sache.

Als Redi darüber nachdachte, kamen ihm sofort Fliegen in den Sinn. Wie alle großen Städte war auch Florenz ein wahres Paradies für diese lästigen Biester. Sie stürzten sich begeistert auf die reichlich und überall vorhandenen Exkremente von Menschen, Pferden, Kühen, Schweinen, Hühnern … Dann setzten sie sich aufs Brot, landeten auf dem Braten – es gab Fliegen, nichts als Fliegen. Sobald jemand Fleisch – sei es roh oder gekocht – stehen ließ, wimmelte es schon bald von Maden, die sich verpuppten und aus denen neue Fliegen schlüpften, aber seltsamerweise niemals Bienen oder Schmetterlinge. Also, überlegte Francesco Redi, müsste sich doch mit Fleisch und Fliegen die Idee von der Spontanzeugung experimentell widerlegen lassen.

So kommt es, dass es im Hochsommer 1664 im Palazzo Pitti erbärmlich stank. Redi verpestete die großherzogliche Residenz mit dem verrottenden Fleisch von Pferden, Ochsen, Bullen, Löwen, Kapaunen, Tigern, Spatzen, Fröschen, Schlangen und Thunfischen, von Krebsen aus den Bächen und aus dem Meer und was sonst noch alles seinen Gehilfen zwischen die Finger kam. Er füllte die unterschiedlichsten Fleischsorten in Flaschen. Einen Teil verkorkte er fest, andere versah er mit Fliegendraht und wieder andere ließ er offen. Den Rest besorgte die Sonne. Das Fleisch in den verschlossenen Behältern zersetzte sich und verfaulte, aber es krochen keine Maden darin herum. Genauso in

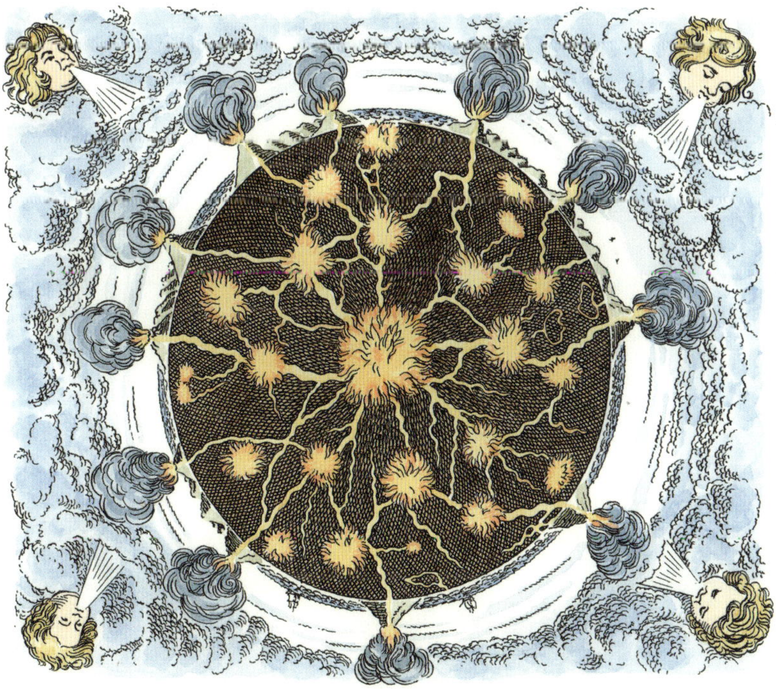

So stellte sich Athanasius Kircher das Erdinnere in seinem 1664 veröffentlichten Buch Mundus subterraneus *vor. Seine Ideen hatte er entwickelt, als er in den Krater des Vesuvs abgestiegen war, und auch das unterirdische Rumpeln, das er an der Meerenge von Messina vernahm, hatte ihn fasziniert.*

den durch Fliegendraht geschützten Flaschen. Nur in den offenen Gefäßen, zu denen die lästigen Insekten Zutritt hatten, wanden sich widerliche, fette weiße Maden. Seine Schlussfolgerung: »*Omne vivum ex ovo.*« Alles Leben entsteht aus einem Ei. Nichts geschieht spontan: Vielmehr kriechen die Maden aus den Eiern, die die Fliegen zuvor gelegt haben. Das Fleisch, stellte Redi fest, war lediglich die Brutstätte des Ungeziefers. Weder faulendem Fleisch noch sich zersetzendem Ochsenkot, den er auch ausprobierte, wohnte die Fähigkeit inne, niederes Leben hervorzubringen, nicht einmal dem Körper von Papst Pius V., aus dem – so wurde erzählt – Jahre nach seiner Beerdigung eine lebendige Maus gesprungen sei.

Auf der Suche nach den Anfängen

Mit seinen Versuchen fegte Redi einen der hartnäckigsten wissenschaftlichen Irrtümer aller Zeiten hinweg: Er widerlegte die Spontanzeugung, für deren Existenz sich Plinius und Virgil ausgesprochen hatten, Aristoteles, Albertus Magnus und Thomas von Aquin. Außerdem eröffnete Redi die moderne Suche nach den Ursprüngen des Seins. Denn auch wenn alles, was heute und seit vielen Tausenden von Millionen Jahren auf der Erde lebt, von Elterngenerationen abstammt, irgendwann muss der Übergang von unbelebter Materie zum lebendigen Wesen gelungen sein – oder anders: der von organischer Chemie zur Biochemie.

Auf der Erde ist das vor mehr als drei oder vielleicht sogar vier Milliarden Jahren passiert. Die Spuren des ersten Organismus haben sich im Dunkel der Geschichte verloren. Derzeit gibt es nur Vermutungen dazu, wie er den Sprung von der Chemie zur Biologie geschafft haben könnte. Sicher ist: Dieses erste Wesen war vollkommen anders als alles, was wir heute um uns sehen. In uns sorgen Myriaden von unterschiedlichen Zellen dafür, dass wir denken, atmen, essen, trinken, schlafen, arbeiten. Sie bestehen aus Molekülen und die aus Atomen – und nichts davon ist lebendig. Erst wenn alle diese Atome und Moleküle in genau der richtigen Struktur und Anordnung gemeinsam eine Zelle bauen,

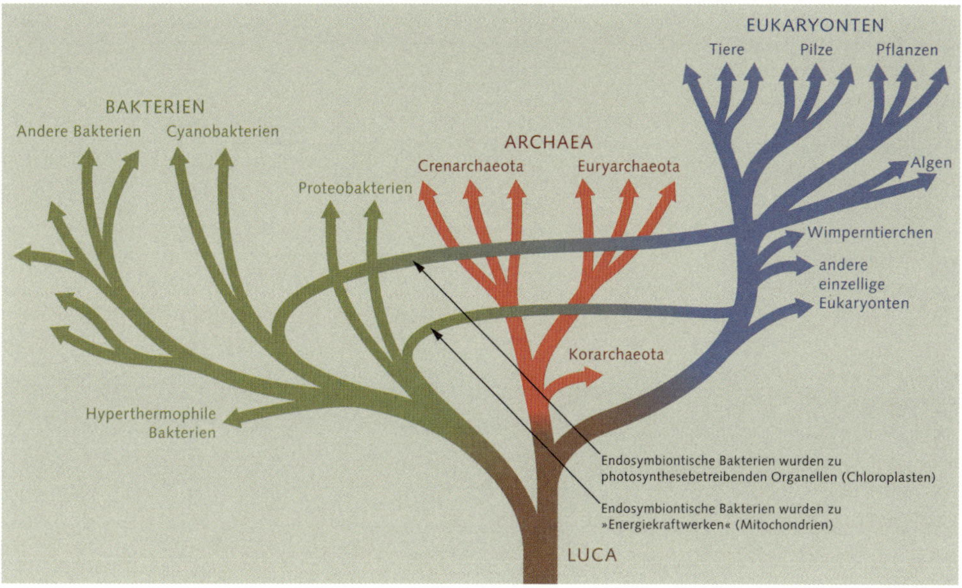

Der phylogenetische Baum des Lebens zeigt die evolutionären Beziehungen zwischen den Lebewesen. Solche Stammbäume können unterschiedlich aufgebaut sein. So ist fraglich, ob sich alle heute existierenden Organismen auf LUCA zurückführen lassen, einen letzten gemeinsamen Ahnen. Oder ob am Beginn eher ein Geflecht stand, aus dem sich unsere Welt entwickelt hat.

wird daraus Leben. Außerdem steckt in allem, was mit uns die Erde teilt, eine lange Evolutionsgeschichte: Jedes Lebewesen, selbst der primitivste Einzeller, ist sehr hoch entwickelt und viel zu komplex, als dass er eine Ahnung von den schlichten Anfängen vermitteln könnte.

Immerhin ist klar, wo die Anfänge zu suchen sind: im Wasser. Flüssiges Wasser ist das unverzichtbare Ingredienz des irdischen Lebens! Der ebenso geniale wie exzentrische schottische Biologe und Genetiker John Burdon Sanderson Haldane wusste das in treffende Worte zu kleiden: »Selbst der Erzbischof von Canterbury besteht zu 65 Prozent aus Wasser.« Die Welt, in der sich der Urknall des Lebens abspielte, war wahrscheinlich von Meeren bedeckt und mit Vulkanen gesprenkelt.

Wie auch immer die früheste Lebensform ausgesehen haben mag, sie hat im Zusammenspiel von Wasser, Luft und Stein die Grenze von der Chemie zur Biologie überschritten. Eines der ersten wissenschaftlichen Szenarien für die Wiege des Lebens stammt von Charles Darwin, der es 1871 in einem Brief an seinen Freund Joseph Hooker beschrieb: »Wenn wir uns einen kleinen, sonnenerwärmten Tümpel vorstellen könnten, mit allen möglichen Ammoniak- und Phosphorsalzen, mit

Licht und Hitze und Elektrizität, dann könnte darin auf chemischem Wege ein Protein entstehen, das dann noch verschiedene komplexe Veränderungen durchlaufen müsste.«

Alexander Iwanowitsch Oparin (1894–1980) war ein sowjetischer Biochemiker, der sich mit der Entstehung des Lebens befasste.

Dieser chemische Cocktail Darwins erregte viel später die Aufmerksamkeit anderer Wissenschaftler. Unter anderem die von Haldane, der die Idee in den 1920er-Jahren aufgriff, wie übrigens unabhängig von ihm auch der sowjetische Biochemiker Alexander Oparin. Haldane und Oparin verlegten das Geschehen kurzerhand ins Meer. Weil gerade in der Jupiter-Atmosphäre Methan entdeckt worden war, gab sie das Vorbild für die Gashülle der frühen Erde ab: Neben Methan, glaubte man, seien Kohlenmonoxid und Ammoniak, Wasserdampf und Spuren des nach faulen Eiern stinkenden Schwefelwasserstoffs vorhanden gewesen. In einer solchen Lufthülle wäre Eisen niemals verrostet und selbst empfindliche organische Verbindungen wären stabil. Es waren geradezu paradiesische Ausgangsbedingungen.

John Burdon Sanderson Haldane (1892–1964) war Theoretischer Biologe, Genetiker und Schöpfer vieler geistreicher Bonmots.

Außerhalb der Wissenschaftlerkreise richtig populär wurde diese Idee in den 1950ern, als Stanley Miller und Harold Urey von der University of Chicago sie in ein Laborexperiment umsetzten. Dabei bildeten sich massenhaft organische Substanzen wie Glycin, die einfachste der 23 Aminosäuren, die das irdische Leben verwendet. Aus Wasser, ein paar einfachen Gasen plus Energie entstanden einige wichtige Bausteine der Biologie. Alle Welt war begeistert und fast wäre man versucht gewesen zu glauben, dass bald ein erster Käfer aus einem Reagenzglas krabbeln würde – was übrigens John Burdon Sanderson Haldane äußerst komisch gefunden hätte. Schließlich hatte er einmal auf die Frage, welche Schlüsse man aus der Schöpfung über Gott ziehen könne, geantwortet: »Seine übermäßige Vorliebe für Käfer.«

Als Urey und Miller ihre Experimente durchführten, waren die Geologen davon überzeugt, dass die Vulkane in der Erdfrühzeit Methan und Ammoniak in die Luft geblasen hätten. Der Erdmantel sei chemisch anders zusammengesetzt gewesen als heute. Inzwischen ist jedoch klar, dass der sich im Lauf der Jahrmilliarden kaum verändert hat und die Vulkane wohl schon immer Wasserdampf plus Kohlendioxid samt ein paar Prisen Stickstoff und Schwefel ausgestoßen haben. Auch die Analysen der ältesten Sedimente sprechen dafür, dass die

URSUPPE NACH »KLASSISCHER« ART

Der US-Biologe und Chemiker Stanley Miller füllte einen Becher voll destilliertem Wasser in einen Rundkolben und saugte die Luft darüber ab. Dann brachte er das Wasser zum Kochen. Dampf floss durch die Verbindungsschläuche in den zweiten Rundkolben mit der Atmosphäre aus Methan, Ammoniak und Wasserstoff und dann wieder zurück in die Flasche mit dem künstlichen Ozean. Ständig sprangen elektrische Funken über: Sie dienten als Blitzersatz. Das sensationelle Ergebnis des Experiments: Das Wasser verwandelte sich in eine kräftige Ursuppe, in der wichtige Bausteine des Lebens schwappten.

frühe Erde eine dichte Atmosphäre aus chemisch trägem Stickstoff mit Wasserdampf und Kohlendioxid besaß. Wasserdampf und Kohlendioxid gehören auch zu den Substanzen, die damals mitgeholfen haben, die Erde trotz der schwachen, jungen Sonne warm zu halten. Dummerweise ist eine solche Atmosphäre für organische Verbindungen alles andere als optimal: Wiederholt man Millers Versuche unter diesen Bedingungen, ist die Ausbeute an organischen Stoffen recht klein, und was entsteht, hat leider die Tendenz, wieder zu zerfallen.

Also ging die Suche nach der Wiege des Lebens weiter. Hypothesen, wie aus unbelebter belebte Materie wurde, gibt es viele. Inzwischen reichen sie von der Oberfläche eines Tonminerals im Gezeitentümpel über das Meereis bis hinaus in die Weiten des Alls. Aber auch der Meeresgrund ist ein potenzieller Schauplatz – und gar kein schlechter. Schließlich hat er den Vorteil, dass das entstehende Leben sich nicht um die harschen Bedingungen an der Oberfläche hätte sorgen müssen. Man darf nicht vergessen, dass erst das Leben selbst sich die Erde so richtig wohnlich gemacht hat. Zuvor gab es mangels Fotosynthese beispielsweise keinen freien Sauerstoff in der Luft und damit auch keine Ozonschicht, sodass nichts die tödlich-harten UV-Strahlen der jungen Sonne aufhielt. Ins Meer jedoch konnten sie nicht eindringen. Außerdem war man tief unten recht sicher vor den zahllosen Meteoriten- und Kometeneinschlägen, die die Erde immer noch trafen. Für damalige Verhältnisse war der Meeresboden also ganz kuschelig.

Auf den Markt der Möglichkeiten kam diese Idee in den 1970er-Jahren, nachdem Geologen vor den Galapagosinseln mit den Black

Smokern ungewöhnliche Hydrothermalquellen in der Tiefsee entdeckt hatten. Diese Schwarzen Raucher wurden schnell berühmt. Einmal wegen ihres düsteren Anblicks: Die schwarzen Schlote, aus denen brühheißes, mit schwarzen Schwefelmineralen beladenes Wasser wie Qualm quillt, erinnern am ehesten an das Panorama Birminghams auf dem Höhepunkt der Industrialisierung. Vor allem aber fasziniert die seltsame Tierwelt, die dort trotz der in unseren Augen lebensfeindlichen Verhältnisse gedeiht. Mitten im Giftcocktail aus saurem, schwermetallhaltigem, schwefelwasserstoff- und wasserstoffbeladenem Wasser bedecken Rasen von riesigen Röhrenwürmern den Untergrund, die wie Plastikschläuche aussehen und feuerrote »Federn« an ihrem Kopf tragen. Es gibt Ansammlungen von fahlweißen Muscheln, über die ebenso weiße Krebse huschen. Um sich diese Hölle von einer Lebenswelt zu erschließen, haben die Tiere einen »Pakt« mit Bakterien geschlossen, die in oder auf ihnen leben: Sie versorgen die Mikroorganismen mit penetrant nach faulen Eiern stinkendem Wasser und Sauerstoff und werden dafür von ihnen gefüttert.

Dass diese Ökosysteme fernab der Sonne existieren und von der chemischen Energie aus dem Erdinneren leben, machte die Black Smoker sehr interessant als potenzielle Wiege des Lebens. Schließlich war die junge Erde vulkanisch höchst aktiv: Sie musste die ungeheure

ANATOMIE EINES SCHWARZEN RAUCHERS

Heute entstehen Black Smoker vor allem an den Mittelozeanischen Rücken, einer untermeerischen Bergkette, die fast den ganzen Planeten umspannt und an der plattentektonische Kräfte die Erdkruste öffnen. Glutflüssige Lava steigt auf und erstarrt zu neuem Meeresboden. Dabei entstehen Risse im Untergrund, durch die Meerwasser eindringt und in die Tiefe sickert. In der Nähe der Magmakammer heizt es sich auf mehr als 350 Grad Celsius auf. Der enorme Umgebungsdruck hält das Wasser flüssig. Es sucht sich seinen Weg nach oben. So sauer wie Zitronensaft, löst es Eisen, Mangan, Kupfer oder Zink aus dem Gestein und schleppt alles mit hinauf. Heiß, salz- und säurehaltig, wie es ist, strömt es aus dem Meeresboden, wo es auf das 2 bis 4 Grad Celsius kalte Tiefseewasser trifft. In diesem Moment fallen die gelösten Stoffe als schweflige Verbindungen aus: Ein Teil lässt hohle Schlote wachsen, aus denen ein anderer Teil als schwarzer »Rauch« herausströmt – die Black Smoker.

innere Hitze loswerden, die noch von den Einschlägen der Planetenentstehung stammte und vom rasanten radioaktiven Zerfall ihrer Frühzeit. Heiße Quellen sollte es also überall am Meeresboden gegeben haben. Außerdem sind diese Schwarzen Raucher perfekte Chemiereaktoren: Es gibt Druck, Hitze, reichlich Rohstoffe und Oberflächen, an denen eine Vielzahl von Reaktionen gleichzeitig und in direkter Nachbarschaft zueinander ablaufen können.

Deshalb begann laut einer von dem deutschen Pantentanwalt und Chemiker Günter Wächtershäuser in den 1980er-Jahren aufgestellten Theorie das Leben an den Kristallen im Schlot eines Black Smokers – als dünner Film auf einem Kristall aus Katzengold, der mit dem Chemikalienstrom reagiert. Es ist fremdartig, Wächtershäusers Urwesen, verfügt weder über Erbsubstanz noch eine Zelle, ist nichts anderes als ein Stoffwechsel. Aber es weckte das Interesse anderer Wissenschaftler. Einer von ihnen ist der Geologe Robert Hazen von der altehrwürdigen Carnegie Institution in Washington, D. C. Seit den 1990er-Jahren griffen er und seine Kollegen im Labor zu stark vereinfachten Urwelten aus Wasser, Kohlendioxid oder Stickstoff und fügten ihnen Minerale und Gesteine hinzu. Das Ganze verpackten sie in reiskorngroße Goldkapseln, die unter die gleichen Druck- und Temperaturbedingungen gesetzt wurden, wie sie an einem urzeitlichen Black Smoker geherrscht haben müssen. Und siehe da: In den Goldkapseln entstand ein breites Spektrum von organischen Molekülen, darunter auch Aminosäuren.

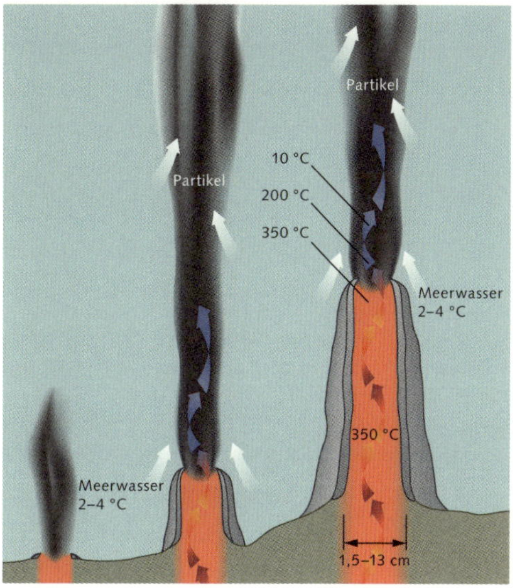

Black Smoker sind hydrothermale Quellen in der Tiefsee, an denen mehrere Hundert Grad heißes, mit Mineralen beladenes Wasser austritt. Diese Minerale fallen beim Kontakt mit dem eiskalten Tiefseewasser aus: Ein Teil baut die Schlote auf, ein anderer bildet den »Rauch«.

Allerdings gibt es ein Problem: Aminosäuren sind nicht kochfest. Ohne Hilfe würden sie sofort zerfallen. »Und hier kommen die Minerale ins Spiel«, erklärt Robert Hazen. In einer Experimentserie hat er mit einer Aminosäure vermischtes Wasser in Goldkapseln eingeschweißt und in die künstliche Tiefsee versetzt. Bei 200 Grad Celsius dauerte es ganze fünf Minuten, dann war die organische Substanz restlos zerstört. Als er der Mixtur die Minerale zufügte, die die Black Smoker aufbauen, blieben die organischen Verbindungen trotz Druck und Höllenhitze über Tage stabil. Andere Forschergruppen kamen zu ähnlichen Resultaten. In weiteren Experimenten formierten sich Aminosäuren unter den Bedingungen wie an einem Black Smoker ganz ohne fremde Hilfe zu größeren Ketten, in denen mehrere molekulare Bausteine des Lebens miteinander verknüpft waren. Statt also zu zerfallen, kamen die organischen Moleküle einen Schritt vorwärts.

Lost City ist ein Gebiet von heißen Quellen, das sich am untermeerischen Atlantis-Massiv im Atlantik befindet. Es besteht aus einem Feld von Kalkschloten, an denen sich das vielleicht ungewöhnlichste Ökosystem der Erde entwickelt hat: eine Lebenswelt, die an Bedingungen angepasst ist, die am ehesten an heiße Rohrreiniger erinnern.

»Auch wenn man sich die Funktionsweise unserer Zellen anschaut, gibt es Hinweise, dass die Black Smoker an der Entstehung des Lebens beteiligt sein könnten«, führt Robert Hazen aus, »schließlich spielen in der Energieversorgung unserer Zellen mineralähnliche Cluster aus Eisen- und Schwefelatomen eine zentrale Rolle.« Vielleicht tragen wir ein verborgenes Erbe in uns? War der Anfang des bunten Erdenlebens ein Schmierfilm auf Katzengold? »Nicht unbedingt«, urteilt Robert Hazen vorsichtig. Die Black Smoker könnten trotz allem einfach zu heiß gewesen sein. Aber als Reaktoren für die Synthese von wichtigen Bausteinen wären sie auf jeden Fall großartig – und als Quelle für das viele Eisen, das damals im Meerwasser gelöst war und von dem die mächtigen Lagerstätten der Bändereisenerze zeugen.

Dieses Eisen könnte in einem neuen Szenario eine zentrale Rolle spielen. Es geht um Lost City, eine Thermalquelle, die im Dezember 2000 in der Nähe des Mittelatlantischen Rückens entdeckt wurde.

Die Neue im Rampenlicht: Lost City

Lost City – die Verlorene Stadt. Die Thermalquelle, die dort sprudelt, liegt hoch oben auf dem Atlantis-Massiv, einem untermeerischen Viertausender von den Dimensionen eines Matterhorns, von dessen Existenz niemand an der Oberfläche etwas ahnte. Wenn Forscher die Verlorene Stadt besuchen, leuchten im Licht der U-Boote in 800 Metern Wassertiefe schneeweiße Kalktürme auf. 50, 60 Meter hoch wachsen sie aus Felsen, um die großzügig Kristallvorhänge drapiert sind. Dazwischen scheinen Riesenpilze aus Kalk aus dem Boden zu schie-

ßen. Wie an den Black Smokern strömt auch in Lost City chemisch verändertes Meerwasser aus dem Untergrund. Hier liefert aber nicht der Vulkanismus die Energie, sondern eine chemische Gesteinsumwandlung. Im Untergrund laufen Reaktionen ab, die das Gestein aus dem Erdmantel zu Serpentin verwandeln, der als grünlich schwarzer Schmuckstein an Hausfassaden bekannt ist. Auch dabei entsteht heißes, gasbeladenes Wasser und wie bei den Schwarzen Rauchern glitzern die Kristalle dort, wo es aus dem Boden quillt und auf das Meerwasser trifft.

ANATOMIE EINER VERLORENEN STADT

Anders als »normale« untermeerische Berge ist das Atlantis-Massiv kein Vulkan, sondern es erhebt sich an einer tektonischen Störung, die zwei Abschnitte des Mittelatlantischen Rückens gegeneinander versetzt. Dort reißt die Erdkruste so tief auf, dass Mantelgestein aus mehreren Kilometern Tiefe nach oben gezerrt wird.

Das Mantelmineral Peridodit ist so weit oben nicht stabil, sondern reagiert mit dem Meerwasser, das in das Massiv einsickert, und verwandelt sich in Serpentinit. Die Wärme, die dabei entsteht, heizt das eingedrungene Wasser auf 40 bis 90 Grad Celsius auf. Gleichzeitig werden Wasserstoff und Schwefelwasserstoff frei und es entstehen große Mengen an Kohlenwasserstoffen, die die Lebensgrundlage für die »Stadtbewohner« bilden. Außerdem nimmt die Lauge reichlich Kohlendioxid auf, das im Peridodit eingeschlossen war. Trifft diese Mixtur auf das kalte Meerwasser, fällt das Kohlendioxid als Kalk aus und es entsteht ein Magnesiummineral namens Brucit. Und während die kurzlebigen Black Smoker jeweils nur ein paar Hundert oder Tausend Jahre alt werden, wachsen diese Türme wohl schon seit mindestens 30 000 Jahren.

Anders als bei den Black Smokern mit ihrem sauren Wasser ist das hier jedoch so basisch wie Rohrreiniger. Für Lebewesen sind das äußerst schwierige Bedingungen. Auf den ersten Blick wirkt Lost City deshalb wie ein ausgestorbenes Tiefsee-Manhattan: Die »Hochhäuser« stehen da wie immer, aber Lebewesen sind nicht zu sehen. Die Bewohner zeigen sich nur in der Nahaufnahme. Wie ein Pelz überziehen Kolonien von Mikroorganismen den Stein und in den Hohlräumen und Spalten aktiver Kamine verstecken sich Schnecken, Flohkrebse, Ringel- und Fadenwürmer, Muschelkrebse und Muscheln. Sie alle sind winzig, höchstens so groß wie ein Daumennagel – und sie sind durchsichtig und deshalb so unauffällig.

Allerdings haben es nur wenige Gruppen von Lebewesen geschafft, sich im Lauf der Evolution an den Lebensraum »heiße Lauge« anzupassen. Das Leben in Lost City ist hart, denn im Quellwasser fehlen beispielsweise Metalle wie Eisen oder Nickel. Die braucht jedoch jeder Organismus, damit der Stoffwechsel funktioniert. Außerdem fehlt den Mikroorganismen das Kohlendioxid, mit dem sie überall sonst ihre Biomasse aufbauen – ob es nun aus der Luft stammt, dem Meerwasser oder einem Black Smoker: Was an Kohlendioxid aus dem Atlantis-Massiv kommt, verwandelt sich beim Kontakt mit dem Meerwasser sofort in Kalk und baut die Dutzende von Metern hohen Türme auf.

Das klingt alles nicht ideal. Was also macht diesen Ort für die Suche nach den Anfängen des Lebens so interessant? Es sind die Gase, die unentwegt mit dem Wasser aus dem Inneren von Atlantis strömen: Wasserstoff, Methan, Ethylen, Propan, Butan, Acetate, Ameisensäure ... – alles Schlüsselsubstanzen des Lebens. Das Besondere an Lost City ist, dass dort organische Substanzen rein anorganisch entstehen, ohne Hilfe des Lebens. Der chemische Prozess, der abläuft, heißt Serpentinisierung und dabei reagieren die Gesteine des Erdmantels mit dem Meerwasser. Der Chemiecocktail, der herauskommt, entspricht übrigens genau dem, was sich John Burdon Sanderson Haldane und Alexander Oparin für ihre Ursuppe vorgestellt hatten. Mit ein paar Atomen Stickstoff, Sauerstoff und Schwefel lassen sich daraus alle möglichen Lebensbausteine zusammensetzen, von Lipiden für die Zellmembran bis zu Aminosäuren für Proteine – wenn es eben Metalle gäbe. Und die fehlen dort, heute. Aber was jetzt ein Problem ist, war in den frühen Meeren keines: Damals sorgten ja zahllose Black Smoker für Nachschub. Das Meerwasser war sehr stark eisenhaltig, wie die Bändereisenerze beweisen, gewaltige Erzlagerstätten aus der Erdfrühzeit.

Im Grunde musste das Meerwasser also nur noch durch ein System wie Lost City zirkulieren. Dabei hinterließ es in den winzigen Kammern, die die Kalktürme wie ein Netzwerk durchziehen, einen Überzug aus Eisensulfid. Durch diese Kammern strömte dann das gasbeladene Thermalwasser: Chemische Reaktionen liefen ab, organische Moleküle wuchsen, die Bausteine des Lebens entstanden – und blieben

ARCHAISCHE OZEANE

Die Ozeane des Archaikums (vor 4,6 bis 2,5 Milliarden Jahren) waren vollkommen anders als unsere heutigen Meere. Ihr Wasser stammte vor allem aus vulkanischen Ausgasungen aus dem Erdmantel. In ihnen war Salzsäure gelöst, ebenso viel mehr Kohlendioxid als heute und reichlich Schwefelverbindungen. Die Meere waren sauer, woran erst die Verwitterung der Kontinente, die sich vor allem in einem großen Schub vor zweieinhalb Milliarden Jahren formten, etwas ändern sollte. Anders als die meisten Meere heute waren die damals wahrscheinlich fortwährend geschichtet: Unten waberte eine sauerstofflose Lage, die die zahllosen Hydrothermalquellen mit metallischen Schwefelverbindungen und Mineralen füllten. Darüber lag eine dünne Oberflächenlage, in der sich nach der Erfindung der Sauerstoff produzierenden Fotosynthese (vor vielleicht 2,7 Milliarden Jahren) Cyanobakterien tummelten. Weil sich die beiden Schichten nicht durchmischten, blieben die potenziellen Nährstoffe im tiefen Ozean gefangen, während die oberflächennahen Bereiche Mangelgebiete waren.

Während des Archaikums erschien die Erde noch »öd und leer«. Leben, das spielte sich zunächst in Dimensionen ab, die heute mit dem Mikroskop zu erfassen wären.

in den Gesteinsporen stecken, konnten nicht fort. Wenn sich die Chemie des Wasserstroms leicht veranderte, veränderten sich auch die Reaktionen, die in diesen Kämmerchen abliefen. Leicht abgewandelte Zyklen entstanden, die Systeme entwickelten sich chemisch immer weiter.

Während komplexe Verbindungen in ihren Separees gefangen waren, passierten kleine Moleküle die Kammerwände. So verstopfte die »Zelle« nicht und es entstand eine Art Stoffwechsel. Wenn der besonders gut funktionierte, eroberte er die Nachbarkammer – der Erfolg breitete sich aus. Vielleicht, so überlegt William Martin von der Heinrich-Heine-Universität in Düsseldorf, lief die Evolution in diesen Kammern sogar so weit, dass ein einfacher RNA-Strang entstand – und damit eine biologische Kopiermaschine, mit der die Bauanleitung weitergegeben werden konnte.

Falls es so war, dann war der Organismus damit gefangen. Seinen Steinkäfig konnte er erst verlassen, nachdem er eine eigene Membran gebildet hatte und den Trick mit der zelleigenen Energieversorgung beherrschte, sodass er nicht mehr auf die chemische Energie seines

WOVON DIE ZELLEN ERZÄHLEN

Auf der Suche nach den Ursprüngen sind auch die Prozesse in den Ribosomen untersucht worden. Das sind biologische »Maschinen«, die die Zelle benutzt, um die Information der Erbsubstanz in Proteine umzusetzen. Die Ribosomen selbst bestehen aus RNA und Proteinen.

Wenn man bei verschiedenen Lebewesen die Sequenzen der ribosomalen RNA miteinander vergleicht, lässt sich ein »Familienstammbaum« entwerfen. Viele Organismen, die weit unten in der Nähe der Wurzeln stehen, leben vom Wasserstoff und wohnen an heißen Quellen – sei es an Land oder am Meeresboden. Es könnte also durchaus sein, dass der letzte gemeinsame Vorfahr aus dieser Umgebung stammt, und vielleicht waren es Quellen, die denen von Lost City ähnelten.

»Heims« angewiesen war. Auch das könnte er in seinem Käfig gelernt haben und eines Tages war es dann so weit: Eine winzige Zellkugel machte sich selbstständig und schwamm ins Meer davon ... Falls das Leben diesen Weg eingeschlagen hat.

Um zumindest zu überprüfen, ob ihre Gedankengänge reine Fantasie sind oder vielleicht interessant genug für weitere Forschungen, haben William Martin und sein Kollege Michael Russell vom NASA Jet Propulsion Laboratory in Pasadena die nicht biologische Methanproduktion im Atlantis-Massiv untersucht. Dann verglichen sie die Prozesse mit denen, die im Inneren von methanerzeugenden Mikroorganismen ablaufen. Das Ergebnis: Die Biologie ahmt die Chemie nach, könnte sich die Tricks also durchaus von einem System wie Lost City abgeschaut haben.

Bis heute ist noch kein zweites Lost City bekannt, was beim mageren Kenntnisstand über den Meeresboden auch kein großes Wunder ist. Jahrmilliarden alte Serpentinite wie die in der südafrikanischen Stadt Barberton legen jedoch nahe, dass früher solche Systeme wie Lost City häufig gewesen sein könnten – und sie könnten dem frühen Leben zu einem Kickstart verholfen haben. Vielleicht.

Von alldem konnte Francesco Redi noch nichts ahnen. Doch seine Experimente mit den Fliegen waren schwer zu schlucken für die Anhänger der Spontanzeugung – allerdings gaben diese sich nicht so schnell geschlagen. 200 Jahre lang wehrten sie sich dagegen, ihren

Fehler anzuerkennen. So eröffnete der britische Naturforscher und Theologe John Turberville Needham 1748 die nächste Runde der Auseinandersetzung. Wenn Würmer nicht durch Spontanzeugung hervorgebracht wurden, dann deshalb, weil sie schon viel zu komplex seien, als dass sie aus dem Nichts entstehen könnten. Aber da gab es ja noch diese seltsamen einzelligen Wesen, die man neuerdings durch das Mikroskop beobachten konnte. So etwas Primitives konnte doch nur durch Spontanzeugung entstanden sein! Also vergriff sich John Turberville Needham sehr zum Leidwesen seiner Frau (oder der Köchin) an der Hammelfleischbouillon aus der Küche. Er brachte sie zum Kochen und füllte sie in eine Flasche, die er mit einem Korken verschloss. Nach ein paar Tagen wimmelte es in der Bouillon nur so von Bakterien. Das Kochen töte die Mikroorganismen ab, erklärte Needham, aber nach dem Abkühlen entstünden sie erneut: »Damit ist die Existenz der Spontanzeugung nachgewiesen« – denn schließlich könne ja nichts von außen in die verschlossene Flasche gelangen.

Mit dieser Interpretation war der italienische Wissenschaftler Lazzaro Spallanzani nicht einverstanden. Seiner Meinung nach wuchsen die Mikroorganismen nur deshalb, weil die Probe erst nach dem Kochen in die Behälter abgefüllt worden war. Dabei könnte sie doch durchaus mit neuen Mikroben kontaminiert worden sein. 1768 füllte er selbst

SEIN ODER NICHT SEIN?

Immer wieder macht das »älteste Fossil der Welt« Schlagzeilen – und die meisten Kandidaten sind hochumstritten. Zur Spitzengruppe der potenziell ältesten Organismen gehören derzeit Strukturen, die der Brite Martin Brasier von der University of Oxford in der 3,4 Milliarden Jahre alten Strelley Pool Formation in Westaustralien gefunden hat. In diesen Gesteinen, die einmal Seen in Strandnähe gewesen sein könnten, stecken zellartige Gebilde mit der passenden Zusammensetzung bei den Kohlenstoffisotopen. Sie sehen nicht nur ganz so aus wie Bakterienüberreste, sondern es haben sich auch in und um die Zellen herum Katzengoldkristalle angereichert. Diese Kristalle werden als Indiz dafür gewertet, dass die potenziellen Bakterien ihre Energie aus Schwefelverbindungen bezogen.

Auch heute noch nutzen Bakterien diesen Weg zur Energiegewinnung – und sie leben auch heute noch einige Zentimeter unter der Oberfläche von Sandstränden und bilden dort einen dünnen schwarzen Teppich. Die Gebilde aus der Strelley Pool Formation könnten also Mikroorganismen sein.

Louis Pasteur (1822–1895) war ein französischer Chemiker und Mikrobiologe. Genau wie seinem deutschen Kollegen Robert Koch gelangen auch ihm bemerkenswerte Durchbrüche bei der Ursachenforschung von Krankheiten und deren Verhütung.

Flaschen mit Brühe und versiegelte sie. Einige von ihnen kochte er eine Stunde lang ab, die anderen ließ er einfach stehen. Das Ergebnis: Die gekochten Flaschen waren und blieben steril, während Bakterienwolken die Suppe in den lediglich versiegelten Flaschen schnell eintrübten.

Als Nächstes wies Spallanzani nach, dass kein einziger Mikroorganismus wuchs, wenn die Luft aus den Flaschen abgepumpt worden war und die Bouillon anschließend gekocht wurde. Aber damit lieferte er Needham eine Steilvorlage. Der konterte: »Die Kraft, Leben zu zeugen, ist also eine der Luft innewohnende Eigenschaft.« Wie sein verehrter Kollege ja bewiesen habe, besitze das Wasser sie ja ganz offensichtlich nicht. Bakterien könnten erst dann nicht mehr entstehen, wenn die Lebenskraft der Luft durch Erhitzen zerstört worden sei.

Und so ging es hin und her. Erst Louis Pasteur verbannte Mitte des 19. Jahrhunderts die Idee von der Spontanzeugung endgültig aus den Lehrbüchern. Der französische Naturwissenschaftler erkannte, dass die Bakterien in verdorbenen Lebensmitteln denen in der Luft gleichen. Um den Einwand zu entkräften, dass das Abkochen die Lebenskraft abtöte und zur Spontanzeugung Frischluft notwendig sei, entwickelte er ein Experiment. 1864 konstruierte er einen speziellen Kolben mit einem Schwanenhals, der seitdem »Pasteurkolben« genannt wird. Er füllte Brühe in den Kolbenbauch, kochte sie ab und sterilisierte sie. Beim Abkühlen drang dann über den Schwanenhals Frischluft ein. Allerdings verhinderte ein Filter, dass mit der Luft auch Mikroben oder Staub hineingelangten. Und in der Brühe wuchs nichts. Die Mikroben hafteten also am Staub – und blieb der draußen, war alles steril. Spallanzani hatte recht gehabt.

4

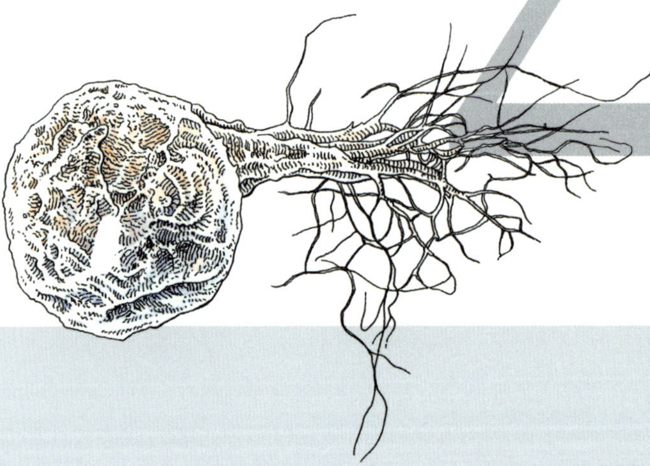

Die Ouvertüre – oder Als die Welt dem Schleim gehörte

Erst am 7. Dezember 1668 reichte Francesco Redi seine im Übrigen positive Bewertung über *De solido* bei Frater Joseph Tamagnini ein, dem Kanzler der Heiligen Inquisition von Florenz. Der schien nur darauf gewartet zu haben. Schon fünf Tage später war die Druckerlaubnis erteilt. Aber in der Zwischenzeit war Steno müde und zermürbt vom ungeduldigen Warten und hatte Florenz verlassen. Während sich sein Freund Vicenzo Viviani um die Details der Drucklegung kümmerte, war er auf dem Weg nach Dänemark. Allerdings auf sehr verschlungenen Pfaden, denn eigentlich zog ihn nichts in seine Heimat. Er hatte es nur nicht mehr in Florenz ausgehalten.

Während des Archaikums vereiste die Erde zum ersten Mal. Vielleicht gefror der Planet damals sogar vollkommen, flog als kosmischer Schneeball um die Sonne. Jedenfalls gehörte die Erde in dieser Zeit den einzelligen Mikroorganismen: den Bakterien und Archaeen.

Ein Grund war, dass er nach dem vorläufigen Abschluss seiner geologischen und mineralogischen Arbeiten seine Räumlichkeiten im Palazzo Pitti aufgegeben hatte. Ein anderer, dass ihm schon ein Jahr zuvor Dänemarks König Frederik III. in einem persönlichen Brief mitgeteilt hatte, dass er ihn in Kopenhagen erwarte. Ein stattliches Salär von jährlich 400 Reichstalern sei bewilligt: »Selbige Pension gilt und erfolgt ab dem Zeitpunkt, da Ihr hierher zurückkehrt, denn es ist unser gütiger Wunsch und Befehl, dass Ihr euch eilends auf die Reise in das Reich Dänemark begebt, sodass Ihr umgehend oder im kommenden Frühjahr zu Hause sein könnt.«

Früher wäre das die Erfüllung eines Traums gewesen. Schließlich hatte Steno Dänemark nicht nur verlassen, weil es für begabte Studenten üblich war, eine Zeit lang an einer der großen Universitäten im Ausland zu studieren. Vielmehr hatte er sich dort auch keine Chancen auf eine Anstellung ausrechnen können. 1664 hatte er vom niederländischen Leiden aus dem König sogar hoffnungsvoll sein erstes großes Werk über Muskeln und Drüsen gewidmet – vergebens. Als der einst ersehnte Brief 1667 dann kam, geschah das zur Unzeit. Steno interessierte sich inzwischen besonders für die Geologie, aber der dänische Hof erwartete von ihm vorrangig anatomische Studien. Außerdem war im Vergleich zur Toskana die Geologie Dänemarks wenig inspirierend. Vor allem jedoch gab es ein alles andere überschattende Problem: Am 8. Dezember 1667, dem Tag, als ihn die Order Frederiks erreichte, war Steno zum Katholizismus übergetreten.

Davon setzte er seinen König vorsichtig in Kenntnis und erkundigte sich nach Religionsfreiheit. In Dänemark war das Lesen der Messe bei Todesstrafe verboten. Außerdem durfte er als Katholik weder an der Universität arbeiten noch eine Stellung als »Königlicher Arzt« bei Hof bekleiden. Was also sollte er dort? Der König war über Stenos Glaubensübertritt alles andere als erfreut. Aber angesichts des Ruhms, den sich sein Untertan erworben hatte, scheint er seinen Befehl, nach Dänemark zurückzukehren, aufrechterhalten zu haben. Und so verhandelten Stenos Kopenhagener Freunde weiter in seinem Namen. Als er im November 1668 aufbrach, war jedoch noch nichts ausgemacht. Auch das war einer der Gründe, weshalb keine Heimreise begann, sondern eher eine Odyssee: 20 Monate lang fuhr er durch Europa. Es war vor allem die Geologie, die während der Reise seine Route bestimmte. Zunächst führte ihn sein Weg nach Rom, dann nach Neapel. Er stieg auf den Vesuv, zog durch Süditalien und von da aus in die Alpen, nach Österreich, Ungarn und Franken. Dort besuchte er Nürnberg und untersuchte das Schichtstufenland, das ein uraltes Meer zurückgelassen hatte. Überall setzte er seine Forschungen fort, schickte Minerale und Fossilien nach Florenz, um die Sammlung im Palazzo Pitti zu ergänzen. Er besuchte Freunde und Verwandte der Medici, die er mit Vorträgen und Sektionen unterhielt. Und die waren begeistert. So bedankte sich Anna de' Medici, die mit Erzherzog Ferdinand Karl von Österreich-Tirol verheiratet war, in einem glühenden Brief bei ihrem Bruder Ferdinand dafür, dass er diesen hochgebildeten Forscher an ihren Hof geschickt habe. Sie erzählte ihm von dem Vortrag über Bergbau und die Smaragdfelder im Salzburgischen, den der Däne in Innsbruck gehalten hatte. Nicht minder beeindruckt war sie von der Sektion eines Kalbs, das mit einem monströsen Wasserkopf zur Welt gekommen war: »Es konnte seinen Kopf nicht heben, weil da anstelle des Gehirns vier Pfund Wasser waren.«

Dann führte ihn seine Reise nordwärts, bis nach Holland. Ein halbes Jahr verbrachte er in Amsterdam. Dort erreichte ihn die Nachricht vom Tod König Frederiks III. Damit musste er den Posten als Anatom nicht mehr antreten. Er fühlte sich leicht und frei, bis er einen Brief von Prinz Leopold erhielt: Sein Bruder, der Großherzog Ferdinand II. de' Medici, war schwer erkrankt. Leopold sandte Geld und entsetzt machte sich Steno sofort auf den Weg nach Florenz, ans Sterbebett seines Freundes und Gönners.

Cosimo III. de' Medici (1642–1723) trat 1670 die Nachfolge seines Vaters Ferdinand II. als Großherzog der Toskana an. Er war ein Hypochonder, sehr fromm und nicht gerade ein begnadeter Regent. Deshalb übernahm mehr und mehr seine Mutter, Vittoria della Rovere, die Regierungsgeschäfte.

Obwohl Steno so schnell wie möglich reiste, traf er erst nach dem Begräbnis ein. Die letzten Tage des Großherzogs müssen schrecklich gewesen sein. Sein Schlaganfall war »klassisch« behandelt worden: Die Ärzte hatten ihn reichlich zur Ader gelassen, mit glühenden Brenneisen und diversen Pulvern traktiert und ihm bei lebendigem Leib halb ausgeweidete Tauben ins Gesicht gepresst. Das Ende war eine Erlösung.

Steno trauerte um seinen Freund und er begann wieder in Florenz zu arbeiten. Nun war Cosimo III. Großherzog der Toskana. In vielem war er das genaue Gegenteil seines lebhaften, an allem interessierten Vaters: Er lächelte nie, war schwermütig, hypochondrisch, außergewöhnlich fromm. Wissenschaft interessierte ihn nur, solange sie seinen beiden Passionen diente: seinem Seelenheil und seiner Gesundheit, denn der Gedanke an den Tod erschien ihm ebenso unerträglich wie die ewige Verdammnis.

Obwohl Cosimo sich redlich Mühe gab, in der Tradition seines Vaters Florenz als Hort der Wissenschaften zu erhalten, verblasste der Stern der Stadt. So gelang es unter seiner Herrschaft papsttreuen Gelehrten, die dem mittelalterlichen, erdzentrierten Weltbild anhingen und für die die Schriften des Aristoteles Leuchttürme der Wahrheit waren, Galileis Erkenntnisse aus dem Lehrstoff der Universitäten zu verbannen. Zwar behielt Cosimo durchaus die Anhänger Galileis in seinen Diensten, aber viele resignierten. Andere gingen nach Bologna, Padua, Neapel oder Leiden. Es nützte nichts, dass Cosimo Angebote an hochrangige Akademiker in Spanien und Holland sandte: Florenz verlor seinen Status als einer der Orte, an denen das Wissen der Zeit revolutioniert wurde.

Wirkliches Interesse bekundete der neue Großherzog anscheinend nur zweien seiner Wissenschaftler: Der eine war Francesco Redi, der als Leibarzt des hypochondrischen Regenten Narrenfreiheit hatte. Als sich Francesco Redi in Santa Maria Nuova eine neue Bücherei wünschte, bekam er sie, auch den botanischen Garten in Pisa. Er erhielt sogar das Recht zu bestimmen, dass ein zum Tode Verurteilter mit der Hand erdrosselt werden sollte, statt ihn zu hängen, falls er für seine Forschungen die Leiche mit intaktem Genick brauchte. Das erscheint heute grausam und bizarr. Damals urteilten die Menschen anders: Hinrichtungen waren eine gerechte Strafe – und ihre Vollstreckung ein öffentliches Spektakel. Zudem machte sich Redi beliebt, weil er sich mit den Medizinern anlegte, mit den Verfechtern von Aderlässen und dem Hokuspokus dieser Zeit. Stattdessen propagierte er eine vernünftige Lebensweise als Heilmittel, mit viel Schlaf, gemäßigtem Essen und wenig Alkohol ... Aber das ist eine andere Geschichte.

Der zweite Wissenschaftler, dem der neue Großherzog Interesse entgegenbrachte, war Nicolaus Steno: Dieser durfte sich als Konvertit der Freundschaft des katholischen Regenten sicher sein. Bei seiner Rückkehr hatte Cosimo III. ihn überschwänglich begrüßt und ihm eine sehr gute Stellung offeriert, denn erstaunlicherweise faszinierten ihn Geologie und Mineralogie. Es war ihm – ebenso wie seinem Onkel, Kardinal Leopold – wirklich ein Anliegen, dass Steno seine Arbeiten abschloss. Und der machte sich auch mit viel Elan ans Werk.

DIE ANERKENNUNG DES FREUNDES

Francesco Redi war glücklich, dass sein Freund Steno wieder in Florenz arbeitete. Bei seinen eigenen Forschungen hatte auch er Beweise für dessen Theorien gefunden. Als der Hof einmal in Pisa überwinterte, sezierte Redi einen Fisch und im Jahr darauf entdeckte er ein Fossil von genau dieser Fischart. Der musste auch einmal lebendig im Wasser geschwommen sein. Obwohl er lange gezögert hatte, *De solido intra solidum naturaliter contento dissertationis prodromus* zu begutachten, jetzt, 1684, benannte er eine seiner eigenen Arbeiten zu Ehren seines Freundes nach diesem Vorbild: *Osservazioni intorno agli animali viventi che si trovano negli animali viventi (Beobachtungen am Inneren von Tieren, die sich im Inneren von lebenden Tieren finden).*

Inspiriert hatte ihn dazu ein antiker Bericht über eine zweiköpfige Schlange. Als er auf ein ähnliches Werk aus dem 16. Jahrhundert stieß, gab es für ihn kein Halten mehr: Er richtete ein wahres Massaker unter Schnecken und Skorpionen an und beschlagnahmte die halbe Jagdbeute des Großherzogs für seine Zwecke. Die Erkenntnisse aus der Metzelei flossen in die *Osservazioni* ein, etwa dass selbst die einfachsten Tiere Sexualorgane besitzen. Außerdem bestätigte Redi, dass Molière eine seiner Figuren auf der Bühne vollkommen zu Recht sagen ließ, geköpfte Schildkröten liefen noch stundenlang herum. Die gelangweilten Höflinge ergötzte er mit einem Experiment, bei dem einer eben enthaupteten Gottesanbeterin der Kopf wieder auf den Rumpf gesteckt wurde. Das kleine Tier, so schrieb er, »lebte noch volle fünf Tage«. Vor allem bewies Redi, dass nahezu jedes Lebewesen eine ganze Menagerie von Parasiten in sich trägt, etwa winzige Würmer, die weiterleben, wenn ihr Wirt schon gestorben ist. Auch diese Parasiten schlüpften aus Eiern, wie Redi mit großem Vergnügen feststellte. Die Parasiten waren ebenso gesundheitsschädlich wie grässlich anzusehen – ein Umstand, der seine Abbildungen bei den Höflingen umso beliebter machte.

Alles, was er auf seiner langen Reise gesehen hatte, bestätigte seine Ergebnisse aus *De solido.* So hatten in allen Bergwerken, die er besucht hatte, ob in der Toskana, in Österreich oder Ungarn, die Erzgänge das Gestein durchschlagen. Es war also richtig, dass es ein Älter und Jünger gab und dass diese Gänge nicht vom »Anbeginn der Zeit« stammten. Richtig war auch seine Vermutung, dass sich die Sedimente im fließenden Wasser bildeten.

Ebenso korrekt war eine andere Annahme: Ob im Apennin oder in den Alpen und gleichgültig, wie stark die geologischen Kräfte das Gebirge beansprucht hatten, als sie es auftürmten, und egal, wie stark diese Kräfte die Steine verbogen oder zerteilt, schräg oder sogar auf den Kopf gestellt hatten – die Spuren der Entstehung waren stets zu erkennen, das Oben und Unten und dass die Schichten dereinst Körn-

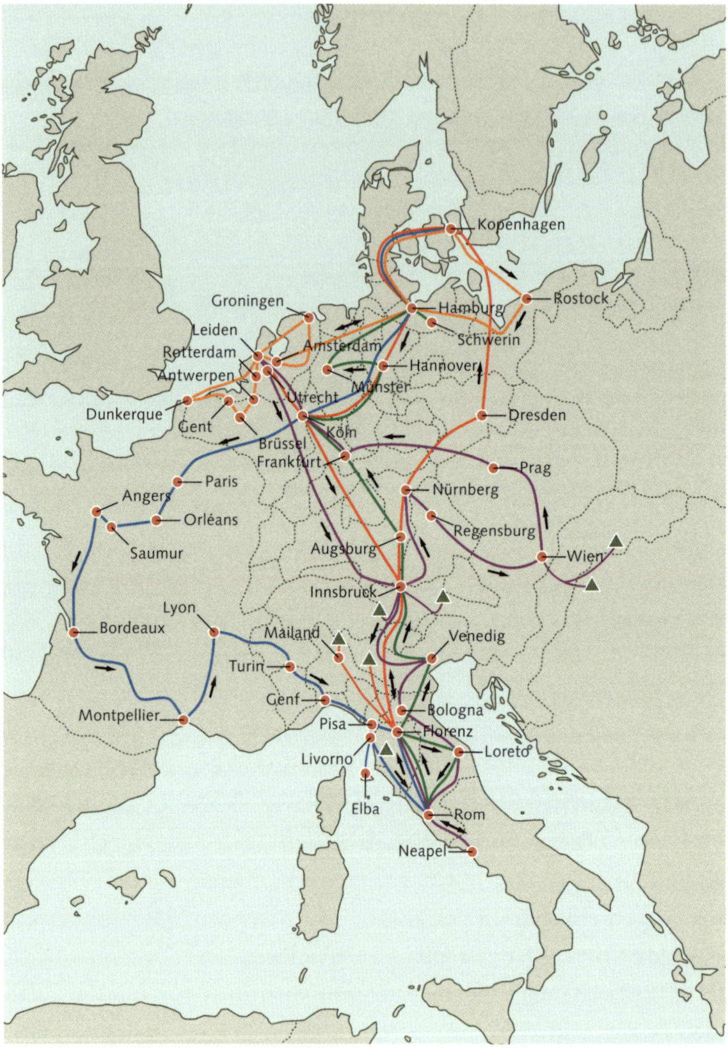

Stenos Reisen führten ihn durch halb Europa. Auf der grünen Route gelangte er nach Holland (1659–1664), auf der blauen über Paris nach Florenz (1664–1666) und auf der orangefarbenen nach Amsterdam (1668–1670). 1672 bis 1674 lebte er in Kopenhagen, kehrte dann nach Florenz zurück. 1677–1686 arbeitete er als Priester in Norddeutschland. Am 25. November 1686 starb er. Sein Leichnam wurde in Florenz beigesetzt.

chen für Körnchen horizontal aufeinander abgelagert worden waren. Und damit stimmte auch Stenos Schlussfolgerung, dass sich das Bild der Erde seit ihrer Entstehung enorm verändert hatte.

Nachrichten aus einer steinernen Welt

Steno hatte zweifelsohne recht mit dieser Erkenntnis, auch wenn er sich weder über die Zeiträume noch über das Ausmaß im Klaren war. So floss vor 3,8 Milliarden Jahren auf der jungen Erde Lava in ein Meer, in das aus ausgedehnten Hydrothermalfeldern Eisen und andere Metalle quollen. Es war eine Welt aus Wasser und Stein. Mächtige Vulkane ragten aus dem Ozean, pumpten Kohlendioxid in die Luft. Die Felsen waren schwarz und kahl, schartig zerfressen vom sauren Regen. Die Verwitterung zerlegte sie schnell in Grus und Sand und Silt. Sie löste auf, was nicht beständig war, und schaffte den Rest in unzähligen, wie wilde Haarsträhnen verworrenen Rinnsalen, Bächen und Strömen ins Meer. An den Stränden schimmerte goldener Pyrit, Katzengold: Es gab keinen freien Sauerstoff, der es zerstören könnte. Schwer lastete die Atmosphäre auf allem, bleiern, kaum dass der Wind sich regte. Obwohl der Mond sich seit seiner feurigen Entstehung schon ein Stück von der Erde entfernt hatte, zog er immer noch mit so großer Kraft an ihr, dass Erdbeben die Gezeiten begleiteten. Er stand riesig am Himmel, bedrohlich nah, fast als könnte man ihn greifen.

Es war eine ferne Welt. Um sie zu enträtseln, rücken die Forscher den Steinen aus den wenigen Fundstellen aus dieser Zeit mit Ionensonden zu Leibe. Es geht unter anderem um die Frage, wann das Leben auf der Erde begann. Wieder gehört Isua in Westgrönland zu den Orten, an denen die Geologen die Antwort suchen. Wo heute während der kurzen Sommer Rentiere nach Schneeflecken suchen, um den Mücken zu entkommen, waberten vor 3,8 Milliarden Jahren Mikroorganismen im Meer – vielleicht, denn die Indizien in den Steinen sind nicht eindeutig. Es geht dabei um Sedimente, die Turbidite genannt werden: Sie entstanden, weil eines Tages ein untermeerischer Abhang ins Rutschen kam und Sand und Schlick und herausgerissenes festes

FELSIGE GESCHICHTSSTUNDE

Die lange und wechselvolle Geschichte der Steine von Isua ist nicht spurlos an ihnen vorübergegangen. Vor 3,8 Milliarden Jahren waren sie ein Meeresboden, wurden zunehmend mit Sedimenten überdeckt, versanken tief ins Erdinnere, wo sie aufgeheizt und durchgeknetet wurden: Hitze und Druck machten die Gesteine plastisch, verformten sie, mineralbeladene Lösungen schossen hindurch, veränderten sie, verdrängten alte Minerale und ließen neue wachsen – sprich: Der ehemalige Meeresboden wurde metamorphisiert. Erst nach langer Zeit kamen die Steine wieder an die Oberfläche, aber nur, um später erneut abzusinken. Das Ganze wiederholte sich mehrfach. Zum Glück für die Geologen sind die Gesteine dabei nicht bis zur völligen Unkenntlichkeit verändert worden. Teile der Struktur blieben gut genug erhalten, um einiges über die längst vergangene Zeit zu verraten. Allerdings ist es nicht immer einfach, das, was man sieht oder misst, richtig zu interpretieren. So kann die Metamorphose auch Isotopenverhältnisse verändern, sodass die Analyse trügerische Ergebnisse liefert. Eine gewisse Unsicherheit bleibt immer. Gegen die hilft dann nur, neue Analysewege zur Bestätigung zu finden.

Gestein wie eine Lawine in die Tiefe donnerten. Irgendwann, viele Kilometer weiter, war die Energie verbraucht. Zuerst fiel das gröbere, schwerere Material aus, dann das feinere, bis sich zuletzt Ton wie eine Decke über alles legte. Diese Abfolge ist verräterisch. Wenn heute ein solcher Trübestrom in die Tiefsee donnert, entkommt ihm niemand, der sich nicht schnell genug in Sicherheit bringen kann: Plankton und Mikroorganismen, Würmer, Krebse, Bodenfische ... Deshalb war die Aufregung groß, als Geologen nach den Kissenlaven in Isua auch Turbidite entdeckten. Sie hofften, darin Spuren uralter Einzeller zu finden. Noch größer war die Aufregung, als tatsächlich seltsame Zeichen auftauchten – keine Fossilien, sondern chemische Signale in den Isotopenanalysen.

Diese Signale stecken unter anderem in ein paar schwarz und tiefgrau gebänderten Felsen, die an einem steilen Hang aus dem Gras ragen. Die locken Sommer für Sommer Wissenschaftler aus aller Welt an. Auf den ersten Blick wirken diese Felsen unscheinbar, aber in ihnen gibt es winzige Grafitkristalle, die mit bloßem Auge nicht erkennbar sind. Grafit ist nichts anderes als Kohlenstoff, der in der Erde unter Druck erhitzt worden ist – und dieser Kohlenstoff soll von Mikroorganismen stammen, die ein Turbidit vor 3,8 Milliarden Jahren mit sich

Die Ozeane des Archaikums sahen vollkommen anders aus als die modernen. In ihnen begann das Leben gerade erst, sich zu entfalten. Damals standen am Strand die »Kohlköpfe« der Stromatolithen für die am höchsten entwickelte Lebensform des Planeten.

gerissen hat. Der Grund für diese Annahme: Auch Kohlenstoff besitzt verschiedene Isotope und Lebewesen bauen in ihre Körper bevorzugt C 12 ein, die leichtere Variante. Genau diese Verschiebung hin zum Leichteren haben die Geochemiker gemessen. Andere Analysen zeigten auch bei den Schwefelisotopen verräterische Signale, die sich als »chemisches Fossil« deuten lassen. Außerdem glauben Geochemiker, dass neben den Turbiditen auch die Bändereisenerze chemische Fingerabdrücke des Lebens in sich tragen – die Steine, die Geologen ursprünglich nach Isua gelockt haben.

Nun ist es außerordentlich schwierig, eine ganze Welt nur auf Isotopenanalysen aufzubauen. Das Ganze erinnert irgendwie an das Vorhaben Stenos: Die Forscher des 21. Jahrhunderts müssen beweisen, dass diese winzigen Verschiebungen im Spektrum der Elemente zweifelsfrei von Organismen stammen. Über viele Hundert Millionen Jahre hinweg steht ihnen nichts anderes als diese chemischen Fossilien zur Verfügung, wenn sie die Geschichte des Lebens auf der Erde entschlüsseln wollen. Weil die uralten Gesteine meist auch nicht mehr in Bestform sind, wird auf Konferenzen und in wissenschaftlichen Veröffentlichungen lebhaft diskutiert. Beispielsweise darüber, ob die Phosphate, die in den Steinen von Isua gefunden wurden, für Leben sprechen oder

DAS RÄTSEL DER EISENSTEINE

Während der Frühzeit der Erde rieselten aus den Meeren Bändereisenerze aus dem Wasser. Auch in Isua. In diesen Sedimenten wechseln sich dünne, eisenhaltige Lagen mit ebenso dünnen Lagen aus feinstem Quarz, aus Hornstein, ab. Entstanden sind diese Bändereisenerze, als so gut wie kein freier Sauerstoff in Luft und Meeren war – also bevor Sauerstoff produzierende Lebewesen die Atmosphäre von Grund auf umgebaut haben. Allerdings gibt es auch danach einige begrenzte, seltsame Vorkommen, das jüngste aus der Zeit vor 450 Millionen Jahren, im Ordovizium, als das Leben auf der Erde mit einem »Massenaussterben« aus den Fugen geriet.

Obwohl ihr Eisen uns in zahllosen Alltagsgeräten umgibt, ist nicht zweifelsfrei geklärt, wie diese Erze entstehen. Klar scheint zu sein, dass das im Meerwasser gelöste Eisen aus untermeerischen Vulkanen stammt und über Black Smoker ins Wasser geriet. Offen jedoch ist, ob Bakterien bei der Entstehung der Bändereisenerze eine Rolle gespielt haben. Die meisten Geologen gehen jedoch inzwischen davon aus. Falls diese Annahme stimmt, wären die Bändereisenerze von Isua ein Beweis dafür, dass es schon damals, vor 3,8 Milliarden Jahren, Leben auf der Erde gegeben hat.

VON ARCHAEEN, BAKTERIEN UND ZELLKERNVERWENDERN

Das Leben hat – nach derzeitigem Forschungsstand – drei Domänen. Da sind die beiden Linien der Prokaryonten, der Lebewesen ohne Zellkern, die ihre Erbsubstanz DNA frei in der Zelle »schwimmen« lassen: die Archaeen und die Bakterien. Und da sind als dritte Linie die Eukaryonten – also alle Organismen, die wie wir ihre DNA in einem Zellkern verstauen.

Für einen Nichtexperten gleichen sich Archaeen und Bakterien wie ein Ei dem anderen. Nicht so für einen Mikrobiologen. In seiner Gegenwart sollte man sich einer solch unbedachten Bemerkung enthalten, denn sie würde mit einer sehr langen Erklärung zu den nun auch wirklich fundamentalen Unterschieden quittiert. Unter anderem käme darin so einiges über die Moleküle in der Zellmembran vor, der Hülle, mit der sich eine Zelle von der Außenwelt abgrenzt: Die sind bei Archaeen ganz besondere, denn diese Lebewesen lieben die Extreme. Damit sie sich wohlfühlen, muss man sie wahlweise zum Kochen bringen, in konzentrierter Salzlauge baden oder in Säuren spülen, je nachdem, was sie bevorzugen. »Normale« Zellhüllen aus unserer Welt überstünden das niemals. Und auch sonst gibt es viel über Unterschiede zu berichten. So kommt es, dass Archaeen und Bakterien trotz aller äußerlichen Ähnlichkeit nicht näher miteinander verwandt sind als die Bakterien und wir. Im Gegenteil: Wir Eukaryonten unterhalten durchaus engere Beziehungen zu den Archaeen. Unser aller Urahn könnte ein Archaeon gewesen sein. Danach sieht es jedenfalls derzeit aus.

nicht. Der Grund: Solche Phosphate werden heute im Inneren lebendiger Zellen produziert. Es könnte sich also um ein weiteres Indiz handeln.

Stimmt man dem zu, lässt sich aus der Feinanalyse der Daten von Isua ein komplexes Ökosystem entwerfen. Danach wuchsen an den vulkanischen Hydrothermalquellen Hitze liebende Archaeen. Sie nutzten die chemische Energie aus dem Erdinneren genauso begeistert wie ihre Nachfahren an den modernen Black Smokern. Im Meerwasser dümpelten Bakterien, die vielleicht schon das Sonnenlicht zur Fotosynthese nutzten – aber wohl nicht zu der, bei der Sauerstoff in die Umwelt freigesetzt wird, sondern zu einer der beiden älteren Formen, die das noch nicht schafften. Das alles unter dem Vorbehalt, dass die Interpretation der Isotopenverschiebungen korrekt ist und nicht Prozesse im Inneren der Erde etwas vortäuschen, was nicht da gewesen ist.

Zu den ersten »richtigen«, körperlichen Fossilien von Mikroorganismen gehören die Strukturen, die Frances Westall vom Centre de biophysique moléculaire in Orléans untersucht. Sie stammen aus dem

ALLES LEBEN IST CHEMIE

Das Leben ist diebisch veranlagt: Es »stahl« Reaktionen, bei denen Energie abfällt – also die Verfahren, mit denen man chemische Verbindungen so teilt und umbaut, dass man einen Teil der darin gespeicherten Energie für sich abziehen und nutzen kann und dabei als Nebenprodukt neue Moleküle produziert. Manche Mikroorganismen setzen dazu auf Sulfate oder Schwefel. Andere greifen sich Wasserstoff und Kohlendioxid, um daraus Energie plus Wasser und leicht entzündliches Methan zu machen. Und dann gibt es ja auch noch die vielen Mikroorganismen, die mithilfe des Sonnenlichts Energie für sich gewinnen.

Auf der Suche nach den Anfängen sind jedoch die Wärme liebenden Bakterien und Archaeen interessant, die heute noch an heißen Quellen und Tiefseeschloten leben. Analysen ihres Erbguts legen nahe, dass diese Schwefelfresser und Methanproduzenten dem Ursprung des Lebens recht nahestehen.

Barberton Greenstone Belt in Südafrika und sind rund 3,3 Milliarden Jahre alt. Was da als hauchdünne Lage im Gestein erhalten blieb, wucherte zu Lebzeiten im seichten Uferwasser und war bis in alle Feinheiten hinein genauso aufgebaut wie die Matten moderner fotosynthetischer Bakterien. »An ihrer Oberfläche saßen fadenförmige Mikroorganismen, die Fotosynthese betrieben«, beschreibt Frances Westall, »und darunter lebten andere, die sich von dem ernährten, was bei der Fotosynthese an organischer Substanz entstanden war.« Das war für die Mikroben allemal besser als das mühsame »Herumknabbern« an den Mineraloberflächen, mit dem sich so viele andere begnügen mussten. Damals war also nicht nur ganz sicher der große Sprung von toter zu lebendiger Materie schon gelungen, vielmehr hatte die Evolution auch bereits eine recht komplexe Form der Energiegewinnung »erfunden«.

Von »Bioterroristen« und der größten Erfindung aller Zeiten

Auch wenn sich die Wurzeln des Lebens irgendwo im Dunkel der Erdgeschichte verlieren, ist eines sicher: Sobald sich eine Ansammlung von Molekülen zum ersten Lebewesen verwandelt hatte, machte es sich ans Werk: Es ernährte sich, schied Abfallstoffe aus, teilte sich – und

UNSERE AHNEN MOCHTEN ES NICHT HEISS

Lange nahmen die Mikrobiologen an, dass die Ahnen der Eukaryonten an kochend heißen Quellen zu suchen wären. Aber neue Untersuchungen der Verwandtschaftsverhältnisse legen nahe, dass wir alle – vom Pilz bis zum Menschen – eher von Archaeen abstammen, die es gemäßigt lieben: von der erst kürzlich entdeckten Familie der Thaumarchaea. Anders als die meisten Archaeen, die heiße Schwefelsäure bevorzugen oder arktische Eisschilde, halten es die Thaumarchaea, was die Temperaturen angeht, mit dem Normalen. In den gemäßigten Breiten machen sie bis zu einem Drittel aller Organismen im Meerwasser aus. Auch Böden sind ganz nach ihrem Geschmack. Dort produzieren sie Nitrate, die das Pflanzenwachstum ankurbeln. Sie mögen eigentlich genau den Temperaturbereich, den wir Eukaryonten bevorzugen, und auch sonst gibt es etliche genetische Ähnlichkeiten.

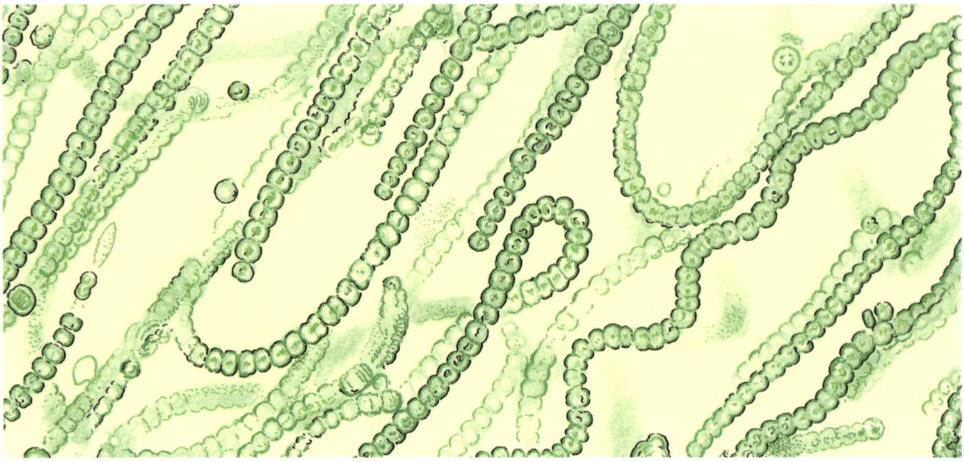

Cyanobakterien – früher auch Blaualgen genannt – sind Bakterien, die Fotosynthese betreiben können, und zwar die Variante, bei der freier Sauerstoff entsteht. Sie besiedeln seit dem Archaikum die Erde und haben die Grundlage für unsere Welt heute gelegt.

begann das Wasser mit einem ganzen Zoo von Mikroorganismen zu füllen, um alle erreichbaren Ressourcen auf alle erdenkliche Weise zu nutzen. Dabei veränderte das Leben im Lauf der Zeit die Welt von Grund auf.

Vor dreieinhalb Milliarden Jahren beispielsweise wäre uns die Erde wohl sehr fremdartig erschienen. Spätestens damals spannte sich der Himmel orangerot über das bleierne Meer, denn Archaeen hatten die Luft mit Methan gefüllt. Die dichten Wolken filterten das Sonnenlicht wie Gaze, sodass es selbst mittags dämmrig war. Das Land war kahler Stein. Nichts Grünes war zu sehen, nur gelber Schwefel, der sich zwischen dem Geröll sammelte. Es war schwül, unerträglich heiß. Es wäre wohl immer noch so, hätte es nicht das aus unserer Sicht wichtigste Ereignis der Evolution gegeben: die Erfindung der Fotosynthese, bei der freier Sauerstoff entsteht. Vor Jahrmilliarden lernten Mikroben, mithilfe des Sonnenlichts aus energiearmen anorganischen Verbindungen energiereiche Biomasse zu machen – und setzten dabei den Sauerstoff als Abfallprodukt in die Welt frei.

Bis dahin waren Archaeen und Bakterien das Höchste, was auf Erden existieren konnte, der Schleim die Metropole dieser Zeit. Irgendein größeres Lebewesen konnte nicht existieren. Dazu brauchte es Sauerstoff. Den verdanken wir dem Urahn aller Cyanobakterien.

DER BAUM UND DAS URALTE ERBE DER CYANOBAKTERIEN

Ob Alge oder Baum – alles, was grün ist und Sauerstoff freisetzt, stammt letztendlich von Cyanobakterien ab. Bei der Sauerstoff produzierenden Fotosynthese arbeiten zwei unterschiedliche Pigmentsysteme zusammen. Sie stammten ursprünglich von zwei anaerob, also ohne Sauerstoff, lebenden Bakteriengruppen. Jede dieser Gruppen betrieb ihre eigene, einfachere Form der Fotosynthese, bei der sie mithilfe des Sonnenlichts Energie aus Verbindungen wie dem nach faulen Eiern stinkenden Schwefelwasserstoff gewannen. Dabei entsteht kein Sauerstoff. Die Evolution kombinierte dann diese beiden Systeme. Dazu mussten die beiden Bakteriengruppen miteinander verschmelzen und zu etwas Neuem fusionieren. Das Ergebnis dieser Zellfusion war eine revolutionäre, neue Art von Chemie: Die Nachfahren dieser »Mutterzelle« bauten fortan mit Sonnenlicht, Wasser und Kohlendioxid neue Biomasse auf und gaben winzige Bläschen des für sie nutzlosen Sauerstoffs an die Umwelt ab.

Irgendwann vor Jahrmilliarden schaffte er es, zwei Formen der Fotosynthese miteinander zu kombinieren, und zwar zwei Formen, bei denen kein freier Sauerstoff entsteht. Das war der große Coup: Der Urahn aller Cyanobakterien entwickelte das grüne Pigment Chlorophyll. Mit seiner Hilfe lassen sich aus dem allseits vorhandenen Wasser, aus Kohlendioxid und Sonnenlicht Kohlenhydrate produzieren – und als Abfall entsteht dabei freier Sauerstoff. Das war der Trick, mit dem die Cyanobakterien die Erde tiefgreifender verändern sollten als jedes andere Lebewesen vor oder nach ihnen – übrigens einschließlich des Menschen, obwohl der sich wirklich alle Mühe gibt, sie von diesem Thron zu stoßen.

Übrigens hat der Mensch allen Grund, diesem ersten Cyanobakterium dankbar zu sein, denn es legte den Grundstein für unsere Welt. Ohne freien Sauerstoff wäre die Erde immer noch ein Planet des Schleims und er hätte keine Chance, dass sich je anderes auf ihm entwickelt. Größe ist schließlich eine Frage der Atmung – oder anders: eine Frage der Energie, die ein Organismus aus seinen gespeicherten Nahrungsreserven gewinnen kann. Heute ist es die Fotosynthese, die das Leben antreibt. Sie erzeugt 85 bis 90 Prozent der »biologischen Energie« auf der Erde. Bevor es sie gab, hatten Bakterien und Archaeen dafür zum Wasserstoff gegriffen, den sie sich aus diversen chemischen

Verbindungen holten. Je nach Substanz atmeten sie dann beispielsweise Schwefelwasserstoff aus oder das Treibhausgas Methan. Niemand zeigte Neigung zu Höherem, denn mehr ließ sich mit der vorhandenen Energie nicht anstellen.

Atmen, um Energie aus gespeicherten Reserven zu erzeugen, muss also jeder. Um energiereiche organische Nahrung zu verwerten, braucht man einen leistungsfähigen Verbrennungsprozess. Und wer Sauerstoff atmet, verbrennt Zucker-, Protein- und Fettreserven höchst effizient, zieht fünf- bis zehnmal mehr Energie aus seinen Vorräten, als es anaerobe Mikroorganismen je könnten. Der freie Sauerstoff wirkt auf Lebewesen, als ob man ihnen bessere Batterien einsetzen würde: Sie können über Stecknadelkopfgröße hinauswachsen und es kann Tiere geben. Denn auch wenn nicht alle wie ein Gepard über die Savanne schießen, so beuten Tiere ihre Umwelt doch aktiv aus, indem sie organische Nahrung einstrudeln, abraspeln, fressen … Mit so viel Energie lassen sich Zellen spezialisieren, komplexe Körper bauen und Aktivitäten »finanzieren«. Ohne den Extra-Kick durch den sauerstoffbasierten Stoffwechsel gibt es noch nicht einmal den einfachsten Wurm, alles muss träge und winzig bleiben, denn wer sich bewegt, braucht zehnmal mehr Energie als ein ruhig vor sich hin vegetierender Mikroorganismus.

Zunächst jedoch bedeutete der erste freie Sauerstoff eine Katastrophe: Schließlich setzte die Mikrobe, die mit der Produktion begann, ein hochwirksames Zellgift frei – ein sehr reaktionsfreudiges Gas, das organische Materie oxidiert. So waren die »Erdenbürger« jener Tage wohl nicht begeistert über das mörderische Treiben dieser neuen »Bioterroristen«, die ihre Welt vernichteten. Obwohl der Sauerstoffanteil in den Meeren und der Luft zunächst verschwindend gering war, stieß er eine Revolution an: Wer langfristig im Licht leben wollte, musste mit dem Gift umzugehen lernen, sich anpassen und Enzyme entwickeln, die es in seinem Körper unschädlich machten. Das Beispiel Penicillin zeigt, wie sich Bakterien an Gifte gewöhnen: Sie entwickeln schützende Enzyme, werden resistent. Wer das nicht schaffte, dem blieb nur, sich in sichere Häfen zurückzuziehen, ins Sediment beispielsweise, überall, wohin der Sauerstoff – noch – nicht vorgedrungen war. Auch die Cyanobakterien selbst hatten erst einmal Mühe, mit dem neuen Stoff umzugehen, weshalb ihnen die Erfindung der Fotosynthese allein noch nicht zum Durchbruch verhalf. Ihr genetischer Stammbaum zeigt, dass es erst einmal für lange Zeit nur eine einzige Art gab. Aber dann »explodierte« ihre Vielfalt, schlagartig entstanden ein Dutzend und mehr neue Gruppen von Cyanobakterien. Erst da hatten sie es wirklich geschafft.

Von Wohngemeinschaften und der Zerstörung der Welt

Cyanobakterien waren seinerzeit die Speerspitze der Evolution. Sie entwickelten aber nicht nur die Sache mit dem Chlorophyll, sondern auch etwas anderes: Irgendwann schafften sie es, nicht mehr nur als fadenförmiger oder wolkiger Schleim im Wasser zu wabern, sondern sie führten die Wohngemeinschaft ein, oder – besser gesagt – die Stromatolithen. Heute leben Stromatolithen nur noch an sehr, sehr wenigen Orten der Erde. Einer davon ist Shark Bay in Westaustralien, 650 Kilometer nördlich von Perth. Dort schimmern schwarz-grün bis bräunlich ihre an überdimensionale Kohlköpfe erinnernden Kolonien im warmen Wasser der Gezeitenzone. Bei genauerem Hinsehen entdeckt man knotige Strukturen in der Mitte und weiche Wölbungen am Rand, auf denen kleine verzweigte Säulen und aufragende Finger sitzen: Das ist das Zuhause der Bakterien.

Diese letzten Stromatolithen sind ein schwacher Widerschein der Epoche, als das Leben auf der Erde noch jung war und einige Cyanobakterien auf einen Trick verfielen, um gemeinsam dem Sand zu entgehen, der Tag für Tag und Nacht für Nacht auf sie herabrieselte: Stets davon bedroht, vom lebenswichtigen Sonnenlicht abgeschnitten zu werden, versuchten sie sich immer wieder aufs Neue zwischen den Körnchen hindurchzurecken. Für ein einzelnes Bakterium ist das mühsam, im Verband deutlich einfacher. Und so gingen sie unter die Baumeister – eine für Bakterien schwierige Aufgabe. Als Erstes sonderten sie klebrigen Schleim ab, der sie zu Matten verband, dann arbei-

Stromatolithen sind die »Hochhäuser« der Cyanobakterien. Diese Wohngemeinschaft von Mikroorganismen fängt Sedimentpartikel ein und scheidet Kalk ab, um fein geschichtete Strukturen aufzubauen. Die erinnern an Säulen, Knollen oder Kohlköpfe und in ihrer äußersten Schicht betreiben die Cyanobakterien Fotosynthese.

teten sie die Sandkörnchen ein und verfestigten das ganze Gebilde mit Kalk. So bekamen sie ein Gerüst aus Stein, das ihnen half, jeden Tag einfach ein Stückchen höher hinauszuwachsen. Im Inneren besteht ein Stromatolith aus hartem Kalk, während sich die äußeren, lebendigen Schichten schwammig und ein wenig klebrig anfühlen. Dort leben die Cyanobakterien in einer nur papierdünnen Schicht. Aber sie sind nur die Sahne auf dem Kuchen: Unter ihnen entfaltet sich ein reiches Bakterien-Ökosystem. Hier nützt und stützt jeder jeden, bis hin zu den Mikroben, die sich von den Abfallstoffen der anderen ernähren.

Als es noch keine Konkurrenz gab, waren die Meere ein Dorado für alle möglichen Arten von Stromatolithen, die die unterschiedlichsten Säulen und Köpfe bauten mit allen erdenklichen Variationen der Faltung. Es gab zerbrechliche Stromatolithen mit langen Auswüchsen, die in ruhigen Wasserzonen siedelten. In Gezeitenzonen trotzten sie mit kräftigen Polstern und dicken Buckeln der Brandung.

Der Sauerstoff, den sie produzierten, sollte im Lauf der Zeit die gesamte Erde umkrempeln. Zunächst fing der Ozean die Produktion der Cyanobakterien ein. Die oberste Schicht des schlammigen oder steinigen Ozeanbodens, die Unmengen an gelösten Metallverbindungen im Wasser, allen voran die des Eisens: Sie verbanden sich mit dem Sauerstoff, oxidierten. Deshalb war in der Luft zunächst nichts vom Sauerstoff zu spüren. Der stieg erst vor 2,45 bis 2,32 Milliarden Jahren messbar an – und zwar so stark, dass dieses Ereignis als Sauerstoffkrise oder als »Great Oxygenation Event«, als große Sauerstoff-Freisetzung oder Oxygenierung, in die Erdgeschichte einging. Man darf sich aber nicht zu viel darunter vorstellen: Es ging zwar massiv aufwärts, aber auf äußerst niedrigem Niveau, von etwa einem Hundertstel auf ein Zehntel der heutigen Werte. Ganze zwei Prozent der Atmosphäre bestanden aus Sauerstoff.

Kaum hatte sich der Sauerstoff in der Atmosphäre angereichert, »rostete« die Erde auch an Land: Felsen, Steine, Minerale. Der chemisch aggressive Sauerstoff brachte die Verwitterung auf Touren und zersetzte Minerale, die vorher stabil gewesen waren. Das sorgte nicht nur dafür, dass plötzlich Unmengen an Nährstoffen in die Ozeane gelangten, sodass die Bakterien schwelgen konnten. Es gab noch eine ganz andere Überraschung: Die Cyanobakterien griffen tief in das Klimageschehen ein – wie tief, das ist Gegenstand von heftigen Debatten.

DER LANGE WEG DES SAUERSTOFFS IN DER LUFT

Wie viel Zeit verging zwischen dem Moment, als das erste mutierte Cyanobakterium Sauerstoff freisetzte, und der ersten spürbaren Sauerstoffanreicherung in der Atmosphäre? Letzteres geschah vor 2,45 Milliarden Jahren. Aber wann ereignete sich die Mutation? Manchen Isotopenmarkern zufolge vor 3,5 Milliarden Jahren. Dann hätte es 1,1 Milliarden Jahre gedauert, ehe sich die Luft spürbar mit Sauerstoff füllte. Allerdings sind chemische Fingerabdrücke immer so eine Sache. Stützt man sich auf Bakterienfossilien wie die 2,7 Milliarden Jahre alten Versteinerungen im Belingwe-Grünsteingürtel in Zimbabwe, die von fotosynthetischen Mikroorganismen stammen sollen, wären 300 Millionen Jahre vergangen. Dafür, dass sie bereits Sauerstoff in die Umwelt verklappten, spricht, dass plötzlich chemische Verwitterungsreaktionen abliefen, die ohne Sauerstoff nicht möglich sind. Dafür spricht auch, dass sich die Stromatolithen ausbreiteten. Andere Wissenschaftler wiederum gehen davon aus, dass zwischen der Entwicklung des Chlorophylls und der Anreicherung des Sauerstoffs in der Atmosphäre nur wenige Hunderttausend oder höchstens eine Million Jahre vergangen sind und dass damit die Erfindung der Sauerstoff produzierenden Fotosynthese spät erfolgt ist. Man weiß es einfach nicht.

DIE SPUR DES CHROMS

Die Frage, wie schnell der Anteil an Sauerstoff in der Luft anstieg, sollen Chromisotope beantworten. Danach müsste in den Oberflächenschichten des Meerwassers (und damit auch in der Luft) der erste freie Sauerstoff zwischen 2,8 und 2,6 Milliarden Jahren vor unserer Zeit aufgetaucht sein. Zwischen 2,45 und 2,2 Milliarden Jahren vor heute erreichte er mit der ersten Sauerstoffanreicherung einen vorläufigen Höhepunkt. Die Erde rostete und bald darauf wuchsen die Gletscher der Huronischen Vereisung, der ersten Eiszeit der Erdgeschichte. Vor 1,9 Milliarden Jahren war der Sauerstoffgehalt wieder auf das Niveau vor der Sauerstoffkrise zurückgefallen. Der zweite große Anstieg im Sauerstoffgehalt spielte sich dann zwischen 800 und 542 Millionen Jahren vor heute ab – und auch in dieser Zeit gab es mehrere bedeutende Vereisungen. Vor 580 Millionen Jahren erreichte der Sauerstoff dann auch tiefere Wasserschichten.

Der Geobiologe Joe Kirschvink vom California Institute of Technology in Pasadena jedenfalls glaubt, dass die Erde damals vollkommen vereiste – das erste Mal von mehreren, viel jüngeren Ereignissen dieser Art. Joe Kirschvink war es auch, der dem Ganzen 1992 seinen Namen gab: Snowball Earth, Schneeball Erde.

Die Idee selbst stammt allerdings nicht von ihm, sondern von dem australischen Geologen Sir Douglas Mawson (1882–1958), der in Südaustralien eiszeitliche Sedimente fand. Ihretwegen dachte er darüber nach, ob nicht die ganze Erde einmal vereist gewesen sein könnte. Zu seiner Zeit war die Plattentektonik keine anerkannte Theorie, dass Kontinente sich bewegen, kein allgemeines Wissen. Für Mawson hatte Australien nie seine Position auf der Erdkugel verändert. Also mussten die Gletscher bis dorthin vorgestoßen sein – und das bedeutete eine Komplettvereisung. Seine Idee wurde jedoch als zu abwegig abgetan.

1964 brachte Brian Harland von der University of Cambridge das Thema jedoch wieder auf die Tagesordnung. Ihm waren bei der Analyse magnetischer Minerale, die vor 750 bis 580 Millionen Jahren in eiszeitliche Ablagerungen geraten waren, seltsame Werte aufgefallen. Danach schienen diese Sedimente am Äquator entstanden zu sein. Das bedeutete, dass die Gletscher selbst unter tropischer Sonne bis an die Meeresstrände jener Tage gereicht haben müssen. Wieder war die Idee sehr umstritten und geriet in Vergessenheit – bis zum Ende des 20. Jahrhunderts. Neue Funde im Gelände und eine fortentwickelte Analysetechnik bescherten ihr eine Renaissance und sie wurde weiterentwickelt. Daran war Joe Kirschvink maßgeblich beteiligt. Seiner Meinung nach gab es einmal während des Cryogeniums vor rund 850 bis 580 Millionen Jahren mehrere »Schneebälle« und dann eben auch viel früher, vor rund 2,4 Milliarden Jahren.

Douglas Mawson (1882–1958) war ein australischer Antarktisforscher und Geologe. Er leitete nicht nur zwischen 1911 und 1914 die erste australische Antarktisexpedition, sondern entwickelte auch als Erster die Idee von einer einst komplett vereisten Erde.

Mit dieser Eiszeit sollen die Cyanobakterien die Quittung dafür bekommen haben, dass sie mit dem Sauerstoff ein mächtiges neues Klima-Agens, eine Substanz, die das Klima beeinflusst, ins Spiel gebracht haben: Kurz nachdem in den Steinen die ersten Hinweise auf das aggressive Gas in der Luft auftauchten, erlebte die Welt eine Klimakatastrophe. »Damals schien die Sonne immer noch um ein Viertel schwächer als heute. Das Kohlendioxid allein reichte immer noch nicht aus, um den Planeten warm zu halten, sondern das von Mikroorganismen produzierte Methan musste als 20-mal stärkeres Treibhausgas helfen«, beschreibt Joe Kirschvink die Welt vor der Vereisung. Angenehm warm war es, aber nur bis dieser verflixte Sauerstoff ins Spiel kam. Zum einen holte die durch ihn angekurbelte chemische Verwitterung reichlich Kohlendioxid aus der Luft. Zum anderen griff er begierig das Methan an, baute es zu Kohlendioxid und Wasser um. Und so brachten sich die Cyanobakterien selbst in größte Schwierigkeiten, weil durch sie das schöne Methantreibhaus zusammenbrach und zum ersten Mal in der Erdgeschichte die Gletscher vorrückten. Sie wuchsen und wuchsen – wenn Joe Kirschvink und seine Mitstreiter recht haben – so lange, bis die Eisfläche eine kritische Grenze überschritt: Jetzt reflektierte die Erde das Sonnenlicht so stark, dass die Temperaturen endgültig abstürzten. Die Eisflächen erreichten den Äquator: Die Erde verwandelte sich in einen gleißenden Schneeball mit Packeis von den Polen bis zum Äquator. Das orangerote Schummerlicht der Methanwelt hatte einem tiefblauen Himmel Platz gemacht. Es war klirrend kalt, selbst im Sommer kletterte das Thermometer nicht über minus 30 Grad. Während das Meer unter dem Packeis verschwand, waren die Strände mit großen, scharfkantigen Eisblöcken übersät, in die sich landeinwärts Steine mischten, bis sich schließlich der von Trümmern bedeckte Fels bis zum Horizont erstreckte. Nur die Wärme aus dem Erdinne-

PLATTENTEKTONIK

Mit der Plattentektonik führt die Erde ihre innere Hitze ab. Dabei läuft der Wärmetransport wie im Kochtopf über Konvektionszellen: Tief aus dem Erdinneren fördern Strömungen warmes Material bis nahe an die Oberfläche, wo es an der Unterseite der kühlen Erdkruste entlangwandert, sie dabei ein Stück mitzieht und sich langsam abkühlt. Irgendwann stößt die Strömung auf eine Nachbarzelle und taucht, deutlich kühler und damit dichter und schwerer geworden, wieder in den Erdmantel hinein. Je tiefer das Material absinkt, desto mehr heizt es sich auf. Irgendwann schließt sich die Zelle und der Kreislauf beginnt von Neuem. Die Mantelgesteine sind dabei fest, aber durch Druck und Hitze im Erdinneren verformbar.

Die Konvektionszellen prägen sich an der Oberfläche durch. Wo sie »aufwallen«, bilden sich Mittelozeanische Rücken, an denen Basaltlava ausfließt und als neue Ozeankruste erstarrt. Die wird von der nachfolgenden Lava zur Seite gedrängt. Wenn der Meeresboden viele Millionen Jahre später ins Erdinnere abtaucht, sinken an der Oberfläche Tiefseegräben ein. Der Meeresboden wird regelrecht »verschluckt« und zieht dabei mit seinem ganzen Gewicht die große Meereskrustenplatte hinter sich her wie ein Handtuch, das von einem Tisch rutscht.

Die Kontinente werden dabei von den Konvektionszellen im Erdmantel zusammen mit der ozeanischen Krustenplatte, auf der sie reiten, mitgezogen. Sie tauchen nicht ins Erdinnere hinein ab: Während der Meeresboden aus fast demselben schweren Material besteht wie der Erdmantel, ist das Grundbaumaterial der Kontinente Granit – und der ist sehr viel leichter.

ren verhinderte, dass die Meere bis zum Grund gefroren. Joe Kirschvink scherzt daher über die Cyanobakterien: »Diese grässlichen Wesen zerstörten ein komplettes planetares Ökosystem, als sie die Erde tiefgefrieren ließen. Und so hing das Leben am seidenen Faden – für Hunderte Millionen Jahre.«

Dabei könnten die Cyanobakterien einen Komplizen gehabt haben: Nachdem aus aller Welt Proben von Vulkangestein analysiert worden sind, scheint klar, dass zwischen 2,45 und 2,2 Milliarden Jahren vor heute seltsamerweise die vulkanische Aktivität nachgelassen hat. Lava wurde nur noch auf Sparflamme produziert. Allerdings versorgen »natürlicherweise« die Vulkane die Atmosphäre mit dem Treibhausgas Kohlendioxid, indem sie es permanent aus dem Erdinneren fördern. Wenn sie sich 250 Millionen Jahre lang aus dem Geschäft zurückziehen, ist eine schwere Eiszeit eigentlich unvermeidlich. Es gab damals so viele ungewöhnliche Umstände, dass die Erde also durchaus zu

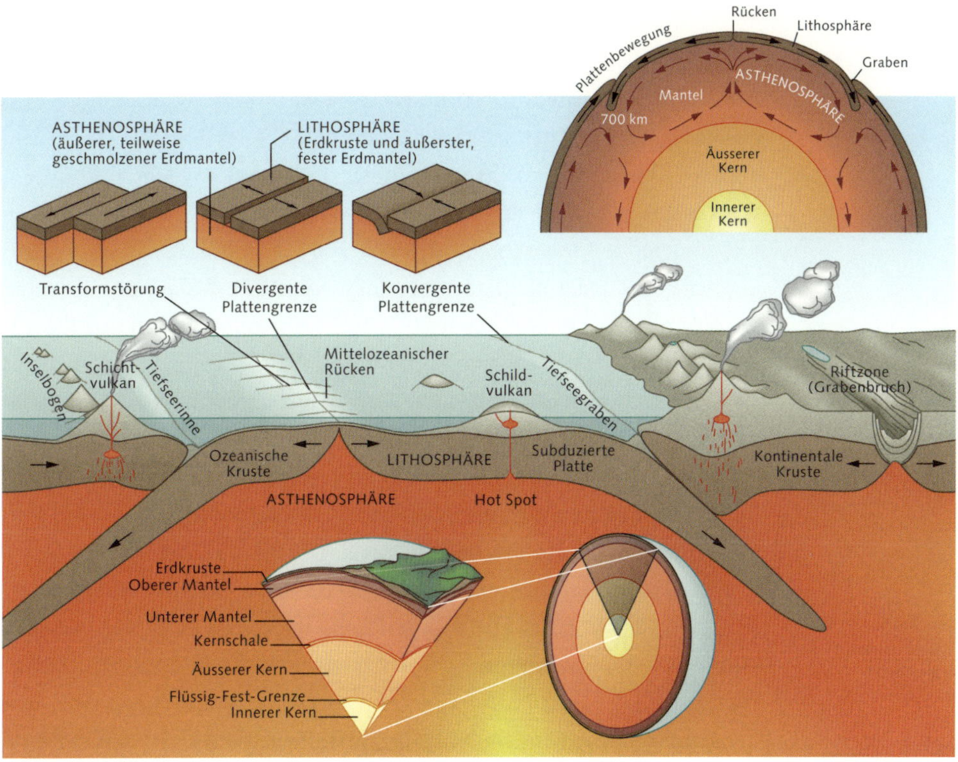

einem Schneeball gefroren sein könnte. Dann hätte das Leben nur in kleinen Refugien eine Chance gehabt: Wer weder Sauerstoff noch Sonne brauchte, konnte sich problemlos in die ewige Finsternis der Meere zurückziehen, an einen hübschen Black Smoker beispielsweise. Wer jedoch vom Licht abhing, hatte es schwer, eine lebensfreundliche Insel zu finden. Vielleicht haben die »Sonnenanbeter« an heißen vulkanischen Quellen überdauert, wie es Joe Kirschvink als Kalifornier mit einem Jacuzzi im Garten gerne annimmt, oder in Schmelzwassertümpeln auf sonnenbeschienenem Eis.

Die Plattentektonik ist die vereinheitlichte Theorie in den Geowissenschaften, die die Vorgänge an der Oberfläche der Erde mit dem Geschehen im Erdinneren verbindet.

Wie dem auch sei, nach dieser Schneeball-Hypothese wäre es den Vulkanen vorbehalten, uns zu retten. Allerdings dauerte es 300 Millionen Jahre, ehe sie den Planeten wieder aus seiner eisigen Umklammerung befreit hatten. Sie pumpten Kohlendioxid in die Luft, bis sie übervoll davon war: Ein galoppierender Treibhauseffekt ließ die Temperaturen hochschnellen. Der Schneeball schmolz dahin – und damit geriet die Erde erneut in Turbulenzen. Der Grund: Während des eisigen Intermezzos hatte sich eine Überraschung vorbereitet. Denn weil die Cyanobakterien in ihren Refugien nicht viel ausrichten konnten, war der Sauerstoff wieder aus der Luft verschwunden – und damit auch die schützende Ozonschicht, die sich vor 2,4 Milliarden Jahren gebildet hatte. Stattdessen war eine ungewöhnliche Reaktion in Gang gekommen. Das energiereiche UV-Licht traf ungehindert auf das Eis und zerbrach die Wassermoleküle darin. Wasserstoffperoxid entstand und sammelte sich im Eis an. Als der Schneeball schmolz, löste sich das ganze Wasserstoffperoxid in der Luft auf und zersetzte sich zu Sauerstoff, der die Atmosphäre regelrecht überschwemmte. Zum ersten Mal in der Erdgeschichte entstanden rot gefärbte Sandsteine – rot vom Hämatit, dem oxidierten Eisenmineral, das darin steckt.

Der rote Sandstein steht für eine neue Welt, die sich schemenhaft abzuzeichnen begann. Die frischen Gesteinsoberflächen, die die Gletscher nach ihrem Rückzug hinterlassen hatten, rosteten. Außerdem hatten die Gletscher Unmengen an Gestein zu Staub vermahlen, den der Regen nach dem Tauen als Nährstoff in die Meere schwemmte. Darauf stürzten sich die überlebenden Cyanobakterien und die Folge war eine gewaltige Bakterienblüte. Als der überreichliche Düngernachschub versiegte, starb das Gros des grünen Teppichs ab – und seine Zersetzung verschlang reichlich Sauerstoff. So sank seine Konzentration in der Atmosphäre erneut.

Irgendwann stellte sich jedoch ein neues Gleichgewicht zwischen Fotosynthese und Verwitterung ein. Es lag wieder bei etwa zwei Prozent – also bei einem Zehntel des heutigen Werts. Mehr scheinen Cyanobakterien allein nicht stemmen zu können. Trotzdem war die Erde eine andere. Es war wieder warm, noch nicht einmal an den Polen gab es Eis. Deshalb war der Temperaturgegensatz zwischen Pol und Äquator gering, die Meeresströmungen waren lahm, mischten die Ozeane nicht genügend durch. Infolgedessen blieb der Sauerstoff in den obersten paar Metern Meerwasser stecken. Nachdem rund um die Welt Minerale aus den Gesteinen dieser Zeit untersucht worden sind, sieht es so aus, als ob die tiefen Ozeane seinerzeit noch lange aus unserer Sicht lebensfeindliche Orte geblieben sind. Weil jedoch Sauerstoff in der Luft war und nicht in den tieferen Ozeanzonen, entstand ein Problem: An Land rosteten die Steine der ersten zwei Milliarden Jahre. In ihnen steckten oft große Mengen an schwefelhaltigen Mineralen, die in der Welt davor stabil gewesen waren und die nun mit dem Sauerstoff reagierten. So oxidierten Bändereisenerze, Katzengold, Bleiglanz, Kupferkies …, und was ins Meer gespült wurde, waren Sulfate. Die wiederum waren Nahrung für eine zähe Gruppe von Bakterien unterhalb der sauerstoffreichen Oberfläche. Sie verdauten sie und setzten dabei wieder den stinkenden Schwefelwasserstoff frei.

Sonderbare Ozeane entstanden. Sie glichen wahrscheinlich dem Schwarzen Meer heute, wo sich unter einer dünnen Schicht aus sauerstoffhaltigem Wasser die große Welt der anaeroben Mikroorganismen erstreckt. Und vielleicht folgte deshalb auf das Ende der 300 Millionen Jahre währenden Huronischen Vereisung eine andere ungewöhnliche Epoche: die »langweilige Milliarde«. Obwohl ein bisschen Sauerstoff in der Luft war, schien sich fast 1000 Millionen Jahre lang nichts zu tun. Auf den ersten Blick sieht es so aus, als ob die Evolution für ein Viertel der Erdgeschichte eine Pause eingelegt hätte. Jedenfalls berichten die Steine kaum etwas von den vielen kleinen »Erfindungen«, die sich im Verborgenen ereignet haben müssen. Denn auch wenn wir sie noch erforschen müssen, »langweilig« war diese Zeit keineswegs.

Ein Lob der Gefräßigkeit

Bevor die Welt in die scheinbare Langeweile abrutschte, hatte es nach der Huronischen Vereisung erste »Versuche« mit der Größe gegeben. Einmal bauten vor zwei Milliarden Jahren Cyanobakterien gewaltige Riffe aus kegelförmigen Stromatolithen, über die das Sonnenlicht tanzte. Über Hunderte von Kilometern erstreckten sich diese Riffe und jeder einzelne Kegel war bis zu 100 Meter hoch. Dass das Leben seiner Vorliebe für Gigantomanie frönte, war eine Premiere – den winzig kleinen Baumeistern dieser Conophyten sei Dank.

Es gab aber vielleicht auch Veränderungen der individuellen Größe. Und zwar stießen Paläontologen in der Nähe von Franceville (Gabun) auf Strukturen, die Fossilien sein könnten. »Könnten« deshalb, weil es – wie meist bei so alten Mustern – die übliche Einschränkung gibt, dass Anorganisches vorgeben könnte, Organisches zu sein. Vielleicht haben also nur ungewöhnliche geochemische Bedingungen in einem Sedimentpaket Pyritkristalle so wachsen lassen, dass sie versteinertes Leben vortäuschen. Aber nehmen wir an, dass sich die Wissenschaftler nicht täuschen: Dann hätte die Evolution vor 2,1 Milliarden Jahren – also »direkt« nach dem Ende der Huronischen Eiszeit – Lebewesen hervorgebracht, die sich über Mikrobengröße erhoben. Diese Wesen, die irgendwie an flache Mützen erinnern, besiedelten ein Flussdelta, das sich langsam ins Meer hinausschob.

In den Schiefern des Francevillian-Beckens in Westafrika sollen die Fossilien der ältesten vielzelligen Lebewesen stecken, die bislang entdeckt worden sind. Sie sind 2,1 Milliarden Jahre alt – anderthalb Milliarden Jahre älter als die nächsten bekannten komplexen Fossilien.

Heute ist dieses einstige Delta Teil eines Festlandkerns, eines sogenannten Kratons. Die Fossilien – so es denn welche sind – haben ihre organische Substanz gegen Pyrit »ausgetauscht«, als eisensulfidhaltige Wässer das Sediment durchströmten, in dem sie begraben waren. Diese Fossilien wären bis zu daumengroß: ein Wunder in einer Welt, in der ansonsten nur mikroskopisch Kleines lebte. Sie sind oval und umgeben sich mit einer Krempe, die einst wohl weich und ausgefranst gewesen ist. Für die Paläontologen um Abderrazak El Albani von der französischen Universität Poitiers sind sie Überreste hoch organisierter

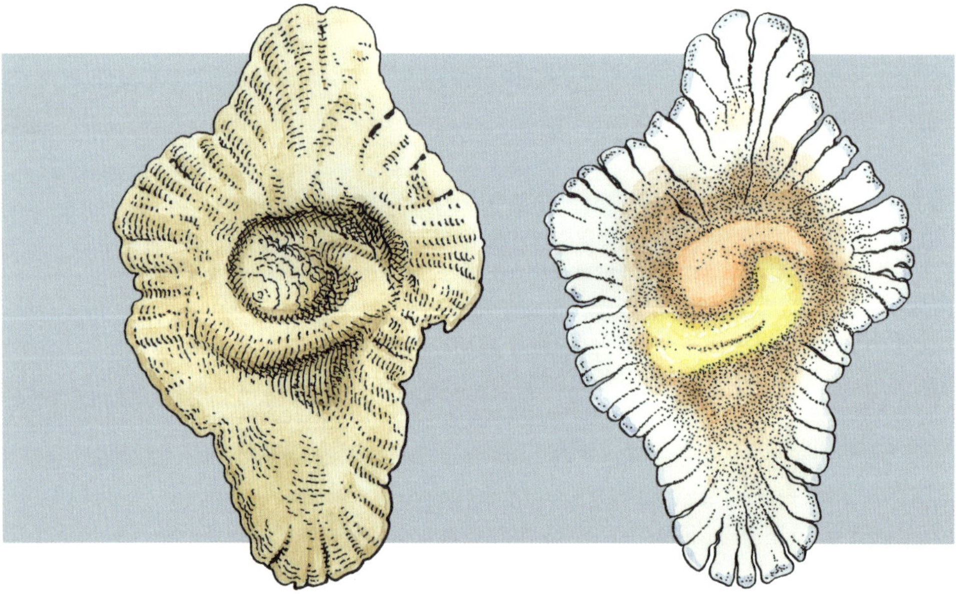

EINE FRAGE DER ENERGIE

Prokaryonten haben es einfach, wenn sie Energie brauchen: Dann pumpen sie ein paar freie Elektronen von Eisen oder Schwefel durch ihre Membranen – und das war es. Das Problem: Wenn sie wachsen, reicht diese schlichte Versorgungsmethode nicht mehr aus, weil ihr Volumen schneller größer wird als ihre Oberfläche. Da sind die Eukaryonten im Vorteil, weil sie jede einzelne ihrer Zellen mit Hunderten von kleinen Kraftwerken bestücken können, den Mitochondrien – und jedes einzelne Mitochondrium sorgt für Energie. Nur so konnten aus Einzellern Vielzeller werden.

Kolonien, deren Mitglieder untereinander Signale austauschten, um diese komplizierte dreidimensionale Struktur zu formen.

Nur wer unternahm diesen Versuch mit der Größe? Bakterien, also Lebewesen ohne Zellkern, Prokaryonten, deren Erbinformation frei in der Zelle »schwimmt«? Wenn sie sich vermehren, teilen sie sich einfach und stellen dabei Kopien von sich selbst her. Oder waren diese mützenähnlichen Strukturen bereits Eukaryonten, Lebewesen mit einem Zellkern, zu denen Algen ebenso gehören wie die Menschen? Dafür spricht ein geochemischer Marker: Die Fossilien weisen Spuren von Sterolen auf, einer Verbindung, die für die Zellwände von Eukaryonten typisch ist. Allerdings kann diese Spur in die Irre führen, denn diese Verbindungen könnten auch von viel jüngeren Organismen stammen und die uralten Strukturen erst nachträglich getränkt haben.

Solche Funde erscheinen uns als Highlights dieser Zeit. Aber das Bild ist verzerrt. Denn in dieser angeblich so langweiligen Milliarde sind ja beispielsweise die Eukaryonten entstanden, also die Organismen, die ihre genetische Information fein säuberlich mit einem Zellkern umschließen. Nur sie konnten irgendwann Lebewesen wie uns hervorbringen, mit Kopf, Rumpf und Gliedmaßen. Dazu braucht man nämlich Zellkomplexe mit spezialisierten Aufgaben, ein Nervensystem etwa oder Muskeln für die Bewegung. Sonst funktioniert nichts. Und dafür muss schon auf Zellniveau alles stimmen, denn die eukaryontischen Zellen mit Kern sind größer als die der Prokaryonten, der Lebewesen ohne Zellkern. Damit sie trotz der gewachsenen Entfernungen problemlos funktionieren, brauchen die »Zellkernbesitzenden«

Mitochondrien – hier das eines Tiers – werden von einer Doppelmembran umschlossen und besitzen eigene Erbsubstanz. Das Organell kommt in den Zellen fast aller Lebewesen mit echtem Zellkern vor und erfüllt als Zellkraftwerk auch wichtige Aufgaben.

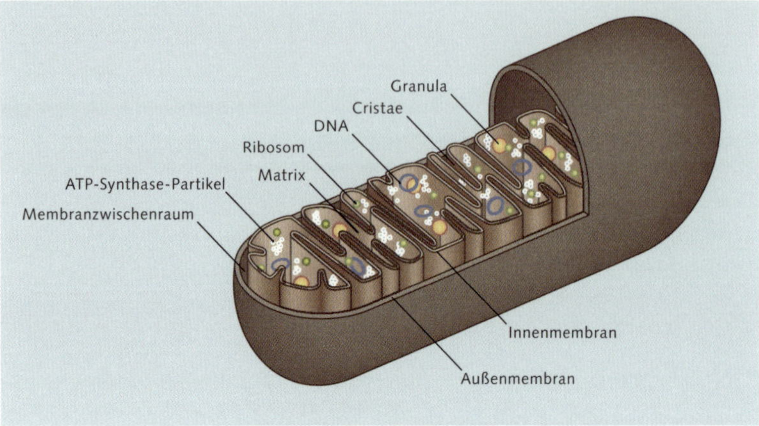

Organellen, die wie die Organe eines vielzelligen Körpers arbeiten: Mitochondrien zur Energiegewinnung etwa oder Chloroplasten zur Fotosynthese. In den Zellen komplexer Organismen läuft eine ausgefeilte Maschinerie, aber die mussten sie sich erst erwerben – Baustein für Baustein.

Um die Frage nach dem Wie zu beantworten, gibt es verschiedene Ansätze. Eine der populärsten Ideen ist die »Endosymbiontentheorie«, schließlich haben viele dieser Organellen auffallende Ähnlichkeit mit Bakterien. Also liegt der Verdacht nahe, dass die frühen Eukaryonten, nachdem sie ihren Zellkern entwickelt hatten, gerne einmal frei lebende Bakterien mit all ihren Fähigkeiten gekapert und im Inneren verstaut haben, um sie für sich arbeiten zu lassen. Die Algen wurden zu dem, was sie sind, als sich ihr Urahn eine Fotosynthese treibende Bakterie einverleibte und als Chloroplast in »Dienst« stellte. Das Prinzip setzte sich durch und blieb in allen Pflanzen erhalten: Ob Roggen, Eiche, Thymian oder Rose – sie alle profitieren von dieser Tat.

Zu den Eroberungen eukaryontischer Zellen gehört auch das Mitochondrium, das Zellkraftwerk, das ihnen eine sehr gute Methode zur Energieversorgung verschaffte. Wenn die Endosymbiontentheorie stimmt, verdanken sie ihre Zellkraftwerke ihrer Gefräßigkeit. Das Ganze geschah in diesem stinkenden Ozean der langweiligen Jahrmilliarde. An seiner Oberfläche dümpelten zahllose Cyanobakterien, die

ALGEN, NICHTS ALS ALGEN

Algen zählen zu den ersten bekannten Eukaryonten: Mal wogten sie als Fäden in der Strömung, mal hatten sie es sich als Untermieter in den von den Cyanobakterien erbauten Stromatolithen gemütlich gemacht, mal trieben sie als planktonische Kugeln durchs Meer – ob mit oder ohne Stacheln. Ihnen war alles recht, solange sie nur genügend Sonnenlicht abbekamen. Vor allem in Gesteinen, die zwischen 850 und 1000 Millionen Jahre alt sind, treten Algen in Massen auf. Die größte von ihnen war *Chuaria*, eine »Monsteralge«, eine Kugel von einem Zentimeter Durchmesser – für Einzeller geradezu gewaltig. *Chuaria* gibt es nicht mehr, aber manche der Algen-Fossilien lassen sich heute noch lebenden Grünalgen oder Rotalgen zuordnen. Hin und wieder scheinen fossile und moderne Formen sogar identisch zu sein – als wären seit damals nicht Hunderte von Millionen Jahren ins Land gegangen, sondern nur ein Tag.

nichts anderes taten, als Fotosynthese zu betreiben. Nach ihrem Tod sanken sie zu Boden und bildeten einen nahrhaften Teppich. Von dem zehrten unter anderem unsere eukaryontischen Vorfahren. Er war für sie wie ein Schlaraffenland, denn sie hatten gelernt, organische Substanz in sich aufzunehmen und zu verdauen. Sie waren Räuber, die nichts dabei fanden, sich neben abgestorbenen Bakterien hin und wieder auch einmal lebendige einzuverleiben.

Meist endeten die Kleinen als opulentes Mahl und wurden verdaut. Aber manchmal hatten sie Glück und überlebten im »Bauch« der Eukaryonten – und immer wieder einmal entwickelte sich daraus sogar eine Symbiose: Der größere Wirt nutzte seinen Gast als Chemiefabrik, um seine Nahrung besser auszubeuten. Der kleine Symbiont hatte dafür einen sicheren Hafen gefunden, der ihn vor der Gefräßigkeit der Großen schützte. Später hat es einer der Symbionten geschafft, sich zum vererbbaren Mitochondrium weiterzuentwickeln – und das brachte seinem Eukaryonten einen ungeheuren Vorteil. Er war nicht mehr auf den Zufall angewiesen, um dank der Symbiose in Energie schwelgen zu können: Er und seine Nachkommen trugen von Anfang an ihr eigenes Zellkraftwerk in sich. Und so übernahm er die Herrschaft und wurde zum Ausgangspunkt einer Fülle von neuen Formen.

Dummerweise sagt die Endosymbiontentheorie nichts dazu aus, wie denn nun die eukaryontische Zelle selbst entstanden ist. Dazu hat

ZEITREISEN IM KUHDARM

Sich durch Einverleiben der Dienste der Bakterien zu versichern, war und ist ein weitverbreitetes »Verhalten«. Symbiosen waren in der Welt des frühen Lebens genauso beliebt wie heute. Viele dieser vorteilhaften Beziehungen sind bereits uralt. So arbeiten in den Flechten schon seit undenklichen Zeiten Pilze und Algen zusammen. So können sie selbst in den unwirtlichsten Gebieten der Erde überleben. Deshalb überziehen sie ebenso Steine in den glühend heißen Wüsten Australiens oder Afrikas wie im erstarrten Inneren der Antarktis. Schon ein Tropfen Tau oder Schmelzwasser sichert ihnen ihr Überleben. Nur wenn sich die Pilze fortpflanzen und winzige Fruchtkörper ausstülpen, wird klar, dass es sich bei Flechten um eine Wohngemeinschaft handelt.

Andere Symbiosen sind jüngeren Datums: etwa die zwischen Methan produzierenden Mikroorganismen und Wiederkäuern. Mit den Mägen der Pflanzenfresser lieferte die Evolution den Methanbildnern eine neue Heimat, Jahrmilliarden nachdem sie sie durch die Fotosynthese treibenden Bakterien in den »Untergrund« getrieben hatte. Beide Seiten profitieren: Die Kühe könnten ohne sie ihre Pflanzendiät nicht verdauen und die Methanogenen feiern fröhliche Urständ und erinnern mit jeder Blähung einer Kuh an die Welt, in der es noch keinen Sauerstoff gab.

der Düsseldorfer Botanik-Professor William Martin seine eigenen Vorstellungen entwickelt, die »Wasserstoffhypothese«. Seiner Meinung nach war die erste eukaryontische Zelle eine Chimäre, ein Mischwesen aus Archaeon und Bakterie.

Der Schauplatz für diese Zusammenkunft war wieder der Meeresgrund und wir befinden uns in der langweiligen Jahrmilliarde. Begonnen hat danach alles mit einer Symbiose zwischen einer Bakterie und einem Archaeon. Die Bakterie hockte in dem nahrhaften Teppich am Meeresgrund, verdaute organischen Kohlenstoff und setzte dabei Wasserstoff frei. Ihr Partner war ein Archaeon, das genau wie zahllose andere Methan produzierende Archaeen auch den Abfall Wasserstoff für sich als Dinner nutzte.

Irgendwann stülpte sich einer dieser Archaeen über ein Bakterium und zog es in sich hinein – und aus diesem Bakterium wurde das Hydrogenosom. Das ist ein Zellkraftwerk, das wie die Mitochondrien Energie gewinnt – dabei jedoch ohne Sauerstoff auskommt. Dieses Hydrogenosom wäre der Vorläufer des Mitochondriums: Das entwickelte sich erst später, als dieser stinkende Ozean verschwand, weil der Sauerstoff sich mehr und mehr ausbreitete.

In der ganz offensichtlich doch nicht langweiligen Jahrmilliarde sind noch andere bahnbrechende Neuerungen gelungen, etwa die Entwicklung der zweigeschlechtlichen Fortpflanzung. Diese muss weit zurückreichen: Das mit 1,2 Milliarden Jahren älteste Fossil, das einer heute noch lebenden Linie zugeordnet werden kann, ist *Bangiomorpha*, eine Alge, die den Rotalgen gleicht. Und die beherrschte die Sache mit dem Sex bereits. Aus Sicht der Evolution hat er große Vorteile: Während sich die Organismen bis dahin einfach nur geteilt hatten, sodass der Fortschritt ganz von zufälligen Veränderungen im Erbgut abhing und deshalb eher kroch, eröffnete die zweigeschlechtliche Fortpflanzung neue Möglichkeiten. Die ständige Neukombination des Erbguts beschleunigte das Wachstum der Vielfalt erheblich.

SEX UND SEINE FOLGEN

Vielleicht zwei Milliarden Jahre ist es her, dass zwei einzellige Organismen den Sex »erfanden« – und mit den Folgen müssen wir bis heute leben. Denn wenn ein Lebewesen ein Maximum seiner eigenen Gene an die nächste Generation weitergeben will, gibt es nichts Besseres, als einen Klon von sich zu erschaffen – und man spart sich die Zeit und Energie, einen Partner zu finden. Warum die Evolution diesen Weg trotzdem eingeschlagen hat, dazu gibt es Dutzende von Theorien.

Die derzeit beliebteste ist die sogenannte »Herzkönigin-Hypothese«, die 1973 von dem amerikanischen Biologen Leigh Van Valen entwickelt worden ist. Den Namen entlieh er aus Lewis Carolls Kinderbuch *Alice hinter den Spiegeln*. Darin erklärt die Herzkönigin der neugierigen Alice: »Hierzulande musst du so schnell rennen, wie du kannst, wenn du am gleichen Fleck bleiben willst.« Übertragen auf die sexuelle Fortpflanzung heißt das: Ein Organismus muss sich schnell verändern, um seinen Platz in den sich fortentwickelnden Ökosystemen zu behaupten. Nur so kann man seine Gene schnell genug verändern, um Parasiten einen Schritt voraus zu sein. Und man hat eher eine Chance in dem Rennen, bei dem es auf Jägerseite um immer bessere Klauen, Zähne oder Zangen geht und bei den potenziellen »Mahlzeiten« um immer ausgefeiltere Verteidigungsstrategien.

Allerdings lassen sich nicht alle komplexen Lebewesen vom Sex beherrschen. Sind potenzielle Partner rar, hat die Evolution vielen Organismen ein Schlupfloch gelassen: die Parthenogenese. Etliche Pflanzen und weibliche Tiere wie Blattläuse oder Schnecken, aber auch einige Fisch- und Echsenarten können sich notfalls ohne Befruchtung durch einen männlichen Artgenossen fortpflanzen. Bei der asiatischen Blumentopfschlange gibt es sogar ausschließlich weibliche Tiere. In mehreren Zoos sind Komodowaran-Damen durch Parthenogenese Mutter geworden. Aus den Eiern schlüpften männliche Nachkommen. Säugetieren scheint dieser Weg versperrt zu sein – sie sind zum Sex »verurteilt«. Finden sie keinen Partner, stirbt der Letzte seiner Art.

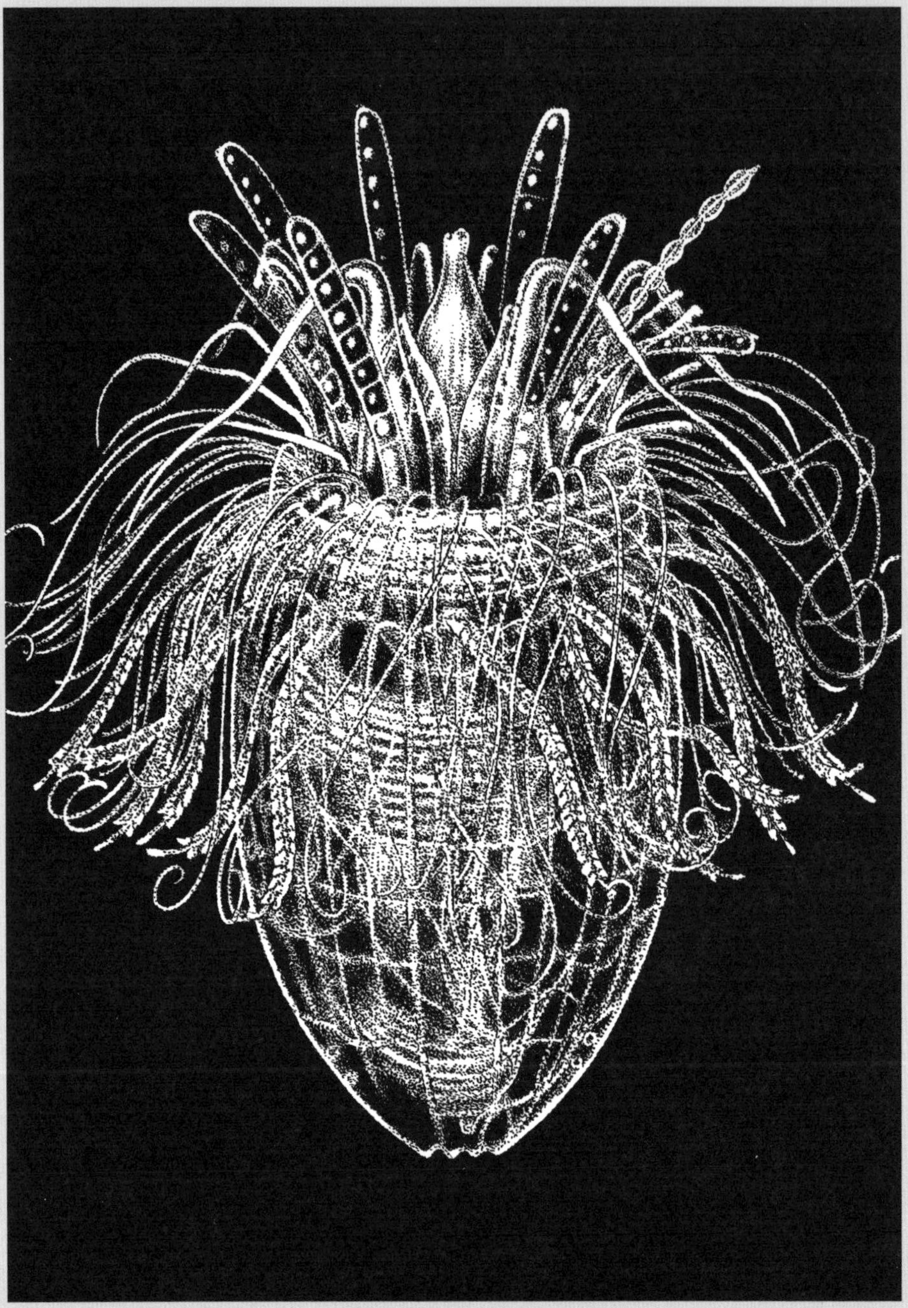

KOPIST ODER LEBENDES FOSSIL?

Eigentlich dürfte es diese besonderen Korsetttierchen (Loricifera) gar nicht geben, die Roberto Danovaro von der Polytechnischen Universität Marche in Ancona 2008 in Sedimentproben aus dem 3000 Meter tiefen L'Atalante-Becken vor Kreta entdeckt hat. Diese Bruchteile eines Millimeters großen Tiere, die sich wie ihre »normalen« Verwandten fest an die Sandkörnchen des Meeresbodens heften, brauchen keinen Sauerstoff! Damit widersprechen sie jedem Lehrbuchwissen, demzufolge kein Vielzeller sein gesamtes Leben ohne Sauerstoff verbringen kann. Für *Spinoloricus Cinzia* ist das jedoch kein Problem.

Sie wohnt am Grund des L'Atalante-Beckens, wo »Salzseen« am Meeresgrund dümpeln. Diese »Seen« zeugen von geologischen Veränderungen, die vor sechs Millionen Jahren den Nachschub an Atlantikwasser über die Straße von Gibraltar abschnitten. Das östliche Mittelmeer trocknete aus, mächtige Salzlagen entstanden. Als sich vor fünf Millionen Jahren die Straße von Gibraltar wieder öffnete, füllte sich das Mittelmeer: Dabei bildeten sich über den Salzlagen sehr schwere, sehr salzreiche Wasserschichten, in denen bis heute der Austausch mit der Außenwelt abgeschnitten ist. Der innere Teil der Becken ist sauerstofffrei.

Zwei Hypothesen wollen die Existenz dieser außergewöhnlichen Korsetttierchen erklären. Nach der einen haben sich ihre Ahnen angepasst, indem sie ihre Mitochondrien gegen Hydrogenosome eintauschten. Auf diesen Trick sollen einzellige Tiere verfallen sein, um in einer Umgebung ohne Sauerstoff zu überleben – und diese Korsetttierchen hätten sie von ihnen »kopiert«. Die andere Hypothese schließt sich an die »Wasserstoffhypothese« an. Danach wäre *Spinoloricus Cinzia* ein lebendes Fossil, Relikt aus der Zeit vor der Entstehung der größeren Mehrzeller, als die Meere noch sauerstoffarm oder sauerstofffrei waren. Die Hydrogenosome wären dann die ältere Form: Die Eukaryonten hätten klein und anaerob angefangen – und die sauerstofflosen Salzseen am Meeresgrund öffneten damit ein Fenster in eine ferne Vergangenheit.

Molekulare Uhren

Aber wann passierte das alles? Um zumindest eine Ahnung zu bekommen, wann die erste eukaryontische Zelle im Urmeer dümpelte oder kroch, helfen molekulare Uhren. Hinter diesem Begriff verbirgt sich eine ausgetüftelte Methode der Molekularbiologen, die über Veränderungen im Erbgut berechnen wollen, wann sich Gruppen von Lebewesen aus einem gemeinsamen Ahn heraus entwickelt haben. Der Gedanke, der dahintersteckt, ist einfach: Alle Organismen tragen in sich Spuren ihrer Vorfahren. Je mehr sie sich in ihrer Erbsubstanz voneinander unterscheiden, desto länger liegt die Trennung der Entwick-

Korsetttierchen – oder Loricifera – sind winzige, extrem zähe Tiere, die sich an Sandkörner oder andere Partikel heften und auf ihnen leben. Bis heute ist nur wenig über sie bekannt.

lungslinien zurück. Wie immer gibt es auch dabei einen Haken und der ist bei dieser Sache, dass die molekulare Uhr erst richtig gestellt werden muss.

Ihre Erfinder, der österreichisch-amerikanische Evolutionsbiologe Emile Zuckerkandl und der amerikanische Nobelpreisträger für Chemie Linus Carl Pauling, waren davon ausgegangen, dass es so etwas wie eine konstante Evolutionsrate gibt, dass genetische Veränderungen regelmäßig wie ein Uhrwerk ablaufen. Leider funktioniert Evolution so nicht, vor allem nicht in der Frühzeit der Erde. Die Umweltbedingungen waren damals andere als heute – und das hatte wohl Folgen für die Mutationsrate. Auch später floss die Evolution nicht wie ein großer Strom träge dahin. Vielmehr gab es »Stromschnellen«, beispielsweise Massenaussterben: Dabei verschwindet in kurzer Zeit mehr als die Hälfte aller bekannten Arten. Danach taucht meist vergleichsweise schnell eine Vielzahl von neuen Lebewesen auf – wobei das »schnell« nicht nach menschlichen Maßstäben gemessen wird. Es vergehen durchaus Hunderttausende oder vielleicht sogar eine Million Jahre. In solchen Krisenzeiten liefen die Evolution und damit auch die molekulare Uhr schneller. Also mussten diese »Gang-Ungenauigkeiten« ausgeglichen werden. Allerdings gibt es immer wieder Debatten zwischen Molekularbiologen und Paläontologen, wenn die Datierungen der Fossilien und die Altersangaben der molekularen Uhren nicht übereinstimmen. Außerdem könnten die molekularen Uhren von wirbellosen Tieren langsamer gehen als die von Wirbeltieren.

MOFAOTYOF

Bei der Auswertung all dieser methusalemischen Lebensspuren sollte man die Warnung des Oxford-Professors Martin Brasier im Hinterkopf behalten: Es werde »Mofaotyof« gespielt – *My oldest fossils are older then your oldest fossils (Meine ältesten Fossilien sind älter als deine ältesten Fossilien).* Einmal sind auch Forscher nicht ohne Eitelkeiten. Und außerdem ist nicht alles immer unbedingt das, wonach es auf den ersten Blick aussieht. Deshalb gelangt man bis zum Auftauchen der ersten »richtigen« Fossilien – sozusagen mit Kopf und Rumpf und Beinchen – oft erst nach einiger Diskussion zur Wahrheit. Das Wissen darum, wie das Leben laufen lernte, ist in einer Art Schwebezustand.

DIE LIEBE FAMILIE

Die Verwandtschaftsverhältnisse unter den Lebewesen sind kompliziert. Phylogenetischen Analysen zufolge sind Tiere (und damit auch wir Menschen) näher mit den Pilzen verwandt als mit den Pflanzen. Rotalgen hingegen stehen den Pflanzen näher als den Tieren oder Pilzen. Kragengeißeltierchen – also Wesen, die zu den Protisten gehören – sind kleine eukaryontische Lebewesen, die höchstens aus ein paar wenigen Zellen bestehen und die nicht näher miteinander verwandt sind. Protisten haben wiederum mehr mit den Tieren zu tun als mit Pilzen oder Pflanzen und so weiter.

Auf der Grundlage dieser Diskussion ist Blair Hedges von der Penn State University mithilfe molekularer Uhren der Frage nachgegangen, wann das erste Mitochondrium dienstbar gemacht worden ist. Seine Antwort: Irgendwann in der Zeitspanne zwischen 2,3 und 1,8 Milliarden Jahren vor heute. Die erste Alge ging vermutlich vor 1,6 bis 1,4 Milliarden Jahren aus der Verschmelzung einer eukaryontischen Zelle mit einem Cyanobakterium hervor. Von da an gab es nicht mehr nur Fotosynthese treibende Bakterien, die sich vor allem im flachen Wasser tummelten und Sauerstoff abgaben, sondern es kamen die unzähligen Algen dazu, die die Hochsee eroberten – und alle zusammen gaben sie Sauerstoff ab. Damit bestand die Chance, dass sich in der Luft mehr als die zwei bis drei Prozent Sauerstoff, die die Cyanobakterien allein schafften, anreichern konnten. Aber es dauerte.

Der lange Marsch

Sanfte Hügel, kahle Felsen, nackte Steine, die in der Sonne glitzern, Seen, die sich im Frühling grün wie Erbsensuppe färben: So stellt sich Martin Brasier von der University of Oxford die Landschaft vor, in der vor mehr als einer Milliarde Jahren die Vorläufer des schottischen Loch Torridon lagen. Der Seeboden von einst ist bereits vor Äonen zu Schiefer geworden. Darin stecken in den Resten von Bakterienkolonien andere winzige Mikrofossilien: Für Brasier und sein Team sind das Algen, also Eukaryonten, komplexe Lebewesen mit Zellkern, Mitochondrien und Chloroplasten für die Fotosynthese. Stimmt die Interpretation, eroberten die Pflanzen das Festland 500 Millionen Jahre früher als gedacht.

Martin Brasier geht sogar noch weiter: »Da die Verwitterung an Land lebenswichtige Elemente wie Phosphor oder Kalium aus den Steinen löst, erscheint es logisch, dass komplexe Zellen mit Zellkern in Seen entstanden sind.« Vielleicht also eroberten die Pflanzen das Land nicht vom Ozean aus, sondern von den Seen: »Grünalgen entstanden, weil irgendwann mehrere Bakterien eine Symbiose eingegangen sind. Das passiert am ehesten unter widrigen Lebensumständen, etwa wenn Seen austrocknen. Vielleicht entwickelte sich diese Symbiose also vor 1,5 Milliarden Jahren in Seen wie diesen. Das ist ein spannender Gedanke – aber derzeit reine Spekulation.« Allerdings eine Spekulation, die den Berechnungen der molekularen Uhren entspricht. Falls etwas dran ist, könnten diese eine Milliarde Jahre alten Süßwasseralgen die Ahnen aller Landpflanzen sein – vom Lebermoos bis zur Linde. Die ersten Pflanzen, die sich über den Boden erhoben, wuchsen jedoch erst vor 460 oder 470 Millionen Jahren.

Lange bevor es jedoch so weit war, neigte sich die »langweilige Jahrmilliarde« ihrem Ende zu. Zu diesem Zeitpunkt waren alle Zutaten für die weitere Evolution vorhanden. Allerdings blieben die Organismen zunächst klein. Bis größere Tiere auftauchten, sollte die Erde aus unserer Sicht bereits drei Viertel ihrer Geschichte hinter sich gebracht haben.

Damals sah es jedoch lange so aus, als sollte so etwas wie das Pantoffeltierchen die höchste Lebensform bleiben. Doch vor etwa 800 Millionen Jahren hat irgendetwas die Erde aus den eingefahrenen Gleisen gerissen und Schwung in die Sache gebracht. In der schier endlosen Zeitspanne bis zu diesem Punkt stehen die Geologen vor der Frage, ob das, was sie an chemischen Spuren oder mikroskopischen Strukturen finden, von Leben erzählt oder nicht. Im Grunde ergeht es ihnen heute wieder einmal nicht anders als Steno damals. Der kam bei seinen geologischen Forschungen trotz seiner Begeisterung nicht so recht vorwärts. Einmal, weil er immer noch ein paar neue Details sicherheitshalber im Gelände nachprüfen wollte und ihm immer noch ein paar Belege fehlten. Wieder und wieder besuchte er Höhlen und Bergwerke, Steinbrüche und Aufschlüsse, damit seine Beweisführung makellos war.

Es gab aber noch einen anderen Grund, der ihn am raschen Fortkommen hinderte: Einen wachsenden Teil seiner Zeit widmete Steno den Auseinandersetzungen, die er wegen seines Glaubenswechsels führte. Die Religion nahm zunehmend Raum in seiner Arbeit ein. Er war bereit, die Geologie, die er innerhalb weniger Jahre als Wissenschaft begründet hatte, an den Nagel zu hängen, um Priester zu werden. Die Langfassung von *De solido* sollte niemals erscheinen. Leider. Nur noch einmal sollte er als Geologe eine Veröffentlichung schreiben – aber davon erst viel später in diesem Buch.

5

Tiefe Wurzeln – oder Die Lösung von Darwins Dilemma

Ein Sprung ins Jahr 1835, zum Vormittag des 17. Dezember. Chatham war abweisend. Ein schwarzer, trostloser Haufen zerklüfteter Lava, gegen den die Brandung schäumte. Wildes Gestrüpp überzog das karge, sonnenverbrannte Land. »Eine Insel wie ein Backofen«, urteilte Charles Darwin, als er die östlichste der Galapagosinseln im Pazifik betrat, »wie die Eisengießereien von Staffordshire.« Was für ein Ort! Die Luft war dumpf und druckend, die Pflanzen stanken – genau so malte er sich den kultivierten Teil der Hölle aus.

Für Charles Darwin, der mit der Beagle *um die Welt segelte, blieb es zeitlebens ein Rätsel, warum die Tiere so plötzlich in der Erdgeschichte aufzutauchen schienen. Er ahnte noch nichts von den tiefen Wurzeln des Lebens, etwa von der Existenz einer Ediacara-Fauna.*

Als Charles Darwin auf Chatham landete, dauerte seine Reise mit der *Beagle* schon fast vier Jahre. Sein Kopf war voller Eindrücke, aber noch hatte sich aus dem Durcheinander die Evolutionstheorie nicht herausgeschält. Noch ahnte er nicht, dass er – wie Steno – eine neue Wissenschaft begründen sollte. Während es Stenos Verdienst war, zu erkennen, dass sich die Erde im Lauf ihrer Geschichte verändert, fand Darwin dasselbe für die Lebewesen heraus.

Aber nun war er zunächst einmal fünf Wochen auf ein paar einsamen Vulkaninseln im Nirgendwo. Schon vom Schiff aus hatte Chatham alles andere als vielversprechend ausgesehen. Das verkümmerte Gestrüpp schien schon lange abgestorben zu sein. Auch jetzt, aus der Nähe betrachtet, war es nicht besser: »Blattlos wie die Bäume im englischen Winter«, dachte Darwin. Er war enttäuscht, hatte er sich doch so viel von den Tieren und vor allem von der Geologie der Galapagosinseln versprochen. Im August hatte er seiner Schwester Catherine in einem Brief davon vorgeschwärmt. Und nun das! Diese »brutzelnd heißen Inseln«, auf denen die Quecksilbersäule des Thermometers über den Messbereich hinausschoss, waren höchstens »Paradiese für die ganze Familie von Reptilien«. Missmutig betrachtete er die tiefen Spalten, die das raue Gestein durchzogen. Ob er wollte oder nicht, er musste über die glutheiße Schlacke laufen. Der Schweiß brannte in den Augen, als er sich pflichtschuldig ans Pflanzensammeln machte. Mühsam bekam er zehn »hässliche«, kümmerliche Blumen zusammen: »Die erbärmlichen Gewächse scheinen besser in die Arktis zu passen als an den Äquator.«

Nach einer Weile fiel ihm auf, dass die Pflanzen um ihn herum keineswegs tot waren. Vielmehr standen fast alle in vollem Laub, viele blühten sogar – und seine Laune besserte sich. »Die häufigsten Sträucher gehören zu den Euphorbien [Wolfsmilch]. Aber es gibt auch Aka-

THEORIEN VON KONTINUITÄT …

Darwin hatte auf seiner Seereise ein Geologiebuch gelesen – die *Prinzipien der Geologie* von Sir Charles Lyell. Der erste Band kam gerade noch rechtzeitig vor dem Auslaufen der *HMS Beagle* an, den zweiten erhielt er unterwegs. Darwins Freund Lyell war »Uniformitarier«: Er hatte den Ansatz von James Hutton übernommen, dass in der Geologie die Gegenwart der Schlüssel zur Vergangenheit ist. Was immer passiert, es steht in Einklang mit den Naturgesetzen. Wer versteht, was heute auf der Erde passiert, kann die Vergangenheit entschlüsseln. In Deutschland bekam dieses Uniformitäts- oder Gleichförmigkeitsprinzip die Bezeichnung »Aktualismus«. Wie Hutton glaubte auch Lyell, dass nicht Katastrophen die Erde geformt haben, sondern langsame, fortwährende Prozesse: Wind und Regen greifen und griffen die Steine an, die Erosion schneidet und schnitt Täler in die Berge.

Darwin faszinierte der Gedanke, dass sich die Erdoberfläche ständig umformt, dass kleine Veränderungen über lange Zeit hinweg große Auswirkungen haben können … Überall sah er auf seiner Reise Indizien dafür – und so war Lyells Buch eines der Puzzleteile für die Entwicklung der Evolutionstheorie.

… UND VON KATASTROPHEN

Im 19. Jahrhundert löste eine neue Fehde jene zwischen Neptunisten und Plutonisten ab. Diesmal spielte sich die oft hasserfüllte Debatte zwischen Aktualisten und den Anhängern der Katastrophentheorie ab. Letztere erklärten, dass die Erde durch katastrophale Ereignisse geformt werde, besonders häufig durch Überschwemmungen. Damit war nicht die Sintflut gemeint. Die war zu kurz, um die Sedimentpakete auf dem Festland geschaffen zu haben. Vor der biblischen Katastrophe musste es also viele andere große Überschwemmungen gegeben haben, urteilte beispielsweise Baron Georges Cuvier. Beim Studium der Sedimente im Pariser Becken war ihm aufgefallen, dass für eine Weile bunt gemischte Organismengruppen zusammenlebten, die dann verschwanden und durch andere Gruppen ersetzt wurden. Das schien recht abrupt zu geschehen und so identifizierte er 1812 nicht weniger als 33 »Revolutionen« – bei einem der wenigen Adeligen, die die Französische Revolution mit dem Kopf auf den Schultern überstanden hatten, zeigt die Wortwahl, für wie einschneidend er die Prozesse in der Erdgeschichte hielt. Nach diesen Katastrophen, so glaubte er, bevölkerten Überlebende aus anderen, noch unerforschten Teilen der Erde die Welt neu. Aus Vorsicht vor der Zensur nahm Cuvier die Geschichte des Menschen sicherheitshalber aus und erklärte, die biblische Flut sei das jüngste dieser Ereignisse gewesen. Das Alter der Erde reiche jedoch weit über den von Erzbischof Ussher gesetzten Rahmen von 6000 Jahren hinaus.

zien und einen großen, skurril aussehenden Kaktus. Sie sind die einzigen Schattenspender«, notierte er später in seinem Tagebuch.

Die *Beagle* umsegelte Chatham Island und ankerte immer wieder zur Erkundung in kleinen Buchten. Die Tage waren glühend heiß und Darwin kämpfte sich müde durch Gestrüpp und über Lava, die vor dem Erstarren in wildesten Formen zerfetzt worden war, als das Gas aus ihr entwich. Er war inzwischen fasziniert von der Urgewalt, die diese Vulkaninseln geformt hatte. Mitten im wildesten Dickicht traf er auf eine »eigenartige, zyklopische Szenerie«: zwei riesige Schildkröten, von denen eine ein Stück Kaktus fraß und sich langsam davonmachte, als er sich ihr näherte, während die andere ihn anzischte und den Kopf einzog. »Diese riesigen Reptilien, umgeben von der schwarzen Lava, den blattlosen Büschen und großen Kakteen erschienen meiner Fantasie wie vorsintflutliche Wesen.«

Die Vögel auf Chatham waren den Anblick von Menschen nicht gewohnt, »sie hielten uns für ebenso unschuldig wie ihre Landsleute, die riesigen Schildkröten«, schrieb Darwin. Einen Habicht konnte er mit seinem Gewehrlauf umschubsen. Unbedarft hüpften auch kleine Vögel von Busch zu Busch, suchten im Dickicht »ihre Nahrung auf dem trockenen, unfruchtbaren Boden«. Sie erschraken noch nicht einmal vor den Steinen, die die Männer nach ihnen warfen: »Mr. King tötete einen mit seinem Hut.« So fanden die berühmten Galapagos-Finken Eingang in Darwins Tagebuch.

Auch über die Leguane machte sich Darwin keine größeren Gedanken: Er öffnete mehreren die Mägen, fand darin Seetang und Algen. Seltsam, dass sie sich daran gewöhnt hatten, zum Fressen ins Wasser zu gehen. Noch rätselhafter war ihr Fluchtverhalten, denn sie retteten sich nicht etwa ins Meer, wenn sie sich bedroht fühlten, sondern ließen sich am Strand in die Enge treiben und pressten dann voller Angst einen Tropfen Flüssigkeit aus ihren Nasenlöchern. Aber so absonderlich diese »Ausgeburten der Finsternis« auch sein mochten, sie gaben ihm derzeit nur Stoff für Verhaltensstudien, schließlich wurden die Meeresleguane in den Museen jener Tage Südamerika zugeordnet. Also kümmerte sich Darwin nicht weiter um sie. Immerhin fand er sie interessanter als die schweren gelb-roten Landleguane, die – seinem Urteil zufolge – nur »für den Kochtopf geeignet waren«. Ein ähnliches Schicksal war den Schildkröten beschieden, die er vor allem als Dinner schätzte, denn sie landeten in großer Zahl, im eigenen Panzer geschmort, gegrillt oder zu Suppe verarbeitet, auf dem Tisch und wurden verspeist.

Darwin sammelte fleißig auf den Galapagosinseln. Fische, Reptilien, Vertreter der seltsamerweise seltenen Insekten, sie alle landeten in Alkohol. Auf drei der vier Inseln, die die *Beagle* besuchte, schoss Darwin Vögel. Die stopfte er persönlich aus und verstaute sie. Diese Tiere verblüfften ihn, weil er sie nur mit größter Mühe unterscheiden konnte. Sie lebten in Schwärmen, hüpften durch die kargen Büsche des Flachlands und suchten gemeinsam nach ihrer Nahrung. Die älteren Männchen schienen allesamt schwarz zu sein, die Weibchen eher dunkelbraun. Aber dann schleppten andere Besatzungsmitglieder der *Beagle* ein paar schwarze Weibchen an – und er war verwirrt. Weiter bemerkenswert schienen ihm die Vögel nicht zu sein. Die einen identifizierte er als Amseln, andere als Zaunkönige oder Laubsänger. Ein-

Auf der HMS Beagle musste sich Charles Darwin mit sehr wenig Platz begnügen. So schlief er in seiner Hängematte über dem Tisch der Kartografen.

zig und allein die Spottdrosseln erfreuten sich seiner Aufmerksamkeit: Ihm war beim Besuch der Insel James aufgefallen, dass sie dort ein wenig anders aussahen als auf Chatham – und dass sie ebenso »lebhaft, neugierig und aktiv« waren wie die Spottdrosseln aus Chile. Allerdings sangen sie anders. So kam es, dass Charles Darwin akribisch darauf achtete, die erlegten Exemplare der Spottdrosseln mit ihrem Herkunftsort zu versehen – eine Ehre, die den anderen Vögeln nicht zuteilwurde. Die stopfte er einfach für den Versand alle zusammen in einen Sack – ein Umstand, den er im Januar 1837 zutiefst bedauern sollte.

Am 4. Januar 1837 schenkte er seine Sammlung ausgestopfter Vögel von den Galapagosinseln der Londoner Zoologischen Gesellschaft. Der Vogelkundler John Gould war begeistert über diese »Reihe von Bodenfinken«: Sie wiesen eine so eigenartige Gestalt auf, dass er sie als völlig neue Gruppe mit 14 Arten betrachtete. Die Zeitungen berichteten darüber – und Charles Darwin besuchte seinen Freund John Gould. Das Stück Papier, auf dem er sich während des Gesprächs Notizen machte, spricht Bände: ein Blatt, auf beiden Seiten voller Kritzeleien, und quer darüber steht: »Galapagos«. Was Gould ihm eröffnete: Bei den Amseln, Zaunkönigen oder Grasmücken handele es sich um Finken, die alle einzigartig sind und nur auf den Galapagosinseln vorkommen.

Die Idee war geboren und ließ ihn nicht mehr los. Er kritzelte *»I think«* (Ich denke) in sein Notizbuch und einen kleinen Stammbaum: einige Punkte, verbunden mit Linien, Verzweigungen – das Prinzip von der gemeinsamen Abstammung aller Lebewesen, dass Arten durch natürliche Ursachen entstehen und verschwinden. Diese Skizze sollte das »Herz« der Evolutionstheorie werden – und die Inseln mitten im Meer, weitab von jedem Kontinent, der Kristallisationspunkt.

Die Darwinfinken leben auf den Galapagosinseln. Es sind 14 sehr eng miteinander verwandte Arten, die von einem gemeinsamen Vorfahren abstammen. Isoliert auf einer einsamen Inselgruppe mit sehr begrenzten Nahrungs- und Wasserressourcen, hatten sich diese Arten aus ihrem Ahn heraus in verschiedene Richtungen entwickelt.

Aber was trieb diese evolutionäre Entwicklung an? Ehe er mit seiner Theorie an die Öffentlichkeit gehen konnte, brauchte Darwin einen glasklaren Mechanismus. Da fiel ihm im Oktober 1838 eine 40 Jahre alte Streitschrift von Reverend Thomas Malthus über Bevölkerungsökonomie in die Hände: *An Essay on the Principle of Population.* Eigentlich wollte er sie nur zur Zerstreuung lesen, aber dann schlug ihn das, was Malthus schrieb, in den Bann. Die Menschen, stand dort, würden sich auf der Erde derart vermehren, dass es in ferner Zukunft zu großen Hungersnöten kommen werde. Der Grund: Sie besäßen ein höheres Fortpflanzungspotenzial, als Nahrungsmittel produziert werden könnten. Die »natürliche Selektion« – das war der Schlüssel! Zwei Jahre nachdem die *Beagle* am 2. Oktober 1836 gegen 9 Uhr morgens in den englischen Hafen Falmouth eingelaufen war, hatte Darwin alle Puzzleteile beisammen. Er erkannte: Weil Ressourcen wie Nahrung oder Brutplätze begrenzt sind, werden sich die Lebewesen am erfolgreichsten vermehren, die am besten an die Umwelt angepasst sind. Aber die Umwelt ändert sich – normalerweise langsam und kaum merklich, manchmal aber auch abrupt, etwa wenn ein Sturm ein paar Vögel auf eine einsame Galapagosinsel verschlägt. Weil sich die Individuen einer Art leicht voneinander unterscheiden, reagieren sie unterschiedlich auf die neuen Bedingungen.

Ein Vogel, der zufälligerweise eine etwas andere Schnabelform hat, kommt besser zurecht und wird mehr Nachkommen haben, die dann ebenfalls besser zurechtkommen, wenn die Schnabelform stimmt ...

Und so entsteht über Generationen hinweg Neues. Die Vögel der Galapagosinseln hatten sich in einer vollkommen isolierten Welt entwickelt, einer kargen Welt, in der sie überlebten, weil ihre Ahnen verschiedene Anpassungsstrategien »verfolgten«, die sie an sie weitergaben. Und so wie neue Arten entstehen, vergehen andere, die in der Welt nicht mehr zurechtkommen. Darwin beschreibt eine Welt des ewigen Wandels: Alle Organismen entwickeln sich durch einen stetigen und allmählichen Verzweigungsprozess aus gemeinsamen Vorfahren und die Wechselwirkungen zwischen den Lebewesen und ihrer Umwelt, ihr Wetteifern um knappe Nahrung und begrenzten Lebensraum treiben die Artbildung voran.

Um seine Ideen zu untermauern, forschte Darwin. Er beschäftigte sich mit Rankenfußkrebsen und der Taubenzucht. Seine Ideen füllten Notizbuch um Notizbuch, aus denen er erste Manuskriptfassungen seiner neuen Theorie entwickelte – 22 Jahre lang. Darwin war sich der Tragweite der Tatsache bewusst, dass er sich gegen die Schöpfungsgeschichte stellte. Deshalb zögerte er mit der Veröffentlichung, hütete

DIE EMANZIPATION DER NATURWISSENSCHAFTEN

Im 19. Jahrhundert sollte sich vollenden, was mit Galilei begonnen hatte: die Trennung von Wissenschaft und Theologie. Als Darwin im Down House, in der Grafschaft Kent, an der Entwicklung der Evolutionstheorie arbeitete, schien die Schöpfungsgeschichte den meisten noch unantastbar. Eine Art war eine Art und sie war so, wie Gott sie erschaffen hatte. Aber ein Umschwung lag in der Luft. Ein neues Denken begann sich zu formieren – schon vor Darwin, vorangetrieben übrigens auch durch seinen Großvater, Erasmus Darwin (1731–1802). Dieser gehörte zu den Gründervätern der Evolutionstheorie.

Ein anderer war der französische Naturforscher Jean-Baptiste de Lamarck. Er hatte 1809 geschrieben, dass sich Lebewesen langsam aus Urformen heraus entwickelten: Sie passten sich aufgrund eines »innewohnenden Vervollkommnungstriebs« in kleinen Schritten immer besser an die Erfordernisse der Umwelt an und gaben den Vorteil an ihre Nachfahren weiter. Aussterben war unmöglich, wohl aber konnten neue Arten hinzukommen.

Dass nicht nur Individuen endlich sind, sondern auch die Art, der sie angehören, diese Erkenntnis verdanken wir dem Anatomen und Wirbeltierpaläontologen Georges Cuvier (1769–1832). Damals war dieser Gedanke ganz unerhört. Ein weiterer Vorläufer Darwins war Étienne Geoffroy de Saint-Hilaire (1772–1844). Er nahm an, dass sich alle Tiere aus einem gemeinsamen Bauplan entwickelt hätten. Die Vögel, so erklärte er, stammten von Reptilien ab.

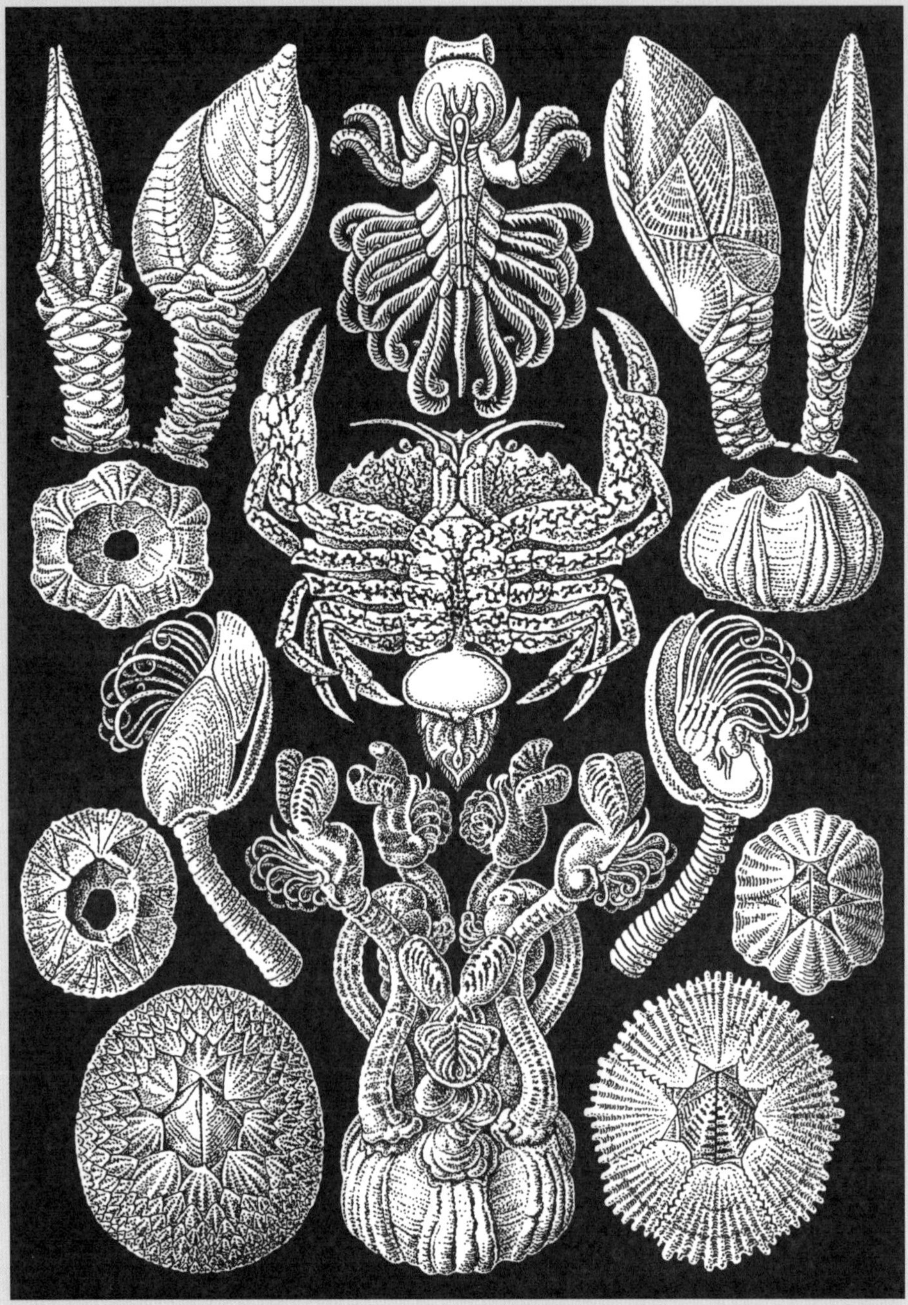

sein Geheimnis all die Jahre. Vielleicht war das die Ursache für die ständige Übelkeit, mit der er lebte, für das Herzrasen, die Migräne, die Erschöpfung, für Zittern, Sehstörungen, Atemnot und Depressionen. Vielleicht. Es wäre jedenfalls plausibel.

Dass er 1859 überhaupt mit seinem Buch an die Öffentlichkeit ging, war der Konkurrenz zu verdanken. 1858 hatte ihn ein Brief von Alfred Russel Wallace (1823–1913) erreicht. Während Darwin jahrelang Beweise für die Evolution zusammentrug, hatte Wallace in Indonesien innerhalb kurzer Zeit seine Ideen von der Entstehung der Arten als natürlichem Prozess entwickelt. Er notierte sie und sandte das Ergebnis an Darwin. Der war entsetzt, als er seine Gedanken von einem anderen niedergeschrieben sah – und musste aus der Deckung kommen. Seine Freunde redeten ihm gut zu. Sie fanden eine Lösung, bei der beide zu ihrem Recht kamen: Die kurze Abhandlung von Wallace sollte gemeinsam mit den sehr viel ausgearbeiteteren Schriften von Darwin der Öffentlichkeit vorgestellt werden. Das geschah am 1. Juli 1858 in der Linnean Society of London – und ein Jahr später veröffentlichte Charles Darwin sein berühmtes Buch *Die Entstehung der Arten.*

Rankenfußkrebse (Cirripedia) *gehören zu den Krebstieren und leben in den Meeren. Sie haben ihre Gliedmaßen verloren und ihr Hinterleib ist reduziert. Bewegen können sie sich nicht mehr, sodass sie entweder als Parasiten leben – oder sesshaft. In Portugal und Teilen Spaniens gelten sie dann als Delikatesse, jedenfalls, wenn sie zu den Entenmuscheln* (Pollicipes pollicipes) *gehören.*

Damals war Darwin klar, dass seine Theorie drei Schwachstellen hatte: Einmal ging sie von einem sehr langen Zeitraum aus, erheblich länger, als der damalige Wissenschaftsstar Lord Kelvin der Erde zugestand. Zweitens fehlten Darwin meist die Fossilien, die als Zwischenformen die Übergänge zwischen den Arten belegt hätten. Und drittens – besonders schlimm – war da das plötzliche Auftauchen der ersten Tiere in der Erdgeschichte. Sie waren einfach da, wie aus dem Nichts, ohne Ahnen – ein übler Widerspruch zu seiner Theorie. In den älteren Steinen vor dieser »Kambrischen Explosion« (oder »Kambrischen Radiation«) gab es keine Spur von Leben. Diese Leere, davon war Darwin überzeugt, musste Hunderte von Millionen Jahren gedauert haben.

Und so saß er im Januar 1859 in seinem Sessel und arbeitete an seinem Buch. Im vergangenen Sommer war der erste Vortrag vor der Linnean Society of London ohne Zwischenfälle verlaufen, seine Kollegen hatten noch nicht einmal diskutiert. Aber das Buch, das ahnte er, würde sehr viel Aufsehen erregen. Missmutig griff er nach einem asselgroßen Tier, das in dem schwarzen Schieferstück steckte. *Agnostus* hieß es, »der von Gott nichts weiß«, weil es keine Augen hatte. Ein blindes Wesen als eines der ältesten Tiere der Welt. Zum x-ten Mal untersuchte Darwin das Fossil. Dann gab er sich einen Ruck und schrieb weiter: »Dieser Fall bleibt derzeit unerklärlich und mag als Argument gegen meine hier geschilderten Ansichten gelten.« Kein Tier konnte aus dem Nichts auftauchen. Er stand vor einem Dilemma.

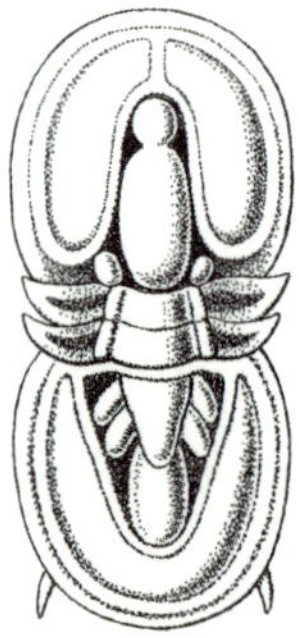

Agnostus pisiformis *ist ein wenige Millimeter langer, augenloser Trilobit aus dem Kambrium. Er gab Charles Darwin Rätsel auf – Rätsel, die er damals nicht lösen konnte.*

Verborgene Zeugen

Darwin wäre wahrscheinlich begeistert zu erfahren, dass sein großes Dilemma keines war: Die Wurzeln der Tiere und aller Vielzeller reichen weit zurück. Zu seinen Lebzeiten wusste man nur noch nichts davon. Bis vor wenigen Jahrzehnten ging man davon aus, dass vor 555 Millionen Jahren die ersten bilateralsymmetrischen Tiere auftauchten (also Wesen wie wir, deren linke Körperhälfte im Grunde das Spiegelbild der rechten ist). Das Gros kam etwas später, vor 542 Millionen Jahren, mit der Kambrischen Explosion oder Radiation. Heute verraten molekulare Uhren, dass die Evolution dieser »Bilateria« über Hunderte von Millionen Jahren hinweg abgelaufen ist. Wie das passierte, ist Gegenstand von Theorien. Es könnte sein, dass sie da waren, lange bevor sie groß, gut gepanzert und für alle sichtbar die Bühne stürmten. Dann wäre es unter anderem eine Frage der Größe – und die hängt unter anderem mit dem Sauerstoffgehalt in Luft und Wasser zusammen. In diesem Bereich gab es vor etwa 800 Millionen Jahren nach langer Stagnation endlich wieder Fortschritte.

Den im Vergleich zu den Bakterien und Archäen komplexen Eukaryonten müssen die Ozeane der langweiligen Jahrmilliarde echten Verdruss bereitet haben, weil ihre Welt nach oben hin von der Luft begrenzt wurde und nach unten durch die für sie hochgiftigen Schwefelwasserstoffe. Jeder Sturm, jedes Erdbeben, jeder untermeerische Erdrutsch, alles, was das Wasser aufwallen ließ, bedeutete ihren Tod. »Solange nur wenige Meter unter der Oberfläche eine Giftbrühe lauerte, war die Evolution der Eukaryonten ein ständiges Stop and go, wurde immer wieder unterbrochen, um später weiterzugehen«, glaubt Andrew Knoll von der Harvard University in Cambridge, Massachusetts. Die Giftbrühe stellte die »Neuen« außerdem vor ein weiteres Problem: Für Eukaryonten sind Molybdän, Kupfer oder Zink unverzichtbare Spurenelemente, wenn sie den lebenswichtigen Stickstoff fixieren wollen. Die Schwefelverbindungen, an deren Nachschub fortwährend unzählige Mikroben arbeiteten, reagieren mit genau diesen Spurenelementen. Dabei entstehen unlösliche Minerale, die unerreichbar für die nach ihnen »hungernden« Eukaryonten im Meeresboden landeten. Die Bakterien hingegen fühlten sich pudelwohl, verbrauchten Sauerstoff, setzten noch mehr Schwefelverbindungen frei und sorgten nach Kräften dafür, dass das tiefere Wasser blieb, was es war – die Eukaryontenhölle. »Bakterien regierten diese Ozeane und die Eukaryonten waren nichts weiter als unwillkommene Gäste«, beschreibt Andrew Knoll.

Dann, zwischen 900 und 500 Millionen Jahre vor heute, veränderte sich alles. Warum, das ist offen. Ein möglicher Faktor könnte sein, dass damals irgendwann Algen und Flechten das Land besiedelten. Dort produzierten sie dann nicht nur mehr Sauerstoff, sondern sie zogen vor allem Nährstoffe aus den Steinen, auf denen sie lebten, und brachten so die Verwitterung auf Touren. Damit gelangten mehr Nährstoffe ins Meer, wo inzwischen nicht mehr nur die Cyanobakterien darauf warteten, sondern auch jede Menge Algen. Sie alle freuten sich über den Nachschub, wuchsen und vermehrten sich: Immer mehr Organismen waren mit der Fotosynthese beschäftigt und der Sauerstoffgehalt stieg. Diesmal jedoch wiederholte sich die Geschichte von vor 2,4 Milliarden Jahren nicht – auf das Sauerstoffhoch folgte kein Absturz. Die Ökosysteme müssen sich seit damals also weiterentwickelt haben.

Trotzdem spielte erst einmal das Klima verrückt: Die Gletscher wuchsen und das Cryogenium (etwa 850 und 580 Millionen Jahre vor heute) brach an. »Ob die Erde damals mehrmals vom Äquator bis zu den Polen vollständig gefror, wird sehr kontrovers diskutiert«, urteilt Schneeball-Erde-Anhänger Joe Kirshvink. In der Auseinandersetzung über diese Vereisungen stehen sich drei Fraktionen von Wissenschaftlern gegenüber, die durchaus vehement miteinander streiten. Die eine geht davon aus, dass die Erde viele Millionen Jahre lang komplett in einen Hunderte bis Tausende von Metern mächtigen Eispanzer gehüllt war. Das Leben hätte die schlechte Zeit nur an Refugien wie heißen Quellen überstehen können. Deshalb halten andere Geologen einen Slushball, einen Matschball, für wahrscheinlicher. Bei dem stießen Meereis und Gletscher weit bis in subtropische oder tropische Zonen hinein vor, wo dann weite Gebiete nur mit dünnem Eis bedeckt oder im Sommer ganz eisfrei gewesen wären. Für fotosynthetisch aktive Lebensgemeinschaften und die Ahnen der Tiere hätte das schon sehr viel geringere Probleme bedeutet. Die dritte Fraktion geht schließlich von einer schweren, aber normalen Eiszeit aus – sprich: Gletscher stießen von den Polen und Gebirgen aus weit vor und es gab viel Meereis, aber die Decke schloss sich nie und auch der globale Wasserzyklus blieb erhalten: Der Frost legte den Planeten nicht lahm.

Der Streit ist noch nicht beigelegt. So oder so, eine Zeit lang fuhr das Klima Achterbahn – und es könnte sein, dass die neu entstandenen Tiere daran nicht ganz unschuldig waren. Das jedenfalls stellt sich der Oxford-Professor Martin Brasier vor. Seine Idee: Die ersten, noch winzigen Tiere waren in ihrem flüssigen Käfig zwischen Luft und Giftbrühe eingeschlossen. Jeder Wasserwirbel konnte ihren Tod bedeuten. Wenn sie das Schicksal ereilte, sanken ihre Kadaver massenhaft zum Meeresgrund und jeder von ihnen begrub dort unten ein

SCHNEEBÄLLE – BEFÜRWORTER ...

Für die Anhänger der Schneeball-Erde-Hypothese zeigen die magnetischen Minerale in den eiszeitlichen Ablagerungen des Cryogeniums, dass sie zum Zeitpunkt ihres Entstehens am Äquator lagen – und damit musste es Gletscher am Äquator gegeben haben, und zwar auf Meereshöhe.

Die Wissenschaftler führen auch mächtige Kalksteine in Namibia an, die Cap Carbonates, die mit einer scharfen Grenze auf eiszeitliche Sedimente folgen. Diese Kalksteine, so argumentieren sie, entstanden, weil die Erde zu einem Schneeball gefror und selbst die Ozeane am Äquator unter einer Eisschicht verschwanden. Im Lauf von Jahrmillionen sammelte sich in der Atmosphäre genügend Kohlendioxid für einen galoppierenden Treibhauseffekt an. Das ganze Eis taute mit einem Schlag und in dem nun schwülen Saunaklima legten sich dicke Kalkkrusten auf den Gletscherschutt. In diesen Krusten steckt das vulkanische Kohlendioxid, das die Erde vom Eis erlöst hatte.

... UND GEGNER

Eiszeiten sind das eine, gefrorene Planeten etwas anderes, erklären die Kritiker der Schneeball-Erde-Hypothese. So sind paläomagnetische Rekonstruktionen von 600, 700, 800 Millionen Jahre alten eiszeitlichen Sedimentgesteinen mit großen Unsicherheiten behaftet. Selbst Grundwasser kann die Ergebnisse verfälscht haben.

Die Cap Carbonates in Namibia haben sich laut diesen Forschern in der wärmer werdenden Welt nur langsam auf die Eiszeit-Sedimente gelegt. Und im Oman gibt es Sedimente, die so gar nicht zu einem Schneeball passen: Es sind einen Kilometer mächtige Ablagerungen, die von Gletschern stammen. Diese stießen damals am Rand eines Kontinents vor und zogen sich wieder zurück – so wie heute in der Antarktis. Auf einem Schneeball bewegt sich das Eis nicht mehr, weil es keine Niederschläge gibt und der Wasserkreislauf unterbrochen ist. Außerdem erzählt im Oman ein versteinerter Meeresboden mit Rippelmarken von Wellenbewegungen in einem offenen, flachen Meer. In Schottland gibt es ähnliche Sedimente und in Südaustralien steinerne Zeugen eines schweren Sturms. In Brasilien entdeckten Geologen Ablagerungen, in denen sich ganze Lebensgemeinschaften von Cyanobakterien tummelten und die nicht nach Rückzugsgebiet aussehen. Ein weiteres Argument der Gegner: In den Sedimenten dieser Zeit finden sich geochemische Hinweise auf Klimaschwankungen. Bei einer Eiszeit ist das normal, bei einem Schneeball dürfte es sie nicht geben. Ebenso scheint die chemische Verwitterung nicht zum Erliegen gekommen zu sein.

klein wenig Kohlenstoff, der nun nicht mehr in Form von Kohlendioxid am Klimaspiel teilnehmen konnte. Auch die größeren Algen und Tange schwebten nach dem Absterben hinab und halfen dabei: »Und schließlich hatten sie alle so viel Kohlenstoff aus der Luft geholt, dass eine Serie von schweren Eiszeiten begann, die die Meereschemie grundlegend umkrempelten«, erläutert Brasier.

Eine Klimaschaukel setzte ein: Während der Warmphasen zwischen den Vereisungen blühte das Leben auf und holte reichlich Kohlendioxid aus der Luft, sodass der Treibhauseffekt nachließ und die Temperaturen abstürzten. Während der Eiszeiten hatten es die Organismen schwer und zogen viel weniger Kohlenstoff aus der Atmosphäre – und das Kohlendioxid aus den Vulkanen sammelte sich wieder in der Luft an, der Planet erwärmte sich wieder.

Daniel Rothmann, Geophysiker am Massachusetts Institute of Technology, und Adam Maloof von der Princeton University hoffen, die Erklärung für das Auf und Ab des Klimas gefunden zu haben. Sie

Unter Kohlenstoffkreislauf versteht man ein verwobenes System, bei dem durch verschiedene chemische, geologische, physikalische, biologische und inzwischen auch menschengemachte Prozesse kohlenstoffhaltige Verbindungen zwischen Gesteinen, Wasser, Luft und Lebewesen ausgetauscht werden.

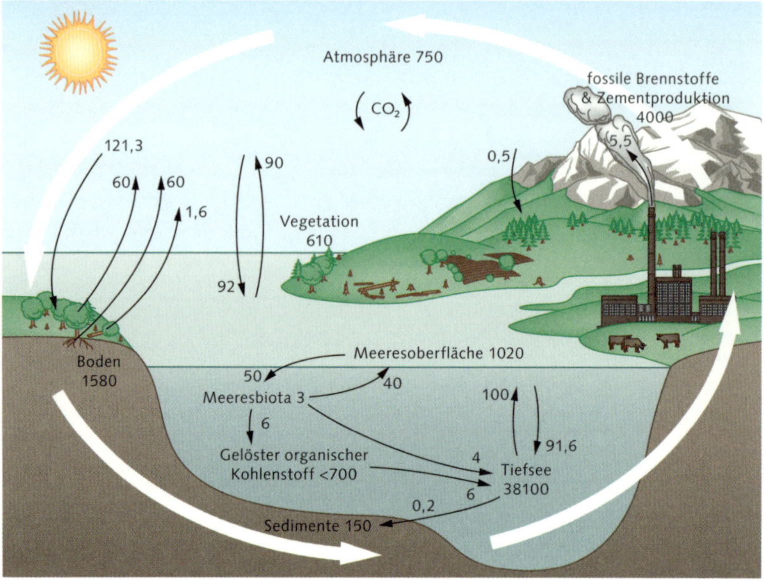

entdeckten in den Gesteinen mehrmals Veränderungen im Kohlenstoffkreislauf, die für die Anhänger der Schneeball-Erde-Hypothese mit den globalen Vereisungen zusammenhängen: Für sie sieht es so aus, als sei damals im Ozean der Gehalt an organischem Kohlenstoff regelrecht explodiert. Wie enorm stark der Anstieg war, zeigt ein Vergleich: Selbst wenn der Mensch auf einen Schlag sämtliche Weltvorräte an fossilen Brennstoffen verbrennen würde, könnte er diesen Ausschlag nicht erzeugen. Die Forscher vermuten, dass das mit dem Schneeball zu tun hat. Die Gletscher hatten den Untergrund abgehobelt. Dabei entsteht zum einen fein gemahlener Lehm, der eine hervorragende Quelle für Spurenelemente abgibt – vor allem für Eisen. Außerdem hatten die Gletscher das Grundgestein der Kontinente freigelegt, und als es nach dem Ende der Eiszeit wieder regnete, verwitterten sie quasi im Eiltempo: Das viele Kohlendioxid, das in der Atmosphäre steckte, löste sich im Regenwasser und griff die Minerale an. Riesige Mengen an Nährstoffen wurden ins Meer gespült. Die Algen und Cyanobakterien vermehrten sich explosionsartig. Starben sie ab, hatten die Mikroorganismen, die sie zersetzten, Hochkonjunktur.

Diese enormen Mengen an Biomasse konnten die Ökosysteme nicht verkraften: Die Bakterien, die den organischen Kohlenstoff verwerteten und in Kohlendioxid und andere anorganische Verbindungen umsetzten, litten unter »Verdauungsproblemen«. Sie kamen nicht mehr nach: Der Rückfluss von Kohlendioxid aus dem Meer in die Atmosphäre kam ins Stottern, und der organische Kohlenstoff sammelte sich im Meer an. Genau das sorgte für diesen seltsamen Ausschlag in den Kohlenstoffisotopen. Weil auch die Verwitterung nicht aufhörte, die Steine der Kontinente anzugreifen, und vielleicht auch noch die Flechten mitarbeiteten, stürzte der Kohlendioxidgehalt in der Luft ab, der Treibhauseffekt sank – und die nächste Eiszeit begann. Durch diese starken Veränderungen im Kohlenstoffkreislauf wuchs der Sauerstoffhaushalt in der Atmosphäre und im Wasser – so lange, bis die Konzentration hoch genug war, um die gesammelten organischen Verbindungen zu oxidieren, die Systeme kamen zurück in den Normalzustand. Das Hin und Her hörte auf, als die Tiere, die durch das Plus an Sauerstoff und Nährstoffen die Zeit genutzt hatten und zum wichtigen Mitspieler geworden waren, das Ruder übernahmen. Sie wurden zum stabilisierenden Faktor: Nach dieser Idee stoppte die Klimaschaukel des Cryogeniums erst, als sich grabende Organismen mit gutem Appetit und einer hervorragenden Verdauung entwickelten. Die verspeisten das, was an organischem Material auf den Meeresboden gesunken war, und recycelten es: Das war das Ende der Kohlenstoff-Einbahnstraße in die Tiefsee. Falls die Erde vorher zu Schneebällen gefrieren konnte, nach dem Entstehen der großen Tiere war das dann nicht mehr möglich.

Der Befreiungsschlag

Ob nun Schneeball, Slushball oder »klassische« Vereisungen: Eiszeiten tendieren ganz allgemein dazu, der Evolution einen Schub zu versetzen, eben weil sie die biogeochemischen Zyklen verändern und damit beispielsweise auch die Chemie der Ozeane. Vor allem löst sich in kaltem Wasser sehr viel mehr Sauerstoff als in warmem – und die mehrzelligen Tiere konnten dadurch »frei atmen«. Unabhängig vom Expertenstreit mögen die Gletscher also den Tieren so oder so zum Durchbruch verholfen haben, schließlich hatte die Evolution ja während der langweiligen Jahrmilliarde zuvor einen ganzen Koffer voll neuer Entwicklungen »angesammelt« – und das zahlte sich nun aus.

Dafür, dass die Tiere zwischen den Eiszeiten auftauchten und die Ökosysteme zu verändern begannen, gibt es Indizien. So kommt plötzlich Tempo in die Evolution, wie eine künstlich definierte Gruppe von Mikrofossilien nahelegt. Es sind die Acritarcha, von denen man eigentlich nicht weiß, was sie waren. Sie lebten damals schon eine Milliarde Jahre lang auf der Erde und ihre sehr spärlichen Überreste wirken wie in einer Stasis gefangen: Ihre Fossilien sehen so aus, als hätten diese Wesen sich nicht verändert (was allerdings nicht viel heißen mag, denn Änderungen im Stoffwechsel beispielsweise lassen sich in Fossilien nicht erkennen). Wahrscheinlich hat es so gut wie keinen Selektionsdruck auf sie gegeben: Wo sich nichts verändert, läuft auch keine Anpassung ab. Die Acritarcha lebten eingefahren in einer immer gleichen Welt. Dann, etwa 635 Millionen Jahre vor heute, nach der Marinoischen Vereisung, verschwanden urplötzlich die einfachen, alten Formen und es erschienen viel ornamentiertere – aber nur, um in einem steten Reigen immer neue Acritarcha hervorzubringen, die dann selbst wieder nach ein paar Millionen Jahren verschwanden und durch andere ersetzt wurden.

Das Spiel mit dem schnellen Entstehen und Vergehen von Arten scheint damals begonnen zu haben. Die Umwelt war nicht mehr gleichförmig: Wer überleben wollte, musste flexibel reagieren können. Wahrscheinlich machten erste hungrige Tiere Jagd auf die Acritarcha. Als Reaktion veränderten sich die Winzlinge immer schneller, um eine Form zu finden, mit der sie ihren Feinden entkommen konnten.

Die derzeit ältesten identifizierbaren Tiere erschienen in 650 bis 640 Millionen Jahre alten Sedimenten – wahrscheinlich sind es Schwämme. Sie gelten als hervorragende Anwärter auf den Titel »primitivstes Tier«, schließlich besitzen sie weder ein Nervensystem noch irgendeine Art von Kreislauf. Sie stehen für einen gewaltigen Fortschritt in der Evolution. Schließlich muss bei einem Organismus, der aus vielen Zellen besteht, die Signalübertragung zwischen diesen Zellen funktionieren, sonst ist nichts mit Zusammenarbeit. Der Grund, warum die Forscher die Fossilien, die in den Spalten zwischen den Stromatolithen zusammengespült worden sind, am ehesten für Schwämme halten, sind Kanälchen, die die zentimetergroßen, ellipsenförmigen Kalkkörper durchziehen: Es sieht ganz so aus, als ob sie nach Schwammart Wasser durch sich gestrudelt hätten, um das Plankton herauszufischen.

Die Interpretation dieser »Kalktropfen« als Schwämme stimmt mit chemischen Signalen aus dieser Zeit überein: In mehr als 635 Millionen Jahre altem Erdöl aus dem südlichen Oman taucht ein besonderer »Fingerabdruck« auf, ein Biomarker, in Form eines Steroids namens 24-Isopropylcholestan. Zu Lebzeiten der Schwämme steckte es in ihren Zellmembranen. Öl ist voll von solchen molekularen Fossilien einstiger Organismen. Der Grund: Es ist das, was von toten Organismen bleibt, die am Meeresboden mit Sediment zugedeckt werden und bei Sauerstoffmangel langsam verrotten. Dieses 24-Isopropylcholestan bauen heute ausschließlich Hornkieselschwämme auf. Sie sind primitive Lebewesen, die schon lange verdächtigt werden, nahe an der Basis der Tiere zu stehen.

ODER DOCH NOCH ÄLTER?

In 850 Millionen Jahre alten Gesteinen aus den Mackenzie Mountains in Kanada haben Forscher die Überreste eines Stromatolithenriffs untersucht. Zwischen den Stromatolithen fanden sie im versteinerten Schlamm seltsame graue Kalkablagerungen mit einem netzförmigen Muster darauf. Das könnten Überreste von Kieselschwämmen sein, genauer, Kollagengewebe – und nur Tiere besitzen Kollagen.

Aber wie kommen die Paläontologen darauf? Wenn sich heute tote Kieselschwämme zersetzen, wird unter bestimmten Umständen das Kollagengerüst, das ihre Zellen zusammenhält, durch Kalkkristalle ersetzt. Gleichzeitig füllt Schlamm die Hohlräume dazwischen. So entstehen charakteristische Netzstrukturen. Sie konnten sogar in Laboratorien künstlich erzeugt werden. Was da in den Mackenzie Mountains steckte, sieht allerdings sehr, sehr primitiv aus, »sogar einfacher als ein Schwamm. Vielleicht zeigt das hier den Beginn des vielzelligen Lebens«, glaubt Entdeckerin Elizabeth Turner vom Department of Earth Sciences der Laurentian University, Sudbury, Ontario. »Es wäre die einfachste Form tierischen Lebens, bei der ein paar verschiedene Zelltypen in einer gemeinsamen Kollagenmatrix leben.«

Den Analysen der Forschergruppe um Gordon Love von der University of California in Riverside zufolge waren Hornkieselschwämme in der Zeit zwischen 713 und 635 Millionen Jahren vor heute – also nach der ersten der drei Vereisungen des Cryogeniums – wichtige Mitglieder im Ökosystem: »Sonst hätten sie uns nicht so viele Spuren im Öl hinterlassen. Wahrscheinlich waren sie nur millimetergroß, spielten aber trotzdem die zentrale Rolle im Ökosystem, weil sie die gelösten Nährstoffe und Einzeller fraßen. So verhinderten sie, dass sich dieser organische Kohlenstoff zersetzte und dabei den Sauerstoff im Wasser verbrauchen konnte.«

Es war ihr Appetit, der die Tiere zu stabilisierenden Faktoren machte. Sie begannen, sich die Erde »maßzuschneidern«: Je mehr sie waren, umso mehr organischen Kohlenstoff fraßen sie, desto weniger konnte im Wasser verrotten – und das wiederum schmälerte zunehmend die Lebensgrundlage der anaeroben Mikroorganismen, die die Meere bis dahin mit ihren (für uns) giftigen Verbindungen gefüllt hatten. Die Herrscher von einst gerieten zunehmend in die Defensive, als die Tiere sich sozusagen den Weg frei fraßen. Und wenn sie starben, begruben die Schwämme zudem ein wenig Kohlenstoff im Sediment. Auch dadurch stieg der Sauerstoffgehalt im Wasser.

Dabei hatten sie unfreiwillige Helfer. Denn nach dem Motto »Wachse oder ich fress dich« zwangen die Tiere das pflanzliche Plankton, größer zu werden. Modellrechnungen legen nahe, dass beim pflanzlichen Plankton die optimale Größe bei winzigen 0,0002 bis 0,002 Millimetern läge. Heute ist es meist um die 0,002 bis 0,2 Millimeter groß – und das war möglicherweise die Antwort auf die hungrigen »Mäuler«. Wenn jedoch großes Plankton stirbt, sinkt es eher auf den Boden und wird begraben, anstatt sich nahe der Oberfläche zu zersetzen und dort Sauerstoff zu verbrauchen. Die ganze Art und Weise, wie Meere funktionieren, änderte sich also.

Wie, das zeigen moderne Süßwasserseen. Es gibt zwei Typen: Der eine besitzt nährstoffreiches, trübes Wasser, in dem sich vor allem Cyanobakterien wohlfühlen. Die Artenvielfalt ist gering, auch weil das Wasser stark geschichtet ist und selten durchmischt wird, sodass in tieferen Zonen der Sauerstoff fehlt. Der andere Typ See ist klar und artenreich und nährstoffarm, wird von Algen dominiert – und ist bis zum Grund gut durchlüftet. Beide See-Typen sind sehr stabil. Es muss schon einiges geschehen, damit aus den trüben Gewässern, die von Cyanobakterien bevorzugt werden, klare Seen werden, und umgekehrt.

Wie Gewässer von dem einen in den anderen Status kippen, zeigt das Beispiel der Chesapeake Bay südlich von New York. Die ersten Europäer, die in diesem riesigen Brackwassersystem landeten, berichteten von unglaublich klarem Wasser. Eine über Bord gefallene Kanonenkugel ließ sich noch in 20 Metern Wassertiefe ausmachen.

Heute ist das längst Geschichte: Die Sicht beträgt maximal zwei bis drei Meter. Der Grund ist, dass die riesigen Austernbestände von einst verschwunden sind (was wiederum an der Überfischung und der Gewässerüberdüngung durch die Landwirtschaft liegt). Konnten die Austern früher das ganze System innerhalb von drei Tagen reinigen, brauchen die Muscheln, die heute noch da sind, Wochen dazu. Die Folge ist, dass anaerobe Bakterien die Chesapeake Bay erobern und statt Algen immer mehr Cyanobakterien im Wasser dümpeln. Der Prozess ist in Gang gesetzt. Sobald ein System in diese Richtung gekippt ist, lässt sich daran kaum etwas ändern. Nur Muscheln oder andere Tiere, die Wasser filtern, um an ihre Mahlzeit zu kommen, könnten die Bucht retten: »Ohne diesen ›Angriff‹ von oben her kommt man aus der Falle nicht mehr hinaus«, erklärt Nicholas J. Butterfield, Paläobiologe von der University of Cambridge.

Nach diesem Muster hatten damals auch die Schwämme die Umwelt grundlegend verändert. »Als sie begannen, die Ozeane auszusaugen, funktionierte nachher nichts mehr wie zuvor, weder die Belüftung noch der Sauerstoffgehalt, noch die Klärung der Meere«, beschreibt Butterfield. Obwohl Schwämme weder Kiemen hatten noch einen Blutkreislauf oder irgendeine Form von harter Schale, veränderten sie die Ozeane für immer – und zwar indem sie die alten Herrscher der Meere verspeisten, die Mikroorganismen. Damit befreiten sie und die anderen frühen Tiere sich selbst aus ihrem Gefängnis: Sie sorgten dafür, dass sich die Ozeane allmählich mit Sauerstoff füllten, und drangen so in immer größere Tiefen vor.

Fußbälle und Luftmatratzen

Dass den Schwämmen die Ehre zusteht, den Grundstein für die Welt von heute gelegt und die Evolution vorangetrieben zu haben, diese Ansicht vertritt auch Douglas Erwin vom Smithsonian Nationalmuseum für Naturgeschichte in Washington, D. C. Er und seine Kollegen haben die Fossilfunde der vergangenen Jahre mit neuen Ergebnissen molekularer Uhren kombiniert. Danach lebte der letzte gemeinsame Urahn aller heute lebenden Tierarten vor rund 800 Millionen Jahren. Vor etwa 700 Millionen Jahren spaltete sich der Urahn aller Schwämme und der aller Nesseltiere ab. Ansonsten passierte während des Cryogeniums nicht sehr viel, vielleicht, weil das Hin und Her der Eiszeiten recht stressig für die Ökosysteme war. Weiter ging es erst vor 580 Millionen Jahren, als die ersten, rätselhaften Überreste bilateraler Tiere auftauchten. Von da ging es zunächst langsam vorwärts, bis mit der Kambrischen Explosion die Kronengruppen erschienen, die letzten gemeinsamen Vorfahren der heute noch lebenden Tiere: die aller Glieder- oder Weichtiere beispielsweise oder die aller Wirbeltiere … »Unserer Meinung nach ist die Kambrische Explosion ein ›reales‹ Ereignis, bei dem sehr schnell neue Arten entstanden sind. Aber das ist nur die halbe Wahrheit, denn gleichzeitig reicht die Geschichte der Tiere weit zurück und begann mit einfachen Formen, die erst einmal den Weg für die komplexeren Lebewesen bereiteten.« Diese Wegbereiter seien eben vor allem die Schwämme – und die Würmer, die zu Beginn des Kambriums dazukamen, betont Doug Erwin: »Sie gruben den Meeresboden um und belüfteten ihn, sodass mehr Bakterien und Einzeller dort leben konnten und es mehr zu fressen gab.« Das verlieh der Evolution zusätzlichen Schub.

Nach dieser Theorie stünde die Kambrische Explosion für Umweltveränderungen, die von der Biologie angetrieben wurden. Wie dem auch sei: Es sieht ganz so aus, als ob damals die Tiere selbst dafür gesorgt hätten, dass das Wasser klar wurde und vergleichsweise sauerstoffreich. Erst dann konnten es sich Organismen von ihrem Stoffwechsel her erlauben, groß zu werden. Wer zuvor durch eine zufällige Mutation zu wachsen begonnen hätte, wäre gestorben.

Und so waren vor 590 Millionen Jahren – noch vor den sensationellen Ereignissen zu Beginn des Kambriums – die Eltern der Embryonen, die in der Doushantuo-Fossillagerstätte in Südchina erhalten geblieben sind, wohl winzig, so wie die Schwämme dieser Zeit. Außerdem taten alle Sauerstoff atmenden Wesen gut daran, ein paar Tricks auf Lager zu haben, um das giftige Tiefenwasser wenigstens für kurze Zeit zu überlisten. Einer davon war eine Art Winterschlaf, in den die Eier und Embryonen fallen konnten, wenn es übel wurde. Allerdings klappte dieser Trick nicht immer, wie die Phosphatgesteine der Doushantuo-Formation beweisen: Sie sind ein Friedhof. Was unter dem Mikroskop wie Minifußbälle aussieht, ist wahrscheinlich der »schlafende« Nachwuchs von Schwämmen und vielleicht auch von Korallen, aber anscheinend auch von unbekannten Kreaturen.

Sie alle drifteten an der Meeresoberfläche, als schwefeliges Wasser aus tieferen Zonen hochschwappte und sie tötete: ein Umstand, der Hunderte von Millionen Jahre später Paläontologen begeistert, denn die zarten Eier und Embryonen sanken in einen Schlamm aus einem Kalziumphosphat, Apatit, der die weichen Körper perfekt ersetzte und bis ins feinste Detail fossilisierte. Selbst die Hülle, welche die sich erstmals teilenden Zellen umgeben hat, blieb erhalten. So rücken heute die Forscher den Fossilien mit Dünnschliffen, Computertomografen und Elektronenmikroskopen zu Leibe. Ihr Urteil: Falls es nicht schon Tiere sind – was am wahrscheinlichsten ist –, dann standen sie ihnen zumindest schon sehr, sehr nahe.

Die Embryonen besitzen in ihrem Inneren bereits spezialisierte Strukturen, entwickelten sich im Grunde wie Embryonen heute: Ihre Zellen teilten sich unterschiedlich schnell, wodurch bei modernen Lebewesen Organe wie Haut oder Herz entstehen. Von so komplexen Strukturen konnte damals noch keine Rede sein. Trotzdem scheint der Körper einiger dieser ein bis zwei Zehntelmillimeter großen Wesen bereits rechts und links aufzuweisen, eine Rücken- und Bauchseite, Maul, Verdauungssystem und Anus. Sie waren also bilateralsymmetrisch – so wie in unserer Welt alles von Wurm bis Mensch. Diese bilaterale Symmetrie bedeutet einen gewaltigen Schritt hin zu Kopf, Armen und Beinen: Zuvor gab es runde Wesen wie die Korallen oder

Quallen, die heute trotz ihrer gefährlichen Nesselzellen, mit denen sie ihre Beute lähmen, kaum komplexer sind als die asymmetrischen Gebilde der Schwämme.

Vielleicht krochen die Eltern dieser Embryonen schon wie Schnecken über den Boden und saugten wie Staubsauger Mikroorganismen ein. »An beiden Seiten des Mauls sehen wir Grübchen, die Sinnesorgane sein könnten«, beschreibt sie David Bottjer von der University of Southern California. Das Wesen mit den Grübchen erhielt sogar einen Namen: *Vernanimalcula,* Kleines Frühlingstier, schließlich lebte es kurz nach der jüngsten Vereisung des Cryogeniums. *Vernanimalcula* beweist, dass die Wurzeln der Tiere nicht nur sehr weit über Darwins *Agnostus* hinausreichen, sondern auch, dass die Bilateria, die Zweiseitentiere, zuerst komplex wurden und erst danach groß.

In den jüngsten Ablagerungen der Doushantuo-Abfolge maßen die Geochemiker wieder einmal eine abrupte Veränderung in den Kohlenstoffisotopen. Das war kein lokales Ereignis, sondern etwas Globales: Das Phänomen lässt sich überall dort finden, wo Gesteine aus dieser Zeit erhalten geblieben sind. Vielleicht steht dieses Signal für eine Antwort der Ökosysteme auf die vielen Veränderungen, die die gefräßigen Eltern der Doushantuo-Fossilien in den Meeren ausgelöst haben: Schließlich wirbelten sie die Wasserchemie durcheinander, reinigten die Ozeane und sorgten für mehr Sauerstoff, weil nicht mehr alles für die Zersetzung der Biomasse »draufging«. Indem sie mehr und mehr die Macht der Mikroorganismen beschnitten und damit auch die reak-

WER STARB IN DOUSHANTUO?

Nachdem die Funde aus der Doushantuo-Fossilienlagerstätte in Südchina zunächst sehr umstritten gewesen waren, haben die Paläontologen inzwischen eine Reihe von Lebewesen identifiziert. Auf der Liste dieser Sterbegemeinschaft stehen neben den Embryonen und Eiern von frühen Tieren auch Mikrofossilien von Algen und Tang. Es sind Cyanobakterien darunter, Wimperntierchen und andere einzellige Tiere. Dazu kommen mikroskopisch kleine, aber trotzdem erwachsene Schwämme und Nesseltiere, frühe Formen von Korallen. Es sind aber wohl auch riesige Schwefelbakterien wie *Thiomargarita namibiensis* darunter, die sogar mit dem bloßen Auge sichtbar sind.

tionsfreudigen Schwefelverbindungen verringerten, waren ganz allmählich auch mehr und mehr Spurenelemente vorhanden.

Man konnte quasi daran denken, seinen Stoffwechsel anspruchsvoller zu gestalten und zu wachsen. So waren die nächsten Fossilien schon sehr viel größer. Die Normalen brachten es auf mehrere Zentimeter, die Großen sogar auf ein oder zwei Meter: Vor 575 Millionen Jahren brach die Zeit der rätselhaften Ediacara-Fauna an, die 20 Millionen Jahre währen sollte. Sie ist so wichtig, dass die Internationale Geowissenschaftliche Union 2004 zum ersten Mal nach 120 Jahren eine neue Periode in die Einteilung der Erdgeschichte einführte: das Ediacarium (635 bis 542 Millionen Jahre vor heute).

Vernanimalcula guizhouena *lebte vor 600 bis 580 Millionen Jahren und ist der älteste bislang bekannte Vertreter der Bilateria, der Tiere mit zweiseitiger Symmetrie, zu denen auch die Menschen gehören.* Vernanimalcula *lebte wohl auf dem Meeresboden und bewegte sich wie eine Schnecke fort.*

Namensgebend für die Ediacara-Fauna war eine Hügelkette in den Flinders Ranges, etwa 500 Kilometer nördlich von Adelaide in Australien. Vielleicht wäre die Zeit ganz anders benannt worden, wenn die Entdeckung, die ein Geologe der deutschen Kolonialverwaltung 1908 in den Ruinen einer Farm in Namibia gemacht hatte, näher untersucht worden wäre. Damals hatten deutsche Soldaten dort aus Langeweile Steine zusammengetragen, auf denen »die Geister der Wüste« zu sehen waren: schemenhafte Abdrücke von Lebewesen. Aber in den Wirren des Ersten Weltkriegs gerieten die Fossilien in Vergessenheit. Ansonsten hieße die Zeit, in der sie lebten, heute vielleicht nicht Ediacarium, sondern Nama, nach der Fundstätte in Afrika. So aber war es der australische Geologe Reginald Sprigg, dem die Entdecker-Ehre zukommt. Und auch er hatte es nicht einfach.

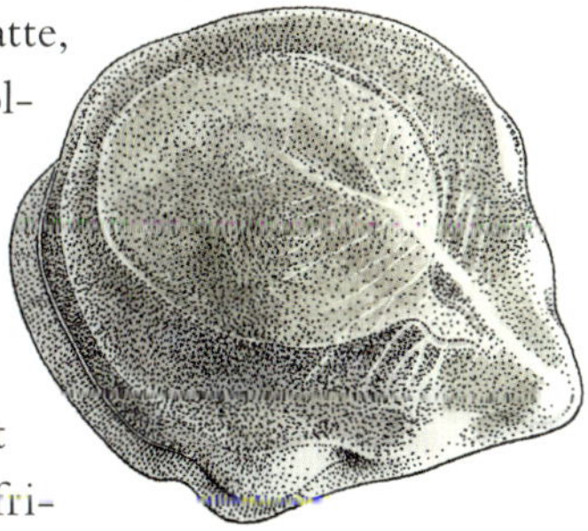

1946 hatte der Geologische Dienst Südaustraliens ihn in die Flinders Ranges geschickt. Er sollte herausfinden, ob sich in den sonnendurchglühten Hügeln die eine oder andere alte Mine mit moderner Technologie wieder gewinnbringend öffnen ließe. So trieb er sich Tag für Tag in alten Bergwerken herum. Ein aufregender Job war das nicht. An einem Tag im März hatte er dann die Ediacara-Hügel erreicht (was in der lokalen Aborigines-Sprache so viel wie »nahe am Wasser« bedeutet) und es war wieder einmal Mittagszeit. Während des Essens drehte er aus purer Langeweile ein paar der sehr harten, feinkörnigen Sandsteine um – und da sah er sie: fein gezeichnete Fossilien, fast so wie die

Der australische Geologe Reginald Claude Sprigg (1919–1994) entdeckte 1946 durch Zufall die Ediacara-Fauna. Zunächst glaubte ihm niemand, denn die Lebewesen erschienen viel zu ungewöhnlich, um jemals existiert zu haben. Man hielt sie für anorganische Spuren.

Abdrücke, die Blätter im Schlamm hinterlassen. Die Steine waren uralt, das wusste er, sie stammten aus dem frühen Kambrium oder waren noch älter. Aber das waren ganz eindeutig Fossilien!

Reg Sprigg war wie elektrisiert. So etwas hatte er noch nie gesehen und er war sich sicher, auch kein anderer Geologe. So wie die Abdrücke aussahen, mussten diese Körper weich gewesen sein, voller Wasser. Es waren tellerförmige Kreaturen, die so etwas wie einen Mund zu besitzen schienen und einen Magen. Eigentlich, so dachte er, sahen sie aus wie Quallen mit strahlenförmigen Speichen oder konzentrischen Kreisen. Aber fremdartig. Er beschrieb sie in einem wissenschaftlichen Aufsatz, den er bei dem britischen Magazin *Nature* einreichte – und der abgelehnt wurde. Auf Geologenkongressen in Australien und Großbritannien waren die Reaktionen seiner Kollegen niederschmetternd: Er sei auf anorganische Spuren hereingefallen. Niemand glaubte ihm. Aber Sprigg gab nicht auf, schaffte es schließlich, dass die *Transactions of the Royal Society of South Australia* seinen Aufsatz am 1. Dezember 1947 druckten. Gelesen haben wird ihn damals kaum jemand.

1957 – Reg Sprigg widmete sich inzwischen der Ölsuche – strich Roger Mason durch den Charnwood Forest im englischen Leicestershire. Auf einem Stein entdeckte der Schüler ein merkwürdiges, blattähnliches Fossil. Er brachte es zu einem Paläontologen an der University of Leicester, Trevor Ford. Der Gipsabdruck des seltsamen Dings zeigte deutlich, dass es so etwas wie einen Stiel besaß, der wie eine Farnrippe einen Wedel in der Mitte teilte. Jede Hälfte war gelappt und auf jedem Lappen erkannte Trevor Ford feine Streifen. Irgendwie glich das Ganze einem kleinen Farn und die Größe stimmte auch in etwa. Was immer es war, es schien mit einer runden Scheibe im Untergrund verankert gewesen zu sein. Wenn er es mit etwas Bekanntem hätte vergleichen sollen, hätte Ford die Seefeder genannt, ein mit den Korallen und Seeanemonen verwandtes Tier. Dieses Ding hier schien ein Lebewesen aus der Zeit vor dem Kambrium zu sein – und zu Ehren des Jungen erhielt es den Namen *Charnia masoni*.

Der Fund machte zwar Schlagzeilen, aber noch hatten die Ediacara-Fossilien nicht die Aufmerksamkeit errungen, die sie verdienen. Dafür mussten erst in den 1960er-Jahren neue Fossilien gefunden werden, die ganz eindeutig aus dem Präkambrium stammten, aus der Zeit vor der Kambrischen Radiation. Damit begann das Rätseln um eine fremde Welt, die so vollkommen anders gewesen zu sein scheint als die, die nur ein paar Millionen Jahre später kommen sollte, die der Tiere mit Zähnen und Klauen, die sich durch die Erdgeschichte fressen.

Die Ediacara-Fauna widersetzt sich einfachen Interpretationen. Sie korrekt zu entschlüsseln ist schwierig. *Ernietta* zum Beispiel ist einfach ein Etwas, eine Art Sack – oder so. Halb vergraben soll es im Sand gesteckt und sich osmotisch ernährt haben, indem es über seine gekammerten Wände organische Verbindungen aufnahm. Andere Wesen dieser Welt erscheinen uns vertrauter. Da ist *Spriggina*: Sie sieht irgendwie aus wie ein Arthropode, ein Gliederfüßer, eine ungewöhnliche Kellerassel, aber eine ohne Panzer, oder wie ein Annelide, also ein Ringelwurm. Ihr Körper ist fast spiegelsymmetrisch aufgebaut, leicht gekrümmt und in viele Segmente unterteilt. Die Oberseite ist mit so etwas wie einer Reihe von überlappenden »Hautschuppen« bedeckt, während diese Schuppen an der Unterseite paarweise angeordnet sind. *Spriggina* hatte auch einen hufeisenförmigen »Kopf« – oder was immer es gewesen sein mag –, darauf saßen zwei Grübchen, die vielleicht so etwas wie Augen waren. Ein wenig weiter hinten gibt es so etwas wie eine Antenne. Aber da ist man schon sehr weit im Reich der Interpretation.

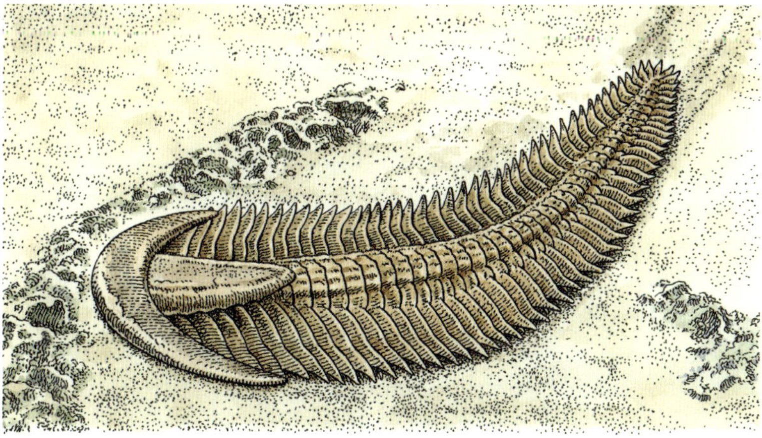

Spriggina *lebte vor mehr als 550 Millionen Jahren. Sie war etwa fingerlang und bestand aus 20 bis 40 Segmenten. Die beiden ersten unterschieden sich von den übrigen und werden deshalb als Kopf angesehen. Vielleicht hatte das Tier auch einen Mund. Aber sicher ist das nicht.*

Mit der Spiegelsymmetrie ist es bei den Ediacara-Wesen übrigens so eine Sache: Selbst wenn sie auf den ersten Blick danach aussehen, ist sie nicht vollkommen. Schaut man sie sich genauer an, scheinen die beiden Hälften ein wenig gegeneinander versetzt zu sein – etwas, das man in der Geometrie als »Gleitspiegelung« bezeichnet. Bei manchen Wesen wirken die Segmente wie ein wenig nach hinten verschoben, sodass ein Zickzack-Eindruck entsteht. Bei anderen glitt die Spiegelung nach vorn, sodass sie mehr oder weniger gradlinig aussehen. Dazwischen gibt es jede Menge Mischformen.

Ein weiteres Mitglied des Ediacara-Clubs ist *Kimberella:* ein schneckenähnliches Wesen, das wohl Mikroorganismen von den Sandkörnern schlürfte. Ihren Lebensstil verrät sie, weil sie eine zähe, mit Bakterien bedeckte Schleimschicht und Weidespuren auf dem Meeresboden hinterlassen hat. Irgendwie hatte es etwas von einer Schildkröte, wenn sie ihren rüsselartigen Fortsatz mit dem Mund herausstreckte, um mit ihrer Reibezunge Fressbares vom Sand zu raspeln. Wirklich mobil war wohl nur ihr Kopf, denn wo sie »weidete«, hinterließ sie fächerförmige Fraßspuren. Trotzdem konnte sie sich wohl fortbewegen – dank des Schleims blieben im Stein Spuren ihrer Muskelkontraktionen erhalten.

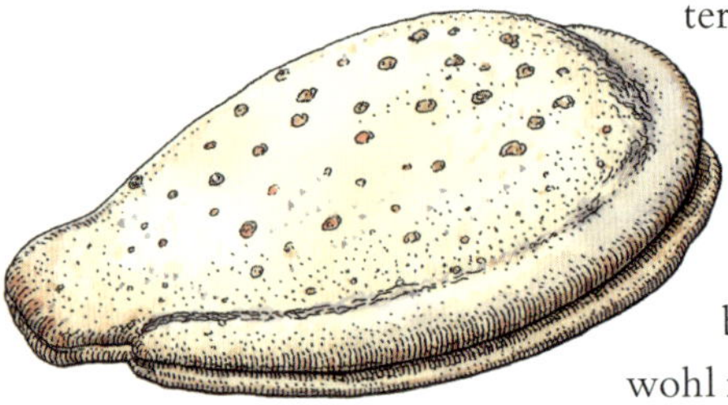

Kimberella *lebte in seichtem Wasser auf dem Meeresboden und graste wahrscheinlich Bakterienmatten ab.*

Ganz anders und vollkommen fremd wiederum ist *Dickinsonia:* eine flache, elliptische Scheibe, die entlang der Mittelachse in viele Segmente eingeteilt ist – wie die Kammern einer Luftmatratze. *Dickinsonia* konnte so groß wie ein Tischtuch werden, erklärt der Paläontologe Bruce Runnegar von der University of California in Los Angeles: eine Riesenpizza, wenn man so will. Wahrscheinlich waren ihre Kammern zu Lebzeiten mit einer Flüssigkeit gefüllt, die einen höheren Druck erzeugte als das Meer um sie herum. Dort, wo Kopf und Schwanz gewesen sein könnten, läuft die Segmentierung wie ein Strahlenkranz um die Achse herum. Es gibt auch geisterhafte Spurenfossilien, die von *Dickinsonia* stammen sollen: Nicht dass sie sich hätte bewegen können, aber vielleicht wirbelten starke Strömungen sie hin und wieder auf und ließen sie über den Meeresgrund tanzen – wie eine Zeitung im Wind.

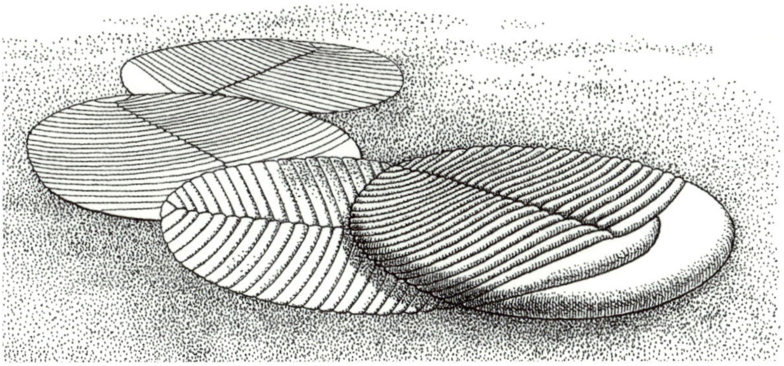

Auch Yorgia waggoneri *gehört zur Ediacara-Fauna. Vermutlich weidete auch sie Bakterienrasen ab, verdaute die Bakterien aber außerhalb ihres Körpers und nahm sie mithilfe der gesamten Bauchseite wieder auf. Oder sie lebte in Symbiose mit einzelligen Algen oder Bakterien, die sie mit Energie versorgten.*

Dickinsonia soll Algenmatten absorbiert haben, genau wie *Yorgia waggoneri,* ein anderes jener Pizza-Wesen, die damals anscheinend weitverbreitet waren.

Wie ein Alien erscheint auch *Tribrachidium,* eine mögliche Frühform der Stachelhäuter: Es ist ein Tier wie ein Medaillon oder Knopf, in dessen Oberfläche drei »Arme« eingekerbt sind, die schwungvoll zum Rand hin verlaufen. Die waren vielleicht hohl und konnten dann aufgepumpt werden. Zwischen den Hauptarmen verläuft ein Netz aus fein verzweigten Adern.

Dann ist da noch *Vendia:* ein ovales Fossil mit sichelförmigem Kopf und einer Mittelachse, von der auf beiden Seiten ein halbes Dutzend Segmente abgeht. Auf dem Körper gibt es eine Vertiefung, die als Verdauungstrakt interpretiert wird.

Wer waren sie?

Die Ediacara-Tiere waren also fremdartig und vielfältig, sahen aus wie Pizzen oder Federn, glichen Palmwedeln, den verzweigten Ästen von Lebensbäumen, Knöpfen, Säcken, Knoblauchknollen … Sie waren erfolgreich und haben alle Ozeane rund um die Erde erobert, nicht nur die flachen Zonen, sondern auch das etwas tiefere Wasser.

Meist sind weder Mund noch Anus, noch Darm zu erkennen. Vielleicht haben diese Organismen dann ihre Nahrung irgendwie über ihre Oberfläche absorbiert. Das Problem: Tiere absorbieren nicht, sondern fressen und verdauen. Absorbieren, das machen heute nur Pilze, aber es gibt unter den Pilzen keine einzige Form, die den komplexen Strukturen der Ediacara-Fauna auch nur entfernt ähnlich sieht.

Die Frage ist also: Was sind sie? Fauna ist schnell gesagt, aber es gibt durchaus eine Debatte, ob es sich bei ihnen auch wirklich immer um Tiere handelt. Einige Forscher halten sie für Algen, andere für riesige Flechten. Für Dolf Seilacher, emeritierter Professor an den Universitäten Tübingen und Yale und Träger des Crafoord-Preises – einer Art Nobelpreis für Fächer, für die kein Nobelpreis vergeben wird –, sind diese Kreaturen am ehesten überdimensionale Einzeller gewesen. Seine Idee: Um zu leben und ihre manchmal metergroße Zelle zu stabilisieren, kammerten sie ihre vielkernigen Körper kunstvoll und ließen ihn so riesenhaft anschwellen. Diese Kompartimentierung sei der Trick gewesen, mit dem sie das physiologische Größenlimit für Einzeller überlisteten. »So konnten sie bis zu einem Meter lang werden«, erklärt Dolf Seilacher. Sie seien jedoch immer nur dünn wie ein Blatt

Als die Ediacara-Hügel noch ein Meeresboden waren, lebten dort in unseren Augen bizarre Wesen wie Tribrachidium, Rangea, Spriggina *oder* Dickinsonia.

geblieben, höchstens ein paar Millimeter hoch: »Solche Lebensformen haben dann aber nicht das Geringste mit den Tieren zu tun und auch nichts mit den anderen beiden Reichen vielzelligen Lebens, den Pflanzen und den Pilzen.« Sie wären dann so etwas wie hochstaplerische Einzeller.

Dass diese Art des Größenwachstums prinzipiell funktioniert, zeigen heute die (nicht mit den Ediacara-Wesen verwandten) Xenophyophoren, die als Einzeller immerhin 25 Zentimeter groß werden können. Sie bauen sich aus winzigen Sandkörnern und Exkrementen eine zarte, reich verzierte Hülle. Dazu nehmen sie Sediment in sich auf, verdauen die Bakterien darauf und verwenden die Sandkörnchen als Baumaterial für ein Innenskelett mit feinen Poren – so fein, dass der Stoffwechsel des Einzellers mit den räumlichen Dimensionen nicht überfordert ist. Auch die Foraminiferen – sie sind einzellige Eukaryonten – bauen um sich herum eine kalkhaltige Hülle auf, die in viele Kämmerchen unterteilt ist. So ganz fremd wäre den Wissenschaftlern diese Bauweise also nicht.

Nach Seilachers Vorstellung lebten diese wie Bettdecken gesteppten »Dino-Einzeller« der Ediacara-Zeit in enger Symbiose mit den Bakterienmatten, die damals noch wie dichter Filz den Meeresboden überzogen. Je nach Meerestiefe verwerteten die Bakterien Sonnenlicht oder Methan. Dolf Seilacher entwirft ein urzeitliches Paradies, in dem es noch keine Schlange gab: Die Ediacara-Wesen ruhten auf dem Sand, sie fraßen nicht und wurden nicht gefressen. Sie lebten, nicht mehr und nicht weniger. Sie waren die herrschende Klasse, während die ersten Tiere noch in ihrem Schatten standen und ihnen nichts anhaben konnten – so wie Hunderte von Millionen Jahre später die ersten echten Säugetiere im Schatten der Dinosaurier. Die Stunde der Tiere, so Seilacher, schlug mit dem Untergang dieser »einzelligen Dinosaurier« in ihren Gärten aus Biomatten. Die Ediacara-Wesen hätten mit unserer Welt heute nichts zu tun.

Das ist eine Meinung. Die Mehrheit der Paläontologen ist inzwischen jedoch überzeugt, dass es sich bei den Ediacara-Wesen doch um Tiere handelt, jedenfalls bei den meisten von ihnen. Allerdings ist sich auch diese Mehrheit nicht in allen Fragen einig. Für die eine Fraktion

Die Ediacara-Fauna besteht aus weichteiligen Organismen, wie diesen Charnia, *bei denen weder Verteidigungs- noch Angriffsorgane zu entdecken sind. Es gibt auch keine Fossilien mit Bissspuren. Die Ökosysteme damals werden noch etwas anders funktioniert haben als heute.*

sind diese Tiere ein fehlgeschlagener Versuch der Evolution. Ähnlichkeiten täuschten, wenn man sie näher untersuchte, würde nur ihre ganze Fremdartigkeit umso deutlicher – und sei es nur, weil die Spiegelsymmetrie immer gebrochen ist. Die andere Fraktion glaubt, dass einige von ihnen in veränderter Form fortlebten und sogar noch die Erde mit uns teilen.

Letztere sehen trotz aller Fremdheit Ähnlichkeiten mit den meisten Tierstämmen: Einige der Ediacara-Formen gleichen Quallen, andere Würmern, wieder andere könnten primitive Schnecken gewesen sein. Allerdings: Nur weil ihre Form ähnlich ist, heißt das noch lange nicht, dass es auch tatsächlich verwandtschaftliche Beziehungen gibt. Schließlich ähneln Lebewesen einander auch dann, wenn sie an eine ähnliche Umgebung angepasst sind, und zwar ohne näher miteinander zu tun zu haben – ein in der Biologie weitverbreitetes Phänomen namens Konvergenz.

Trotzdem sind Forscher wie Simon Conway Morris von der University of Cambridge überzeugt, dass diese Tiere eine Fortsetzung in unserer Welt finden: »Zwar erscheinen uns die Ediacara-Fossilien wie ein eigenständiges Experiment der Evolution, das verschwunden ist, um mit der Kambrischen Explosion den Tieren Platz zu machen – aber ich glaube, dass diese seltsamen Lebewesen einen zentralen Schritt in der frühen Entwicklung der Tiere darstellen.«

Die Indizien für seine Theorie hat er in Südwestchina gefunden, in der Chengjiang-Fossillagerstätte in der Provinz Yunnan. Dort lebten vor 530 Millionen Jahren – also lange nachdem die Ediacara-Fauna durch die Kambrische Explosion verdrängt worden zu sein scheint – diese typischen Tiere, die wie Farnwedel aussehen. Sie wirken, als hätten sie sich einfach nur in der Zeit geirrt, um ein paar Millionen Jahre zu spät im Kambrium aufzutauchen. Simon Conway Morris hat diese »Farntiere« näher untersucht und hält sie nun für die evolutionären Wurzeln eines der rätselhaftesten Tiere moderner Ozeane: der Ctenophora, der Rippenqualle – ein räuberischer Meeresbewohner, der immer als Sonderfall durch die wissenschaftliche Literatur gereicht wird. Denn in der Evolution entwickelt sich ein Lebewesen immer aus einem anderen heraus, weshalb sich beispielsweise alle Insekten oder alle Schnecken vom Grundbau her gleichen. Einzig die Rippenquallen, die Ctenophoren, bevölkern zwar zahlreich und mit vielen Arten die Meere, aber sie scheinen keine Verwandten zu haben. Im Grunde sehen sie aus wie ein kleiner, gläserner Football mit acht Rippenreihen, auf denen »Wimpern« sitzen. Diese sind miteinander zu Geißelplättchen verschmolzen und mit ihnen bewegen sich die Tiere fort. Niemand gleicht ihnen. »Trotzdem müssen die Rippenquallen von irgendetwas abstammen«, stellt Simon Conway Morris fest. »Vor der Entdeckung der Chengjiang-Fossilien hatten wir nicht die geringste Ahnung, woher sie kommen könnten – aber nun scheint es klar.«

Auf den ersten Blick sehen diese späten »Farntiere« aus Chenjiang vollkommen anders aus als Ctenophoren, aber da gibt es eine möglicherweise verräterische Struktur: die sich verzweigenden »Kämme« auf ihren Wedeln. Sie ähneln frappierend denen der bewimperten Rippen der Rippenquallen. Stimmt diese Interpretation, leben heute noch späte Nachfahren der Ediacara-Tiere. »Damit wären meiner Mei-

DIE EWIGE QUALLE

Auch wenn die meisten Menschen sie einfach nur scheußlich finden, Quallen sind ungeheuer erfolgreiche Tiere, die perfekt an das Leben in den Ozeanen angepasst sind. Sie schwammen schon durchs Meer, als die Ediacara-Fauna noch auf den Sandflächen »faulenzte«. Allerdings haben sie sich seit damals weiterentwickelt. So ist rätselhaft, wovon sie in ihren Anfängen gelebt haben. Es mag sein, dass sie zunächst Vegetarisches bevorzugten und Phytoplankton verspeisten, sie könnten aber auch schon die erfolgreichen Räuber gewesen sein, die sie heute sind. Ihre Form haben sie jedenfalls über Hunderte von Millionen Jahre nicht verändert: Wer sie betrachtet, macht eine Zeitreise in eine Welt, wo sie zu den ganz Großen zählten. Sie haben ein einfaches Nervensystem, eine Körperhülle aus zwei Zellschichten mit einer Gallertschicht dazwischen. Über die Innenhülle, die meist nicht mehr ist als ein Sack, wird die Nahrung absorbiert, die das Tier mit seinen Tentakeln eingefangen hat. Nesselgift brauchte es erst später, als es lernte, auf Fischjagd zu gehen. Da musste es sofort lähmen, damit die Beute seinen zarten Körper nicht zerfetzte. Wahrscheinlich hat es darauf in der Frühzeit noch verzichtet, schließlich stand der Rüstungswettlauf zwischen den Arten noch am Anfang.

nung nach auch die Urahnen unserer Tiere in der Ediacara-Welt zu suchen. Die Evolution hätte keine Zaubertricks eingesetzt, um zu ihnen zu kommen. Vielmehr galt Darwins Prinzip, dass sich ein Lebewesen aus einem anderen entwickelt. Die Ahnen der Rippenqualle steckten damals jedoch noch im Meeresboden, sie emanzipierten sich erst später zu Schwimmern«, urteilt Simon Conway Morris. Allerdings teilen längst nicht alle Paläontologen seine Meinung, sondern es ist eine Sache der Interpretation von stammesgeschichtlichen Verwandtschaftsverhältnissen.

Mistaken Point gehört zu den berühmtesten Fundstellen für präkambrische Fossilien. Dort haben sich die ältesten bekannten Ediacara-Fossilien erhalten.

Ob verwandt mit heutigen Tieren oder nicht – in jedem Fall verrät der Feinaufbau mancher Ediacara-Tiere, dass sie ein seltsames und heute vollkommen ungebräuchliches Prinzip gewählt haben, um groß zu werden. Es geht dabei um die Fossilien von Mistaken Point im Nordosten Neufundlands (und übrigens auch im Rest der Avalon-Halbinsel und der benachbarten Gebiete), wo die zarten Wesen über 565 Millionen Jahre hinweg erstaunlich gut erhalten geblieben sind. Es sind frühe Formen der Ediacara-Wesen. Sie zeigen bereits die bei ihnen

so beliebte Form von Palm- oder Farnwedeln, von Federn oder Büschen, aber sie lebten im tieferen Wasser, wo ihnen die Wellen selbst bei starken Stürmen nichts anhaben konnten. In Mistaken Point sind Kosmopoliten zu finden wie *Charnia* oder *Aspidella,* die aussieht wie eine Qualle mit konzentrischen Ringen. Aber vor allem lebten dort Arten wie *Bradgatia linfordensis,* die wie dichte Büsche oder Moosbüschel aussehen und nur dort vorkommen (und in den damals benachbarten Gebieten, die durch die Plattentektonik auseinandergerissen worden sind, wie etwa im Charnwood Forest in Zentralengland). Oder *Ivesheadia,* die nicht nur von der Größe her aussieht wie eine Pizza mit »knuspriger« Kruste und Peperoni darauf.

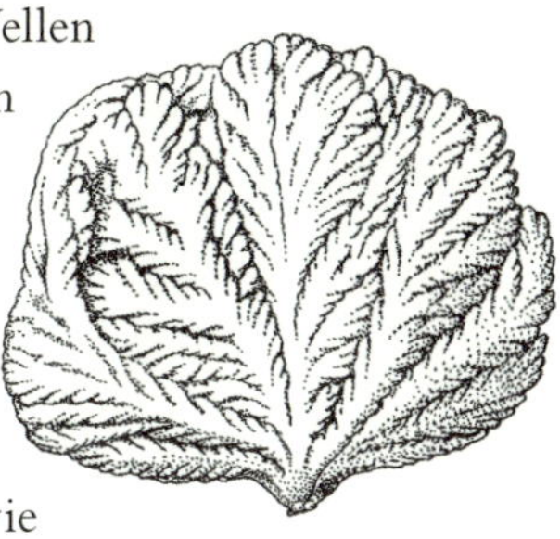

Bradgatia linfordensis *ist ein buschähnliches Ediacara-Fossil.* Bradgatia *wuchs am Meeresboden. Es gehörte sozusagen zum »Unterwuchs« und wurde von höheren Organismen wie* Charnia *oder* Charniodiscus *»überwuchert«.*

Die Lebensbedingungen im Meer von Mistaken Point müssen ideal gewesen sein, jedenfalls ist der Fossilienreichtum enorm. Allerdings war das Leben nicht ohne Gefahren. In der Nähe brachen immer wieder Vulkane aus, schleuderten Asche in die Luft, die aus den dichten Wolken in den Ozean fiel, zu Boden sank und die Tiere wie in einem präkambrischen Pompeji unter sich begrub: Die Asche wurde für die Organismen zu so etwas wie einer Totenmaske. Als sie starben, wurden sie bis in die feinsten Details konserviert. Als der kanadische Paläontologe Guy Narbonne von der Queen's University in Kingston, Ontario, einige hervorragend erhaltene Fossilien aus der Spaniard's Bay, wenige Kilometer entfernt von Mistaken Point, analysierte, erlebte er eine Überraschung: »Diese Tiere bauten sich alle nach ein und demselben Plan auf. Sie waren wie lebende Fraktale, das heißt: Sie bestehen aus sich verzweigenden Röhren, wobei die großen Äste haargenau so aussehen wie die kleineren und die wiederum machen bis in die feinsten Details die noch winzigeren nach, bis hinunter zu Strukturen mit einem Hundertstelmillimeter Durchmesser.«

Daraufhin nahm sich Guy Narbonne andere Fossilien aus Mistaken Point erneut vor und fand auch unter ihnen Tiere mit »Alien-Bauart«. Anscheinend, so vermutet er, hat die Natur damals unter anderem mit Fraktalen experimentiert, um durch die Wiederholungen eines einzigen Schemas komplexe, vielzellige Organismen zu bauen. Zu diesen sogenannten Rangeomorpha gehören viele der wie Federn, Farne

Rangeomorpha sind lebendig gewordene Mandelbrotbäume. Sie waren damals sehr erfolgreich, überlebten 30 Millionen Jahre.

oder Büsche aussehenden Ediacara-Tiere. Trotz ihres verwirrend verzweigten Äußeren sind sie im Inneren höchst einfach gebaut. Ein Computerprogramm, das solche Strukturen zeichnet, ist nur wenige Zeilen lang. Dementsprechend waren also auch nur sehr wenige genetische Informationen notwendig. Die fraktale Struktur wäre so etwas wie ein organisches »Skelett«, das den Tieren zumindest eine gewisse Festigkeit und Stabilität verlieh, sodass sie sich aufrecht über dem Meeresboden halten konnten.

Kevin Peterson vom Dartmouth College in Hanover, New Hampshire, vermutet, dass diese Tiere gewachsen sind wie Pilze in einem feuchten Sommer, dass sie also einfach so lange vor sich hin wuchsen, bis sie abstarben. Dass sie aber als maul- und darmlose Wesen überhaupt den mikroskopischen Bereich verlassen konnten, verdanken sie danach dem Umstand, dass die Ozeane nach dem Ende der damals jüngsten Eiszeit wieder einmal übervoll von gelöstem organischem Kohlenstoff waren. Den nahmen die Rangeomorpha einfach über ihre Oberfläche auf. Ihr fraktaler Körperbau brachte ihnen einen ungeheuren Vorteil, weil sie die Fülle problemlos nutzen konnten. Mit einem so schlichten genetischen Hintergrund wird aus einem nadelgroßen Wesen schnell ein Zwei-Meter-Gigant, solange er genug zu »fressen« hat. Und weil diese Nahrungssuppe im tieferen Wasser konzentrierter ist, wuchsen sie nur dort.

Obwohl sie damals so erfolgreich waren, gleicht den Fraktaltieren heute nichts Lebendiges mehr. »Bei ihnen hätten wir es also mit einem fehlgeschlagenen Experiment in der frühen Evolution der Tiere zu tun«, urteilt Guy Narbonne. »Ihre Entwicklung war wohl schon früh überschattet durch die Entwicklung der Tiere, die an der Wurzel unserer heutigen Lebenswelt stehen. Da sie unbeweglich waren und weder Klauen noch Zähne, noch ein Gehirn hatten, konnten sie denen nichts entgegensetzen.«

Guy Narbonne entwarf aus den »Totenmasken« seiner Mistaken-Point-Fauna ein ganzes Ökosystem für die tieferen Wasserzonen. Danach lagen kleinere, spindelförmige Rangeomorpha auf dem Schlamm und

SALOMONISCHES URTEIL?

Vielleicht weisen die Rangeomorpha den Weg zu einem salomonischen Urteil darüber, ob die Ediacara-Fauna ein fehlgeschlagenes Experiment der Natur oder ein Vorläufer unserer heutigen Welt war. Inzwischen kommen die Paläontologen mehr und mehr zu dem Schluss, dass diese Tiere vielleicht in zwei Gruppen zerfallen könnten. Die Rangeomorpha, denen heute nichts Lebendiges mehr gleicht, dominierten danach vor allem die erste Herrschaftsphase der Ediacara-Fauna. Etwa 560 Millionen Jahre vor heute tauchten neue Formen auf, von denen einige zu denen gehörten, die bei der Kambrischen Explosion die Erde übernehmen sollten. Die Neuen entstanden in den flachen Wasserzonen, wo die Rangeomorpha keine Chance hatten. Sie haben ihre älteren Verwandten einfach in der Tiefe zurückgelassen – wo sie dann verschwanden, als die neue Konkurrenz erschien.

nutzten wie Muscheln die Bodenströmungen. Die busch-, feder-, farn- oder kammartigen Tiere à la *Charnia* oder *Bradgatia* waren verschieden groß und sie richteten sich auf, um ihre Nahrung weiter oben zu suchen. Sie alle lebten sozusagen in verschiedenen Stockwerken, teilten sich die Wassersäule je nach Reichweite auf und machten sich so wenig Konkurrenz wie möglich. Eine träge Welt. Überhaupt unterstellt man der Ediacara-Fauna ganz allgemein einen ruhigen Charakter, dass sie nicht übereinander herfielen, um einander zu fressen. Sie lagerten lieber auf feinen Sandflächen und nahmen über ihren ganzen platten Körper den Sauerstoff aus dem Wasser auf oder absorbierten dabei Biomatten. *Dickinsonia* ist ein Kandidat für diesen Stil und soll wie ein weicher, regloser Plattfisch herumgelegen haben. Und wer wie *Charnia* eine Art Fuß oder einen stielartigen Anhang hatte, soll sich damit am Meeresboden festgekrallt haben. Vielleicht nahm er sein organisches Material über den Fuß aus dem Boden auf, vielleicht über den ganzen Körper, der sich sanft in der Strömung wiegte. Allerdings drangen *Charnia* und Co. nicht allzu tief in das Sediment ein, nur wenige Millimeter, schließlich lauerte knapp unterhalb der Oberfläche immer noch die anaerobe Giftwelt. Es gab anscheinend noch keine grabenden Organismen, die den Boden belüfteten.

Trotz aller Forschungen und Erkenntnisse: Die Ediacara-Fauna ist und bleibt mysteriös. Vielleicht war sie eine Sackgasse der Evolution und wir lassen uns von der Konvergenz verführen, davon, dass Lebewesen unter ähnlichen Bedingungen dazu neigen, ähnliche Körperformen zu entwickeln. Vielleicht finden sich unter der Ediacara-Fauna die Vorläufer unserer Welt und sie sind wie Hieroglyphen, wobei wir den Rosettastein für ihre Entzifferung einfach noch nicht gefunden haben. Vielleicht verschwand die Ediacara-Fauna, ohne große Spuren zu hinterlassen, weil die Erde einfach noch eine andere war. Auch so etwas ist möglich. Es kann durchaus sein, dass die Gesetzmäßigkeiten damals einfach zu fremd waren, als dass wir sie ohne Weiteres aus der Kenntnis über das Heute heraus entziffern können. Oder anders: Das System Erde, wie wir es kennen, bildete sich damals erst allmählich heraus. Die Welt um uns herum lässt sich nicht einfach in die tiefe Vergangenheit fortschreiben, erklärt Martin Brasier von der University of Oxford. Was wir heute um uns sehen, ist Resultat von Milliarden Jahren der Evolution. »In modernen Riffen wächst zwischen den Korallen *Homotrema rubrum,* ein einzelliges Tier, eine Foraminifere«, führt er als Beispiel an. Aus ihrer leuchtend roten Schale schiebt sie Pseudopodien heraus, Scheinfüßchen aus dem geleeartigen Zellplasma, mit denen sie sich die winzigen Schwammnadeln angelt, die im Wasserstrom vorbeitreiben. Die setzt *Homotrema* dann wie einen Angelhaken ein, um winziges Zooplankton zu fangen. »So einfach *Homotrema* als Einzeller auch gebaut sein mag, sie ist ein hoch spezialisiertes Lebewesen, das sich perfekt an die Welt der Tiere angepasst hat: Sie sitzt auf Korallen, nutzt Schwammnadeln, frisst tierisches Plankton – und hat sich als Schutz vor gefräßigen Mäulern eine harte Außenschale zugelegt«, so Brasier. Ohne die anderen Tiere gäbe es *Homotrema* nicht, weil dann die Ökosysteme, die heute ihre Existenz garantieren, so nicht vorhanden wären, sondern es gäbe andere. Die Zeit, bevor mit den großen Tieren neue Ökosysteme entstanden, folgte ganz anderen Zusammenhängen: Die Welt damals war vielleicht mehr so etwas wie ein außerirdischer Planet.

Auf jeden Fall sind nicht nur die fraktalen Wesen spurlos verschwunden, sondern auch einige der seltsamsten Ediacara-Tiere: *Dickinsonia* beispielsweise scheint nie wiederaufzutauchen. »Zwischen der alten Welt, der zwei Milliarden Jahre währenden Welt des Archaikums, und der neuen Weltordnung, die mit dem Kambrium begann, lag eine Periode des Aussterbens«, konstatiert Richard Fortey vom Londoner Natural History Museum. »Das Ausmaß dieser Aussterbewelle hängt letztlich davon ab, wie wir die Ediacara-Fauna einordnen. Wenn man jedoch die erstaunliche Kontinuität bedenkt, die bis dahin geherrscht hat, war das ein ganz wesentlicher Einschnitt.« Denn anscheinend gingen zum ersten Mal zahllose Entwicklungen der Evolution für immer verloren – und diese Gefahr bestand von nun an immer.

Die Welt der Mikroorganismen und Einzeller war eine recht kontinuierliche gewesen, in der Neues entstand, aber Altes nicht unbedingt verschwand. Auch die der Ediacara-Fauna war noch recht friedlich. So gibt es beispielsweise keine »angenagte« *Charnia,* keine Anzeichen für Jagd, aber dafür viel mehr sesshafte Lebewesen als schwebende – wohl schon deshalb ging es gemütlicher zu. Das beweist auch die Tatsache, dass Bakterienmatten immer noch weitverbreitet waren: Algen abweidende Tiere, die sie hätten zerstören können, gab es noch nicht oder in zu geringer Zahl. Bis zur Kambrischen Radiation war die friedliche Art der »Ediacier« ein Erfolgsrezept: Sie hatten sich über die ganze Welt verbreitet. Ihre Spuren finden sich in Kanada ebenso wie in der Antarktis, in Brasilien, Russland, Polen oder in Skandinavien. Aber nun brach die Zeit des Wechsels an – und sie spülte Darwins *Agnostus* auf die Bildfläche. Von nun an war die Geschichte der Erde eine andere.

Darwins Dilemma war – wie gesagt – keines: Er kannte nur noch nicht die Fossilien und chemischen Spuren, mit denen die Forscher heute die Geschichte schon sehr viel besser nachzeichnen können, wenn auch immer noch nicht perfekt. Jedenfalls sind die ersten Tiere, nachdem sie auf der Erde aufgetaucht waren, nie wieder verschwunden – obwohl es im Lauf der Erdgeschichte immer wieder Rückschläge gegeben hat, die sogenannten Massenaussterben, aber dazu später mehr. Cyanobakterien und Algen hatten die Welt zu einem Ort gemacht, an dem Tiere leben konnten. Und die machten sich über ihre Wohltäter her und fraßen sie – und dieses Fressen hat seit damals nie aufgehört. Mit den Tieren kamen nicht nur Zähne und Klauen in die Welt, sondern auch Tempo in die Evolution und das Aussterben.

6

Das Prinzip Konkurrenz – oder Als die Tiere die Macht übernahmen

Beim Namen Mistaken Point leuchten die Augen eingeweihter Geologen. Zwar ist das Wetter dort im Nordosten Neufundlands meist miserabel, klamm und kalt, mit einem berüchtigten Nebel: Die Klippen erhielten ihren Namen, weil jeder Steuermann bei ihrem Anblick wusste, dass sein Schiff da war, wo es nicht sein sollte. Scheint jedoch die Sonne, wirkt die Gegend wie ein Paradies: Der Himmel ist blau, auf dem Ozean tanzen weiße Schaumkronen und der Wind hält dankenswerterweise die lästigen Mücken fern. Das ist die beste Zeit, um direkt am Meer mit der Lupe über die schräg gestellten Schichtflächen zu krabbeln und nach Fossilien zu suchen. Das Gestein ist ungeheuer hart, sodass sich die Fossilien kaum herauslösen lassen. Wenn nicht die Verwitterung zufälligerweise das eine oder andere interessante Stück freigibt, bleibt den Paläontologen meist nichts anderes übrig, als einen Eimer Latexlösung mitzuschleppen. Damit bepinseln sie die Spuren der uralten Tiere und der Wind härtet das Ganze aus. Dann die Gummihaut vorsichtig ablösen – und fertig ist der perfekte Abdruck eines Lebewesens, das Regen, Sturmfluten und Wind

Mit dem Kambrium tauchen mehr oder weniger gleichzeitig Vertreter fast aller heutigen Tierstämme auf – auch die Ahnen der Chordatiere, zu denen die Menschen gehören. Zu den Chordata zählt Pikaia*: ein längst ausgestorbenes Mitglied der Schädellosen.*

aus dem Felsen präpariert haben. Zu Hunderten und Tausenden sind die Fossilien über die Schichtflächen verstreut. Es ist, als ob man über einen 565 Millionen Jahre alten Ozeanboden schnorcheln würde. Bei Mistaken Point gibt es mehr Ediacara-Fossilien als sonst irgendwo auf der Welt, ein Dorado für die Forscher.

Hier in Neufundland schrieb sich die Evolution über 15 Millionen Jahre hinweg ein besonderes Geschichtsbuch: Am »Ende der Welt« überlieferte sie den Übergang vom Präkambrium ins Kambrium – von der ruhigen Welt der Ediacarier in die des »Blutvergießens« (im übertragenen Sinne). Wo genau dieser Übergang liegt, ist 1990 nach viel und manchmal sehr temperamentvollem akademischem Gezänk festgelegt worden. In Mistaken Point kann man ihn sich erlaufen. Zunächst verschwinden allmählich die Spuren der Ediacara-Fauna aus den Steinen. Dann tauchen Wirbel und geschlängelte Linien auf, manchmal auch Zylindrisches: Das sind Spurenfossilien, die krabbelnde, kriechende und vielleicht auch grabende Organismen im Meeresschlick hinterlassen haben. Noch weiter oben findet man in den Kalksteinen winzige, ein bis zwei Millimeter lange Röhren, die wie mehr oder weniger ordentlich zusammengesteckte Stapel Pappbecher aussehen. Sie gehörten *Cloudina,* seltsamen Tieren, deren Außenskelett aus Kalziumkarbonat bestand, also Kalk, dem Material, aus dem heute beispielsweise Muschelschalen aufgebaut sind. So klein sie auch waren, sie machten dennoch andere satt. An einigen *Cloudina* gibt es Bohrspuren. Jemand verstand also ihre Panzerung zu überwinden. Ansonsten wissen wir wenig über sie. Lebende Verwandte scheinen sie nicht zu haben, aber damals landeten sie massenhaft in den Steinen, ebenso wie Schwammnadeln. Und mit diesen Massen an Skelettresten sind wir im Kambrium.

Die Ökosysteme müssen damals, vor 542 Millionen Jahren, gewaltige Veränderungen durchlaufen haben. Organismen tauchten auf, die im Untergrund gruben oder die Nahrungspartikel von den Schlammkörnern absaugten. Sie veränderten die Meere tief greifend und entrissen den anaeroben Mikroorganismen einen weiteren Teil ihres Reichs, weil sie den Untergrund mit Sauerstoff versorgten und winzige Nahrungspartikel aus den tieferen Bodenschichten nach oben brachten.

DIE KONTINENTE IM KAMBRIUM

Zu Beginn des Kambriums existierte der große Südkontinent Gondwana, dessen Ausläufer über den Äquator hinweg bis in nördliche Breiten reichte. Ihm standen drei kleinere Kontinente gegenüber: Laurentia (Teile Nordamerikas und Grönlands), Baltica (Nordosteuropa) und Sibiria (Sibirien). Sie alle lagen etwas südlich des Äquators und waren von kleineren Ozeanen getrennt, dem Iapetus-, dem Aegir- und dem Tornquist-Ozean. Und dann gab es noch einen isolierten kleinen Kontinent namens Kasachstania. Gondwana wanderte während des Kambriums über den Südpol hinweg. Der Nordpol lag im Meer.

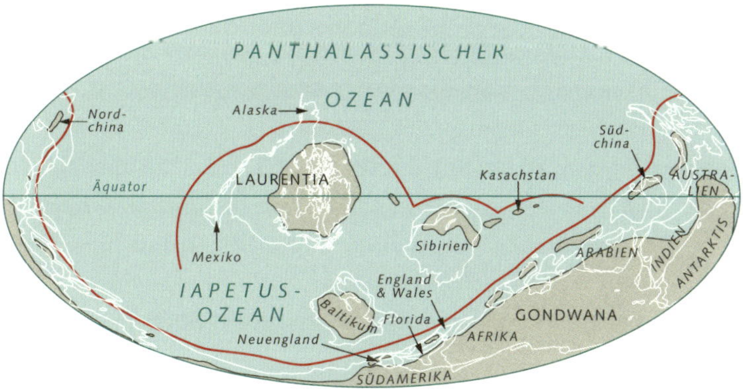

DIE ERDE IM KAMBRIUM IN ZAHLEN
(542 bis 488,3 Millionen Jahre vor heute)

Tageslänge	Etwa 21 Stunden
Atmosphärischer Sauerstoffanteil	Über das gesamte Kambrium hinweg durchschnittlich etwa 12,5 Volumenprozent. Das entspricht etwa 63 Prozent des heutigen Niveaus.
Atmosphärischer Kohlendioxidanteil	Über das gesamte Kambrium hinweg durchschnittlich 4500 ppm. Das ist etwa das 16-Fache des vorindustriellen Gehalts.
Durchschnittliche Oberflächentemperatur	Über das gesamte Kambrium hinweg durchschnittlich 21 und damit 7 Grad Celsius über dem derzeitigen Wert
Meeresniveau	Zwischen 30 und 90 Meter über dem heutigen – über das gesamte Kambrium hinweg ständig steigend

Tribrachidium heraldicum *ist wegen seiner ungewöhnlichen Symmetrie ein Paradebeispiel für die Probleme, die die Einordnung dieser untergegangenen Welt bereitet.*

Die konnten dann von Strömungen erfasst, fortgetragen und von anderen gefressen werden. Die Nahrungsnetze wurden komplexer, bekamen mehr und mehr tierische Zwischenglieder mit gefährlichen Topräubern an der Spitze.

Die Fossilien verraten die Reaktionen auf diesen Druck durch die Neuen. Ein Beispiel ist der zu den Foraminiferen gehörende Einzeller *Platysolenites*. Er lebte schon im Präkambrium und war einer der ersten Organismen, die sich ein Außenskelett leisteten. Er schusterte es sich aus winzigen Sandkörnern zusammen. Damit reagierte *Platysolenites* auf eine Neuerung in der Evolution: Die harte Außenhaut machte Sinn, weil es plötzlich Tiere gab, die den Meeresgrund nach Fressbarem absuchten. Deshalb kamen Skelette richtiggehend in Mode. Die unterschiedlichsten Lebewesen versuchten sich daran und setzten alles Mögliche ein: Es gibt Skelette aus Kalk, aus Kalziumphosphatmineralen (im Grunde also so etwas wie Knochen) und aus Siliziumdioxid. Diese Lösung wählen heute die Glasschwämme und die Radiolarien, die Strahlentierchen.

Damals entstand unsere Welt, die allerdings zunächst noch mit vielen Wesen bevölkert gewesen zu sein scheint, die wir heute nicht mehr verstehen. *Anabarites* fällt in diese Kategorie, ein Tier, dessen Schale wie ein kleiner Strohhalm aussieht. Das Besondere an ihm ist seine dreifache Symmetrie. Diese teilt es mit Organismen wie *Tribrachidium:* Von ihrer Symmetrie her ähneln sie dreiblättrigen Kleeblättern und drei Rücken oder Arme laufen über ihren Körper. Stellte man einen Spiegel über zweien der drei Wülste auf, dann würde sich das Fossil in den Spiegelbildern aus diesem Teil heraus zum Ganzen ergänzen. Zwar kennen wir heute keine Tiere mit solcher Bauart mehr, trotzdem vermuten einige Paläontologen, dass es sich bei *Tribrachidium* etwa um einen frühen Stachelhäuter handelt.

Wie *Anabarites* gelebt hat, lässt sich nur vermuten. Wer heute solche Schalen baut, will sich mit ihrer Hilfe ein Stück weit über den Meeresboden erheben, um nahrhafte Partikel aus der Strömung zu fangen. Da ihre Fossilien in Phosphatgesteinen gefunden werden, liegt der Schluss nahe, dass ihre Umgebung recht nahrhaft gewesen ist. Übrigens »liebten« Tiere es am Anfang des Kambriums, sich Röhren aufzubauen: In ihnen steckten überall Suspensionsfresser, die das wohl reiche Angebot der im Meerwasser schwebenden Nahrungspartikel nutzten. Für Suspensionsfresser muss das frühe Kambrium ein goldenes Zeitalter gewesen sein. Allerdings ist im Einzelnen unklar, wer sich da satt fraß: Es könnten Ringelwürmer (Anneliden) gewesen sein, Korallen, man weiß es nicht.

Wer die Chancelloriidae genau waren, die zu Beginn des Kambriums auftauchen, ist schwer zu sagen: Manche Paläontologen ordnen sie den Schwämmen zu, andere eher den Weichtieren. So oder so: Sie verankerten sich wohl am Meeresboden und benutzten zum Festklammern gerne die Schalen anderer Tiere.

Es gibt noch viele andere Rätseltiere. Etwa *Chancelloria,* die aussieht wie ein kugeliger Kaktus mit sternförmigen Stacheln. Sie wuchs auf dem Meeresboden und fügte dabei an ihrer Spitze immer wieder neue Nadelkreise zu. Auf den ersten Blick gleichen diese Nadeln denen von Schwämmen. Allerdings sind *Chancellorias* Kalknadeln hohl und besitzen ein kleines Loch an der Basis, als ob das Tier seinen Körper hineingestülpt hätte wie Finger in einen Handschuh. Schwämme machen so etwas nicht – nur, was war *Chancelloria*? Vielleicht gehört sie zu den frühen Mollusken, den Weichtieren, aber sicher ist das keineswegs. Die Diskussionen laufen.

Von großen und kleinen Tieren

Innerhalb weniger Millionen Jahre hatte sich die Erde gewandelt: Die Saat ging auf. Warum gerade zu diesem Zeitpunkt, ist ein Geheimnis. Wahrscheinlich werden die Tiere selbst dabei eine wichtige Rolle gespielt haben. So tauchte *Cloudina* damals nicht nur am Mistaken Point auf, sondern auch in China, Russland, Sibirien oder Australien.

Cloudina gehört zur Small-Shelley-Fauna, den »Kleinschalentieren«, die vor rund 550 Millionen Jahren in allen Meeren lebten. Small Shelleys waren plötzlich überall und einige von ihnen machten sich sicherlich über die präkambrischen Algenmatten her, sorgten raspelnd oder saugend für ihren Garaus. Dabei scheint die Bezeichnung Small Shelleys irreführend zu sein. Nicht alle der ersten skeletttragenden Tiere waren so winzig, wie es ihre Überreste nahelegen. Die Einzelteile der *Chancelloria* beispielsweise gehören zu den Small Shelleys, das Tier selbst war durchaus größer. Das gilt auch für *Halkieria,* die Simon Conway Morris von der University of Cambridge und sein Team Ende der 1980er-Jahre in der Sirius-Passet-Lagerstätte in Nordgrönland ent-

TRENNUNGSZEITEN

Es gibt diverse molekulare Uhren mit unterschiedlichen Ergebnissen. Selbst die konservativste nimmt an, dass sich die Urmünder (Protostomia) und die Neumünder (Deuterostomia) vor mindestens 670 Millionen Jahren getrennt haben. Zu den Urmündern gehören die Tiere mit einem vollständigen Verdauungstrakt, bei denen während der Embryonalentwicklung der Mund aus dem schlitzförmigen Urmund hervorgeht, während der After später durchbricht oder aus dem hinteren Teil des Urmundes entsteht. Zu diesen einfachen Tieren zählen alle möglichen Würmer, Schnecken, Muscheln und Tintenfische.

Von diesen Urmündern spalteten sich die Neumünder ab. Bei ihnen wird während der Embryonalentwicklung des Darms der Urmund zum After und der Mund bricht aus dem Urdarm durch. Wirbeltiere sind Neumünder, ebenso die Stachelhäuter mit Seesternen und Seeigeln oder die Eichelwürmer.

Vor 600 Millionen Jahren sollen sich die Stachelhäuter und die Chordatiere getrennt haben. Zu Letzteren gehören wir ebenso wie die Manteltiere. Zwischen uns gibt es viele Gemeinsamkeiten wie einen stabförmigen, elastischen Stützapparat im Rücken, die Chorda dorsalis, das Neuralrohr. Das ist ein Nervenstrang, der oberhalb der Chorda verläuft. Zu den Gemeinsamkeiten gehört auch das bauchseitig gelegene Herz, das das Blut zum Kopf pumpt, und der unterhalb der Chorda liegende Darm.

deckten. Das ist eine berühmte Fossillagerstätte aus dieser »Zeitenwende«, die wahrscheinlich 505 bis 518 Millionen Jahre alt ist. *Halkieria* brachte es lebend schon auf mehrere Zentimeter Länge und sah wohl aus wie eine Schnecke, die sich ein Panzerhemd über den Rücken geworfen hat. Dieser Panzer bestand aus Hunderten Skleriten, aus Nadeln, und an jedem Ende des Tiers steckten zwei größere, fast kreisrunde Platten. Zwischen diesen Platten, entlang der Mittelachse, hatten die Nadeln die Form von Ahornblättern. Daran schloss sich rundherum der größte Bereich an, der aussah, als sei er aus winzigen Messerschneiden zusammengesetzt worden. Gesäumt wurde alles von ein paar Reihen nadelförmiger Sklerite. *Halkieria,* die am ehesten nach Schneckenart mit ihrer weichen Sohle über den Schlamm kroch, war vielleicht ein früher Vorfahr der Weichtiere und ihr gepanzerter Rücken war möglicherweise der erste Schritt zu einer Schale. Jedenfalls schützen sich die marinen Käferschnecken, die zu den einfachsten aller heute lebenden Weichtiere (Mollusken) gehören, mit einer Schale aus acht Einzelplatten.

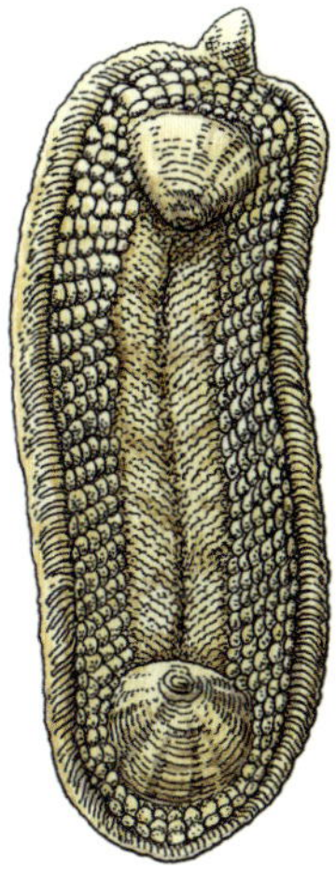

Halkieria *war zu ihren Lebzeiten weitverbreitet, jedenfalls findet man ihre Überreste in vielen kambrischen Gesteinen rund um die Welt.*

Seinerzeit wirbelte die Entdeckung einer vollständigen *Halkieria* die Fossilienbücher durcheinander, weil ihre Einzelteile – säuberlich getrennt – unterschiedlichen Arten von unbekannten Lebewesen zugeordnet worden waren. Dabei ist sie anscheinend nur nach ihrem Tod wie ein Puzzle auseinandergefallen, so wie es die Schwämme heute noch tun. Es könnte also durchaus sein, dass viele der rätselhaften Winzlinge der Small Shelleys in Wirklichkeit einmal zu größeren Lebewesen gehört haben. Die Liliput-Welt jedoch gab es auf jeden Fall auch: in Form winziger Mollusken, die die Ahnen heute noch lebender Schnecken und Muscheln sind.

Damals tauchten auch die Brachiopoden auf. Auf den ersten Blick machen sie so gar nichts her, sehen aus wie seltsam geformte Muscheln. Auf eine solche Bemerkung hin würde ein Paläontologe ausführen, dass Brachiopoden keineswegs Muscheln sind und beispielsweise eine obere und eine untere Schalenhälfte besitzen statt einer rechten und einer linken. Das mag man mit einem Schulterzucken hinnehmen: Was für ein Unterschied! Interessanter wird es, wenn der Wissenschaftler dann mit einigem Aufwand einen lebendigen Brachiopoden

DUNKLE QUELLEN

Mindestens 12 000 Arten fossiler Brachiopoden sind bekannt. Sie waren im Paläozoikum, im Erdaltertum (542–251 Millionen Jahre vor heute), eine sehr wichtige Gruppe. Woher sie kamen, ist jedoch offen. Allerdings vermuten die Paläontologen, dass sie sich auf einen einzigen Ausgangspunkt zurückführen lassen – sozusagen auf ein brachiopodisches Adam-und-Eva-Paar.

Nur in welcher Gruppe ist dieses »Elternpaar« zu suchen? Eine Idee ist ein Tier wie *Halkieria*. Die beiden Schalen auf dem Rücken dieser »Kettenhemdschnecke« müssten sich dann zur Rücken- und Bauchklappe entwickelt haben. Eine andere Hypothese sieht den Ursprung eher bei den frühkambrischen Tommotiiden, sesshaften, röhrenförmigen Organismen, die wahrscheinlich schneckenartig aufgebaut waren und sich ebenfalls in ein »Kettenhemd« hüllten. Die Kettenglieder waren jedoch nicht aus Kalk gefertigt, sondern aus Kalziumphosphat, einem Baumaterial, das die Brachiopoden neben Kalk für ihre komplexen Schalen einsetzen.

Die Anatomie moderner Brachiopoden legt eine Verwandtschaft zu den Hufeisenwürmern (Phoronida) nahe. Auch molekularbiologische Untersuchungen deuten in diese Richtung. Falls etwas dran ist, stammen beide von den Ahnen der Ringelwurmartigen ab, den Anneliden. Dafür sprechen auch die Borsten, die sich Armfüßer und Ringelwürmer teilen.

Die Anneliden – oder Ringelwürmer – scheinen seit mindestens 518 Millionen Jahren wichtige Mitglieder des Ökosystems zu sein: So alt ist jedenfalls der älteste derzeit bekannte Ringelwurm.

öffnet und – sagen wir – eine Auster danebenlegt. Letztere füllt als durchsichtig-weißlich fleischiges Glibberding mit dunklem Saum seine Schale. Ein Brachiopode hingegen ist ein filigraner Organismus, der an beiden Seiten seines Mundes »Arme« besitzt, die mit einem Spitzengewebe aus Tentakeln besetzt sind. Diesen Armen verdankt das Tier seinen Namen, Brachiopode bedeutet Armfüßer. Die Probleme, die der Paläontologe beim Öffnen hatte, erklären sich dadurch, dass die beiden Schalenhälften durch eine starke Muskulatur zusammengehalten werden. Ihre wichtigsten Teile sind der »Öffner« und der »Schließer« und die arbeiten gegeneinander. Ihr Körperbau ist aber nur das Eine. Richtig spannend ist jedoch die Geschichte der Tiere. Sie sind lebende Fossilien, die bereits seit mehr als einer halben Milliarde Jahren auf der Erde existieren. Als hätte die Zeit sie vergessen, hocken sie ebenso wie ihre Vorfahren seit 540 Millionen Jahren auf dem Meeresboden und pumpen Wasser durch ihr Gehäuse, um das Plankton herauszufiltern.

Besonders dramatisch betreten sie aus heutiger Sicht die Bühne in Ulakhan-Sulugur, eine spektakuläre Fundstelle mitten in der Weite sibirischer Wälder. Dort lässt sich die Frühzeit in der Existenz dieser ungewöhnlich hartnäckigen Erdenbewohner nachvollziehen. Ulakhan-Sulugur ist ein Kliff irgendwo am Fluss Aldan in Jakutien, also wieder einmal am Ende der Welt. Bedeutende Fossilfundstätten scheinen Geschmack an einsamen Gegenden zu finden. Dieses Kliff ist ein Paradies für Small-Shelley-Spezialisten: Ein oder zwei Hammerschläge – und die Steine öffnen sich und stecken voller Fossilien wie Hyolithiden. Ihre Überreste, die lang gestreckten Füllhörnern ähneln, bestehen aus den Kalkhüllen, die die Tiere um sich herum abgesondert haben, so wie Muscheln oder Schnecken heute. Die eine Seite der konischen Gehäuse ist abgeplattet, darauf haben sie wohl gelegen, und zum Schutz vor Feinden konnten sie sich mit einer Klappe »einschließen«. Anscheinend waren es friedliche Tiere, die die organischen Reste auf dem Sediment »abgrasten«.

Wer die Hyolithiden waren, ist umstritten. Die meisten Forscher sehen in ihnen Weichtiere. Feinde hatten sie auch: nämlich Priapswürmer.

LINGULA ODER DAS EWIGE LEBEN

Lingula, dieses unspektakuläre Wesen, hält vielleicht den Weltrekord in Langlebigkeit. Auf den ersten Blick scheint sich *Lingula* seit *Aldanotreta* niemals verändert zu haben, seltsamerweise hat sich ihr Bauplan nie überholt. Wie sie das geschafft hat, war für Charles Darwin ein Rätsel, das kieselgroße Schalentier ein potenzieller Einwand gegen seine Evolutionstheorie. Denn *Lingula* ist eine Konstante in einer Welt des Wandels.

Selbst der beste Jäger aus der Zeit von vor 540 Millionen Jahren verschwände heute sang- und klanglos im nächstbesten Maul, das groß genug ist, um ihn zu verschlingen. *Lingula* aber blieb – zumindest äußerlich –, wie sie war. Sie hatte als eines der ersten Lebewesen gelernt, sich durch einen langen, kräftigen Stiel im Sand einzugraben, und erträgt sogar das von den meisten Organismen verhasste Brackwasser. Also ist *Lingula* vor Schalen knackenden Feinden und Nahrungskonkurrenten recht sicher und kann sich in ihrem Refugium bis heute den Lebensstil des Erdaltertums leisten: Sie sitzt in ihrer Röhre, filtert Plankton aus dem Wasser und bei Gefahr zieht sie sich mit ihrem muskulösen Stiel in ihre Röhre zurück und wartet, bis der Feind verschwunden ist. Der wird ohnehin nicht wild darauf sein, *Lingula* zu fressen, denn anders als an einer schönen, fleischigen Muschel ist an ihr nicht viel dran: Sie ist auch noch gallebitter und leicht giftig. *Lingula* ist genügsam und schlechte Bedingungen machen ihr nichts aus – vielleicht das Geheimnis ihrer Langlebigkeit.

In lichtdurchfluteten Meereszonen begegneten sie dabei Archaeocyathiden, Tieren in trichter- oder fassförmigen Kalkschalen, die mit Wänden in Kammern unterteilt sind. Ihre Besitzer waren mit den Schwämmen verwandt und spülten sich fürs Dinner planktonhaltiges Wasser durch den Körper. In Ulakhan-Sulugur tauchen sie auf, doch ihre Zukunft erscheint zunächst ungewiss. Noch kann niemand ahnen, dass sie bald Kolonien bilden werden, ganze Riffe, in denen sie vielleicht gemeinsam mit Fotosynthese betreibenden Organismen lebten, so wie heute die Flachwasserkorallen.

Etwas weiter teilten sich die Hyolithiden ihren Lebensraum mit Brachiopoden, genauer, mit *Aldanotreta*. Vielleicht als erste Form seiner Gattung kam dieser auf die Idee, seinen kleinen Körper in eine Schale zu hüllen, um gut geschützt fressen zu können. Allerdings hat er noch so gar nichts mit den manchmal reich ornamentierten Brachiopoden späterer Zeit zu tun. Er sieht eher aus wie ein Fußnagel. Aber man sollte nicht despektierlich von ihm sprechen, denn heute leben immer noch seine Urururur...-Enkel unter dem Namen *Lingula* in den Ozeanen.

Zu Zeiten von Ulakhan-Sulugur stand den Brachiopoden ihre große Zeit aber noch bevor – und auch die großen Umbrüche. Im Lauf der

Die Trilobiten, zu Deutsch: Dreilapper, gehören zu den wohl schillerndsten und auf jeden Fall berühmtesten Tieren des Erdaltertums.

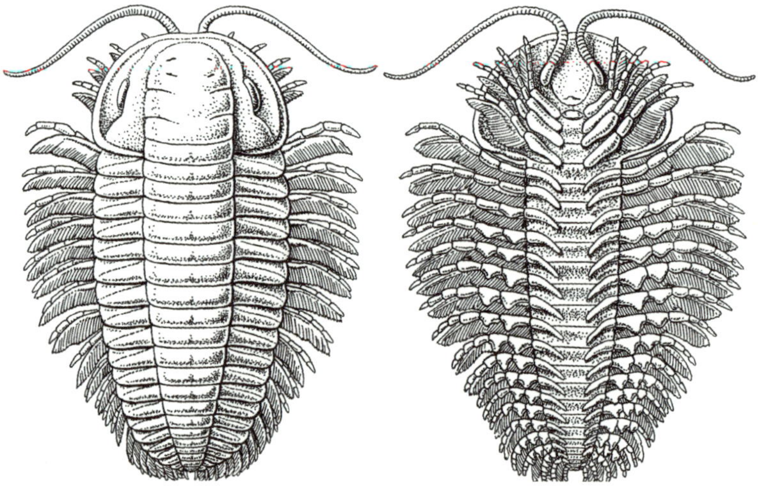

Geschichte sollten sich bei ihnen zwei große Gruppen entwickeln: die älteren, schlichten, zu denen *Lingula* gehört, und die, die ihre Gehäuseklappen mit einem Schloss versehen. Dieses Schloss ist ein Mechanismus aus Zähnchen und Gruben, der als Scharnier dient und das Öffnen und Schließen erleichtert. Das spart Muskeln und so hat man in der Schale mehr Platz für Wichtigeres wie etwa größere Tentakelarme zur leichteren Nahrungsbeschaffung. In der Lebenswelt des frühen Kambriums muss die Sache mit dem Schloss noch gleichgültig gewesen sein: Auch als die Evolution es erfunden hatte, schien es den »Schlossbesitzern« nicht viel zu helfen, denn überall saßen auch noch die, die keines hatten. Doch dann sind anscheinend die Räuber zahlreicher und geschickter geworden und damit kam ein Wettlauf zwischen den beiden Gruppen in Gang.

Das Beispiel der Brachiopoden zeigt, dass in der Evolution das Überleben einer Gruppe oft das Ergebnis von klein erscheinenden Veränderungen in der Lebensweise oder der Anatomie ist – wie eben ein Schloss oder eine neue Fangvorrichtung: Über Generationen hinweg können sie große Vorteile bringen. Die Brachiopoden mit Schloss konnten ihre älteren, schlichter gebauten Vettern allmählich verdrängen, vor allem, weil sie ihre Schalen sicherer und gezielter öffnen und schließen konnten. Damit ließ sich im Inneren der Schale der Wasserstrom durch die »Arme« der Brachiopoden sehr viel feiner regulieren – und das wiederum half ihnen dabei, die Nahrung besser herauszufiltern. Dieser Vorteil sollte jedoch nicht von Dauer sein: Vor 540 Millionen Jahren gab es nur Formen ohne Schloss, vor 500 Millionen Jahren herrschte dann Gleichstand zwischen beiden Gruppen und schließlich setzten sich die mit dem Schloss durch, während die ohne fast ganz verschwanden – bis vor 251 Millionen Jahren mit dem Massenaussterben am Ende des Perms die Karten neu gemischt wurden. Nur die ohne Schloss überlebten - warum auch immer. Zu ihrer alten Größe fanden die Brachiopoden in der dann neuen Welt, die nach diesem Massenaussterben begann, nie mehr zurück. Aber bis dahin wird noch viel passieren …

Zu Beginn des Kambriums tauchten erst einmal auch die berühmten Trilobiten auf, die auf den ersten Blick etwas von hochstapleri-

In den Burgess-Schiefern hat sich ein »Schnappschuss« der kambrischen Lebenswelt erhalten. Die meisten der Tiere lebten sesshaft oder krochen über den Boden, so wie die Trilobiten oder die fünfäugige Opabinia.

schen, weil riesigen Kellerasseln haben. Ihren Namen verdanken die Trilobiten (»Dreilapper«) ihrem harten Rückenpanzer, der in drei Abschnitte unterteilt ist: in die halbkreisförmige Kopfregion, einen in viele Segmente untergliederten Rumpf und dann die Schwanzregion, die oft – wie der Kopf – schildförmig ausgebildet ist. Mit der Kambrischen Explosion brach ihre große Zeit an!

Trilobiten waren fantastische Lebewesen. Sie gehörten zu den Gliederfüßern, den Arthropoden, also zu wirbellosen Tieren, deren Beine durch Gelenke gegliedert und beweglich sind. In diese Kategorie fällt so ziemlich alles, was krabbelt, und vieles von dem, was bei Menschen äußerst unbeliebt ist: Skorpione und Spinnen, Fliegen und Zecken, aber auch Krabben, Käfer, Krebse, Hummer. Auf den Trilobitenbeinen, die nur sehr schwach gepanzert waren und deshalb meist die Zeiten nicht überstanden haben, saßen Borsten. Vielleicht dienten sie wie beim Hummer dazu, Bewegungen wahrzunehmen, sicher waren es jedoch Sinnesorgane. Die Trilobitenbeine waren außerdem gespalten: Der eine Ast wies nach oben und war mit fächerartigen Fortsätzen versehen. Er diente wohl dazu, Sauerstoff aus dem Wasser aufzunehmen, und war gelegentlich auch gut fürs Paddeln. Mit dem anderen Ast lief das Tier. Außerdem setzten sie ihre Beine vermutlich zum Graben ein, zumindest einige von ihnen. Vielleicht suchten sie in ihren Gruben Schutz? Auf jeden Fall wühlten einige Arten im Boden. Wenn's ums Fressen ging, machten sich die meisten Trilobiten über den Schlamm her, den sie mit ihren Beinen zum Mund transportierten, um organische Reste oder Kleinstlebewesen von den Sandkörnchen abzuziehen. Etliche Millionen Jahre später, während des Silurs, soll eine bizarre, mit langen Fortsätzen geschmückte Trilobitenart namens *Deiphon* im Oberflächenwasser Plankton verspeist haben. Es gab auch Trilobiten wie *Flexicalymene,* die neben einer selbst erlegten Mahlzeit auch Aas nicht verschmähten.

Trilobiten waren hoch entwickelt: Sie besaßen ein voll ausgebildetes Nervensystem, so etwas wie ein Gehirn, Kiemen, Antennen, Füße zum Krabbeln – und vor allem Augen, einzigartige Augen, sichelförmig, manchmal aus 15 000 einzelnen Kalzitlinsen bestehend: Jede dieser Linsen war ein winziges Stäbchen, durch das Licht entlang einer bevorzugten Achse ungebrochen lief. Die Natur hatte sich diese besondere Eigenschaft eines ganz normalen Minerals »zunutze gemacht« und es zum Sehen eingesetzt! Die Trilobiten gehören mit Gliederfüßern aus der Chengjiang-Fauna zu den Tieren mit den ersten richtigen Augen, die wir kennen. Experimente zeigen, dass diese Linsen den Krabbeltieren die Umgebung als Mosaik zeigten – wie auch immer ihr Gehirn diese Informationen dann verarbeitet haben mag.

Allein die Existenz von Augen beweist, wie sehr die Welt sich seit den Zeiten der Ediacara-Wesen verändert hat. Ohne effiziente Sinnesorgane ging es nicht mehr. So brauchten die Trilobiten ihr für die Zeit geradezu ausgezeichnetes Sehvermögen nicht nur dazu, ihre Feinde auszumachen, vielmehr gab es unter ihnen auch erfolgreiche Jäger, die eine ordentliche Fleischmahlzeit schätzten. Einen Wurm beispielsweise, wie die versteinerten Spuren einer Hatz verraten, bei der der verfolgte Wurm verlor und der Trilobit allein weiterkrabbelte – mit vollem Bauch oder zumindest einem netten Snack im Magen. Aber es gab auch blinde Trilobiten …

Im Lauf von Jahrmillionen hatten sich die Trilobiten alle möglichen Lebensräume erobert. Sie waren im Erdaltertum ungeheuer vielfältig und zahlreich. Aber auf Dauer konnten sie ihre Position nicht halten. Inzwischen sind sie schon längst verschwunden: Seegurken, Seesterne oder Seeigel, andere Gliederfüßer und Ringelwürmer haben ihren Platz übernommen, und in gewissem Sinne auch die Fische.

DIE ENTWICKLUNG DES GEHIRNS

Will sich ein Vielzeller bewegen, braucht er ein Gehirn – oder zumindest Nervenzellen, die mit elektrischen und chemischen Signalen miteinander kommunizieren. Ohne eine Struktur, die die Informationen aus den Körperregionen zusammenführt, ein Ergebnis ableitet und die Reaktion steuert, gäbe es nur Chaos. Also entwickelte die Evolution auf dem Weg vom Schwamm zur Qualle Nervenzellen, Neuronen: Zur Informationsverarbeitung widmete sie bei den Quallen Zellen der äußeren Hautschicht um, die mit ihrer Umgebung in Kontakt stehen. Jede Qualle durchzieht ein einfaches Nervensystem aus einem Netz verknüpfter Neuronen.

Mehr brauchen radialsymmetrische Tiere nicht. Aber das ist kein Gehirn. Das wird erst wichtig bei spiegelsymmetrischen Lebewesen, die vorne ein Maul besitzen und hinten einen Anus, denn dann gibt es automatisch eine bevorzugte Bewegungsrichtung: immer mit dem Maul dem Fressen nach. Vorne ballt sich der Großteil der Nerven- und Sinneszellen zusammen, schließlich wartet am ehesten dort die nächste Mahlzeit oder der böse Feind. Damit sitzt vorn ein Kopf samt Gehirn. Weil auch das Hinterteil ein paar Nervenzellen braucht, durchzieht ein Strang den Körper der Länge nach und leitet alle Signale aus der Umwelt an das Gehirn weiter.

Im Lauf der Evolution prägte sich der Kopf stärker aus, das Gehirn legte an Volumen zu, wurde leistungsfähiger und komplexer, und zwar, weil durch Mutationen – Veränderungen im Erbgut – die Zahl der Neuronen und ihrer Verknüpfungen untereinander zunahm.

Vom Fressen und Gefressenwerden

Es gibt viele Geschichten, von denen man nicht so genau weiß, ob sie tatsächlich wahr sind, aber sie sind gut und werden immer wieder erzählt – und die folgende gehört zu diesen modernen Legenden. Danach geschah es am Dienstag, dem 31. August 1909, vielleicht auch schon einen Tag früher. Und es geschah im kanadischen Teil der Rocky Mountains, ganz in der Nähe der damals neu gebauten Eisenbahnstrecke von Calgary nach Vancouver, in der Nähe von Banff, mitten im heutigen Yoho-Nationalpark. Den US-Paläontologen Charles Doolittle Walcott hatte es zum Mount Stephen nach British Columbia gelockt. Der Dreitausender war in Geologenkreisen berühmt geworden, weil Trilobiten regelrecht aus den Steinen zu fallen schienen.

Walcott war eine Koryphäe, wenn es um das Kambrium ging. Schon als Junge hatte er ein besonderes Auge für Fossilien gehabt – ein begehrenswertes Talent, wie jeder Geologiestudent weiß, der schon einmal in einem Steinbruch die Überreste längst versteinerter Tiere finden sollte: Obwohl sie schon Hunderte von Millionen Jahren tot sind, scheinen sich die Biester immer noch blitzschnell in den Stein zurückzuziehen. Charles Walcott jedoch fand sie nicht nur, er konnte selbst die wildeste Ansammlung von Bruchstücken interpretieren und stellte beispielsweise fest, dass Trilobiten ihr Leben nicht auf dem Rücken schwimmend verbrachten, sondern über den Boden krabbelten. Als er nun am Mount Stephen oberhalb der Baumgrenze in den Ogygopsis-Schiefern nach kambrischen Fossilien grub, fiel sein Blick immer wieder auf den Mount Field auf der anderen Seite des Kicking Horse Valley, des Tals, in dem dem Namen nach »das Pferd ausschlug«. Dort setzten sich anscheinend die Schichten des Mount Stephen fort. Es sollte Fossilien geben, aber die Gegend auf der anderen Seite war noch nicht näher erkundet worden. Was gibt es für einen leidenschaftlichen Paläontologen Reizvolleres als die Aussicht auf eine Fossillagerstätte, die noch kein Mensch zuvor gesehen hat? Walcott konnte nicht widerstehen. So berichtet die Legende als Nächstes, dass er gegen Ende der Grabungssaison zusammen mit seiner Frau Helen und seinem Sohn Stuart auf einem Trail am Mount Field nach Hause ritt. Helen Walcotts Pferd stolperte über einen Stein und drehte ihn beim Straucheln um. Silbrige Überzüge waren sichtbar. Ihr Mann Charles stieg ab, spaltete den schwarzen Brocken – und damit waren die Burgess Shales entdeckt, die Burgess-Schiefer, eine der schönsten und interessantesten Fossilfundstätten der Welt.

So weit die Legende. Sicher weiß man, dass mehrere mannshohe fossilführende Schichten den Fels durchziehen. Gliederfüßer sind darin zu finden, aber auch Würmer, Seelilien (Crinoiden) oder Seegur-

DER SELFMADEMAN

In der Welt der Wissenschaft verkörpert er den amerikanischen Traum: Charles Doolittle Walcott, vom Farmarbeiter zum Präsidenten der National Academy of Sciences, Direktor des Geologischen Dienstes der USA, Leiter der Smithsonian Institution, Präsident der American Association for the Advancement of Science und wissenschaftlicher Berater von Präsident Theodore Roosevelt. Ein Autodidakt ohne formale Ausbildung schafft es nach ganz oben – durch sehr viel harte Arbeit, Einsatz, Mut und große Begabung.

Geboren wurde Charles Doolittle Walcott 1850 in New York Mills im Bundesstaat New York. Sein Großvater war Gründer der ersten Industrieweberei vor Ort und ein reicher Mann. Eine der Webereien führte Charles' Vater bis zu seinem Tod 1852. Von da an gehörte Charles' Familie zu den »vornehmen Armen«, wie es Walcott-Biograf Ellis L. Yochelson umschreibt: Die Mutter durfte nicht arbeiten, sondern diente als Beweis für die Großherzigkeit ihrer Verwandten. Die höhere Schule schloss der Junge nie ab. Während des Bürgerkriegs half er auf einer Farm, deren Grund vor 440 Millionen Jahren ein warmes, flaches Meer gewesen war, in dem es von Tieren nur so wimmelte. Die Fossilien bedeuteten ein willkommenes Zubrot für Farmbesitzer William Rust. Er lehrte den Jungen, was er wusste, wurde ihm ein zweiter Vater. Die beiden waren ein fantastisches Team, das etwa eine Sammlung an Louis Agassiz, einen der bekanntesten Wissenschaftler der Zeit, verkaufen konnte: für ein Honorar von heute 75 000 Dollar.

Sein Talent brachte Charles Walcott eine außerordentliche Assistentenstelle ein – und von da an ging es unaufhaltsam vorwärts, schließlich war er ein begnadeter Organisator und Lobbyist. Er machte Karriere, weil viele inzwischen ehrwürdige Institutionen wie der Geologische Dienst der USA erst gegründet wurden. In der fest gefügten akademischen Welt heute hätte er wohl kaum eine Chance gehabt.

ken und viele Tiere ohne harte Außenskelette. Selbst feinste Details weicher Körper blieben erhalten – eine Seltenheit in der Paläontologie. Wer keine Hartteile besitzt, hat normalerweise keine Chance, zum Fossil zu werden, sondern verrottet schnell.

Die Fossilien der Burgess Shales versetzten Charles Walcott in Aufregung: Die zarten Abdrücke auf den Schieferplatten schienen eine »Momentaufnahme« einer komplett erhaltenen Lebenswelt aus dem Kambrium zu sein – ein Ökosystem kurz nach der Kambrischen Radiation, ein Schnappschuss einer längst untergegangenen Welt. Vor 520 Millionen Jahren war, was heute ein beeindruckendes Hochgebirge mit der steilen Spitze des Mount Wapta als »Krönung« ist, ein Meeresboden in den Tropen. Die Sonne warf glitzernde Reflexe auf das klare türkisfarbene Wasser. Die feinen Kalkkörnchen, die die Strömungen am Grund zusammenfegten, sollten einmal eine mächtige

Kalksteinabfolge werden. Weiter draußen auf dem Meer, dort, wo der Kontinent in die Tiefsee abfällt, verbarg das Wasser ein 100 Meter hohes, steiles Kliff, das die Geologen einmal Cathedral Escarpment (Kathedralen-Schichtstufe) nennen sollten. Am Fuß dieses mit Algenriffen bedeckten Kliffs, wohin die Strömungen feine Ton- und Siltpartikel lieferten, erstreckte sich die Welt der zukünftigen Burgess-Schiefer.

Charles Doolittle Walcott (1850–1927) war ein Selfmademan der Wissenschaft, der seine Leidenschaft für Fossilien zum Beruf machte. Seine berühmteste Entdeckung sind die Burgess-Shales.

Damals lag sie im Zwielicht, kaum dass man noch ahnte, dass oben die tropische Sonne glitzerte. *Isoxys* tauchte auf, ein rätselhaftes Tier, das aussah wie eine Muschel mit paddelförmigen Beinen und dicken, stacheligen Auswüchsen am Kopf. Große Kugelaugen verschafften ihm einen hervorragenden Rundblick, sodass ihm nichts entging. Er war ein Jäger. Aber für diesmal hatte seine potenzielle Beute Glück, denn *Isoxys* sah einen *Anomalocaris* auftauchen. Der gleitet durchs Wasser: Er ist der »Hai« des Kambriums – ein zwei Meter langer Gigant, der an einen Hundertfüßer erinnert, aber mit breiten, beweglichen Flanken, die ihn wie einen Rochen mit sanftem Flügelschlag vorwärts schweben ließen. Seinen vorstehenden Augen entging keine Bewegung, erst recht kein unaufmerksamer Trilobit, der mit seiner eigenen Beute beschäftigt war. Wie eine Gottesanbeterin hielt *Anomalocaris* seine stacheligen Kopfanhänge nach vorn. Dann schlug er blitzschnell zu – und der Trilobit, eben selbst noch Sieger, wurde verzehrt …

Die Frage ist, wie, denn Computersimulationen zufolge war der Körper von *Anomalocaris* zu weich, um eine Trilobitenschale zu knacken. Falls das stimmt, war er wohl eher ein trickreicher Räuber. Dass er bei der Trilobitenjagd erfolgreich war, belegen Koprolithen, also kleine Kotpillen, die von ihrer Größe her nur von *Anomalocaris* stammen können. Ansonsten scheint er sich wohl doch eher von kleineren und vor allem leichter zu überwältigenden Tieren ernährt zu haben, trotz seiner beeindruckenden Größe. Und so relativiert sich auch der Hai – man muss es mit den Augen eines Trilobiten sehen.

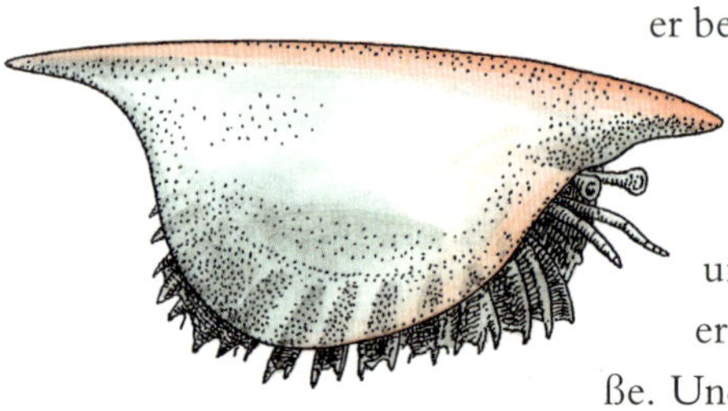

Isoxys *gehörte wohl zu den Gliederfüßern und lebte seinerzeit in tropischen und subtropischen Gewässern. Wahrscheinlich war er ein hervorragender Schwimmer – und Jäger, jedenfalls erlaubten ihm seine Augen fast einen 360°-Rundum-Blick.*

Trotzdem: Was für ein Unterschied zu der Welt der Ediacara-Fauna! Aus dem »ruhig vor sich hin leben« waren Nahrungsnetze geworden, in denen die Jagd im Mittelpunkt stand: Fressen und Gefressenwerden wurde zum Grundprinzip. Nun gab es überall Dramen. Und dramatisch waren auch die Ereignisse, die den Paläontologen dieses Fenster in die Zeit öffneten, als die Tiere laufen lernten: Das Cathedral Escarpment war nichts anderes als eine tektonisch aktive Zone. Immer wieder kam es zu kleinen Erdbeben und dann erwies sich der Meeresboden als nicht so stabil, wie er aussah. Er geriet ins Rutschen. Zunächst waren die Bewegungen kaum wahrnehmbar. Eine Scholle löste sich, begann langsam abzugleiten und mit ihr alles, was auf oder im Boden lebte. Nur ein paar schnelle Arthropoden und frühe Chordatiere, die sich am Rand der Gefahrenzone befanden, konnten sich in Sicherheit bringen. Das Ganze nahm Fahrt auf, der Schlamm wirbelte im Wasser hoch und raste den Hang hinab, riss alles mit, was sich in seinem Weg befand. Wer in den Sog der Wolke geriet, hatte keine Chance. Irgendwann kam alles zur Ruhe, aber es dauerte Tage, bis sich auch die letzten feinen Tonpartikel wieder aus dem Wasser abgesetzt hatten. Da aber lief im Schlamm, der zum Massengrab für Tausende mitgerissener Lebewesen geworden war, bereits der Prozess, der aus den Kadavern die Fossilien machte, die Charles Walcott schließlich fand.

Das Unglück der Tiere damals ist für die Paläontologen heute ein Fest, denn so stecken die Schiefer voll bizarrer Wesen. Sie beweisen, dass sich in jener Zeit zahllose Tiere auf der Suche nach Fressbarem durch den weichen Schlamm gruben. Andere krochen, krabbelten oder liefen über den Meeresboden oder hatten sich darin verankert. Und es gab Tiere, die sich vom Boden lösten: Manche hoben nur für eine kurze Strecken ab, andere scheinen zum Nekton gehört zu haben, zu den schwimmenden Tieren. Und es gab Zooplankton, das sich mit den Strömungen treiben ließ. Obwohl seit damals mehr als eine halbe Milliarde Jahre vergangen ist, hat die Evolution nicht sehr viel grundsätzlich Neues erfunden – auch wenn die Tiere heute fast alle vollkommen anders aussehen als jene damals.

Die Beute der Hangrutsche

Der schwarze Schiefer der Burgess Shales hat Schwämme und Seetang konserviert, Quallen und jede Menge Trilobiten wie *Olenoides*, der in allen Details bewahrt blieb, von den Gliedmaßen bis zu seinen Antennen. Diese halfen ihm wohl dabei, seine Umgebung zu erkunden. Die Beine dienten *Oleonides* nicht nur zum Laufen. Ihr oberstes Segment, direkt am Körperansatz, war mit Dornen bewehrt. Erlegte er einen Wurm, packte er ihn mit seinen Beinen. Die Beute konnte sich wehren, so viel sie wollte: Die Dornen sorgten dafür, dass sie geradewegs ins Maul geschoben wurde.

Hoch über dem Kopf des Trilobiten war ein anderer Jäger unterwegs, die Rippenqualle *Ctenorhabdotus*. So harmlos kugelig, wie sie aussah, wäre es ein Fehler gewesen, sie zu unterschätzen: Auf ihrem durchsichtigen Körper saßen 24 mit Plättchen besetzte Kammreihen – dreimal mehr als bei modernen Rippenquallen, warum auch immer ihre Anzahl im Lauf der Evolution reduziert wurde. Je schneller *Ctenorhabdotus* diese Plättchen schlagen ließ, umso höher war ihr Tempo. Gleichgewichtsorgane halfen ihr beim Manövrieren. Tentakel besaß diese kambrische Rippenqualle nicht. Sie scheint ihre nächste Mahlzeit eher wie ein Handschuh umschlossen zu haben, bevor sie in ihrem Maul verschwand. Zappeln half da nicht mehr.

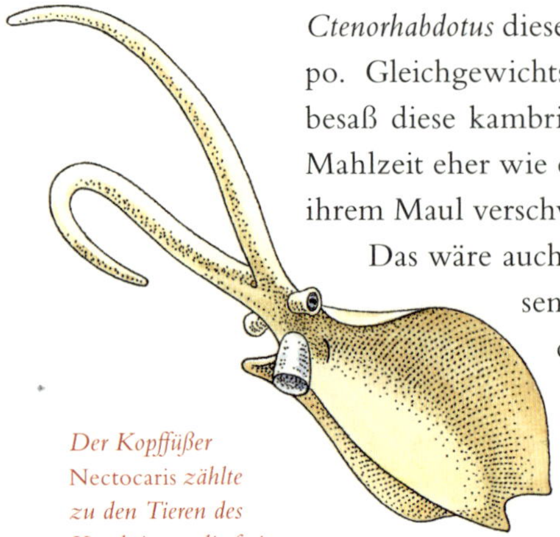

Der Kopffüßer Nectocaris *zählte zu den Tieren des Kambriums, die frei im Wasser schwammen. Anders als seine heute lebenden Verwandten mit ihren acht und mehr Tentakeln, machte er mit nur zwei Fangarmen Beute.*

Das wäre auch bei einer Begegnung mit *Nectocaris* sinnlos gewesen. Seine entfernten Verwandten heute sind gefährliche Räuber: Es sind die Kraken, Tintenfische oder Perlboote samt Sippschaft – denn *Nectocaris* war ein Cephalopode, ein Kopffüßer. Das höchstens fingerlange Tier sah seltsam aus: Stielaugen, ein flunderartig abgeflachter Körper mit großen Seitenflossen. Vor einem Trichter, durch den *Nectocaris* Wasser pumpte, saßen nur zwei lange Tentakel statt der mindestens acht, die Kopffüßer heute haben.

Die Fossilien in den Burgess Shales verraten, dass das Wettrüsten zwischen den Arten damals in vollem Gange war und alle Ebenen der Nahrungskette erfasste. So hockten auf dem Meeresboden Schwämme der unterschiedlichsten Größen und Arten, die Meerwasser durch kleine Poren einstrudelten. In ihrem Inneren sorgen Kragengeißelzellen für einen Wasserstrom, sodass die Zellen die Nahrungspartikel herausfischen und verdauen können. Schwämme sind sesshaft und können nicht vor einem Angreifer fliehen. Trotzdem wussten (und wissen) sie sich hervorragend zu verteidigen, denn ihr Außenskelett besteht aus Unmengen piksender Nadeln, die den Körper stützen und Angreifern den Appetit verderben: An einem Maul voll Schwamm ist nicht viel Verlockendes dran. So besaßen fast alle Schwämme der Burgess-Schiefer »Abwehrwaffen«. Der Hornkieselschwamm *Choia* sah sogar aus wie ein lebendes Nadelkissen, das rundherum mit sehr langen »Stopfnadeln« besteckt ist. Die Verteidigungsstrategie der Schwämme war wirkungsvoll – sonst gäbe es sie nicht mehr.

Sie waren damals schon wichtige Mitspieler in den Ökosystemen. Nicht nur, weil sie die Wasserqualität beeinflussten, sondern auch, weil sie anderen Tieren Schutz boten und deshalb als »Vermieter« sehr beliebt waren. So klammerten sich kleine Brachiopoden gerne an *Choias* Nadeln fest. Normalerweise lebten die Brachiopoden auf dem Schlamm, aber das barg immer die Gefahr, verschüttet zu werden. Deshalb hatte es gut, wer klein genug war und sich auf einem Schwamm niederlassen konnte: Er profitierte vom Wasserstrom des Größeren und war besser gegen Fressfeinde geschützt. Auf der anderen Seite nutzten die Schwämme der Burgess Shales genau wie ihre Nachfahren heute bereits andere für sich und verankerten sich gerne auf den leeren Gehäusen anderer Tiere: Schließlich ist es schwierig, auf der nachgiebigen Schlammebene zu siedeln.

Um Sand machten sich Gliederfüßer keine Gedanken: Arthropoden gab es damals in allen möglichen Versionen – große, kleine, blinde, mit Augen, mit Greifzangen, stacheligen Beinen ... Von ihrer Vielfalt her waren sie die Fische ihrer Zeit. Einer von ihnen war *Marrella,* ein zartes, federartiges Geschöpf, das an Krabben erinnert. Seinen Kopf schützte eine Art Helm, von dem aus zwei sehr lange, gebogene Dornen abzweigten. Blind, wie sie war, erkundete *Marrella* mit einem Antennenpaar den Meeresboden, wobei sie mit Dutzenden Artgenossen über den Schlick krabbelte, immer auf der Suche nach Fressbarem. Das dahinterliegende Antennenpaar war robuster und mit Fransen versehen, es diente wohl als Paddel. *Marrella* fraß Detritus, zerriebene Reste von diversen Organismen. Ihr kleiner Körper bestand aus bis zu 20 Segmenten und jedes Segment besaß sein eigenes Beinpaar. Auch oberhalb der Beine trug es kleine, federartige Anhänge. Durch sie holte das Tier Sauerstoff aus dem Wasser: seine Version der Kiemen.

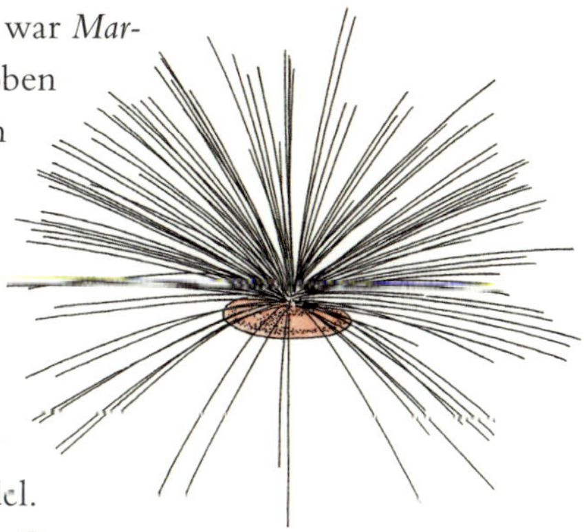

Choia, *die aussah wie ein lebendig gewordenes Nadelkissen, zählt zu den Hornkieselschwämmen, aber anders als diese war sie zu Lebzeiten wahrscheinlich nicht fest am Meeresboden verankert.*

In den Burgess-Schiefern lebten aber auch Überbleibsel der Ediacara-Welt. So wuchsen auf dem Schlamm *Charnia*-ähnliche Tiere wie *Thaumaptilon,* die wohl rarsten Wesen im Meer vor dem Kliff. Sie sahen aus wie riesige Federn oder Zungen, die sich in den Strömungen des tieferen Wassers wiegten. Die eine Seite des 20 Zentimeter langen Körpers war flach, auf der anderen zweigten wie bei einem Farn rechts und links von der Hauptachse etliche »Zweige« ab, auf denen winzige, sternförmige Strukturen saßen: Jedes Sternchen war ein Tier, das im Wesentlichen aus einem Tentakelkranz um ein Maul herum bestand. *Thaumaptilon* ist eine Kolonie von Lebewesen. Sie fischten nach mikroskopisch kleinen organischen Partikeln und verdauten sie, um die Nährstoffe dann über ein System von Kanälen in der ganzen Kolonie zu verteilen. Wahrscheinlich war *Thaumaptilon* ein Relikt aus früheren Zeiten – nur dass es sich an die neue Welt angepasst hatte. Während des Ediacariums waren ähnliche Tiere nur mit einer Scheibe im Untergrund verankert gewesen, nun, im Kambrium, bildeten sie im Schlamm eine Art Hülle aus: In die konnten sie sich bei Störungen schnell verkriechen, wenn beispielsweise ein Räuber kam. Die hungrigen Mäuler trieben also auch bei ihnen die Evolution voran.

Die Tiere, denen diese hungrigen Mäuler gehörten, liefen nicht nur über den Meeresboden. Es gab auch Räuber im Schlamm. Priapswürmer (Priapulida) etwa, die wegen ihres penisartigen Aussehens nach Priapos benannt worden sind, dem griechischen Gott der Manneskraft. Es gibt sie heute noch, aber inzwischen sind sie von den Ringelwürmern, Muscheln und Schnecken an den Rand gedrängt worden. Ähnlich wie *Lingula* scheinen sie vor allem dort mitzuhalten, wohin die anderen nicht unbedingt »wollen«: in Schlämmen etwa, die voll Schwefelwasserstoff sind und nach faulen Eiern stinken. Deshalb schät-

DIE DYNAMIK VON FRESSEN UND GEFRESSENWERDEN

In den Burgess-Schiefern haben sich nicht nur die fossilen Überreste der frühen Panzerträger erhalten. Vor allem sind weichhäutige Organismen überliefert worden. Sie machen mit weit mehr als 80 Prozent das Gros der Fossilien dort aus. Verwunderlich ist das nicht, schließlich haben sie auch heute in den marinen Ökosystemen die Mehrheit. Auf jeden Fall war die Erfindung des Skeletts ein sehr bedeutsamer Schritt, wenn auch für die gesamte weitere Geschichte nicht so bedeutend wie der Übergang in die räuberische Welt, in der das Recht des Stärkeren, Schnelleren, Geschickteren oder auch besser Getarnten zählt. Aus menschlicher Sicht – und der Mensch liebt nun einmal Action – verlief das Leben auf der Erde über Jahrmilliarden hinweg ziemlich ereignislos. Wenn ein paar Luftbläschen aus einer Algenmatte aufstiegen, das war schon etwas. Aus unserer Sicht wurde es erst mit dem Wettbewerb spannend. Dieser Punkt in der Evolution war fast ebenso bedeutsam wie die Entwicklung der Fotosynthese, die alles in Gang setzte.

zen sie auch die Nord- und Ostsee, wo sie sich so in sauerstoffarme Sedimente eingraben, dass nur noch ihre Mundöffnung herausschaut.

Damals (und auch heute noch) waren (und sind) die Priapswürmer gefährliche Räuber. Die bis zu 15 Zentimeter große *Ottoia* etwa. Es wird spekuliert, dass sie sich sehr schnell eingraben konnte, wenn sie sich auf der Suche nach Beute in neue Gefilde aufmachte. Ihre Mahlzeiten packte sie dann mit den zahllosen »Zähnchen« in und um ihre Mundöffnung und zog sie so in den Verdauungstrakt, wo sie klein gehäckselt wurde. Nur – wen ereilte dieses Schicksal? Das waren unter anderem Hyolithiden. Kamen sie auf ihren Stelzenbeinchen einer im Schlamm verborgenen *Ottoia* zu nahe, schoss die »Schnauze« des Jägers heraus und packte zu. Das war es dann.

Charles Doolittle Walcott fand das erste Exemplar einer Burgessochaeta *im Jahr 1911. Der bizarre Wurm kam in der Lebenswelt der Burgess-Schiefer häufig vor*

Aber nicht alle Priapswürmer waren schnelle Jäger aus dem Hinterhalt. Die ellenlange *Louisella* beispielsweise war viel gemütlicher. Sie grub horizontale Löcher, die sie mit einer dicken Schleimschicht auskleidete. Um sich besser darin bewegen zu können, war ihr Körper von zahllosen kleinen Dornen bedeckt. Außerdem trug sie an den Seiten tentakelartige Strukturen: Mit ihnen pumpte sie durch wellenförmige Bewegungen sauerstoffreiches Wasser durch die schmale Wohnröhre, um nicht zu ersticken und um ihre Verdauungsreste loszuwerden. Auch *Louisella* war ein Räuber und erbeutete andere grabende Organismen im Untergrund, ebenso wie *Selkirkia*. Sie verschanzte sich in einer lederartigen Röhre, und zwar kopfüber im Schlamm, um nach Beute zu suchen.

Die Priapswürmer dominierten zur Zeit der Burgess-Schiefer die Bodenbewohner. Wie Simon Conway Morris feststellte, waren sie sehr viel variantenreicher als ihre modernen Ahnen. Damals gab es jedoch auch schon die ersten Exemplare der späteren Sieger, der Ringelwürmer: Die waren allerdings selten und meist klein, wenige Zentimeter lang, wie etwa *Burgessochaeta*, ein früher Vorfahre von Regenwurm und Blutegel. Durch den Schlamm schob er sich mithilfe der für Ringelwürmer typischen Borsten (wer mag, sollte einmal sachte mit dem Finger über einen Regenwurm streichen, dabei spürt man die winzigen Borsten – oder man hört sie, wenn man den Regenwurm über ein Blatt Papier kriechen lässt).

Aus *Burgessochaetas* Kopf ragten Tentakel, die er aus seiner Wohnröhre im Meeresboden herausstreckte und mit denen er auf dem Schlick nach Fressbarem tastete. Obwohl sie von ihrer Körpergröße nicht viel hermachten, waren die frühen Ringelwürmer sehr auffällige Gestalten, die es mehr mit der Extravaganz hielten. Der Oxford-Paläontologe Marin Brasier beschrieb *Burgessochaeta* oder *Canadia* als »Drag-Queens in vollem Ornat«. Ihre voluminösen Borsten sehen auch tatsächlich aus wie Rüschen, Volants und Federn und viel Chichi. Ganz sicher waren sie die Stars einer kambrischen Travestie-Show – und auch die modernen Ringelwürmer sollte man in dieser Beziehung nicht unterschätzen.

Anomalocaris zählt zu den Top-Räubern des Kambriums. Wo er auftauchte, mussten sich die anderen in Acht nehmen. Mit Längen zwischen einem halben und etwas mehr als einem Meter war er auch das größte Tier seiner Zeit. Sowohl die Trilobiten als auch Hallucigenia (unten) nahmen sich vor ihm in Acht.

Die Burgess-Schiefer sind wegen solcher und ähnlicher befremdlicher Lebewesen berühmt. Das signalisieren schon Namen wie *Anomalocaris* (»von der Norm abweichende Garnele«) oder *Hallucigenia*. Letztere sah wirklich sehr merkwürdig aus. Sie war eines der Wesen, die – falls überhaupt – höchstens von der eigenen Mutter als schön empfunden werden: ein wurmähnlicher Körper mit kleinem Kopf, der auf Stelzen lief. Nach derzeitiger Rekonstruktion besaß sie auf der Körperunterseite zwei Reihen tentakelartiger Extremitäten, während die Oberseite der Welt reichlich Stacheln präsentierte.

Ihren Namen erhielt *Hallucigenia* 1977 von Simon Conway Morris, weil sie einer Halluzination entsprungen zu sein schien. Allerdings hatte der Wissenschaftler die Bruchstücke sozusagen verkehrt herum »montiert«: Das Tier wäre auf seinen Stacheln gelaufen, hätte über seine Füße Nahrung aufgenommen und die Reste dann über den Kopf ausgeschieden. Zum Glück stellte sich durch neue, besser erhaltene Fossilfunde im chinesischen Chengjiang heraus, dass es längst nicht so exotisch war wie gedacht: *Hallucigenia* scheint vom Körperbau her zu den Lobopodia zu gehören, einer schon lange ausgestorbenen Tiergruppe, die über die kambrischen Meeresböden krabbelte. Diese Lobopodia könnten wiederum die Vorfahren der Stummelfüßer sein, die heute noch mit ihren geringelten Beinchen durch feuchte Urwälder krabbeln. Außerdem diskutieren die Paläontologen die Frage, ob dieses seltsame Wesen vielleicht als Ahn der heutigen Gliederfüßer infrage kommt.

VOM URSPRUNG ALLER GLIEDERFÜSSER

Seinen Spitznamen »Laufender Kaktus« erhielt die etwa fingerlange *Diania cactiformis* ihres Aussehens wegen. Dieses Tier, das zu den Lobopodia gehört, ähnelt einem dünnen Wurm, der sich in harten Kaktusstacheln gewälzt hat: An jedem Körpersegment blieben wehrhafte Stacheln hängen. So bizarr diese *Diania* auch aussieht, sie hat das Zeug zum »Missing Link«, zum fehlenden Bindeglied – und zwar zwischen den Stummelfüßern und dem Urahn aller Insekten, Spinnen, Krebse und Tausendfüßer, eben: der Gliederfüßer.

Gefunden wurde *Diania cactiformis* in der chinesischen Chengjiang-Fossillagerstätte und sie besitzt zehn Beinpaare. Es sind diese Beine, die Michael Steiner von der Freien Universität Berlin überraschten: Zwar war der Körper des »laufenden Kaktus« noch weich, aber seine Beine waren verhärtet und nur durch »Scharniere« beweglich. Und genau dieser Trick sollte den späteren Erfolg der Insekten, Spinnen, Tausendfüßer und Krebse begründen.

Falls *Diania cactiformis* eine Übergangsform zwischen den weichkörperigen Ahnen der Stummelfüßer und dem Urahn der Arthropoden mit ihrem harten Außenskelett ist, wäre Darwin begeistert, denn nach diesen Übergangsformen hatte er zum Beweis seiner Theorie gesucht.

Bei der Frage, was *Hallucigenia* verspeist hat, haben die Paläontologen eine Vermutung: Es könnte Aas gewesen sein, über das sie dann in Schwärmen herfiel, wenn sie im Wasser erst einmal den »Geruch« des Todes wahrgenommen hatte.

Opabinia *ging am Meeresboden auf die Jagd. Mit ihren fünf Augen gehörte sie zumindest optisch zu den ungewöhnlichsten Vertretern der Burgess-Fauna.*

Zu den Exoten der Burgess Shales gehört ebenfalls *Opabinia*. Sie sieht aus wie eine Kellerassel mit fünf großen Augen auf der »Stirn« und einem Rüssel. Der tastete wohl schnell über den Schlick und packte blitzschnell mit seinem zangenähnlichen Ende zu, um einen Wurm herauszuziehen. Ebenso schnell, wie sie zugepackt hatte, zog *Opabinia* ihren Rüssel auch zurück und stopfte sich den Wurm in den Mund.

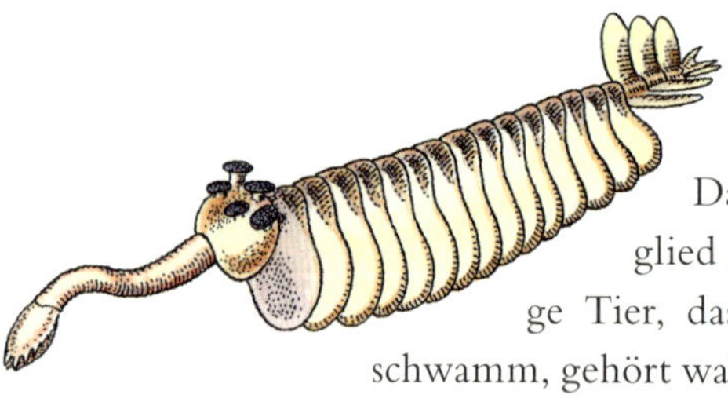

Das aus Sicht des Menschen wohl wichtigste Mitglied der Burgess Shales war *Pikaia:* Das lanzettförmige Tier, das in Schwärmen dicht über dem Meeresboden schwamm, gehört wahrscheinlich zu den Ahnen aller Wirbeltiere. Mit schnellen Schlängelbewegungen zog *Pikaia* durchs Wasser. Die Segmente, in die die Skelettmuskulatur unterteilt war, verrät ihre Verwandtschaft mit uns: Während die Muskulatur der Würmer schlicht aus ringförmigen Abschnitten besteht, ist diese hier beidseitig v-förmig wie bei einem Fischfilet. Das ist das erste verräterische Merkmal. Das andere ist der feste, aber elastische »Achsenstab«, Notochord oder Chorda dorsalis genannt, der mit einer geleeartigen Substanz befüllte Vorläufer der Wirbelsäule. Allerdings verläuft er noch nicht durch das gesamte Tier, sondern nur durch das Hinterteil, das zu einem Ruderschwanz verbreitert ist. Trotzdem hält der kurze Notochord *Pikaia* stabil und verhindert, dass sie sich bei jeder Muskelbewegung zusammenzieht wie ein Wurm.

Sucht man die nächsten lebenden Verwandten von *Pikaia,* wird man am ehesten bei den Lanzettfischchen fündig, den einzigen heute noch lebenden Vertretern der Cephalochordata oder Acrania, zu Deutsch: der Schädellosen. Dass aus diesem schädellosen Wesen einmal unsere eigene, vielfältige Gruppe entstehen sollte, war vor 505 Millionen Jahren aber noch lange nicht abzusehen.

Die Dämmerung der Wirbeltiere

Lange waren die Burgess-Schiefer das Dorado für Geologen, die sich mit der Kambrischen Radiation beschäftigten. Dann wurden rund um die Welt weitere höchst interessante Fundstätten entdeckt, aber Burgess überstrahlte sie alle: bis 1984. Da bekamen die Schiefer Konkurrenz, und zwar einmal im äußersten Norden Grönlands mit dem Sirius Passet (benannt nach der berühmten Sirius-Patrouille, der »Fernspäh-Hundeschlitten-Einheit« der dänischen Streitkräfte zur Verteidigung Grönlands) und – einen Tag zuvor – in China, wo der Paläontologe Hou Xianguang aus Nanjing auf die wichtigste Fundstelle der Chengjiang-Fossillagerstätte stieß, die von Maotianshan.

Während Expeditionen zum Sirius-Passet schwierig, teuer und rar sind, löste Maotianshan einen Hype aus.

Was in Chengjiang von den kambrischen Tieren blieb, sind rötlich braune Eindrücke auf gelblich verwitternden Ton- und Siltsteinen. Die Detailtreue ist ungeheuer, selbst einzelne Kiemenspalten sind zu erkennen oder die letzte Mahlzeit, die unverdaut im Magen steckt. Zwar waren die ersten weichkörperigen Fossilien der Chengjiang-

MALAISEN MIT DER URALTEN VERWANDTSCHAFT

Es vermag nicht zu trösten, aber vielleicht lenkt es von den Schmerzen ab: Wer einen Bandscheibenvorfall hat, dem macht sozusagen das evolutionäre Erbe von *Pikaia* und Lanzettfischchen zu schaffen. Wenn wir Embryonen sind, besitzen auch wir für kurze Zeit einen mit »Gelee gefüllten« Notochord. Der zerfällt im Lauf unserer Entwicklung und verwandelt sich im Grunde genommen in die Bandscheiben zwischen den Wirbeln. Reißt eine Bandscheibe, drückt das Gelee des früheren Notochords auf die Nerven – und das ist überhaupt nicht witzig. Aber trotzdem: Bei einem Bandscheibenvorfall leiden wir am Versagen eines Körperteils, das weit zurückreicht zu den Anfängen der Entwicklungsgeschichte zum Wirbeltier.

Fauna bereits 1912 von dem französischen Geologen Henri Mansuy beschrieben worden, aber sein Aufsatz erregte seinerzeit ebenso wenig Aufsehen wie einige spätere Entdeckungen. Doch seit 1984 folgt in Chengjiang Grabung auf Grabung – seit der Öffnung Chinas für ausländische Wissenschaftler auch mit internationaler Beteiligung.

Sowohl die Fossilien in China als auch die in Grönland sind etwa 10 bis 15 Millionen Jahre älter als die der Burgess-Schiefer und beide Fundstellen lagen damals – wenn auch durch Tausende von Kilometern getrennt – in tropischen Gefilden. Die Schichten von Chengjiang entstanden in einem flachen Meer, das den südchinesischen Kraton geflutet hatte, einen der uralten Festlandskerne der asiatischen Kontinentalplatte. Hingegen bildeten sich die Schichten des Sirius-Passet vor einem Kontinent namens Laurentia, zu dem sich Nordamerika und Grönland vereinigt hatten.

Die intensiven Grabungen in Chengjiang haben etliche Lücken in der fossilen Überlieferung geschlossen: So ist nun klar, dass sich mit Beginn des Kambriums tatsächlich alle wichtigen Tiergruppen in den Meeren versammelt hatten, sogar die Wirbeltiere. Sie hatten lange Zeit als Nachzügler gegolten, weil sie erst mit 50 Millionen Jahren Verspätung auf der Bühne erschienen sein sollten. Aber in den 530 Millionen Jahre alten Chengjiang-Schichten stecken büroklammergroße Fischchen, die zu den kieferlosen Fischen (Agnatha) gehören. Sie sind also verwandt mit Aal oder Neunauge. *Haikouichthys ercaicunensis* und *Myllokunmingia fengjiaoa* wurden sie getauft, wobei Letztere noch ursprünglicher zu sein scheinen. Zähne besaßen beide nicht, dafür eine einfache Flosse, Kiementaschen, einen Notochord und für Schädel und Hartteile setzten sie Knorpel ein, so wie heute die Haie und Rochen. Dass sie wahrscheinlich »echte« Fische waren, verraten das Zickzackmuster ihrer Muskeln und die komplexen Kiemen. Die Ahnen dieser ersten kieferlosen Fische waren vermutlich unter Tieren wie *Pikaia* zu suchen, die – wie die Lanzettfischchen heute – wohl noch so gut wie kein Gehirn besaßen. Da waren *Haikouichthys* und *Myllokunmingia* weiter: Ihre Köpfe waren ausgeprägt, sie hatten gute Augen und was man sonst noch alles für die Jagd braucht.

Für Simon Conway Morris, der zu den Entdeckern gehörte, zeigen die winzigen Fischchen, dass die Evolution damals auf Hochtouren gearbeitet hat: »Vielleicht, weil die Tiere selbst die Meere veränderten, denn sie waren bewegliche und effiziente Jäger und zwangen sich und die anderen ständig zu neuen Anpassungen, dazu, bessere Schutzmechanismen zu entwickeln und effizientere Angriffsmethoden.« Das Wettrüsten lief auf Hochtouren.

Tegopelte, *ein Gliedertier, war ein bizarrer Räuber mit immerhin 66 Beinen. Ein* Tegopelte *hat in den Burgess-Schiefern eine verräterische Krabbelspur hinterlassen. Beim Laufen berührte jedes einzelne seiner Beine anscheinend nur kurz den Boden. Er bewegte sich wellenartig vorwärts, sehr schnell und wendig.*

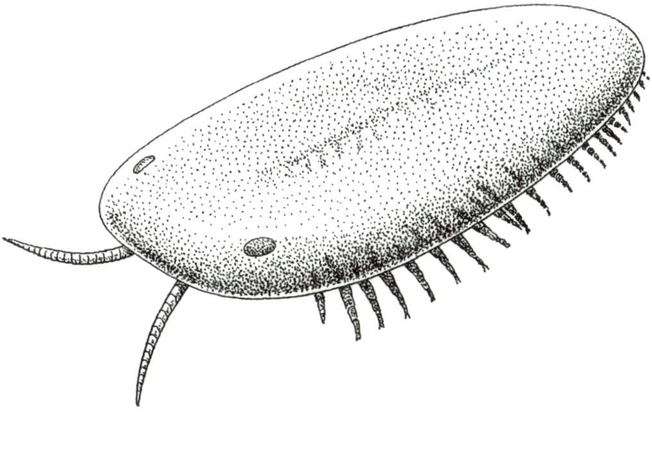

7

Das Meer der Kopffüßer – oder Wenn die Evolution Achterbahn fährt

Als das Kambrium zu Ende ging, war das Land noch still. Wenn Wind und Wasser schwiegen, klang nur die Weite des Raums. Wann immer der Regen niederprasselte, schossen Sturzfluten aus den Bergen. Wo sie die ausgewaschenen Canyons verließen, suchten sich wilde Flüsse immer neue Wege durch ihre eigenen Schuttfächer: Wie lange, wirre Haarsträhnen durchzogen sie die Ebenen. Das Land war übersat mit dem Verwitterungsschutt der Jahrmillionen. Über den kahlen Felsen flirrte die Hitze. Noch regte sich nichts. Höchstens in feuchten, schattigen Niederungen überzogen Algen die Steine, ein paar Flechten oder Lebermoose.

Die Herrscher der ordovizischen Meere waren die Kopffüßer, und einer von ihnen war Endoceras. *Immerhin dreieinhalb Meter lang konnte er werden, und er gehörte zu den Top-Räubern. Sie verspeisten alles, was sie erwischen konnten: Fische, Trilobiten, Seeskorpione …*

An den Meeresstränden verrotteten Kadaver, die die letzte Sturmflut angespült hatte. Süßlicher Verwesungsgestank schwängerte die Luft. Noch gab es niemanden, der das Aas vertilgen konnte – und die Bakterien gingen nur gemächlich ans Werk. Wo das Meer flach war und der Boden sandig, wiegten sich Algenwälder sanft in den Wellen. Ein Quallenschwarm hatte sich in ihnen verfangen, versuchte zu entkommen. Sank eines der erschöpften Tiere zu Boden, wurde es zur

Strahlentierchen kommen in großen Massen in den Meeren vor. Wenn sie nach ihrem Absterben absinken, werden die organischen Bestandteile zersetzt und nur das kieselige Skelettmaterial bleibt erhalten: die Radiolarienschlämme der Tiefsee.

willkommenen Mahlzeit für die Trilobiten, die sich Stückchen aus den Schirmen herausrissen. Doch sie mussten achtsam sein. Vorsichtig schob sich ein Tier heran, das aussah wie ein Tintenfisch, der sich ein Kuhhorn übergestülpt hatte: Es war ein Cephalopode, ein Kopffüßer, ein Urahn von Kraken, Kalmaren und vor allem von *Nautilus*, dem heute noch lebenden Perlboot der Tiefsee. Sie waren die neuen Spitzenräuber der Meere, hatten *Anomalocaris* abgelöst.

Langsam streckte er seine Tentakel vor, um mit einem Ruck nach dem Trilobiten zu schnappen. Aber der hatte ihn im letzten Moment bemerkt und entkam gerade noch. Frustriert zog der Herrscher der Meere ab, hielt sich dabei dicht am Boden. Im freien Wasser über ihm war für ihn ohnehin noch nicht viel zu holen. Es wurde erst allmählich als Lebensraum beliebt.

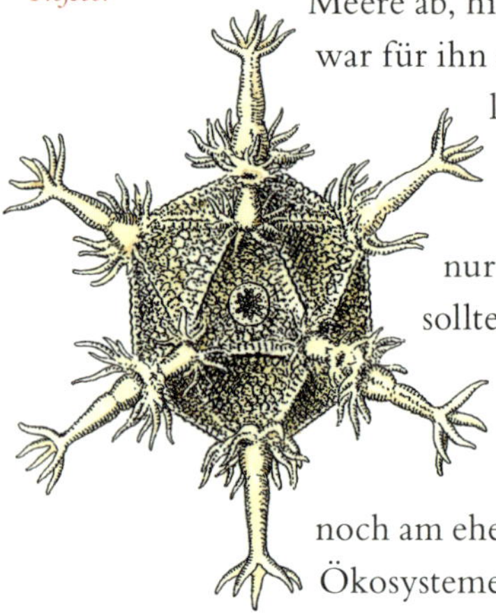

Seit das Prinzip vom Fressen und Gefressenwerden erfunden wurde, hatten sich die Meeresbewohner jede nur mögliche Art, sich zu ernähren, erschlossen: Allerdings sollte sich der Nutzungsgrad verschieben und die Akteure wechselten. Vor allem in den Hauptrollen: Die Gliederfüßer gaben den Starruhm an die Kopffüßer ab und die mussten ihn später den Fischen überlassen, die damals noch am ehesten als Snack zu Ehren kamen. Mit den sich wandelnden Ökosystemen schritt auch die Evolution voran.

DIE EWIGKEIT DER STRAHLENTIERCHEN

Seit es Tiere gibt, bildet das Plankton den Anfang der Nahrungskette. Dazu gehören Algen, Foraminiferen, Pfeilwürmer und die Eier und Larven der Meeresbewohner (seinen Nachwuchs zur Verbreitung der eigenen Art den Strömungen anzuvertrauen, ist eine seit mehr als 540 Millionen Jahren beliebte Strategie). Auch die Strahlentierchen, die Radiolarien, sind seit Ewigkeiten Teil des Planktons. Diese grazilen Winzlinge bauen sich ihr Skelett aus Opal (oder profaner: aus wasserhaltigem Kieselgel). Seit dem Kambrium strecken sie ihre Scheinfüßchen aus Cytoplasma durch die Löcher ihrer Hülle, um andere Planktonorganismen zu erbeuten. Diese Lebensweise ist so erfolgreich, dass sie sie ohne große Veränderungen über Hunderte von Millionen Jahren beibehalten haben. Allerdings zeigen die Formen der Radiolarien, dass heute durchaus andere Arten als früher dieses Geschäft betreiben.

Im Ordovizium ließ die Plattentektonik den Iapteus-Ozean schrumpfen. Während das Ozeanbecken immer schmaler wurde, tauchte vor der Küste des Kontinents Laurentia eine Inselkette aus äußerst aktiven Vulkanen auf, so wie heute Japan vor Eurasien. Die Eruptionen sollen zu den heftigsten der Erdgeschichte gehört haben.

Zunächst schien es immer nur bergauf zu gehen: Bei der Kambrischen Radiation waren alle Stämme bis auf einen (den der Bryozoen, der Moostierchen) entstanden. Die Meere füllten sich mit mehr oder weniger bizarren Bewohnern. Dann allerdings, gegen Ende des Kambriums, gab es Komplikationen. Etliche der Organismen verschwanden bei kurzen, scharfen Einschnitten, die anscheinend nur Tausende Jahre dauerten. Es war ein ständiges Auf und Ab: Sobald sich die Verhältnisse besserten, erholten sich die Ökosysteme wieder – bis zum nächsten Crash. Irgendetwas warf also immer wieder die marinen Ökosysteme durcheinander. Was dieses »Etwas« angeht, haben die Paläontologen einen Verdacht: Der Übergang von den sauerstofflosen bis -armen Ozeanen der ersten vier Milliarden Jahre hin zu den sauerstoffreichen späterer Zeiten kann nicht reibungslos und stetig abgelaufen sein, sondern es ging eher drei Schritte vor und zwei zurück. Die Verhältnisse müssen extrem wechselhaft gewesen sein: Es gab gute Zeiten und solche, in denen am Meeresboden anscheinend eine erstickende Brühe schwappte.

Erste Krisen

Hinweise auf diese wechselnden Verhältnisse haben Geologen der Harvard University gefunden. Sie untersuchten rund um die Welt Ton- und Sandsteine aus dem späten Kambrium, genau aus einer Zeitspanne, als die Artenvielfalt wieder einmal einbrach. Benjamin Gill ließ an ihnen Isotopenanalysen durchführen, um die Umweltbedingungen während der kritischen Phase zu rekonstruieren. Dabei setzte er auf die Varianten von Kohlenstoff, Schwefel und Molybdän. Die Verschiebungen in den Isotopenverhältnissen lassen den Schluss zu, dass sich zu dieser Zeit in den Ozeanen weltweit unterhalb des gut durchlüfteten Oberflächenwassers fast sauerstofflose Tiefen ausdehnten. Dort unten hätte anderes als bakterielles Leben mit »Erstickungsproblemen« zu kämpfen gehabt – und mit dem giftigen Schwefelwasserstoff, der sich zu allem Überfluss auch noch anreicherte.

Harvard-Forscher Benjamin Gill vermutet, dass die Ozeane im letzten Drittel des Kambriums wiederholt in »präkambrische Verhältnisse« zurückfielen. Was diese Rückfälle auslöste, ist offen. Vielleicht spielte der kräftige Treibhauseffekt eine Rolle. Während des Kambriums

VERLORENE WELTEN

Fossilien belegen, dass sich die Meerestiere bald alle erdenklichen Lebensräume erschlossen hatten – das heißt, soweit wir wissen. Ein heute sehr beliebtes Ökosystem bleibt den Forschern für das Paläozoikum verschlossen: die Tiefsee. Das riesige Reich in ewiger Dunkelheit entzieht sich ihnen, denn die Plattentektonik hat den Tiefseeboden von damals längst wieder recycelt.

Dank ihrer steten Arbeit reicht unser Blick in die Vergangenheit »lächerliche« 120 Millionen Jahre weit zurück, gerade mal ins Mesozoikum hinein, ins Erdmittelalter. Wie es also während des Kambriums und Ordoviziums im Keller aller Lebensräume aussah, darüber lässt sich nur spekulieren. Höchstens geochemische Daten erlauben Rückschlüsse auf diese verlorenen Welten. Und so ist anzunehmen, dass es in größeren Wassertiefen für Mehrzeller nicht besonders angenehm war. Es sieht so aus, als sei die Sauerstoffversorgung in tieferen Wasserschichten äußerst bescheiden gewesen. Wahrscheinlich war dort immer noch das Reich der Mikroorganismen – jedenfalls über weite Zeiträume hinweg. Außerdem löst sich Kalk mit zunehmender Wassertiefe auf, weil die Kohlendioxidkonzentration steigt. Irgendwann ist nichts mehr übrig – und damit fehlt das Material für die Versteinerung.

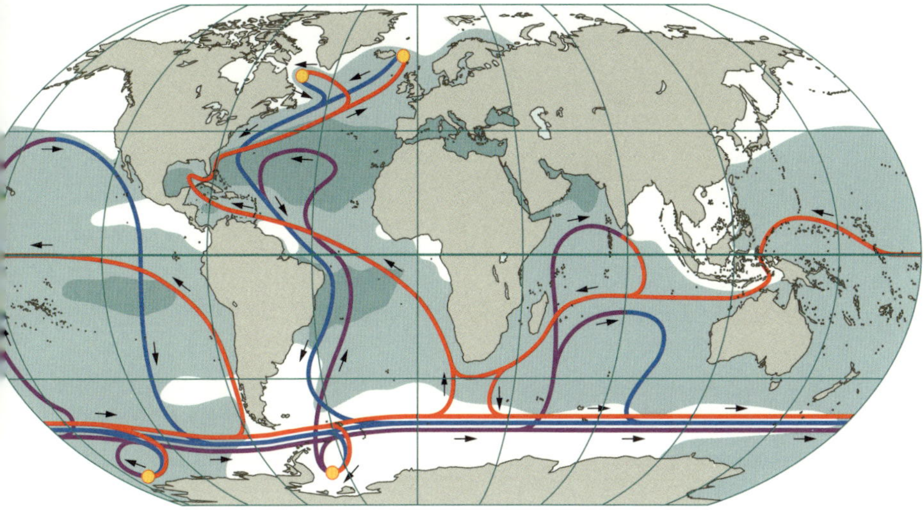

heizte er der Erde zunehmend ein: Die Kohlendioxidkonzentration in der Atmosphäre lag schließlich bei Werten, die es seitdem nicht mehr gegeben hat, nämlich doppelt so hoch wie heute. Die Wassertemperaturen sollen 70 Grad Celsius erreicht haben. Für komplexe Lebewesen heißt das schon einmal Hitzestress pur. Außerdem löst sich in warmem Wasser weniger Sauerstoff als in kaltem, und weil die Tiefsee am Sauerstofftropf der Oberfläche hängt, kann das schon reichen, um sie in ein Paradies für anaerobe Mikroorganismen zu verwandeln. Zusätzlicher Druck kam von den Stoffkreisläufen biologisch wichtiger Elemente wie Eisen, Phosphor und Stickstoff, die sich im sauerstoffarmen Wasser veränderten. Dieser Effekt dürfte Auswirkungen selbst bis in die flachsten Buchten hinein gehabt haben. Wenn dann noch die Brühe während einer der zahlreichen Meeresspiegelschwankungen des Kambriums aus den Tiefen bis in die lichten Küstenzonen schwappte, löste sie regelrechte Aussterbewellen aus. So die eine Hypothese.

Heute sind fast alle Weltmeere durch ein »globales Förderband« miteinander verbunden: durch einen Kreislauf aus Meeresströmungen, bei dem Temperatur- und Salzgehalt der Wassermassen als Triebfeder dienen.

Eine andere vermutet als Ursache das genaue Gegenteil, dass sich der Meeresspiegel nämlich plötzlich zurückzog und die weiten Flachwasserzonen abrupt schrumpften. Danach fielen die Ökosysteme schlicht trocken und verschwanden deshalb. Auch beim Rückzug des Wassers gerieten die biogeochemischen Zyklen aus dem Gleichgewicht. Welche Hypothese richtigliegt, wird sich hoffentlich zeigen. Bislang gibt es jedoch nur Verdächtige, keine Täter, denen es bewiesen werden kann.

Die Auswirkungen dieser Krisen waren jedenfalls global. Es traf vor allem die Trilobiten. Vielleicht waren sie als überwiegende Bodenbewohner besonders anfällig für die Veränderungen. Sie hielten sich oft nur die – geologisch gesehen – kurze Zeitspanne von einer Million Jahren. Das macht sie dann für Geologen zu willkommenen, weil leicht zu bestimmenden Leitfossilien: Stecken sie in einem Gestein, können Experten es zeitlich einordnen und die Abfolge bestimmen. Wie dem auch sei: Nach den Einbrüchen erholten sich die Meere wieder, vielleicht, weil weniger organisches Material absank und deshalb der Sauerstoffgehalt wieder anstieg – und die Evolution der Vielfalt legte wieder an Tempo zu, auch die der Trilobiten.

Aber der stete Wachstumstrend war gebrochen: So stagnierte im weiteren Verlauf des Kambriums die Vielfalt – für Jahrmillionen. Erst im Ordovizium (488 bis 444 Millionen Jahre vor heute) beruhigten sich die Verhältnisse. Zu dessen Beginn wirkte noch der starke Treib-

DIE ERDE IM ORDOVIZIUM IN ZAHLEN
(488,3 bis 443,7 Millionen Jahre vor heute)

Atmosphärischer Sauerstoffanteil	Über das gesamte Ordovizium hinweg durchschnittlich etwa 13,5 Volumenprozent. Das entspricht 68 Prozent des heutigen Niveaus.
Atmosphärischer Kohlendioxidanteil	Über das gesamte Ordovizium hinweg durchschnittlich 4200 ppm. Das ist etwa das 15-Fache des vorindustriellen Gehalts.
Durchschnittliche Oberflächentemperatur	Über das gesamte Ordovizium hinweg etwa 16 Grad Celsius und damit 2 Grad Celsius über dem derzeitigen Wert
Meeresniveau	180 bis 220 Meter über dem heutigen Niveau. Während der Eiszeiten am Ende des Ordoviziums fiel der Meeresspiegel abrupt um 140 Meter.

WENN MEERE KOMMEN UND GEHEN

Dank der Plattentektonik ist die irdische Geografie höchst wandelbar. Vor einer Milliarde Jahren beispielsweise waren alle damals existierenden Landmassen zu dem Superkontinent Rodinia vereint. Rund um Rodinia brandete ein einziges Meer: Panthalassa, der Panthalassische Ozean. Vor 800 Millionen Jahren begann Rodinia zu zerfallen. So wie heute unter Ostafrika öffnete die Plattentektonik auch damals Riftsysteme, durch die ein Stück Kontinent nach dem anderen abbrach.

Neue Meere entstanden: Zwischen Gondwana, das als großer Südkontinent von Rodinia übrig blieb, und den kleinen Kontinenten Baltica und Laurentia spannte sich der Iapetus auf. Der ist so etwas wie der Vorläufer des Atlantiks, schließlich lag er ganz grob zwischen den Landmassen, die sich auch heute mehr oder weniger gegenüberliegen.

Der Iapetus wuchs bis vor etwa 500 Millionen Jahren: Im Unteren Ordovizium bildete sich vor der Westküste Laurentias eine Subduktionszone. In der Zwischenzeit hatte sich von Gondwana auch der kleine Kontinent Avalonia abgespalten, der nun schnell in Richtung Laurentia und Gondwana driftete und so von der anderen Seite her am Iapetus »knabberte«. Dafür hatte sich zwischen Baltica und Avalonia das Tornquist-Meer und zwischen Avalonia und Gondwana der Rheische Ozean geöffnet. Im Oberen Ordovizium kollidierten dann Avalonia und Baltica: Der Tornquist-Ozean schloss sich, wovon Ostengland und der Lake District erzählen.

Die beiden Kontinente drifteten gemeinsam gegen Laurentia und ließen später den Iapetus verschwinden. Dafür schweißte das bei der Kollision entstandene Kaledonische Gebirge den neuen Großkontinent Laurussia zusammen, was die Appalachen, Schottland und Skandinavien sowie Ostgrönland bezeugen. So wie heute mit jedem abgeholzten Urwald oder jeder bebauten Feuchtwiese verschwanden auch damals mit jedem verschwundenen Meer marine Lebensräume – sowohl in der Tiefsee als auch in den lichten Küstenstreifen, die zu Teilen neuer Gebirge geworden waren.

hauseffekt nach, dann wurde es allmählich kühler. Um 460 Millionen Jahre vor unserer Zeit waren selbst die tropischen Temperaturen in den ordovizischen Meeren wieder annehmbar, lagen nahe den heutigen, und der Sauerstoffgehalt im Wasser war wieder angestiegen.

Damals stieg auch der Meeresspiegel an. Die Ursache soll bei der Plattentektonik zu suchen sein: Die produzierte zunächst an den Mittelozeanischen Rücken ungewöhnlich viel Lava, die submarinen Gebirge sollen dadurch angeschwollen sein und große Wasservolumina aus der Tiefsee auf die Kontinente gedrängt haben. Weil weite Teile des Festlands eher flach waren, überflutete das Meer riesige Bereiche des Kontinentalsockels. Weite, lichte Lebensräume entstanden – und die sind bei vielen Ozeanbewohnern äußerst beliebt.

Wühlspuren im Meeresboden beweisen außerdem, dass sich im Lauf der Zeit auch die Durchlüftung des Schlicks verbesserte. Deshalb verfielen mehr und mehr Würmer, Muscheln und auch ein paar Trilobitenarten darauf, sich einzugraben. Allerdings lebten noch längst nicht so viele Muscheln, Schnecken, Krebse, Seeigel und Würmer darin wie heute. Die Eroberung lief noch. Gleichzeitig komplettierte die Evolution ihren Fundus an Grundformen: Mit den Bryozoen, den Moostierchen, kam damals der letzte noch fehlende Stamm auf die Bühne.

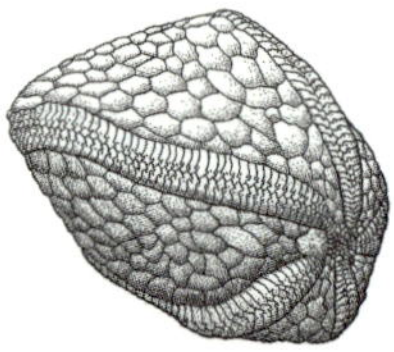

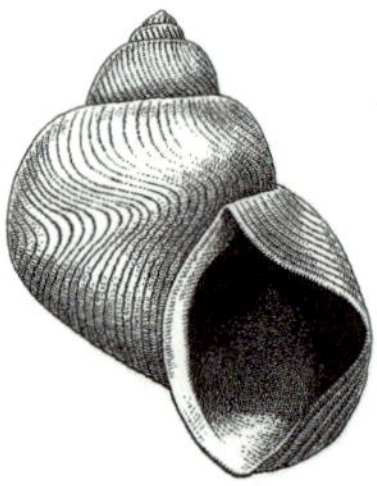

Während die ersten Seeigel im Ordovizium auftauchen, sind fossile Schnecken schon seit dem frühen Kambrium bekannt. Sinuopea sweeti *(unten) gehört zu den typischen mobilen Schnecken des Ordoviziums. Der Seeigel, dessen Gehäuse im Gegensatz zu den modernen Formen flexibel war, kroch auf Stacheln vorwärts.*

Spektakulär sind die Bryozoen nicht: winzige Einzeltiere, die Plankton aus dem Wasser fischen und Kolonien bilden. Dabei lassen sie zarte Netze wachsen oder flache Kissen. Oder sie überziehen harte Untergründe wie ein Pelz, wobei das nicht nur Steine sein können, sondern auch Brachiopoden, Muscheln und Seelilien. Was die davon »gehalten« haben, wer weiß. Jedenfalls machten sich die Bryozoenarten anscheinend gegenseitig Konkurrenz: Zwei verschiedene, die sich auf einer Seelilie niedergelassen hatten, konnten sich anscheinend nicht überwuchern. Vielmehr bauten sich dort, wo sie sich berührten, regelrechte Wälle auf.

Ordovizische »Sardinen«

Mitten im Ordovizium also legte die Evolution mit einem wahren Feuerwerk los: Über 25 Millionen Jahre hinweg wuchs die Zahl der marinen Tierarten exponentiell an. Die Gruppen, die durch die Ozeane wuselten, sollten sie 200 Millionen Jahre lang beherrschen. Dabei wurden die Ökosysteme immer komplexer und begannen sich regional deutlich voneinander zu unterscheiden. Einer der Faktoren dabei war vielleicht die ganz allmähliche Abkühlung: Obwohl das Klima auf der Erde – noch – überall warm war, prägten sich langsam Temperaturunterschiede zwischen Äquator und den Polen heraus. Wo während des Kambriums die Eier und Larven mit den Meeresströmungen rund um die Welt reisen konnten und entlang der Kontinente überall mehr oder weniger passende Verhältnisse fanden, konnte es ihnen nun passieren, dass es für sie an manchen Stellen etwas zu warm oder zu kalt war.

DAS SCHICKSAL DER BURGESS-FAUNA

Über Jahrzehnte fragten sich die Paläontologen, was eigentlich mit der seltsamen Burgess-Fauna geschehen war. Schließlich verschwand sie am Ende des Mittleren Kambriums abrupt. War sie Opfer einer Aussterbewelle geworden, die in allen Meeren ihren Tribut forderte? Oder lebte sie weiter und nur die chemischen Bedingungen in den Ozeanen hatten sich so verändert, dass ihre weichen Körper einfach nicht mehr überliefert wurden?

Des Rätsels Lösung könnten Funde in Südmarokko bringen. Dort entdeckte der belgische Paläontologe Peter Van Roy im Draa-Tal eine reiche Kollektion von Burgess-Tieren: Zumindest in diesem längst vergangenen Meeresbecken hatten sie es bis ins frühe Ordovizium geschafft, lebten also 19 Millionen Jahre länger als angenommen. Die Analyse der Gesteine legt nahe, dass das Verschwinden der Burgess-Fauna vor allem ein Überlieferungsproblem ist. Vor 470 Millionen Jahren rauschten im heutigen Draa-Tal immer wieder dickflüssige Schlammlawinen den Ozeanboden hinab, die die weichkörperigen Tiere unter sich begruben, sodass kein Sauerstoff mehr an sie herankam. Stattdessen imprägnierten Minerale ihre empfindlichen Kadaver – und so fand Peter Van Roy sie dann. Wo sie nicht so schnell vom Sauerstoff abgeschlossen wurden, verschwanden sie spurlos. Es scheint also zumindest Rückzugsgebiete gegeben zu haben, in denen sie länger überdauerten.

Im Ordovizium ist die Liste der Entwicklungen und Verbesserungen lang. So war der Druck durch die Räuber so groß, dass die potenziellen Beutetiere immer mehr Wert auf ihre Verteidigung legten und beispielsweise ihre Schalen massiver, eine Öffnung unzugänglicher oder ein Schloss widerstandsfähiger machten. Trotzdem zeigen viele Fossilien die Spuren von Angreifern. So gibt es zahllose Brachiopoden, die von Seesternen, Kopffüßern, Seeskorpionen oder Schnecken attackiert worden sind. Allerdings waren die Brachiopoden nicht automatisch die Verlierer dieser Begegnungen, denn oft genug leisteten sie erfolgreich Widerstand und haben ihre gebrochenen Schalen wieder repariert.

Damals arbeiteten sich auch Schnecken und Muscheln langsam aus ihrer Randposition heraus. Letztere besiedelten zunächst die Sandstrände, denn weil sie sich eingraben konnten, kamen sie auch in der Gezeitenzone klar. So schufen sie sich die Ausgangsposition, mit der sie später gegen die Brachiopoden »antreten« sollten.

Nicht mehr ganz unangefochten an der Spitzenposition waren auch die Trilobiten, denen es nach den schwierigen Zeiten im Kambrium jetzt jedoch zunächst wieder gut ging. Allerdings mussten sie sich schon zu schützen wissen: Manche der neuen Jäger hätten schließlich auch einem Menschen Schauer über den Rücken gejagt. Um sich vor ihnen zu verteidigen, wuchsen ordovizische Trilobiten größer als ihre Ahnen, sie besaßen des Öfteren – wie *Onnia* – wehrhafte oder abschreckende Stacheln und viele von ihnen rollten sich – wie *Calymene* – zum Schutz ein. Es waren nicht nur die Klauen und Mundwerkzeuge ihrer Angreifer, die ihnen zunehmend zu schaffen machten. Auch der Wettbewerb um die Nahrungsressourcen war schärfer geworden. So filterten Brachiopoden und Muscheln einiges an Plankton aus dem Wasser, das daraufhin nicht mehr zu ihnen auf den Boden sinken konnte – und dann gab es da noch diese unangenehmen Stachelhäuter …

Lepidocystis wanneri *war ein früher Stachelhäuter. Er zählt zu den ausgestorbenen Eocrinoiden, die vielleicht entfernt mit den heute lebenden Haarsternen oder Seelilien verwandt gewesen sein könnten.*

Die Echinodermata waren – abgesehen von *Tribrachidium,* dem seltsamen »Knopf« aus der Ediacara-Fauna – im Unteren Kambrium aufgetaucht, vor 530 Millionen Jahren. Von der bizarren Schönheit der Seesterne oder den grazilen Formen der Seelilien war noch nichts zu sehen. So war *Helicoplacoidea* ein asymmetrisches, spindelförmiges Wesen, das aussah wie aus einer Bleischnur für Gardinen gebastelt und höchstens so lang wie ein kleiner Finger wurde. Ob es nun aufrecht im Meeresgrund steckte oder nach Wurmart darüberkroch, das wird kontrovers diskutiert. Jedenfalls war *Helicoplacoidea* ein paar Millionen Jahre später wieder verschwunden. Gegen Ende des Kambriums brachten die Stachelhäuter jedoch immer noch seltsame, meist asymmetrische Formen hervor. Sie lagen eher plump und flach auf dem Boden und schoben sich mithilfe eines schwanzähnlichen Fortsatzes langsam voran. Oder sie waren unförmige »Haufen« an der Spitze eines Stiels, mit dem sie sich im Boden verankerten.

Im Ordovizium jedoch schlug ihre Stunde: Wie im Märchen vom hässlichen Entlein verwandelten sie sich zum Schwan. Und sie setzten sich durch, eroberten sich etwa von den Trilobiten die Strandbereiche, in denen sich Wellen mit hoher Energie brachen. Überall krabbelten See- und Schlangensterne herum, ebenso Seegurken und Seeigel – Cousins zweiten Grades der heutigen, die noch keine starren Panzer besaßen. Wahrscheinlich haben die Seegurken schon wie heute Organisches von Sandkörnchen gesaugt. Die Seeigel bevorzugten wohl eher Algen und die meisten See- und Schlangensterne die Jagd. In den unter Paläontologen berühmten Fossilienschichten rund um Cincinnati, Ohio, steckte ein *Promopalaeaster*-Seestern, den der Tod erwischte, als er sich gerade eine Muschel gegriffen hatte. In diesem Moment raffte eine Schlammlawine beide dahin und konservierte sie für die Nachwelt – sozusagen eine Urweltversion von Google-Streetview.

Auch die sesshaften Arten der Stachelhäuter ließen es sich gut gehen: Neben den nunmehr graziösen Seelilien verankerten sich Beutelstrahler (Cystoidea) im Boden. Plankton fischen war eben ein einträglicher Job. Ihnen allen ging es wunderbar – es sei denn, sie erregten die Aufmerksamkeit eines ihrer Fressfeinde: Etliche der abgeworfenen und wieder erneuerten Arme erzählen von solchen Begegnungen, ebenso verheilte Stellen an den Seelilien, nachdem jemand ihnen ganze Stücke aus dem Körper gerissen hat.

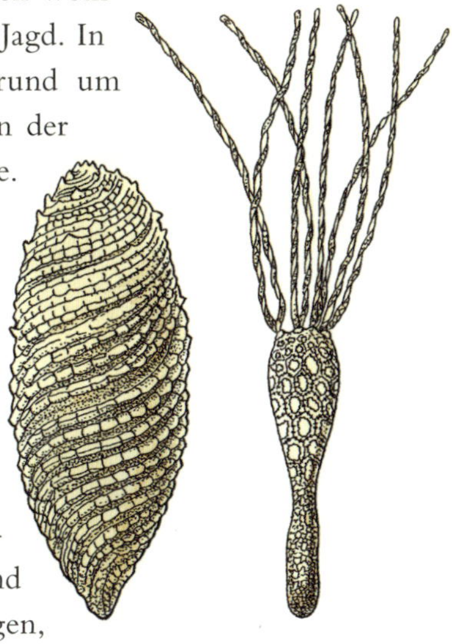

Helicoplacoidea *(links) war ein Stachelhäuter aus dem Unteren Kambrium. Es waren asymmetrische spindelförmige Wesen, die nur wenige Zentimeter groß wurden.* Gogia spiralis *(rechts) steht am Anfang der Seelilien – und zeigt schon, welche Entwicklung die Evolution bei diesen Organismen nehmen wird.*

Die Stellung der Sardinen von heute nahmen in den ordovizischen Ozeanen die Conodonten ein: Sie waren Schwarmtiere. Und damit lohnte es sich so richtig für Räuber, sich an die Meeresoberfläche zu begeben, um sich den Bauch vollzuschlagen. Auch wenn den Conodonten diese Sicht nicht so recht gefallen hätte: Seitdem sie im Kambrium entstanden waren, hatten sie 342 Millionen Jahre lang die Hauptrolle als Futter für viele in der Nahrungskette inne. Als der deutsch-russische Biologe Christian Heinrich Pander sie 1856 zum ersten Mal beschrieb, ahnte er davon allerdings noch nichts. Ihm waren sie in den Steinen als seltsame, winzige »Dinger« aufgefallen, bernsteinfarben bis schwärzlich braun, die auffallend Zähnen glichen. Nur – was in aller Welt waren diese harten Fossilien zu Lebzeiten gewesen? Da konnte er nur spekulieren. Erst Anfang der 1980er-Jahre sollten Euan Clarkson von der University of Edinburgh bei einer Sichtung von Kellerbeständen seines Instituts und Derek Briggs, damals an der University of Bristol, mithilfe von Material aus Südafrika dieses Rätsel lösen.

Mehr als 125 Jahre für die Entschlüsselung ist eine lange Zeit, wenn man bedenkt, wie intensiv die Wissenschaftler mit den Conodonten arbeiteten. Denn die »Zähne« erwiesen sich als sehr nützlich: Sie hatten sich fortwährend so schnell verändert, dass sich mit ihnen Gesteinsschichten zeitlich vergleichen und relative Abfolgen festlegen ließen. Sie gaben also ideale Leitfossilien ab. Rund um die Welt findet man in gleich alten Meeressedimenten sehr ähnliche Conodonten. Daraus schloss man, dass sie sich als gute Schwimmer große Räume erobern konnten. Die Art der Gesteine selbst verrät ihre Anpassungsfähigkeit: Manche Conodontenarten tummelten sich in Strandnähe, andere bevorzugten tiefere Meereszonen und wieder andere hatten sich das freie Wasser als Lebensraum ausgesucht.

Lange Zeit waren von den Conodonten nur zahnähnliche Hartteile bekannt. Es dauerte mehr als 120 Jahre, bis in den 1980er-Jahren das Rätsel um das wirkliche Aussehen der Tiere gelöst werden konnte.

Außerdem war den Paläontologen aufgefallen, dass bestimmte Arten von Conodonten immer zusammen auftreten. Hin und wieder fanden sie diese charakteristischen Ansammlungen sogar so zusammenhängend, als wäre ihr Träger einfach tot zu Boden gesunken und vollkommen verwest – bis auf diese »Conodontenapparate«. Nur vom Tier selbst gab es keine Spur. Es war zum Verzweifeln. Also versuchten sich Dutzende Forscher daran, es zu rekonstruieren, und manche der Ergebnisse waren durchaus bizarr. Etwa die wohl in Kreisen der Geologiestudenten berühmteste Idee aus dem Jahr 1974, die in den Vorlesungen für einen Moment der Heiterkeit sorgte. Danach sah das Tier aus wie eine Klopapierrolle, die ringsherum mit Stacheln besetzt war: den Conodontenapparaten. Sie sollten das mit der Strömung treibende Wesen vor seinen Fressfeinden schützen.

Wenn man nicht mehr weiß, eine durchaus legitime Rekonstruktion, aber eine, die mit der Wirklichkeit nun so gar nichts zu tun hat. Aber das erwies sich erst, als der Zufall ans Licht brachte, was sich hinter den rätselhaften Funden verbarg. In 340 Millionen Jahre alten schottischen Gesteinen aus der Zeit des Devons und in den 435 Millionen Jahre alten ordovizischen Soom-Schiefern in Südafrika fanden die oben erwähnten Wissenschaftler Euan Clarkson, Derek Briggs und Peter Allison schließlich die ersten Abdrücke von »Conodontentieren«. Es waren weiche, knochenlose, wurmähnliche Wesen, die etwa so lang waren wie ein kleiner Finger. Am ehesten ähnelten sie einem Sandaal oder einem Neunauge. Die Conodontenapparate saßen hübsch paarweise in der Nähe des Kopfes. Untersuchungen zeigten, dass ihre großäugigen Träger wahrscheinlich zu den Chordatieren gehörten – und damit zu den Ahnen der Wirbeltiere. Sie sind also Teil unserer eigenen Sippschaft, waren urzeitliche, kieferlose Fische, die noch keine Knochen entwickelt hatten und deren einzige Hartteile die Conodonten waren. Sie sahen nicht alle aus wie hochstaplerische Würmer: In den Soom-Schiefern steckte auch ein »riesiger« Vertreter der Conodonten, *Promissum* genannt, der es auf bis zu 40 Zentimeter brachte und etwas von einem Junglachs hatte. Bei ihm lagen die Conodontenelemente hinter und unterhalb der Augen.

Das Rätsel war gelöst. Die Conodontenzähnchen enthielten Hydroxyl-Apatit, das Mineral, das den Zahnschmelz und übrigens auch die Knochen hart macht, weil es die Molekül- und Zellstruktur verstärkt. Damit waren die Träger der Conodonten die ersten uns bekannten Lebewesen, die diesen besonderen Stoff einsetzten, der das Geheimnis unseres Skeletts ausmachen sollte. Und die ersten harten, hydroxalapatithaltigen Strukturen im Körper waren so etwas wie Zähne. Am Anfang des Skeletts stand also vielleicht der »Wunsch«, irgendwann einmal in etwas hineinzubeißen …

Mit den Zähnen hatte die Evolution jedoch nicht nur dafür gesorgt, dass man seine Beute besser verspeisen kann. Sie entwickelte damit auch

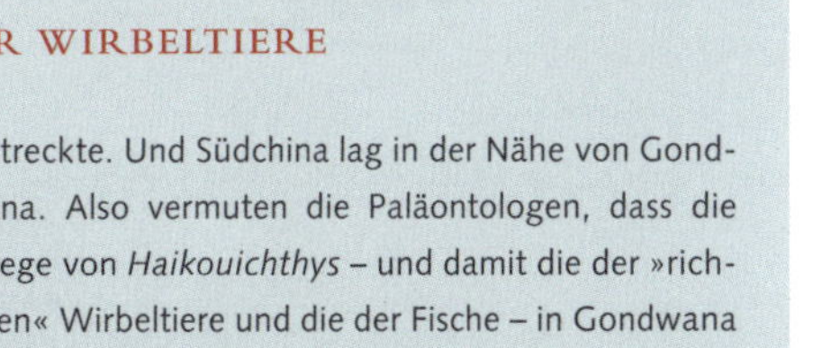

Haikouichthys *gehört wahrscheinlich zu der Gruppe von Lebewesen, die am Anfang der Wirbeltiere standen. Das fischförmige Tier besaß am Kopf ein von etwas Knorpel geschütztes Gehirn, Augen und kleine Nasenhöhlen.*

AUF DER SUCHE NACH DER WIEGE ALLER WIRBELTIERE

Der älteste »echte« Knochen, der eindeutig als Teil eines fossilen Wirbeltierskeletts zu erkennen ist, bringt es auf 490 Millionen Jahre. Er stammt aus dem frühen Ordovizium und wurde in Zentralaustralien entdeckt. Zu Lebzeiten gehörte er einer büroklammergroßen *Haikouichthys*, die in einem flachen Meer schwamm, das sich damals über Südchina erstreckte. Und Südchina lag in der Nähe von Gondwana. Also vermuten die Paläontologen, dass die Wiege von *Haikouichthys* – und damit die der »richtigen« Wirbeltiere und die der Fische – in Gondwana lag, oder besser: vor seiner Küste. Die Linie, die mit *Pikaia* und ihren Zeitgenossen begann, hatte sich also erfolgreich weiterentwickelt.

ein Verfahren, um zu neuen Körperbausteinen zu kommen. Ob Zähne, Fischschuppen, Haare, Federn, Schweiß- oder Brustdrüsen – sie alle entstehen gleich. Und zwar nähern sich während der Embryonalphase zwei Gewebeschichten einander an, verfalten sich und produzieren Proteine. Im Fall der Zähne bildet die äußere Schicht die molekularen Vorläufer des Zahnschmelzes, die innere bildet das Zahnbein und das Zahnmark. Dieses Wechselspiel zwischen den beiden Gewebeschichten ist dabei entscheidend – und es ähnelt sich mehr oder weniger bei allen Gewebetypen.

Die Zähne jedenfalls lösten einen neuen Rüstungswettlauf aus. Die einen Fische verlegten sich darauf, Panzer auszubilden, etwas später bevorzugten andere Kiefer, um Panzer zu knacken. Die Frage ist, woher die Panzer kamen. Und da rät der Chicagoer Paläontologe Neil Shubin, sich einmal in einem Naturkundemuseum die gepanzerten Agnatha (Kieferlose) näher anzuschauen. Ihre Schilde bedeckt ein auffälliger Glanz, der frappierend an Zähne erinnert. Schneidet man die Schädelknochen auf und betrachtet sie als Dünnschliff unter dem Mikroskop, erkennt man sogar den Aufbau von Zähnen wieder: »Es gibt eine Schicht aus so etwas wie Zahnschmelz und sogar eine Markhöhle«, beschreibt Neil Shubin. »Der ganze Panzer besteht aus Tausenden von kleinen, miteinander verschmolzenen Zähnen.« Das Angriffswerkzeug war zum Verteidigungsmittel mutiert.

Bevor gegen Ende des Ordoviziums ein Massenaussterben kurzfristig die Vielfalt des Lebens zurückdrängte, hatte es erst einmal eine bis dahin ungekannte Fülle erreicht. Damals begann der Aufstieg der Kopffüßer, von denen sich gerade einer über einen Trilobiten hermacht. Sie hatten sich seit dem Kambrium aus einfachen Anfängen heraus zu Top-Räubern entwickelt. Auch die Seelilien entwickelten sich während des Ordoviziums schnell.

Davon machten im Ordovizium die Agnatha Gebrauch. Was ihren Lebensstil angeht, bevorzugten diese im Ordovizium noch recht einfach gebauten kieferlosen Fische das Liegen auf sandigen Flächen. Sie waren klein, brachten es auf 5, 10, 20, vielleicht einmal 40 Zentimeter. Nach schnellem Schwimmer sieht ihr Körperbau nicht aus: Mit ihrem mit dicken Schuppen bedeckten Fischschwanz glichen sie am ehesten Pfannen oder Paddeln, denn ihren Kopf und manchmal auch Teile des Körpers schützten sie mit stark gepanzerten Knochenplatten.

Diese Knochenplatten machen sie so interessant für die Paläontologen. Wer wissen will, wie wir Wirbeltiere zu Knochen und Kiefern kamen, muss die fossilen Agnatha untersuchen. Auch wenn die modernen Neunaugen (Petromyzontidae) unter den ästhetischen Gesichtspunkten der Menschen eher ziemlich scheußlich aussehen, verdienen

KIEFERLOSE WUNDERFISCHE

Die Agnatha stehen für den evolutionären Startpunkt der Wirbeltiere. Zu ihnen gehört auch *Astrapsis*. Sein äußeres Knochenskelett verrät den Aufbau primitiver Knochen. Sie bestehen aus vier Lagen: Unter einer zahnschmelzartigen Lage folgt eine mit Dentin (Zahnbein), aus der auch die Rippen und Warzen der Außenseite aufgebaut sind. Darunter liegt so etwas wie schwammiges Knochengewebe und an der Basis Aspidin, ein Hartgewebe ohne Knochenzellen.

Hautknochenplatten sind das Vorspiel für das eigentliche Ereignis: die Entwicklung des innen liegenden Knochenskeletts. Stabile Knochen geben einfach hervorragende Widerlager ab, um Muskeln daran zu befestigen. Wer sie besitzt, ist schneller, sowohl auf der Flucht als auch bei der Jagd. Außerdem lassen sich in Knochen Phosphate und andere chemische Verbindungen für den täglichen Stoffwechsel speichern. Auch das ist ein ungeheurer Vorteil.

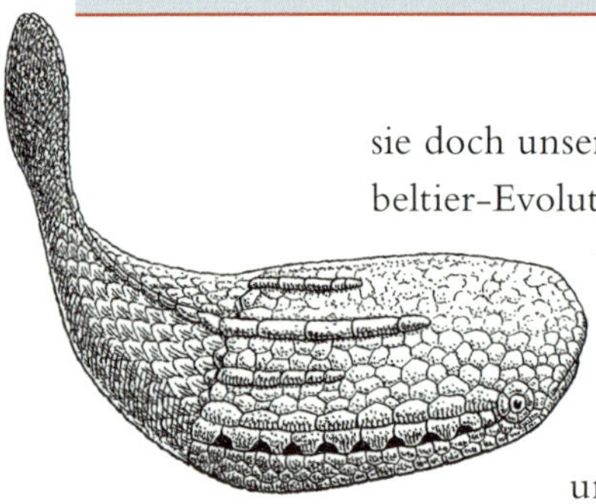

Die schwer gepanzerten Astraspida *gehörten zu den Agnathen, den kieferlosen Wirbeltieren. Die primitiven Fische lebten im Meer.*

sie doch unsere Bewunderung: Ihre Ahnen haben seinerzeit die Wirbeltier-Evolution ganz entscheidend vorangebracht. Ihr Innenskelett war zwar noch weitgehend knorpelig, aber im Lauf der Jahrmillionen entwickelten sie eine komplexe Augenmuskulatur und Seitenlinienorgane, um feinste Wasserbewegungen wahrzunehmen. Sie »erfanden« Schädel und das wirbeltiertypische Gehirn, bauten winzige zahnähnliche Strukturen und setzten für die Panzerung eine Kombination aus Dentin, Schmelz und Knochengewebe ein …

Noch mehr Rätsel

Zu den in Schwärmen auftretenden Rätselwesen des Ordoviziums zählten jedoch nicht nur die Conodonten. Schon im Kambrium waren die Graptolithen aufgetaucht: Ihre Fossilien wirken auf den ersten Blick wie paläontologische Hieroglyphen auf einer Schiefertafel. Darauf nimmt auch ihr Namen Bezug, der sich am besten mit »Schrifttiere« übersetzen lässt und den im 18. Jahrhundert der Naturforscher Carl Nilsson Linnæus erstmals benutzte. Wen diese »Wörter« auf dem Stein näher interessieren, entdeckt erste Feinheiten: Bei genauerer Betrachtung ähneln sie einem äußerst dünnen Sägeblatt. Unter der Lupe lässt sich erkennen, dass jeder Sägezahn eigentlich eine winzige Röhre ist und das Sägeblatt eine Kolonie aus 100 und mehr Röhren. Damit ist klar: Man hat ein koloniebildendes Tier vor sich. Nur – wer waren diese zarten Wesen zu Lebzeiten?

Bevor die Paläontologen das herausfanden, sollten die Graptolithen dabei helfen, ein geologisches Puzzle zu enträtseln. Und zwar im 19. Jahrhundert. Damals »erfand« der englische Geologe Charles Lapworth mit einem salomonischen Urteilsspruch das Ordovizium und beendete damit einen heftigen wissenschaftlichen Disput. Als scharfsinniger Mensch und genauer Beobachter entdeckte er auch das Geheimnis der Southern Uplands: einer einsamen, schaf- und heidekrautreichen Hügellandschaft im Süden Schottlands. Die monotone Abfolge von Sandsteinen und Schiefern hatte sich allen Interpretationsversuchen entzogen, bis Charles Lapworth die Graptolithen auf den Schieferflächen untersuchte. Ihm fiel auf, dass sich charakteristische Graptolithen-Gemeinschaften ständig wiederholten: In den Southern Uplands hatten die Kräfte der Erde während einer Gebirgsbildungsphase ein Paket von Ton- und Sandsteinen genommen und es extrem verfaltet und übereinandergeschoben und so die scheinbar endlose Abfolge geschaffen.

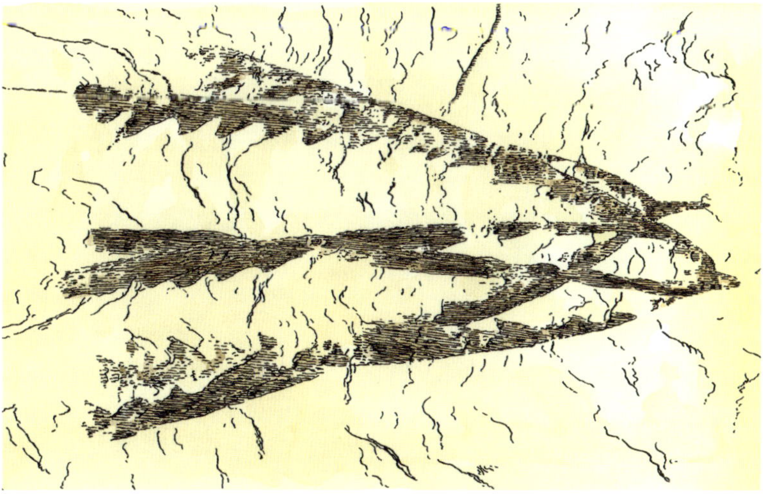

Die Graptolithen waren koloniebildende Meerestiere. In ihrer Evolution begannen sie sesshaft, entwickelten dann jedoch planktonische Arten.

Die Graptolithen waren der Schlüssel zur Lösung gewesen – aber noch blieb verborgen, wohin diese Tiere gehören. Als die Geologen die Graptolithen mit Säuren aus dem Stein lösten, blieben die organischen Wände der Kolonien übrig, die aus einer chitinartigen Substanz bestehen. In den 1970er-Jahren erkannten sie unter dem Elektronenmikroskop, dass die Struktur der Wände einem Gipsverband ähnelt. Beide Informationen brachten die (wahrscheinliche) Lösung, denn in der Tiefsee und in flachen tropischen Gewässern leben auch heute noch Flügelkiemer (Pterobranchia), die ihre Kolonien ganz ähnlich bauen. Stimmt die Schlussfolgerung, gehören die Graptolithen zu den Hemichordata, wären im Stammbaum des Lebens also irgendwo unterhalb all der Tiere mit Rückgrat angesiedelt. Die bescheidenen Pterobranchia wären dann die Nachfahren der Graptolithen, die immerhin 174 Millionen Jahre lang eine wichtige Rolle in den Ökosystemen gespielt haben.

Charles Lapworth (1842–1920) bewies mithilfe der Graptolithen, dass eine als mächtig angesehene Abfolge silurischer Sedimente in Wirklichkeit aus einem schmalen Paket von Ton- und Sandsteinen bestand, das bei einer Gebirgsbildung extrem verfaltet und übereinandergeschoben worden war.

Die Graptolithen, die sich von noch kleineren Planktonorganismen ernährt haben und von einzelligen Algen, begannen ihre Karriere als sesshafte Kolonien am Meeresgrund. Davon lösten sie sich später in ihrer Evolution: Sie schwebten an der Meeresoberfläche und wurden von Wind und Strömungen überallhin verfrachtet. Die Ozeane müssen manchmal von zusammengeknäuelten Graptolithen-Massen gewimmelt haben. So spielten sie nicht nur eine wichtige Rolle als Planktonfresser, sie standen auch selbst bei anderen ganz oben auf dem Speiseplan und gaben eine ergiebige Ressource ab, vielleicht sogar für die Conodonten. Wenn ihre Kolonien abstarben, sanken sie aus den gut durchlüfteten Oberflächenwassern hinab auf den dunklen Schlamm des Meeresgrunds.

Die ganze Welt – ein Riff

Motor des ordovizischen Artenwunders waren jedoch die »Karbonatplattformen«, wenn man so will, die vorzeitlichen Riesenversionen der Bahama Banks, einer modernen Karbonatplattform: Die Strömungen trugen den Schlamm zusammen, den die Verwitterung von den Kontinenten zur Verfügung stellte, und dazu fegten sie den aus dem warmen Wasser rieselnden Kalk samt fein gemahlenen Kalkschalenresten. In den vielen Flachmeeren des Ordoviziums gab es überall solche rasch wachsenden Meeresbänke, die sich teilweise übers Wasser erhoben, und überall waren sie die Brutstätten der Evolution. Die Plattformen boten beste Lichtverhältnisse und – je nachdem, ob die Seite dem Wind zu- oder abgewandt war – auch sehr unterschiedliche ökologische Bedingungen. Vor allem waren sie ideal als Unterlage zum Bau von Riffen. Die erlebten damals eine große Renaissance.

Es muss etwas dran sein an der Idee, sich im Meer als sesshafte Organismen auf- und übereinander anzusiedeln, um immer im optimalen Bereich zu bleiben, dort, wo die Strömungen reichlich Nahrung zufächeln oder die Sonne Energie im Überfluss liefert. Jedenfalls ist die Lebensform Riff seit Jahrmilliarden ungeheuer beliebt – und zwar trotz ihrer in vielen Katastrophen erwiesenen Empfindlichkeit. Die Erfahrung lehrt, dass Riffbauer immer mit dem Aussterben rechnen müssen. Erstaunlicherweise findet sich jedoch in dem Moment, in dem sich die Verhältnisse bessern, sofort ein neuer Bewerber für diesen Lebensstil. Riffe sind ein konstanter Lebensraum, allerdings einer, der sich mit wechselnden Akteuren immer wieder neu erfinden muss.

VOM LEBEN IM LICHT

Wenn man von den Bakterienriffen im Schwarzen Meer absieht und von den Kaltwasserriffen der tiefen, lichtlosen Meereszonen, waren und sind Riffe Lebensräume im Licht. Schon die ersten Riffbauer, die Cyanobakterien, betrieben Fotosynthese, wie später die Stromatolithen und die Kalkalgen. Auch die modernen Korallen brauchen die Sonne, weil sie in Symbiose mit einzelligen Algen (Zooxanthellen) leben. Die liefern das Gros der bei der Fotosynthese entstandenen Zucker und Fette an die Koralle und bekommen dafür Schutz und wertvolle Spurenelemente. Anscheinend läuft dieser Handel spätestens seit dem Mesozoikum, dem Erdmittelalter – aber vielleicht auch schon länger.

Für die Korallen hat die Symbiose den unschätzbaren Vorteil, dass sie so auch in nährstoffarmen Meeren zurechtkommen. Aber in Zeiten des Klimawandels wie derzeit fahren sie damit schlecht. Wird das Wasser zu warm, produzieren die Zooxanthellen tödlich giftige Stoffe, sodass die Korallen sie aus Selbstschutz abstoßen. Ohne ihre Partner wachsen sie kaum noch. Bleiben die Verhältnisse dauerhaft schlecht, ist ihr Schicksal besiegelt: Nur ein toter weißer Kalkmantel bleibt von ihnen zurück.

Am Aufbau ordovizischer Riffe beteiligten sich erstmals Korallen und auch Bryozoen. Allerdings blieben sie im Schatten der weiterhin dominierenden Algen und Schwämme. Die Riffe waren kein stabiler Lebensraum: Immer wieder kollabierten sie durch globale Störungen.

Dieses Spiel begann vor mehr als drei Milliarden Jahren mit den Cyanobakterien und ihren Stromatolithenriffen. Im Präkambrium waren dann die Kalkalgen und die Schwämme eingezogen, gefolgt von den Archaeocyathiden, die zur Zeit der Kambrischen Radiation den Riffen Masse gaben. In Rekonstruktionen erinnern die Archaeocyathiden an bizarre Pilze. Die Riffe, die sie aufbauten, boten Algen ideale Wachstumsbedingungen, auch Brachiopoden fühlten sich darin wohl, Trilobiten, Hyolithiden, Stachelhäuter und andere Schwämme: Mit ihnen waren Riffe zu den bunten und vielfältigen Lebensräumen geworden, die sie auch heute noch sind.

Allerdings währte die Zeit der Archaeocyathiden nur kurz. Noch im Unterkambrium verschwanden sie fast ganz und mit ihnen der Lebensraum Riff – abgesehen von den meist eher flachen Hügelchen, die vor allem die Schwämme und Bakterien in mühevoller Kleinarbeit aufbauten: Im flachen Wasser lieferten Büsche, Matten und »Kohlköpfe« von Cyanobakterien den Schwämmen das passende Substrat, um sich darauf niederzulassen. Brachiopoden setzten sich fest und Trilobiten wohnten darin. Die Tiefwasserriffe bestanden über Jahrmillionen hinweg einzig und allein aus Bakterien. Tiere zogen dort nicht ein.

Große Riffe, die diesen Namen auch verdienen, sollten erst erneut entstehen, nachdem sich die Verhältnisse in den Ozeanen wieder beruhigt hatten. Und das passierte Dutzende von Millionen Jahre später im Ordovizium.

Als die Riffe wiederkehrten, füllte immer noch reichlich Kohlendioxid die Atmosphäre und auch das Wasser, sodass es in gelöster Form den Riffbauern reichlich zur Verfügung stand, um es zusammen mit dem Kalzium im Wasser zu Kalk umzuwandeln. Die Mikroorganismen und die Schwämme legten damals die Grundlage für die neuen Riffe. Allerdings brachten den Durchbruch erst die Bryozoen, die Moostierchen und Nachzügler in der Evolutionsgeschichte, und zwar im Mittleren Ordovizium: Sie waren zunächst fast die Einzigen, die sich mit dem Riffbau beschäftigten, aber dann taten es ihnen schnell andere Organismen gleich. Die Stromatoporen zogen ein, die meist zu den Schwämmen gezählt werden. Dazu kamen Seelilien und klassische Schwämme, Schnecken, Seesterne und Algen. Würmer saßen in ihren Röhrenbauten und filtrierten … Und natürlich gab es auch schon die-

WOVON DIE GENE ERZÄHLEN

Die Bestimmung des Erbguts moderner Lebewesen eröffnet der Paläontologie ganz neue Erkenntnisse. Zum Beispiel bei den Korallen. Danach könnten die Ahnen der Steinkorallen in unseren Riffen sehr viel älter sein, als es durch Fossilien belegt ist.

Japanische Wissenschaftler haben das Genom von *Acropora digitifera* analysiert und es mit dem der Seeanemonen und Quallen verglichen. Herausgekommen ist, dass sie sich bereits vor 500 Millionen Jahren vom Stammbaum abgespalten haben müsste (solche Berechnungen sind mit vielen Unsicherheiten behaftet, deshalb »müsste«). Damit wäre sie doppelt so alt wie angenommen – und hätte seitdem alle großen Massenaussterben und kleinen Krisen überstanden. Falls diese Interpretation der Daten stimmt, wäre einer der Gründe, warum sie selbst die schlimmsten Zeiten überlebte, dass *Acropora digitifera* ihr eigenes Sonnenschutzmittel produzieren kann. Ihre Gene verraten aber auch, dass ihr im Gegensatz zu anderen Korallen ein Enzym für die Produktion der lebenswichtigen Aminosäure Cystein fehlt. Bei diesem Stoff hängt die Koralle vollkommen von der Versorgung durch ihre symbiontischen Algen ab. Andere Korallen haben diese Gensequenz anscheinend im Lauf der Jahrmillionen von ihren Symbionten übernommen, *Acropora* jedoch nicht. Vielleicht reagiert sie deshalb so empfindlich auf die Erwärmung des Meerwassers: Wird es ihren Symbionten zu warm, produzieren sie Gifte, sodass *Acropora* sie abstößt – und dann muss sie sterben.

se lästigen bohrenden Würmer, die sich von den anderen ernährten. Sie waren eine Pest. Aber zahlenmäßig überlegen waren unter den Neubürgern die Korallen, die koloniebildenden Verwandten der Quallen. Die Korallen lebten nicht mehr nur über den Meeresboden verstreut, sondern zogen in die Riffe ein: die rugosen (Runzel-)Korallen, vor allem jedoch die tabulaten (Böden-)Korallen, die wie Bündel schmaler Orgelpfeifen aussehen. Wie vor ihnen schon einige Schwämme hatten auch sie gelernt, Kalk auszuscheiden und ihre fleischigen Polypenkörper mit einem schützenden und stützenden Kalkskelett zu umgeben. Die Bödenkorallen produzieren sogar so viel Kalk, dass sie vielleicht schon mit Algen zusammengelebt haben. Hingegen scheinen die Runzelkorallen diesen Trick eher nicht gekannt zu haben.

Die rugosen Korallen tauchten im Ordovizium auf. Die meisten Arten lebten solitär, aber es gab auch solche, die in die Riffe einzogen. Dort zählten sie – zusammen mit den tabulaten Korallen – zu den ersten riffbildenden Blumentieren. Wie ihr lateinischer Name bezieht sich auch ihr deutscher, »Runzelkorallen«, auf ihre runzelige äußere Hülle.

Jetzt setzte ein regelrechter Wettbewerb ein: Die Korallen fingen mit ihren Tentakeln Plankton ein – und dabei war die Fangposition ganz entscheidend. Je höher, desto besser. Das galt nicht nur für die Bödenkorallen, sondern vor allem für die Runzelkorallen. Weil sie nicht mit Algen in Symbiose lebten, mussten sie ihre Mahlzeiten allein zusammenbekommen. Höhe war für sie also erst recht Trumpf. Wer hoch baute, lief aber immer Gefahr, instabil zu werden, umzukippen und dann wieder mühsam in eine bessere Position hineinwachsen zu müssen. Passiert ist das des Öfteren, wie seltsam abgeknickte Korallenfossilien beweisen. Das war der Preis, den sie zahlen mußten, aber gelohnt hat es sich trotzdem.

WACHSEN UND WERDEN

Flachwasserriffe sind etwas für Spezialisten. So muss ein Riffbildner den Trick beherrschen, genau in dem Augenblick, in dem eine reißende Woge über ihm zusammenbricht, organische Teilchen aus dem Wasser zu filtern. Dieser Job verlangt auf der exponierten Seeseite ein kräftiges und robustes Wachstum. Nur in den geschützten Innenzonen, wo es sehr viel beschaulicher zugeht, kann sich ein Bewohner feine Verästelungen leisten. So wachsen die Riffbewohner als Kissen, Fächer oder Röhren und streben dabei nach oben, seitwärts, immer zum Licht und zur Strömung. Im Tertiär, also 65 bis 2,6 Millionen Jahre vor heute, gesellten sich moderne koralline Rotalgen zur Lebensgemeinschaft Riff: Mag die Brandung brodeln, wie sie will, mit ihrem Kalkskelett überwuchern sie loses Geröll und halten alles zusammen.

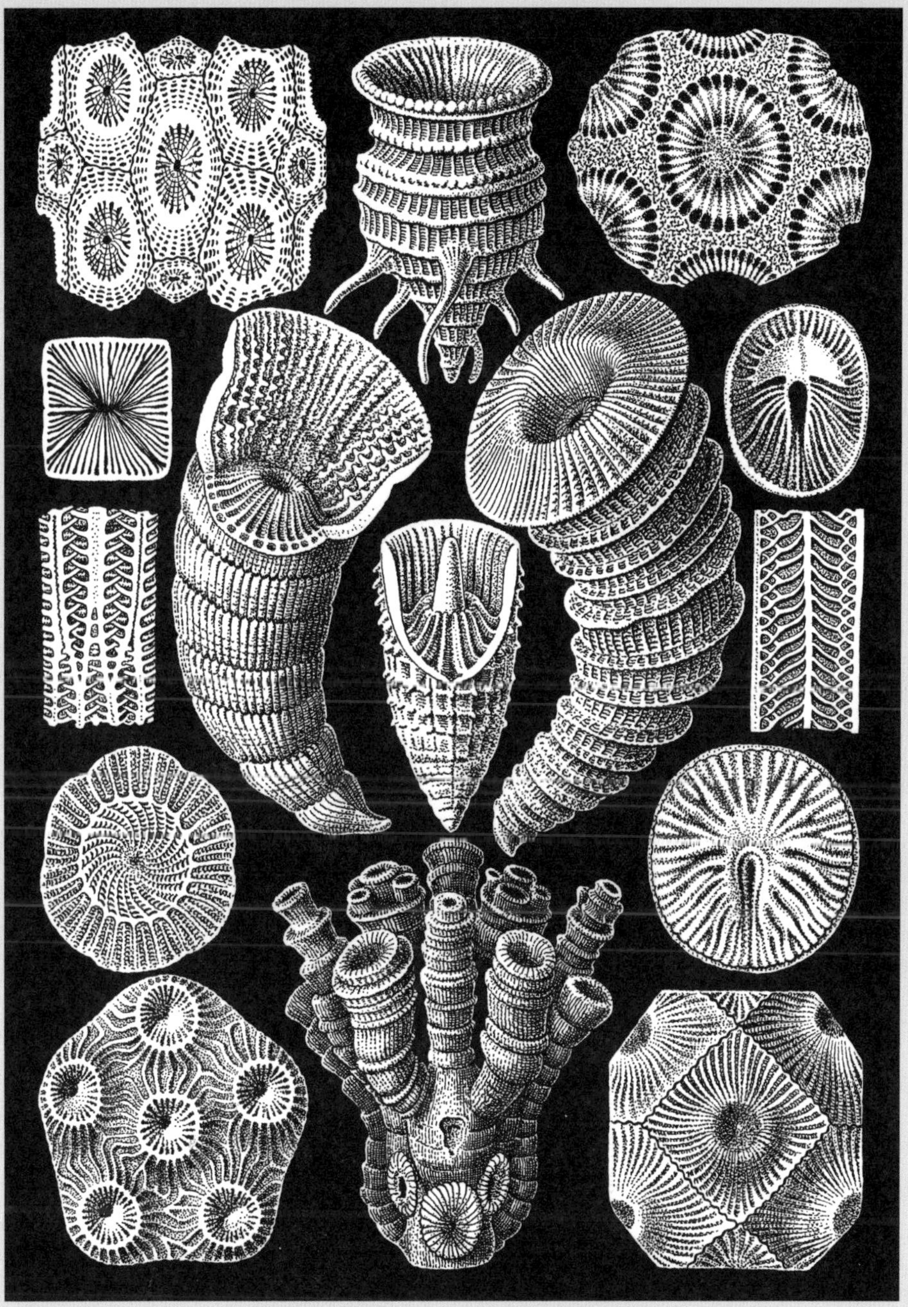

Ein Meer voller Schultüten

Die Riffbewohner des Paläozoikums waren jedoch noch Generalisten. Sie waren also nicht auf diesen Lebensraum angewiesen, sondern kamen notfalls auch anderswo auf dem Meeresboden zurecht. Das ist ein gravierender Unterschied zu den Riffen heute, die ein Tummelplatz für Spezialisten sind. Eine der auffälligsten Diskrepanzen zu den ordovizischen Riffen wird jedoch das Fehlen der vielen bunten Fische gewesen sein. Über die Polypen schwebten oder krochen dafür Cephalopoden hinweg, Kopffüßer, die frühen Verwandten der Tintenfische und Kraken, die – wie ihre Nachfahren heute – ihre scharfen, papageienschnabelähnlichen Kiefer in ihre Beute schlugen. Ihre Karriere war seinerzeit durchaus beachtlich. Aus ein paar schlichten kambrischen Formen heraus hatten sie die Stellung des Top-Räubers erobert: bizarre Wesen, die sich als Behausung Kalkröhren aus gasgefüllten Kammern bauten. Das Ganze diente dem Auftrieb.

Schwärme von »Schultüten« – sogenannte Orthocone, »geradschalige«, Cephalopoden – fraßen, was sie überwältigen konnten. Im Ordovizium erschienen auch die Ahnen von *Nautilus,* dem heute noch lebenden Perlboot, in der Tiefsee. Zunächst waren die Schalen dieser Nautiloidea nur leicht gekrümmt, rollten sich aber zunehmend schneckenähnlich auf. Sie waren erfolgreich und breiteten sich neben den »Schultüten« aus: Kopffüßer beherrschten die Meere.

Bei vielen Kopffüßern waren die Gehäuse nur ein paar Zentimeter groß, etwa die »Eishörnchen« à la *Orthoceras.* Wahrscheinlich schwammen die Orthoceriden ebenso wie *Lituites,* die Bischofsstäbe, im offenen Meer, wo sie langsam in der Wassersäule auf- und abstiegen. Heute leben die Bewohner der Zwielichtzone in den Ozeanen so: Nachts bewegen sie sich zum Fressen in die Nähe der Oberfläche und tagsüber suchen sie in der Dunkelheit der Tiefsee Schutz.

Die Endoceriden gehörten zu den größeren Kopffüßern. Sie gingen wahrscheinlich in den flachen Wasserzonen auf die Jagd. Hätte es damals Pauschaltouristen gegeben, die Endoceriden wären der Schrecken aller Strände gewesen, schließlich wurden diese Tiere mehrere Meter groß. *Endoceras* beispielsweise besaß ein zimmerhohes Gehäuse. Wieder andere waren haushoch. Und damit sind wir endlich bei den gruseligsten Wesen der ordovizischen Meere angekommen, Wesen wie *Cameroceras*.

Acht oder neun Meter soll er groß gewesen sein – das größte Tiere des Paläozoikums. Was den Durchmesser angeht, war sein Haus bescheidener: Ein Medizinball würde hineinpassen. *Camoceras* selbst bewohnte lediglich das vordere Drittel des riesigen Gebildes, die gerade jüngste Kammer. Trotzdem wird er immer noch mehrere Meter groß gewesen sein – plus meterlange Tentakel. Seine »Beißkraft« war wohl nicht zu verachten: Zwischen den Tentakeln müsste ein kräftiger Schnabel darauf gewartet haben, ein Opfer zu zerreißen. Vielleicht war er so etwas wie ein Riesenkalmar in Rüstung – was für ein Seemannsgarn ließe sich heute daraus spinnen, falls einer von ihnen plötzlich vor einem Segelboot auftauchen würde! Jedenfalls waren sie und ihre Verwandten auffällige Krea-

Nautilus *ist ein lebendes Fossil, der letzte heute noch lebende Vertreter der Nautiliden, die im Ordovizium entstanden sind.*

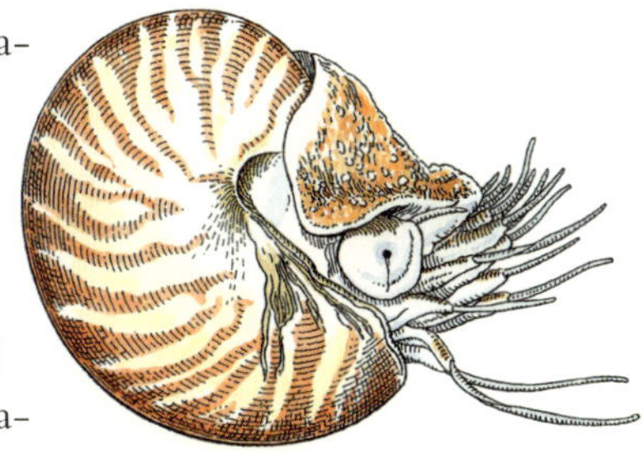

ABRÜSTUNG À LA OKTOPUS

Im Ordovizium brachten die Kopffüßer die Palcephalopoda hervor, deren Nachfahren heute als Perlboote *(Nautilus und Allonautilus)* im Pazifik leben. Diese sind die letzten Cephalopoden mit gekammerten Gehäusen. Beobachtet man sie, ahnt man auch, warum.

Zwar schwebt *Nautilus* mühelos im Wasser, aber sein Gehäuse macht ihn langsam: Allenfalls zwei Zentimeter pro Sekunde wippt er voran. Tagsüber, wenn die schnellen, auf Sicht jagenden Konkurrenten unterwegs sind, versteckt er sich und bleibt in lichtlosen Wassertiefen. Gegen moderne, bewegliche Fische mit zupackenden Kiefern und scharfen Zähnen haben so langsame, schwebende Mahlzeiten keine Chance. Sie sind auch zu langsam, um selbst als schnelle Jäger Beute zu machen. Also mussten die Kopffüßer im Lauf der Evolution ihre Schalen loswerden. Um im Konkurrenzkampf gewappnet zu sein, verzichteten die Ahnen der Tintenfische, Oktopoden und Kalmare auf die schützende Hülle.

Die zehnarmigen Tintenfische haben die Rüstung reduziert und nach innen verlegt: Während das Posthörnchen *(Spirula spirula)* eine klar gekammerte »Innenschale« besitzt, sind die Kammern beim Schulp, der reduzierten Schale der Sepien, nur unter dem Mikroskop zu erkennen. Für den Auftrieb reichen sie aber. Die Kalmare sind noch weiter gegangen: Sie besitzen nur einen dichten Chitinstab (Gladius) und nutzen stattdessen Ammoniak oder ölige Substanzen für den Auftrieb. Die Kraken und Vampirtintenfische schließlich sparen sich alle Hartteile – bis auf den Schnabel, mit dem sie fressen.

turen – und oft genug Siedlungen im Kleinen: Auf ihnen wuchsen ganze »Brachiopodenstädte« mit bis zu 100 Bewohnern. Brachiopoden ließen sich auf ihren Gehäusen nieder, reisten huckepack mit und profitierten vom Planktonstrom, den ihre wohl unfreiwilligen Gastgeber ihnen durch ihre Bewegung zufächelten.

Weil sich so ein Gigant wie *Camoceras* im flachen Wasser kaum hätte bewegen können, vermuten die Paläontologen, dass er die tieferen Bereiche unsicher machte und die Großen jagte – falls er sich nicht mangels Beute mit Trilobiten oder der eigenen, kleineren Sippschaft begnügte. Aas war ebenfalls nicht übel. Auch seine Verwandten werden nicht allzu wählerisch gewesen sein. Ob sie alle schwimmen konnten, darüber rätseln die Paläontologen.

Überhaupt: Was ihre Fortbewegung anbelangt, besaßen die Orthoconen Cephalopoden einen röhrenförmigen Gewebestrang, den sogenannten Sipho, der sich durch ihr gesamtes Gehäuse zog. Wie bei einem U-Boot regulierten sie mit ihm den Gasgehalt in den Kammern, sodass sie in der Wassersäule auf- oder absteigen konnten. Allerdings dürfte das gedauert haben. Schnell war der gemeinsame Ahne aller Tintenfische, Kalmare, Oktopusse und Nautiloideen wohl bei der Fortbewegung in der Horizontalen. Jedenfalls liegt nahe, dass er den

Die Seeskorpione (Eurypterida) waren der Schrecken der paläozoischen Meere – und später auch der Flüsse und Seen. Sie waren gefährliche und höchst erfolgreiche Jäger, die beeindruckende Größen erreichen konnten.

IN EINEM MEER VOR UNSERER ZEIT

Die Gegend um Cincinnati war im Oberen Ordovizium ein flaches, tropisches Meer: Auf dem Boden fischten sich unzählige Brachiopoden und Seelilien ihre Mahlzeiten aus dem Wasser. Es gab Seeigel, Seesterne und Würmer, über Korallenstöcken flimmerte das Licht – sie alle hingen vom Plankton ab und das Meer barst schier vor Leben. Als sich die Paläontologen die Basis der Nahrungskette anschauten, fanden sie neben Seegras und Seetang immer nur mikroskopisch kleine Algen: die Acritarcha, diese bunte Gruppe von nicht weiter definierten Mikrofossilien verschiedensten Ursprungs, die schon im Präkambrium bekannt waren. Normalerweise gibt es im Plankton eine viel größere Bandbreite an Organismen, aber hier schien alles von diesen winzigen Planktonlebewesen abzuhängen. Auch vom fernen Land her war nichts Nahrhaftes zu erwarten, da die dichte Pflanzendecke noch fehlte, die organische Nährstoffe hätte liefern können. Wovon lebten also alle diese Tiere? Man weiß es bis heute nicht. Gab es doch sehr viel mehr Planktonarten und sie sind nur nicht überliefert worden? Oder könnten neben den Acritarcha auch die Massen an feinen Tonpartikeln eine Rolle spielen, die durch das ganze Becken schwebten und auf denen Bakterien siedelten? Dann wären die Meere damals vergleichsweise schlicht gewesen.

Sipho auch dafür eingesetzt hat. Dann hätte er Wasser in die Mantelhöhle gesaugt und es durch dieses Rohr unterhalb der Tentakel wieder ausgestoßen. Das Resultat ist ein Rückstoß – und das Tier kommt von der Stelle. Da der Sipho beweglich ist, konnten die Orthoconen Cephalopoden auf der Jagd oder beim Anblick eines potenziellen Partners jede Richtung einschlagen, auch wenn man sich das Manövrieren mit diesem im Vergleich zum Körper immens großen Gehäuse wohl eher wie das eines Öltankers vorstellen muss. Da aber vermutlich auch die Beute noch kein Sprinter war und wohl nur die wenigsten wirklich gut sehen konnten, standen die Chancen für diese Jäger nicht schlecht.

Im Ordovizium tauchten auch die Seeskorpione auf, die Eurypteriden. Sie sind mit den heutigen Pfeilschwanzkrebsen, Skorpionen, Spinnen oder Zecken verwandt und auch sie waren beeindruckende Jäger, obwohl es die größten Exemplare damals nur auf einen Meter brachten – plus die beiden mit Zangen und Zähnen bestückten Cheliceren, die Kieferklauen. Das waren tödliche Waffen, vor denen sich die kleineren der Orthoconen Cephalopoden in Acht nehmen mussten. Sonst wurden sie zum Lunch. *Megalograptus* ist einer der ältesten Vertreter der Seeskorpione, aber auch einer der ungewöhnlichsten. Als

Nahrung bevorzugte er Schlammbewohner und vielleicht auch die kleinen Fische, die sich noch am Boden aufhielten. Die korbförmigen Anhänge, die *Megalograptus* an seinen Kieferklauen trug, legen nahe, dass er mit ihnen den Meeresboden nach Beute durchsiebte, eine Methode, die anscheinend nur wenige Seeskorpione einsetzten. Ansonsten waren die Eurypteriden eher gefährliche Beutegreifer, die mit ihren Facettenaugen ihre Umwelt für ordovizische Verhältnisse gut im Blick hatten.

Die Seeskorpione übten einen ganz ordentlichen Einfluss auf ihre Mitlebewesen aus: Als sie auftauchten, legten sich andere Tiere größere und dickere Schalen zu. Trotzdem muss der Tisch für sie reichlich gedeckt gewesen sein, denn es gab sie in ebensolchen Massen wie die Cephalopoden: Ihre Überreste konnten sich ansammeln wie Muschelbänke in heutigen Meeren. Aber ihre große Zeit stand damals erst noch bevor …

Die Suche nach dem Zünder des Feuerwerks

Im Grunde hat das Ordovizium Pech, im Schatten des Kambriums zu stehen – oder besser, in dem der Kambrischen Radiation. Die war ein so überragendes Ereignis, dass dieses zweite evolutionäre Feuerwerk nicht so recht zur Geltung kommt. Die Vielfalt wuchs und wuchs, vor allem ab dem Mittleren Ordovizium, als die ersten Pflanzen den Sprung an Land schafften. Weil auch Paläontologen Statistiken lieben, haben sie herausgefunden, dass die Artenzahl damals anscheinend in Schüben stieg, und seltsamerweise fanden diese Schübe bei vielen Tiergruppen gleichzeitig statt.

Nur warum? Was war die Triebfeder hinter dieser »Ordovizischen Radiation«? War sie eine schlichte Fortsetzung des Geschehens im Kambrium unter den ruhigeren Bedingungen, wie sie jetzt herrschten? Das ist die Meinung einer Forschergruppe. Eine andere überlegt, ob sich die Meere selbst verändert haben. Vielleicht wurden die passiven Suspensionsfresser, die sich von im Meerwasser schwebenden Partikeln ernähren, immer schwerer satt, weil die Ozeane nicht mehr so nährstoff- und nahrungsreich waren wie die kambrischen. Nach dieser Theorie hatten sich diese Suspensionsfresser über die Maßen vermehrt und sie fraßen die Meere sozusagen leer. Je »magerer« die Bedingungen wurden, umso größer wurde der Vorteil für aktivere Tiere, die ihrem Futter auch einmal hinterherschwimmen oder -krabbeln konnten. Und so gerieten die passiven ins Hintertreffen und die Vielfalt der aktiven Lebewesen wuchs.

Oder hängt alles mit der Tektonik zusammen? Damit, dass eine neue Phase der Gebirgsbildung eingesetzt hatte? Während des Ordoviziums und vor allem während des folgenden Silurs lief die Kaledonische Orogenese auf Hochtouren. Kontinente kollidierten miteinander, die so schöne Namen wie Avalonia, Baltica oder Laurentia trugen, und brachten den Iapetus-Ozean zum Verschwinden. Die Gebirge, die sich auftürmten, bilden heute Teile von Schottland, Wales, Irland, der Bretagne, Ostgrönlands, Norwegens, Spitzbergens oder Neufundlands und der Appalachen. Die Idee hinter dieser Theorie: Wachsende Gebirge greifen tief in das System Erde ein. Der Vulkanismus, der die Plattenkollision begleitet, pumpt Klimagase wie Kohlendioxid in die Luft. Das kurbelt den Treibhauseffekt an. Gleichzeitig sorgen die neuen Gebirge dafür, dass die chemische Verwitterung dieses Kohlendioxid und vielleicht sogar noch mehr als das wieder herausfischt. Das kühlt das Klima ab und setzt anorganische Nährstoffe frei, die die Algen düngen. Das neue Gebirge der Kaledoniden türmte sich zudem am Äquator auf, was der Verwitterung zusätzlichen Schub verlieh. Außerdem entstanden durch die geografischen Veränderungen neue ökologische Möglichkeiten, indem zum Beispiel einst verbundene Meeresbecken voneinander getrennt wurden. Isolierung fördert aber die Entstehung neuer Arten. Außerdem sollen die gewaltigen Vulkanausbrüche große Mengen an Tuff und Aschen freigesetzt haben, die, ins Meer gespült, Inseln entstehen ließen. Diese boten neuen Lebensraum und waren räumlich so begrenzte Zonen, dass auch hier durch Isolierung neue Arten entstehen konnten.

Welche Idee auch immer die richtige sein mag: Die ordovizische Blüte der Evolution kam ohnehin zu einem Ende und schlug in ein Massenaussterben um – das erste große, das wir kennen.

8

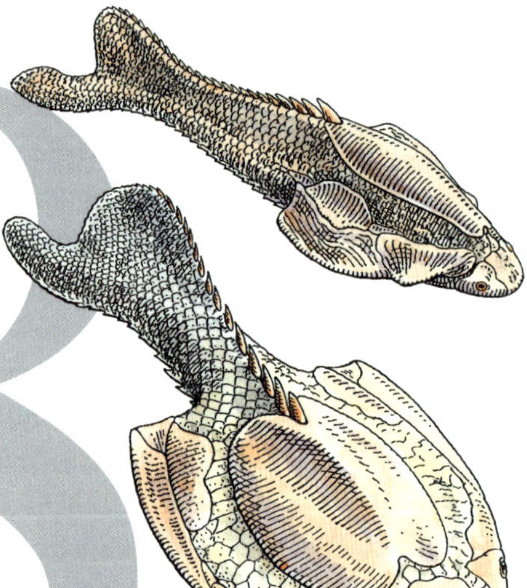

Von Krisenzeiten – oder Vom Siegeszug der Wirbeltiere und Landpflanzen

Normalerweise kommen Erde und Leben wunderbar miteinander aus. Hin und wieder jedoch steht plötzlich alles auf Messers Schneide: Dann verschwinden mehr als die Hälfte aller bekannten Arten, die Ökosysteme lösen sich auf, die Welt steckt in einer tiefen Krise – in einem Massenaussterben. Seit mit der Kambrischen Explosion die Tiere unübersehbar auf der Bühne erschienen, hat es fünf dieser besonders tiefen Einschnitte gegeben. Allerdings sieht es gerade danach aus, als ob der Mensch selbst das sechste auslöst. Massenaussterben greifen tief in das Leben ein, und sie haben etwas von russischem Roulette: Wer überlebt, lässt sich nicht vorhersagen. Oft spielt schieres Glück die entscheidende Rolle, das Glück, zur rechten Zeit am richtigen – sprich: geschützten – Ort zu sein. Schon allein deshalb kann das, was der Mensch gerade mit der Erde anrichtet, sehr leicht nach hinten losgehen.

Im Silur vollzog sich nicht nur die endgültige Eroberung des Landes, sondern auch der Siegeszug der Fische. Zu denen, die damals durch die Meere schwammen, zählen Psammolepis *(oben) und* Drepanaspis *(unten): schwer gepanzerte kieferlose Fische, die an Bratpfannen erinnern.*

Massenaussterben ist nicht gleich Massenaussterben. Wie sehr sie sich auf die Zukunft auswirken, ist durchaus unterschiedlich. Bislang waren zwei der Großen Fünf von ihren Folgen her so gravierend, dass sie tatsächlich die Weichen der Evolution neu stellten: das Massenaussterben vor rund 250 Millionen Jahren, das das Paläozoikum beendete und die Therapsiden vom Thron stieß, zu denen auch die Vorfahren der Säugetiere gehörten; und das vor 65 Millionen Jahren, das das Mesozoikum abschloss und das Zeitalter der Säugetiere einläutete.

Dass Katastrophen die Welt überhaupt nachhaltig verändern können, diese Idee galt in Biologie und Geologie lange als verpönt. Schließlich widersprach sie dem Denken von Charles Darwin, Charles Lyell und allen Gefolgsleuten des Aktualismus. Danach lassen sich alle geologischen Vorgänge mit den Prozessen erklären, die heute um uns herum ablaufen. Sie müssen nur lange genug wirken und sich oft genug wiederholen. Tiefe Brüche sollte es nach diesem Gleichförmigkeitsprinzip nicht geben – weder in der Geologie noch der Evolution. Nachdem sich der Aktualismus durchgesetzt hatte, erschien das bis in die zweite Hälfte des 20. Jahrhunderts als eine Art ehernes Gesetz: Rippelmarken sind Rippelmarken, gleichgültig, ob das Wasser sie vor 1000 Millionen Jahren zurückgelassen hat oder gestern am Strand von Irgendwo. Nun gibt es nicht nur Rippelmarken, und je weiter der

KRISENZEITEN DES LEBENS

Massenaussterben wird es auch vor dem Auftauchen der Tiere schon gegeben haben, allerdings sind sie schwieriger zu erfassen. Die erste Krise, von der wir wissen, ereignete sich vor rund 600 Millionen Jahren, als die Mikrobenmatten und Bakterienriffe durch das Auftauchen der ersten hungrigen Tiere schwere Einbußen erlitten. Davon haben sie sich nie wieder erholt. Weil wir aber zu wenig über die Welt von damals wissen, lassen sich die Folgen nicht abschätzen, und dieser »Zwischenfall« bleibt bei der Zählung der Massenaussterben außen vor.

Aber auch die Großen Fünf oder Sechs stehen nicht für alle Krisenzeiten des Lebens. Es gab sehr viel mehr, allerdings waren diese Ereignisse nicht so gravierend wie die Massenaussterben. Sprich: Es verschwanden weniger als die Hälfte aller bekannten Arten. Ein Beispiel dafür ist die Quartäre Aussterbewelle am Ende der jüngsten Kaltzeit. Sie traf vor allem die Großtierfauna, die alle Kontinente bevölkerte. In Afrika konnten sich Großsäuger halten, auch in Asien schafften es ein paar. Ansonsten verschwanden alle Arten mit mehr als einer Tonne Gewicht und 80 Prozent aller Arten mit 100 bis 1000 Kilogramm: meist zeitgleich mit klimatischen Veränderungen und dem Vordringen des modernen Menschen. Wen nun mehr Schuld am Verschwinden der großen Tiere trifft, darüber rätseln die Wissenschaftler. Wahrscheinlich trugen beide Faktoren dazu bei.

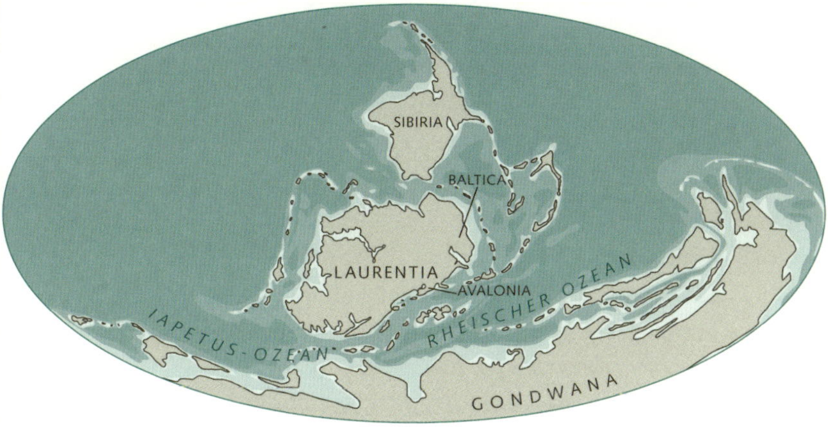

Während des Silurs war der Nordpol meerbedeckt; über dem Südpol lag Gondwana. Aufgrund der Plattentektonik veränderte sich die Anordnung der Kontinente grundlegend: So verschwand unter anderem der Iapetus-Ozean, und Laurentia und Baltica kollidierten und verschmolzen zu Laurussia.

Blick in die Erdgeschichte reicht, umso kritischer wird die Sache mit der Übertragung der Verhältnisse: Was heute um uns herum passiert, erklärt eben nicht alles. Beispielsweise entstehen (anders als Rippelmarken) Bändereisenerze schon seit Äonen nicht mehr, weil der Sauerstoffgehalt in der Luft zu hoch ist. Deshalb regten Paläontologen wie der Amerikaner Stephen Jay Gould und der Brite Martin Rudwick eine Diskussion um die Grenzen dieses Prinzips an und verliehen damit der Geologie ganz neue Dimensionen: Die Erde hat sich im Lauf von viereinhalb Milliarden Jahren gewandelt, und zwar durchaus grundlegend. Viele Systeme funktionieren heute anders als vor Jahrmilliarden.

Wenn man so will, muss der Aktualismus mit der Zeit gehen: Gerade weil die Gesetze der Physik und Chemie andauernd und überall gelten, war das tagtägliche Einerlei auf der archaischen Erde eben ein anderes als heute. Zu dieser Erkenntnis gesellte sich dann Ende der 1970er-Jahre eine weitere, nämlich dass die Menschheit seit ihrem Bestehen glücklicherweise noch nicht einmal einen Vorgeschmack auf die möglichen Katastrophen bekommen hat. Dieses Umdenken erfolgte in einem Büro in Berkeley und mit Tjeerd van Andel als Zeugen. Er war Geologe, Klimaforscher und Archäologe, Wissenschaftler in Stanford und Cambridge, ein reizender Herr und begnadeter Anekdotenerzähler. Besonders gern berichtet er, was sich damals in ebendiesem Büro in Berkeley abgespielt hat, das dem Physik-Nobelpreisträger Luis

Walter Alvarez gehörte. Dessen Sohn, der Geologe Walter Alvarez, war gerade zu Besuch. Die beiden erzählten Tjeerd van Andel von einer Iridiumschicht, die sie in Gesteinen der Kreide-Tertiär-Grenze in der Nähe der umbrischen Stadt Gubbio entdeckt hatten. Darin steckte um ein Vielfaches mehr von diesem chemischen Element als in normalen Sedimenten. Iridium gehört zur Platingruppe und ist an der Erdoberfläche selten. Zwar kommt es auch unterhalb der Erdkruste im Erdmantel vor, aber bei einem so auffallend hohen Iridiumwert denken die Forscher sofort an Asteroiden und Kometen und an einen Crash mit der Erde, bei dem es sich dann fein in der Gegend verteilt. Damals berieten Luis Alvarez und sein Sohn, wie sie ihre Entdeckung publikumsfreundlich verpacken sollten – und dabei entstand die Idee mit den Sauriern. Den Geistesblitz hatte Walter Alvarez, schließlich stammte die Iridiumlage aus 65 Millionen Jahre alten Steinen, also vom Übergang zwischen Kreidezeit und Tertiär – als die Dinosaurier ausstarben! Warum also nicht die drei Dinge miteinander verbinden: das Alter der Gesteine, das Iridium und das Verschwinden der Saurier? So nahm die Idee ihren Anfang, dass die Dinosaurier Opfer eines kosmischen Eingriffs in die Geschicke der Erde wurden. Es war, wenn man so will, ein Marketingtrick, denn andere Indizien als das Iridium gab es nicht. Familie Alvarez entwarf ein Szenario, durch das der Planet von einem Moment auf den anderen aus den Fugen geriet. Dieser Einschlag war ein sehr viel schnellerer Prozess als die Erdbeben oder Überflutungen, die 1812 Baron Georges Cuvier als Ursachen für die »Revolutionen« in der Erdgeschichte eingefallen waren.

Von Zeitgeist und Katastrophen

Wenn es um die Katastrophen geht, die das Erdenleben in Krisen gestürzt haben könnten, spielt der Zeitgeist durchaus eine Rolle. Angesichts der Klimakatastrophe wird im 21. Jahrhundert auf Geologenkonferenzen heftig darüber diskutiert, ob nun ein Einschlag die Saurier dahinraffte oder ob die Schuld bei dem gewaltigen Ausbruch von Flutbasalten liegt – genauer: dem der Dekkan-Basalte. Gegen diesen Ausbruch nehmen sich alle Eruptionen, die die Menschheit je erlebt hat, wie das letzte Glimmen eines verlöschenden Streichholzes aus. Die Vulkane scheinen derzeit in der Debatte vorne zu liegen – vielleicht, weil das, was sie auslösen, sehr dem menschengemachten Treibhauseffekt gleicht.

In den 1970er- und 1980er-Jahren hingegen glaubten viele Menschen, dass ein Atomkrieg nur eine Frage der Zeit sei: Damals dachten die Strategen und Politiker in Ost wie West darüber nach, ob und wie er zu führen und zu gewinnen sei. Ein nuklearer Schlagabtausch schien möglich und etliche seiner Folgen erinnern an die eines Asteroiden- oder Kometeneinschlags. Damit passte diese kosmische Katastrophe perfekt zum Zeitgeist jener Tage. Es war, als ob die Erdgeschichte vormachte, was der Menschheitsgeschichte drohen könnte: die Vernichtung der »normalen« Welt.

Auf jeden Fall hatte die Theorie von Alvarez für die Wissenschaftsgeschichte eine wichtige Folge: Zum ersten Mal seit Darwin und Lyell begannen sich die Geologen wieder ernsthaft mit Katastrophenszenarien auseinanderzusetzen, mit Brüchen in der Evolution – eben mit den Massenaussterben. Das am Ende des Ordoviziums war nicht nur das erste, sondern auch das zweitgrößte, das sich in der Zeitspanne zwischen der Kambrischen Radiation und heute ereignet hat. Es fiel zeitlich mit einer riesigen Eiszeit zusammen: Die Welt war im Lauf von Jahrmillionen immer kühler geworden und schließlich bildete sich Eis an den Polen: Wie heute (noch) trieb Packeis auf dem Meer und über dem Südpol wuchsen die Gletscher. Nur dass dort damals mit Afrika ein anderes Stück des Gondwana-Kontinents lag: Weite Teile Nordafrikas, Südamerikas und Saudi-Arabiens vereisten. Das verraten die Schleifspuren, die die Gletscher in den Untergrund geritzt haben. Es gibt noch andere Indizien. Wo etwa das Inlandeis sich seinen Weg ins Meer bahnte, schwamm es auf, bildete Schelfeis, von dem sich Eisberge lösten. Schmolzen sie, hinterließen sie Dropstones: Steine, die das Eis mit sich geschleppt hatte und die dann auf den Meeresboden fielen. In den feinkörnigen Sedimenten werden diese Brocken dann zu wichtigen Indizien. Und auch die Rückzüge des Eises vor mehr als 400 Millionen Jahren lassen sich verfolgen, weil sie Moränen zurückließen.

DIE NATUR DER EISZEIT

Anscheinend kühlt die Erde alle paar Hundert Millionen Jahre ab und dann gibt es auf ihr Gletscher, Eis und Schnee. Dabei spielen mehrere Faktoren eine Rolle. Ein zentraler Punkt ist die Plattentektonik. Wenn der Mensch nicht gerade nachhilft, hängt der Kohlendioxidgehalt in der Atmosphäre von der Aktivität der Vulkane ab. So war während der Kreidezeit die vulkanische Aktivität höher als heute und das Klima wohl deshalb wärmer.

Außerdem schiebt die Plattentektonik die Kontinente über die Erde und greift so in das System der Meeresströmungen ein und damit auch in das Zusammenspiel zwischen Atmosphäre und Meer. Durch die Hochgebirge, die sie wachsen lässt, treibt sie die Verwitterung an, was wiederum das Klimagas Kohlendioxid verbraucht. Wenn die Eisfläche wächst, setzen Rückkopplungsmechanismen ein: Je größer sie sind, desto »weißer« wird die Erde und desto mehr Wärme strahlt sie in den Weltraum ab (Albedo). Das verstärkt die Abkühlung erneut und die Gletscher wachsen im Flachland, wodurch die Welt dann noch weißer und kühler wird ... Die Erde befindet sich in einer Abwärtsspirale.

Auch astronomische Faktoren scheinen beteiligt zu sein, vor allem Schwankungen in der Sonnenaktivität und die berühmten Milankovic-Zyklen, also periodische Veränderungen in der Geometrie der Erdbahn um die Sonne. Beide Faktoren setzen sozusagen die Akzente. Sie allein machen keine Eiszeit, denn Sonnenaktivitäts- und Erdbahnschwankungen gibt es immer, selbst wenn es an den Polen subtropisch warm ist.

Aber gibt es im Ordovizium einen Zusammenhang zwischen Eiszeit und Massenaussterben? Um das zu enträtseln, haben Forscher am California Institute of Technology in Pasadena die zeitlichen Beziehungen zwischen Klimawandel und Massenaussterben unter die Lupe genommen. Ihr Ergebnis: Es passt! Wann immer die Temperaturen purzelten und die Ausmaße des Inlandeises neuen Rekordwerten zustrebten, nahm auch das Massenaussterben Fahrt auf. Besonders viele Arten verschwanden genau dann, wenn die Temperaturen der tropischen Meere durch eine erneute globale Klimaverschlechterung absackten. Das geschah immer wieder, denn obwohl die rekordverdächtige Eisdecke Teile Gondwanas über Jahrmillionen begrub, fielen die tropischen Meerestemperaturen nur für kurze Zeit, um sich dann wieder etwas zu erholen: Die Pulse der Eiszeiten stimmen zeitlich mit denen des Artensterbens überein.

Es könnte sein, dass der Ablauf in etwa folgender war: Als vor 447 Millionen Jahren die Eiszeit begann und die Gletscher wuchsen,

schrumpfte der Lebensraum für Wärme liebende Organismen. Sie traf der erste Schub. Davon profitierten an kühlere Bedingungen angepasste Arten. Trilobiten, die bis dahin nur in den Polarregionen gelebt hatten, breiteten sich in Richtung Äquator aus. Dann wurden die Folgen der zunehmenden Vergletscherung spürbar, denn das Inlandeis setzte Unmengen an Wasser fest: Der Meeresspiegel sank. Auf dem Höhepunkt der Vereisung war er um 140 Meter gefallen.

Einer Studie zufolge lösten die ersten Landpflanzen die ordovizische Eiszeit aus: Um an Nährstoffe zu gelangen, trieben sie die chemische Verwitterung der Böden an. Die entzog der Atmosphäre Kohlendioxid. Das Klima kühlte global um fünf Grad ab, wodurch die Gletscher wuchsen und ein Massenaussterben einsetzte.

Isotopenchemische Untersuchungen lassen ahnen, wie schwer diese Eiszeit vor 477 Millionen Jahren war. Und zwar geht es wieder um Sauerstoffisotope. Sie sollten den Caltech-Wissenschaftlern verraten, wie warm oder kalt die Meeresoberfläche in Äquatornähe war. Allerdings ist es während einer Eiszeit schwierig, rein aus der Isotopengeochemie die »fossilen« Wassertemperaturen zu bestimmen. Zwar geben Sauerstoffisotope in Kalkmineralen brauchbare Paläo-Thermometer ab. Aber sie reagieren nicht nur empfindlich auf ein Wärmer oder Kühler, sondern auch auf die Wassermasse in den Meeren. Schließlich lassen sich die diversen Sauerstoffvarianten unterschiedlich »gerne« ins Gletschereis einschließen. Um dieser Falle zu entgehen, analysierten die Forscher um John Eiler die Schalen fossiler Meerestiere, genauer: wie die Sauerstoffisotope in den Mineralen, die sie aufbauten, verteilt sind. Dahinter steckt die Beobachtung, dass die schwereren Varianten bei tieferen Temperaturen »klumpiger« eingebaut werden, wie John Eiler es beschreibt. »Damit haben wir eine von der isotopenchemischen Zusammensetzung des Meerwassers unabhängige Information über seine Temperatur, und das Beste daran ist, dass wir dann Rückschlüsse auf die Größe der Eisschilde ziehen können.« Die Schätzungen beeindrucken: Die Eisdecke über Gondwana war mit 150 Millionen Kubikkilometern größer als alle über die Welt verteilten Gletscher auf dem Höhepunkt der jüngsten Eiszeit vor 20 000 Jahren zusammen.

Für die besonders reichen ordovizischen Ökosysteme bedeuteten die Pulse der schweren Eiszeit das Todesurteil: Sie hatten sich im

DER TOD AUS DEM ALL?

Was Massenaussterben auslösen kann, dazu gibt es, wie gesagt, viele Ideen. Je nach Fachrichtung der Wissenschaftlertagung wird das eine oder andere mit Verve vertreten. Manche Astronomen glauben, das Massenaussterben im Ordovizium könnte durch eine nahe Supernova, eine Sternenexplosion, ausgelöst worden sein oder durch einen Gammablitz. Das sind gewaltige Ausbrüche von Gammastrahlen im Universum, die durch die Kollision zweier Neutronensterne oder Schwarzer Löcher entstehen sollen. In Bruchteilen eines Augenblicks werden gewaltige Mengen an Strahlung freigesetzt, die – wenn es nah genug passiert – das Leben auf der Erde schwer treffen können, so die Hypothese. Schließlich greift diese Strahlung die Ozonschicht an, die die Erde vor der schädlichen UV-Strahlung schützt. Die Folge: Über Jahre hinweg könnte ein planetenweites Ozonloch die harte, gefährliche UV-Strahlung der Sonne ungehindert durchlassen – und das wäre dann der Auslöser des Massenaussterbens.

Beweise dafür gibt es nicht, geben auch die Befürworter zu: Vielleicht ließe sich so ein Gammablitz in Hunderte von Millionen Jahre alten Gesteinen überhaupt nicht nachweisen. Damit wäre die Hypothese niemals zu erhärten. Nicht allein deshalb ist sie für die meisten Geologen eher eine »Revolvergeschichte«. Eines ihrer Gegenargumente ist, dass sich das Massenaussterben im Ordovizium über Jahrmillionen hinzog und in zwei Phasen ablief. Die bei einem einmaligen, blitzartigen Ereignis angerichteten Schäden an der Ozonschicht wären hingegen nach kurzer Zeit wieder verschwunden. Selbst wenn sie 1000 Jahre dauerten, es würde nicht reichen. Außerdem, so führen die Geologen schmunzelnd an: Wo bliebe denn da der Spaß, wenn alles einfach unbeweisbar jenseits der Erde passierte …

Flachwasser und vor allem in den Binnenmeeren auf den Kontinenten etabliert. Wären die Gletscher nur einmal vorgestoßen, um sich nach Jahrmillionen einfach wieder zurückzuziehen – wer weiß, wie die Natur ein solches einmaliges Ereignis verkraftet hätte. Aber Eiszeiten sind keine »monolithischen« Blöcke, sondern ein stetes Auf und Ab. Kältere und wärmere Perioden wechseln einander ab. Klettern die Temperaturen, schmilzt ein Teil der Gletscher, und der Meeresspiegel steigt. Dann breiten sich die Flachwasserorganismen aus, erobern das »Neuland« – aber nur, um in der nächsten Kaltphase, wenn auf den Kontinenten wieder die Eispanzer wachsen, erneut ihren Lebensraum zu verlieren. Unter diesem Hin und Her litten die sonst so beliebten Ökosysteme in den lichtdurchfluteten Zonen um die Kontinente und Inseln. Selbst die Bewohner, die es in ein Rückzugsgebiet schafften, überstanden diese Tortur auf Dauer nicht: Irgendwann waren sie verschwunden.

Wenn im Meerwasser der Sauerstoffgehalt schwindet, erhalten Bakterienriffe eine neue Chance. Das war während des Massenaussterbens am Ende des Ordoviziums so – und heute passiert es im Schwarzen Meer.

DIE ERDE IM SILUR IN ZAHLEN
(444 bis 416 Millionen Jahre vor heute)

Atmosphärischer Sauerstoffanteil	Über das gesamte Silur hinweg durchschnittlich etwa 14 Volumenprozent. Das entspricht 70 Prozent des heutigen Niveaus.
Atmosphärischer Kohlendioxidanteil	Über das gesamte Silur hinweg durchschnittlich etwa 4500 ppm. Das ist etwa das 16-Fache des vorindustriellen Gehalts.
Durchschnittliche Oberflächentemperatur	Über das gesamte Silur hinweg etwa 17 Grad Celsius und damit um 2 Grad Celsius über dem derzeitigen Wert
Meeresniveau	Etwa 180 Meter über dem heutigen Niveau mit kurzfristigem Rückzug des Meeres

Und so ging der Tod um: nicht nur in den Küstenzonen und Binnenmeeren, sondern auch auf hoher See. Denn wann immer die Gletscher in einer Warmphase abschmolzen, setzten sie gewaltige Mengen an Nährstoffen frei. Riesige Algenblüten waren die Folge, die nach ihrem Absterben dem Wasser den Sauerstoff raubten – Vergiftungen und Sauerstoffmangel trafen selbst die hochmarinen Ökosysteme, die Nahrungsnetze rissen. Im Grunde ist es der schon aus dem Präkambrium bekannte Mechanismus, der beispielsweise die Graptolithen traf. Zu Beginn des Silurs gab es nur noch ein oder zwei Arten. Die reichen Korallenriffe waren verschwunden, etliche Arten von Moostierchen, Korallen und Brachiopoden ausgestorben. Die »Schultüten« der Meere, die Orthoconen Cephalopoden, aber auch die Nautiloidea, sie waren fast alle zugrunde gegangen.

Die Ozeane hatten sich geleert: Rund 75 bis 80 Prozent aller bekannten Arten hatten aufgehört zu existieren. Nun ist es aber nicht so, dass bei einem Massenaussterben einfach nur 50 plus x Prozent der Arten weg sind und es danach einfach weitergeht wie gehabt. So als hätte ein wütendes Kleinkind die Schachfiguren vom Brett gefegt und man stellt sie achselzuckend wieder auf. Bei Massenaussterben fallen nämlich nicht nur die Arten heraus, sondern mit ihnen verschwindet sozusagen das Spielbrett, sprich: die Ökosysteme – die Nischen, die die Tiere und Pflanzen zuvor gebildet hatten, bleiben ohne sie nicht erhalten.

Danach existieren nur noch höchst simple Ökosysteme mit sehr wenigen Mitspielern. Und die zählen vor allem zu den Generalisten, die überall zurechtkommen, auch unter widrigen Umständen. Komplexe Ökosysteme müssen erst von den Überlebenden neu aufgebaut werden, neue Art für neue Art. Sind bei dem Massenaussterben die dominierenden Gruppen verschwunden, können nun die Außenseiter von einst ihre Chance erhalten und die Welt umkrempeln, so wie es vor 65 Millionen Jahren geschehen ist, als die Saurier abtraten. Aber im Ordovizium war der Schnitt trotz der im Vergleich höheren Verlustrate nicht sehr tief: Die alten Formen retteten zumindest ein paar Vertreter in die Zukunft, sodass keine neue Ära anbrach. Es war mehr so etwas wie eine Fleischwunde, die schnell wieder heilte.

Wenn der Sturm vorüber ist …

Als die Gletscher verschwanden, kehrten im Silur (444 bis 416 Millionen Jahre vor heute) auf den Kontinenten die ausgedehnten tropischen Binnenmeere zurück. Allerdings war es in ihnen nicht immer angenehm. So entstanden in weiten Teilen Nordamerikas und Sibiriens durch Verdunstung riesige Salzlagerstätten. Anderswo wuchsen die Riffkomplexe üppiger als je zuvor: Wer von den Stromatoporen, tabulaten und rugosen Korallen überlebt hatte, nutzte seine Chance und brachte neue Arten hervor. 120 Millionen Jahre lang dominierten sie als Triumvirat den Riffbau und bildeten etwas später, im Devon, gigantische Strukturen. Auch die Graptolithen entfalteten sich zu neuer Blüte, wobei die eine Art die vorhergehende schnell ersetzte. Die Trilobiten waren immer noch dabei, ebenso die Ostracoda, die Muschelkrebse. Sie waren beispielsweise in dem flachen Meer, das damals Gotland bedeckte, so häufig, dass sie ganze Gesteinskomplexe aufbauten.

Nach dem Einbruch am Ende des Ordoviziums entfaltete sich während des Silurs das Leben zu neuer Blüte. Zwischen Korallen und Seelilien gingen Orthocone Cephalopoden auf die Jagd.

Zu denen, die damals zurückkehrten, zählen auch die Brachiopoden. Sie sammelten sich in manchen Gesteinen an wie Rosinen in einem Kuchen – allerdings verloren sie allmählich Terrain an die Muscheln. Dafür setzten die Schnecken, Bryozoen und Seelilien ihre Erfolgsgeschichte fort, vor allem Letztere. Mehr als 100 Millionen Jahre brachten sie immer neue Formen hervor und waren in manchen Gebieten so häufig, dass die Glieder, die ihre Stiele aufbauten, zu Kalksteinen zusammengeschwemmt wurden. Mit den *Scyphocriniten* (Bojen-Seelilien) gab es im Oberen Silur für ein paar Millionen Jahre sogar eine Gruppe, die ihre »Wurzelsysteme« zu einer faustgroßen, kugeligen Schwimmboje umgestaltet hatte und um die Welt driftete.

Vor allem aber eroberten sich die Tiere im Silur endgültig das freie Wasser. Dabei gaben zunächst noch die Kopffüßer den Ton an: Ob lang gestreckt oder aufgerollt, ihnen gehörte das offene Meer, das Pelagial. Im flachen Wasser mussten sie sich jedoch vor den Scheren der riesigen, manchmal zwei Meter langen Seeskorpione in Acht nehmen. Auch sie erlebten eine Blütezeit, in deren Verlauf sie sogar das Süßwasser an Land eroberten, als es auch dort etwas für sie zu verspeisen gab.

Silur: Die Invasion beginnt …

Nachdem im Ordovizium wohl genügend Sauerstoff für eine schützende Ozonschicht in der Atmosphäre war, konnten die Pflanzen an Land im Silur größer werden. Gefäßpflanzen eroberten sich den neuen Lebensraum. Zunächst überzogen winzige Gewächse die Sumpfgebiete: Die Urfarngewächse (Psilophytales) besaßen weder Blätter noch echte Wurzeln, sondern nur zylindrische, sich verzweigende Stängel. Als Nächstes erschien vor 420 Millionen Jahren die nur wenige Zentimeter große *Cooksonia,* die vor allem auf der Nordhalbkugel wuchs, und die ebenso »bescheidene« *Baragwanathia,* die in Australien heimisch war.

Cooksonia *gehört zu den ersten Landpflanzen überhaupt. Obwohl sie nur wenige Zentimeter groß wurde, brauchte sie doch in ihrem Inneren Leitungsbahnen, um alle ihre Teile mit Wasser zu versorgen.*

Um an Land überleben zu können, mussten die Pflanzen sich vor der Austrocknung in der Luft schützen können. Außerdem mussten sie sich stabilisieren, um sich aufrecht zu halten, gleichzeitig aber biegsam bleiben. Zur Bewältigung der Probleme legten sich die Pflanzen eine dünne Wachshülle zu und entwickelten für den Gasaustausch Spaltöffnungen, die als Verdunstungsschutz verschließbar waren. Sie brauchten Wurzeln für Verankerung, Nährstoffaufnahme und Transport und ein Gewebe zum Wasser- und Nährstofftransport. Außerdem brauchen Landpflanzen für ihre Fortpflanzung Sporen, die mit der Luft übertragen werden. Zunächst waren diese Pflanzen noch klein und ihre Wurzeln, mit denen sie Nährstoffe aufnahmen, kurz. Im Grunde waren sie anfangs nicht mehr als eine grüne Oberfläche, die Fotosynthese betrieb. Mit der Zeit jedoch wurden die Pflanzen besser und besser darin, die Herausforderungen ihres Lebensraums zu meistern. Schon bald, im Devon, sollten sie es endgültig geschafft haben.

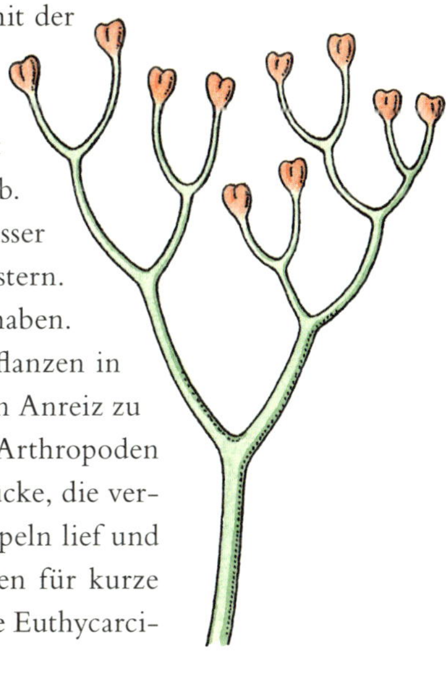

Bis dahin, im Silur, blieben die höher wachsenden Pflanzen in Wassernähe. Aber schon das reichte, um den Tieren einen Anreiz zu bieten, es mit dem Leben an Land zu versuchen. Die Arthropoden gehörten zur Vorhut. Von ihnen blieben fossile Fußabdrücke, die verraten, dass damals jemand über die Sandflächen an Tümpeln lief und über die Uferbänke der Flüsse. Die Arthropoden standen für kurze Zeit an der Spitze der Lebenspyramide, unter anderem die Euthycarci-

EINE BETTELHOCHZEIT

Dass sich die Pflanzen das Land untertan machten, hatte wohl Folgen für die Ozeane. Richard Bambach von der Smithsonian Institution of Natural History ist überzeugt, dass der Anstieg in der Vielfalt des Meeresplanktons im späten Paläozoikum mit den Veränderungen an Land zusammenhängt. So sollen die höher wachsenden Pflanzen die chemische Verwitterung gepuscht haben, weil sie sich mithilfe ihrer Wurzeln mehr Nährstoffe aus dem Gestein holten.

Damit gerieten plötzlich durch den Regen und das Grundwasser mehr und sehr viel besser pflanzenverfügbare Nährstoffe ins Meer. Außerdem schleppten die Flüsse große Mengen organischer Substanz heran. Vor allem die Küstenökosysteme profitierten von diesem »Segen«. Die Evolution brachte immer neue Arten von Planktonlebewesen hervor und außerdem lebten nun mehr und mehr Tiere von dem sehr viel nahrhafteren Schlamm. Der gewachsene organische Input vom Land brachte den Einstieg in die sehr produktiven marinen Ökosysteme, die sich bis heute gehalten haben, so Richard Bambach. »Das ›fischlose‹ Meer von Cincinnati, das im Ordovizium so reich erschien, war im Vergleich zu dem, was kam, nur eine Bettelhochzeit.«

noidea: Gliederfüßer, die aussahen wie Schaben auf elf Beinpaaren und die am Süßwasser lebten. Im späten Silur scheint es erste Tausendfüßer gegeben zu haben und mit den Trigonotarbida auch Spinnen. Es sieht also so aus, als ob sich in dieser neuen Welt sehr schnell Nahrungsnetze ausbildeten. Weder abgestorbene Pflanzen blieben ungenutzt, noch entging den Räubern eine fette Beute.

Die kieferlosen Fische verließen im Silur zunächst einmal den Ozean. Nachdem sie die Stoffwechselprobleme bei der Umstellung von Salz- auf Süßwasser gelöst hatten, stand ihnen der nahrhafte Modder in Flüssen, Bächen und Seen als Lebensgrundlage zur Verfügung. Für einen kurzen Augenblick in der Geschichte waren sie konkurrenzlos »glücklich« – wenn man von den Eurypteriden absah, den Seeskorpionen, die das Süßwasser unsicher machten. *Slimonia* beispielsweise war so groß wie ein Mensch. Vorne besaß sie zwei große Zangen, den abgeflachten Körper trugen dünne Beine und am Hinterende hatte sie ein blattähnliches »Paddel«. Ihre Lungen mit dem sorgsam gefalteten, Sauerstoff absorbierenden Gewebe lagen an der Unterseite des Körpers. *Slimonia* lauerte wahrscheinlich regungslos in seichten Senken, um dann bitzschnell zuzuschnappen, wenn ein Opfer in ihre Nähe kam.

… und der Siegeszug der Fische

Die Tage der Kopf- und Gliederfüßer als Herrscher der Ozeane waren gezählt. Die künftigen Regenten machten sich bereit: die Fische. Nach rund 100 Millionen Jahren einer eher bescheidenen Existenz brachten die kieferlosen Agnatha nun eine ganze Reihe Formen hervor, von denen etliche gepanzerte Kopfschilde aus Hautknochenplatten trugen. Etwa die urtümlichen Heterostraci, die aussahen wie Pfannen, über die ein Scherzbold eine »Rüstung« aus kunstvoll »zusammengehäkelten« Knochenplatten gezogen hat. Die beiden größten und stärksten Platten schlossen Ober- und Unterseite des Kopfes ein, kleinere, separate umrahmten die Augen und den Mund und schützten jede einzelne Kiemenöffnung. Die Platten selbst waren von dekorativ skulpturierten Mustern wie von einer feinen Stickerei überzogen: Dahinter verbargen sich Sinnesorgane, die die oft nur handgroßen Fische vor Überraschungsangriffen ihrer Feinde warnen sollten.

Unter den Heterostraci gab es viele bizarre Arten wie die *Doryaspis,* die etwas später im Devon lebten. Sie glichen einem Miniatur-Narwal: Vielleicht scheuchten sie mit dieser langen, nadelförmigen »Schnauze« Kleinlebewesen auf, um sie einzusaugen. Die *Elgonaspis* hingegen trugen vorne an ihrem Kopf Röhren. Wahrscheinlich vergruben sie sich in schlammigen Böden und saugten durch diese Röhren ein, was ihnen zu nahe kam.

Doryaspis, *die zu den kieferlosen Fischen des Devons gehorten, waren bizarre Tiere, die mit ihrer »Schnauze« wohl Kleinlebewesen einsaugten.*

Aktiver werden die meisten Thelodonti gewesen sein. Auch sie gehörten zu den Agnatha, obwohl sie vom Körperbau her moderner und vertrauter wirken, unter anderem, weil ihre Schwanzflossen bereits gegabelt waren. Manche Arten besaßen außerdem hohe, platte Körper und sahen auf den ersten Blick wie Petersfische aus. Sie waren wahrscheinlich aktive Schwimmer, lebten entweder davon, Plankton einzusaugen oder nach treibender Beute zu packen. Andere Thelodonti hatten mit flachen Körpern und breiten Brustflossen etwas von einem bodenlebenden Engelhai. Wie sie scheint auch *Turinia* über den Meeresboden »geflogen« zu sein, um sich ihre Beute aus dem Schlick heraus zu greifen.

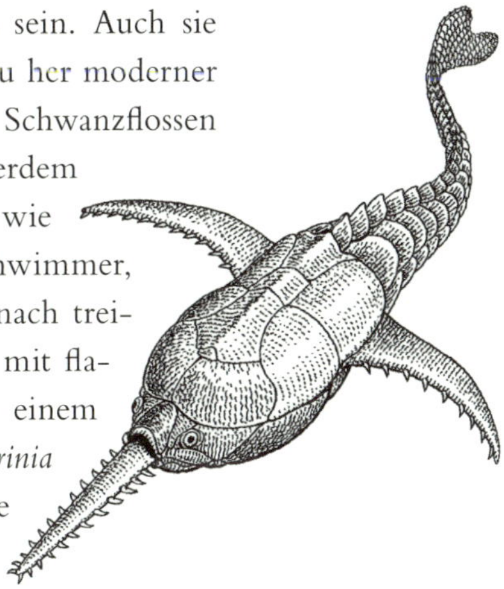

Die Thelodonti hatten einiges gemeinsam: Sie legten keinen Wert auf einen Panzer. Dafür bedeckten sie Körper, Kiemen und selbst das Innere ihres Maul mit sehr charakteristischen, schön geformten Schuppen, denen ihre »Verwandtschaft« mit den Zähnen noch deutlich anzusehen war: Eine »Krone« aus glänzendem Dentin saß auf einer knöchernen, von unten ausgehöhlten Basis. Außerdem besaßen die Thelodonti bereits gut entwickelte Mägen – etwas, das bei den anderen Agnatha selten vorgekommen sein soll, jedenfalls soweit wir es wissen. Weil die Evolution sie schon weit gebracht hatte, zählen sie zu den möglichen Ahnen der Fische mit Kiefern.

Allerdings wird ihnen diese Position von den Osteostraci streitig gemacht, die die Spitze der Agnatha-Evolution bilden. Sie schützten sich wieder mit einem Kopfschild, das während des Wachstums der Tiere aus vielen kleinen Platten zusammenwuchs, die Erwachsenen mit einem massiven Panzer umgab und das gut entwickelte Gehirn schützte. Öffnungen gab es für Augen, Nasenhöhle und Maul und zwischen den Augen verraten winzige Löcher, dass sich dort wohl Sin-

DELIKATESSE AUF DER ROTEN LISTE

Von der einst so vielfältigen Gruppe der Agnatha sind nur die Neunaugen *(Petromyzontidae)* und die Schleimaale *(Myxinoida)* übrig geblieben. Beide gelten als lebende Fossilien, allerdings sind Letztere noch primitiver als die Neunaugen. Während die Schleimaale vor allem in der Tiefsee auf die Suche nach Aas gehen, leben die meisten Neunaugen inzwischen im Süßwasser. Viele von ihnen sind Parasiten: Mit den Hornzähnen in ihrem rundlichen Saugmaul raspeln sie Fleischstücke aus ihrem Opfer heraus und trinken sein Blut.

Früher galten Neunaugen als Delikatesse, die in einem guten Bordeaux und mit frischen Zwiebeln gegart wurden. Ein nicht ganz ungefährlicher Genuss: König Heinrich I. von England, der jüngste Sohn Wilhelms des Eroberers, soll am 1. Dezember 1135 in Lyons-la-Forêt gestorben sein, nachdem er sich mit einem Neunaugeneintopf vollgestopft hatte. Mit dem Vergnügen des Verzehrs ist es im 21. Jahrhundert aber ohnehin vorbei, denn die Tiere stehen auf der Roten Liste und sind vom Aussterben bedroht. Da die Wurzeln der heutigen Neunaugen in das Devon zurückreichen, geht mit ihnen eine 360 Millionen Jahre alte Geschichte zu Ende.

Als Ahnen der heute noch lebenden Agnatha gelten die *Anaspida:* kleine, einfache, aalartige Tiere, die auf Knochenplatten verzichteten und manchmal sogar auf Schuppen. Dafür besaßen sie am Ende der Kiemenreihe einen dreistrahligen Stachel. Ihr Maul war eng und es sieht so aus, als hätten auch sie sich schon als Parasiten durchs Leben geschlagen.

nesorgane versteckten. Ihr Skelett bestand nicht mehr nur aus Knorpeln, sondern begann zu verknöchern, nämlich dort, wo die Brustflossen am Schultergürtel ansetzten. Mund und Kiemen waren zu Lebzeiten von einem Mosaik aus kleinen Platten bedeckt. Mit ihren mit Röhren durchsetzten Zonen am Mund siebten sie wohl das richtige Futter heraus. Osteostraci wie *Tremataspis* lebten am Boden. Sie waren besonders schwer gepanzert und verzichteten auf die Flossen. Mobilität war wohl nicht so wichtig für sie. Besser schwimmen konnten anscheinend die *Cephalaspis*. Allerdings entfernten auch sie sich nicht weit vom Boden. Manche von ihnen hatten bizarr weite Schilde: Sperrigkeit als Schutz vor Räubern. Außerdem besaßen sie ein System von durch Kanäle miteinander verbundenen Poren, aus denen sie im Ernstfall vermutlich Schleim absonderten, um schneller zu entkommen.

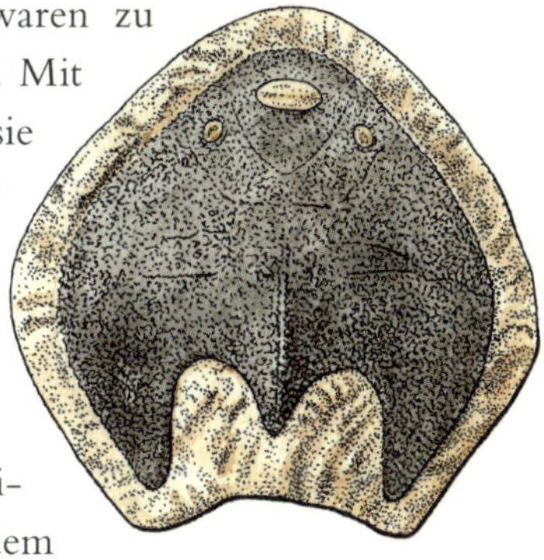

Der Kopfpanzer von Galeaspida, *kieferlosen Fischen, die ihren Kopf mit einem massiven Knochenschild schützten. Sie lebten erst im Meer, eroberten später auch das Süßwasser. Ihre Position innerhalb der Kieferlosen ist nicht klar, sie könnten zu mehreren Gruppen gehören.*

Während des Silurs waren die Agnatha die dominierenden Fische. Die Fische mit Kiefer spielten noch keine große Rolle. Ihre Stunde schlug im Devon, dem »Zeitalter der Fische«: Sie sollten sich durchsetzen, die Agnatha zu Randfiguren degradieren – allerdings solche, die oft genug als Parasiten die Sieger ganz schön zu piesacken wussten. Trotzdem: Auch wenn die meisten Agnatha rätselhafterweise vor 355 Millionen Jahren ausstarben, so hatten sie sich doch 60 Millionen Jahre lang hervorragend behaupten können. Sie zählen damit zu den erfolgreichsten Wirbeltiergruppen, die jemals auf diesem Planeten gelebt haben. Der moderne Mensch mit seinen derzeit etwas mehr als 200 000 Jahren Geschichte kann davon nur träumen …

9

Das Zeitalter der Fische – oder Wie Kiefer und Zähne die Welt veränderten

Wer auch immer unter den Kieferlosen zum Urahn aller Fische mit Kiefer wurde – hätte er geahnt, was kommt, er hätte diese besondere Brut wohl aufgefressen: Wer will schon seinen eigenen Untergang? Nun, die Chance haben sie vertan und so brachten die Unglücksraben die Gnathostomata hervor, die Kiefermäuler, die einfach sehr viel besser darin sind, andere zu packen und zu verspeisen, und auch sehr viel besser darin, Feinde abzuwehren. Deshalb sind heute von den mindestens 51 000 lebenden Wirbeltierarten 99,9 Prozent Kiefermäuler!

Die Gogo-Formation in Westaustralien gehört zu den berühmtesten Fossillagerstätten der Welt. In diesem devonischen Riff gelingen immer wieder spektakuläre Funde, vor allem von Fischfossilien. Damals ging dort unter anderem Dunkleosteus *auf die Jagd, der nicht nur der größte Fisch seiner Zeit war, sondern auch das gefährlichste Raubtier.*

Die Frage ist, wem die Ehre gebührt, die Evolution einen so großen Schritt vorangebracht zu haben. Da sind zum einen die Thelodonti. Für sie als Urahnen der Kiefermäuler spricht unter anderem ihr gut entwickelter Magen: So etwas besaßen die Kieferlosen normalerweise nicht, ebenso wenig wie ihre heute noch lebenden Nachfahren. Außerdem tragen viele Thelodonti-Arten zu Tausenden seltsame Schuppen an ihrem Körper, in ihrem Mund und sogar in den Schlitzen der Kiemen: Diese Schuppen sind genauso aufgebaut wie die Zähne der ersten Kiefermäuler.

Das Meer im frühen Devon: Mehrere große Knochenfische wie Youngolepis *(oben links) und* Psarolepis *(links) jagen einige Galeaspida. Auch ein Antiarchi (vorne) ist unterwegs.*

Trotz dieser Argumente pro Thelodonti stehen derzeit bei der Frage nach der Abstammung die Osteostraci ganz vorn in der Gunst der Paläontologen: Als Aktivposten können sie für sich Schultergürtel verbuchen, ebenso ihre spezielle Gehirnstruktur, ihr Nervensystem mit einem Vagusnerv, der fast alle inneren Organe steuert, und vor allem ihre knöchernen Verstärkungen um die Augen herum, die Augenringknochen.

Sie sollen bei der Frage, wie die Evolution die Kiefer hervorgebracht hat, so etwas wie der Rosettastein sein, mit dessen Hilfe die Altertumsforscher die Hieroglyphen entschlüsselt haben. Die Geschichte mit den Augenringknochen begann in den 1970er-Jahren. Damals beschäftigte sich der Entwicklungsbiologe Brian Hall von der Dalhousie University im kanadischen Halifax mit wenige Tage alten Hühnerembryonen, die gerade ihren Kopf entwickelten. Ob Huhn, Hai oder Mensch, beim Embryo entsteht der Kopf immer auf dieselbe Weise: Kaum haben sich Eizelle und Spermium vereinigt, bildet sich erst ein Zellhaufen, der sich zu einem scheibenförmigen Etwas fortentwickelt und schließlich zu einem röhrenförmigen Gebilde. Bei diesem gibt es ganz klar ein Vorne und ein Hinten und vorne bildet sich eine Art Klumpen – der noch sehr unscheinbare Kopf im Frühstadium. Damit ein »anständiger« Kopf entsteht, müssen andauernd ganze Genbatterien in der richtigen Reihenfolge ein- und ausgeschaltet werden. In dem Bereich, der später der Rachen wird, sind Eintiefungen und Verdickungen zu erkennen: die Kiemenbögen. Jeder Wirbeltierembryo entwickelt sie, aber was daraus wird, unterscheidet sich erheblich. Aus dem ersten dieser Kiemenbögen gehen bei den Hühnerembryonen die Augenringknochen hervor und außerdem die Kiefer samt Muskeln und Blutgefäßen. Bei allen Säugetieren kommen dann noch zwei Knöchelchen im Innenohr dazu, nämlich Hammer und Amboss. Wenn ein Löwe einen Büffel erlegt, profitiert er also davon, dass vor 430 Millionen Jahren die Gene irgendeines Fischembryos etwas anders feuerten als »normal«, sodass nicht nur die Augenringknochen entstanden, sondern zufällig auch Gewebe für den Unterkiefer wuchs. Das erwies sich offensichtlich als vorteilhaft. Es verstärkte die Wirkung der Knochenplatten um den Mundbereich der Ex-Agnatha: Wer größere Stücke herausreißt oder schlucken kann, wird leichter satt. Die anatomische Neuerung verfestigte sich und die Kiefer setzten sich durch. Kiefer waren in – und sie blieben es. So wuchsen im Devon die

DER FISCH IN UNS …

… ist inzwischen sprichwörtlich geworden. Wenn man so will, entwickeln sich aus dem ersten Kiemenbogen der Haie beim Menschen unter anderem die Gehörknöchelchen Hammer und Amboss (die es bei den Fischen nicht gibt). Aus dem zweiten Kiemenbogen wird der Steigbügel fürs Innenohr. Der dritte sorgt für die Knochen im Rachenraum und viele der Muskeln, die für die Mimik verantwortlich sind. Der vierte Bogen ist für den unteren Teil des Rachens und den Kehlkopf zuständig, auch hier wiederum samt Muskeln und Blutgefäßen. Auch die Vertiefungen zwischen den Kiemenbögen werden umgestaltet. Aus der ersten werden die Eustachische Röhre und einige andere Strukturen im Ohr. Beim Hai jedoch entsteht daraus ein Spritzloch, durch das er Atemwasser aufnimmt. Die zweite Vertiefung bildet den Hohlraum für die Rachenmandeln, die dritte und vierte verwandeln sich in Drüsen: Schilddrüse, Nebenschilddrüse, Thymusdrüse und noch ein paar andere mehr.

Nahrungsnetze: Sehr große Fische verschlangen die großen, die wiederum die kleineren fraßen, welche sich über die noch kleineren hermachten …

Aber wie konnten die Kiefermäuler die absolute Vorherrschaft über die kieferlosen Fische erobern? Lange dachten die Paläontologen, dass sie ihre Vorfahren einfach verdrängt hätten. Allerdings zeigen die statistischen Analysen, die Philip Anderson und seine Kollegen von der University of Bristol durchgeführt haben, ein anderes Bild. Zwar entwickelten die Kieferfische rasch eine große Vielfalt: Schnell gab es an einem Ende der »Skala« schmale Kiefer mit scharfen, spitzen Zähnen, die ideal waren, um sich schnell eine sehr bewegliche Beute zu schnappen, und am anderen Ende dicke, sehr kräftige Kiefer, die mit breiten, stumpfen Platten bewehrt waren. Trotzdem lebten beide Gruppen mindestens 10 oder 20 Millionen Jahre nebeneinander her, ohne dass die Artenzahl der Kieferlosen abnahm. Vielleicht, weil sie nicht um dieselben Ressourcen wetteiferten, vermutet Anderson, schließlich ernährten sich die Agnatha von winzigen Beutetieren oder parasitär:

MIT DEN OHREN ATMEN

Nicht nur embryologische Studien, sondern auch ein 370 Millionen Jahre alter fossiler Fisch legt nahe, dass die Ohren der höheren Wirbeltiere einmal als kleiner Knochen im zweiten Kiemenbogen begonnen haben. Was heute ein komplexes Sinnesorgan ist, diente unseren Ururahnen im Wasser zur Atmung. Den Weg von einer Funktion zur anderen hofft der Paläontologe Martin Brazeau mithilfe eines Fischs nachzeichnen zu können, und zwar anhand eines *Panderichthys*, dessen Fossil unentdeckt im Lettischen Naturkundemuseum in Riga schlummerte. Diese meterlangen Fische gehören zu den Übergangsformen zwischen Fischen und den vierbeinigen Landbewohnern.

Sein fossiler Schädel scheint Merkmale beider Gruppen zu kombinieren. So gibt es bei urtümlichen Fischen einen durch einen langen Knochen geführten engen Kanal, der von der Schädeldecke in den Mund reicht: die Hyomandibula. Bei den Fischen koordiniert diese Hyomandibula beim Fressen und Atmen die Bewegungen zwischen den verschiedenen Komponenten des Kopfs. Genau diese Struktur besitzt auch *Panderichthys*. Sie diente ihm wohl immer noch zur Atmung, damit er im Flachwasser keinen Schlamm schlucken musste. Allerdings war der Kanal breiter als bei »normalen« Fischen, der Knochen kürzer. Damit war *Panderichthys* auf dem Weg in die Zukunft, denn aus diesem Knochen sollten die steigbügelähnlichen Gehörknöchelchen werden, mit denen Säugetiere Schallwellen ins Innenohr leiten. Charles Darwin wäre beglückt gewesen.

SAG MIR, WIE VIELE KIEMEN DU HAST …

In der Wirbeltierevolution spielen die Kiemen eine wichtige Rolle. Am Beginn durchlöcherten Angehörige der Hemichordata (Kiemenlochtiere), zu deren Vertretern heute beispielsweise die Eichelwürmer und Lanzettfischchen zählen, das Pharynx genannte Areal zwischen Mundhöhle und Verdauungstrakt mit bis zu 100 Kiemenpaaren: Sie waren mit Schleim ausgekleidet, an dem kleine Nahrungspartikel hängen blieben. »Echte« Wirbeltiere verspeisten Handfesteres, sodass sie dieses besondere Areal nicht brauchten. Die Fische reduzierten die Zahl der Kiemenpaare zunächst auf fünf bis fünfzehn, um sich schließlich bei sechs Paaren »einzupendeln«, auch wenn manche Haie mehr besitzen. Jede Kiementasche ist von Gewebebalken umgeben, die aus Knorpel, Muskeln, Blutgefäßen und Nerven bestehen: die Kiemenbögen, die jeweils aus einem spezialisierten Teil des Darmkanals gebildet werden.

»Wahrscheinlich entwickelten die Kiefermäuler einfach neue Ernährungsstrategien, denn sie konnten größere Beutetiere packen und harte Schalen knacken – und das war das Geheimnis ihres Erfolgs.« Bleibt jedoch immer noch die Frage, was die Kieferlosen verschwinden ließ. Denn als das Devon zu Ende ging, sollten die Kieferlosen bis auf ein paar Überlebende verschwunden sein.

Während des Devons entstanden bei den Fischen in einem wahren Feuerwerk der Evolution immer neue Formen. Und so nahmen zu Beginn des Devons die Placodermi, die Plattenhäuter, die Position des Spitzenräubers ein. Sie waren im Untersilur entstanden – sei es aus den Thelodonta oder den Osteostraci. Kopf und Körper dieser bizarren Fische waren mit einem Mosaik aus überlappenden Knochenplatten bedeckt und um die Augen trugen sie eine knöcherne Kapsel. Manche Plattenhäuter glichen vom Körperbau her Rochen, andere eher Haien und zubeißen konnten sie wohl hervorragend. Bei den meisten waren die Kiefer recht einfach gebaut und mit spitzen Zähnen ausgerüstet, um Beute zu packen. Andere Arten scheinen Muscheln gefressen zu haben und wieder andere bevorzugten Plankton.

Kiefer besaßen auch die ersten Knochenfische (Osteichthyes), die Ahnen aller Heringe, die seit dem Obersilur in den Meeren schwammen, und natürlich auch die der Haie

Panderichthys *gehört zu den Übergangsformen zwischen Fischen und Landwirbeltieren.*

(der Knorpelfische, Chondrichthyes). Diese neuen Fische fügten sich neben Kopffüßern und Seeskorpionen in die Reihe der ungeheuer effizienten Jäger des Devons ein. So gerieten zahllose Meeresbewohner unter Druck. Der Abstieg der Trilobiten beispielsweise nahm weiter Fahrt auf. Anscheinend boten ihre Außenskelette viel zu wenig Widerstand und zu langsam waren sie auch noch. Ihre Zeit neigte sich dem Ende zu, auch wenn sie sich vorerst noch halten konnten.

Massen gepanzerter Fische

Vor 390 Millionen Jahren wuchsen dort, wo heute das Rheinische Schiefergebirge ist, Riffe auf untermeerischen Vulkanen. Diese Riffe waren ebenso bunt und vielfältig wie das Great Barrier Reef in Australien – nur dass völlig andere Arten von Korallen und Schwämmen die Unterwasserwelt aufbauten. Neben den Fischen lebten dort auch die Goniatiten, frühe Vertreter der Ammonoideen, von einer Gruppe der Kopffüßer also. Sie alle waren auf der Suche nach Beute, einem netten Trilobiten etwa oder einer fetten Schnecke wie der spiralig aufgedrehten *Bellerophon,* deren Gehäuse einen halben Meter groß werden konnte. Ließ man *Bellerophon* in Ruhe, quoll ihr fleischiger Fuß regelrecht aus dem Haus hinaus und hinterließ auf halber Höhe eine Art »Wasserlinie«. Für einen hungrigen Angreifer muss *Bellerophon* verführerisch ausgesehen haben, aber das Tier war keine leichte Beute, denn es konnte sich wohl ganz in sein massives Haus zurückziehen und war dann in Sicherheit.

Die Ammonoidea entfalteten im Lauf von 350 Millionen Jahren einen ungeheuren Formenreichtum. Es soll zwischen 30 000 und 40 000 Arten gegeben haben.

Während im äquatornahen Rheinland die Riffe wuchsen, lagerten sich direkt davor in den gut durchlüfteten Meeresbecken des künftigen Hunsrücks Schlämme ab, die einmal zu Dachschiefern werden sollten. Dort breiteten sich Seelilienrasen aus, zwischen denen Schwämme, Brachiopoden, Bryozoen und Korallen wuchsen. Manche Korallenkolonien umschlossen den kleinen Wurm *Hicetes,* der vielleicht als Kommensale (»Mitesser«) mit der Koralle zusammenlebte. Durch den Boden wühlten sich Borstenwürmer, die sich für Kleinstlebewesen interessierten. Seegurken wie *Palaeocucumaria* krochen über den Grund und

MIT SPIRALE UND DONNERKEIL

Zwar waren die großen, gestreckten Cephalopoden des Ordoviziums und Silurs ausgestorben, aber ihre große Zeit stand den Kopffüßern durchaus noch bevor. Zunächst bevorzugten sie kleinere Formen wie die Bactriten, die auf ein lang gestrecktes, gekammertes Gehäuse setzten und die wahrscheinlich vom ordovizischen *Bactroceras* abstammen. Im Devon entwickelten sich aus diesen Bactriten die Ammonoideen, die die Meere bis zum Ende des Mesozoikums (251–65,5 Millionen Jahre vor heute) in einer unglaublichen Formenfülle besiedelten. Die Ammonoideen rollten ihre Gehäuse spiralig auf. Ihr weicher Körper steckte dabei in der Wohnkammer, aus der Arme und Kopf ragten. Etwas später, im Unteren Karbon, kamen die Belemniten dazu. Sie verlegten ihr Skelett nach innen und bildeten an seiner Spitze ein kegelförmiges Gebilde aus Kalk, das Rostrum, das heute als »Donnerkeil« in den Sedimenten gefunden wird. Die Ammonoideen brachten bis zu ihrem Aussterben am Ende der Kreide eine neue Art nach der anderen hervor.

Schlangensterne mit weicher Haut zwischen den Armen. Seespinnen waren unterwegs und Krebstiere wie der bizarre *Nahecaris* oder der Pfeilschwanzkrebs *Weinbergina*. Häufig vertreten waren auch Trilobiten wie *Phacops ferdinandi* mit rundlichem Kopf und großen Augen. Dazu kam der »Scheinstern« *Mimetaster,* ein seltsamer Gliederfüßer mit sternförmigem Körperschild.

In dem Meer, das heute der Hunsrück ist, lebte vielleicht auch ein später Nachfahre eines längst abgesetzten Herrschers aus dem Kambrium: ein Tier, das *Anomalocaris* gleicht. Hatte er mit *Schinderhannes bartelsi* einen Vertreter in die Zukunft gerettet? *Schinderhannes* verdankt seinen Namen einem Räuber, Johannes Bückler, der 1803 in Mainz hingerichtet worden war und der heute – wenn man die romantische Verklärung weglässt – als jugendlicher Intensivtäter eingestuft werden müsste. Beide, Bückler wie Fossil, lebten räuberisch. Falls *Schinderhannes bartelsi* ein Anomalocarid war, dann war er nur noch ein Schatten seiner Sippschaft: Knapp zehn Zentimeter groß, konnte er höchstens ein paar Trilobiten erschrecken. Aber dafür ist er rund 100 Millionen Jahre jünger als die jüngsten seiner Ahnen. Die genauen Verwandtschaftsverhältnisse sind unklar: *Schinderhannes* besitzt die großen Augen, die Greifarme und den mit Platten umkränzten Mund der Anomalocariden. Sein Hinterkörper jedoch erinnert an andere Gliederfüßer. Außerdem halfen ihm »Brustflossen« beim Schwimmen. Vielleicht war er ein Wesen aus einer langen Kette zwischen den kambrischen Räubern und den modernen Gliederfüßern.

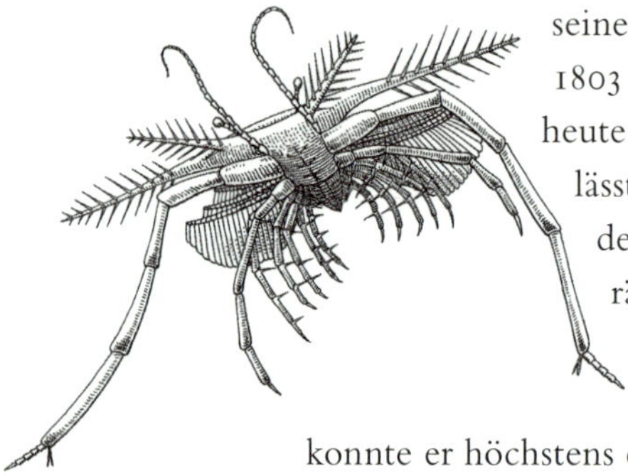

Mimetaster *gehört zu den Gliederfüßern, den Arthropoda, und lebte während des Devons in einem Meer, aus dessen Sedimenten der Hunsrück besteht.*

So tief das Licht in das Wasser drang, so tief tummelten sich die Tiere. Das spätere Rheinische Schiefergebirge war kein ungefährlicher Lebensraum. Immer wieder bebte die Erde oder wirbelten tropische Stürme im flachen Wasser die Sedimente auf. Dann konnten sich Schlammmassen als Trübeströme lösen, hangabwärts wälzen und alles Lebendige unter sich begraben: Seelilien und Haarsterne (Crinoiden), Trilobiten, See- und Schlangensterne, aber auch Ammonoideen, die sich am Boden aufgehalten hatten – sie konnten nicht entkommen und wurden zu Fossilien.

Auch Fische gerieten in diese Trübeströme, kieferlose Agnatha und Plattenhäuter – darunter ein paar sehr ungewöhnliche, primitive Exemplare. Etwa *Pseudopetalichthyida* oder *Stensioellida*. Gepanzert waren diese frühen Formen noch nicht, dafür bedeckten sie ihre Körper mit hübsch gemusterten Schuppen. Dank ihrer flügelartigen Brustflossen erinnern sie an eine Kreuzung zwischen einem Rochen und einer Kaulquappe. Zu den frühen Plattenhäutern des Hunsrückschiefers gehörte auch *Gemuendina*. Dieses pfannengroße Tier, das bereits einen mosaikförmigen Panzer aus Plattenknochen besaß, war flach wie ein Rochen. Seine Augen und Nasenlöcher saßen auf der Oberseite des Kopfes: praktisch für einen Fisch, der am Boden wohnt und mit sternförmigen Knochenerhebungen auf seinen Kiefern Seeigel, Brachiopoden und Muscheln zermalmt.

Auf ein Leben am Meeresboden setzten auch die bizarren Antiarchi, zu Deutsch »Gegen-After«. Ihr ungewöhnlicher Name rührt daher, dass man zunächst bei den Fossilien den Anus falsch lokalisiert hatte. Anders als ihre Verwandten in den Hunsrück-Gewässern, waren die Antiarchi schwer gepanzert. Weil sie sogar ihre Brustflossen mit knöchernen Röhren umgaben, glichen sie Schildkröten in Fischform. Die Antiarchi unternahmen den Übergang ins Süßwasser: In den devonischen Flüssen und Seen entwickelte *Bothriolepis* sogar lungenähnliche Strukturen. Die waren wohl das Geheimnis seines ungeheuren Erfolgs, denn er konnte vermutlich vor seinen Feinden aus dem Wasser fliehen oder sich von einem nahrhaften Tümpel zum nächsten schleppen, falls ihm der Modder, den er verdaute, einmal austrocknete.

Auch Schinderhannes bartelsi *schwamm in dem Meer, dessen Boden heute den Hunsrück bildet. Er lebte 100 Millionen Jahre nachdem seine entfernten Vorfahren – die Anomalocariden – aus der fossilen Überlieferung verschwunden waren.*

So erfolgreich sie im Süßwasser waren, so schwer hatten es die Antiarchi in den Ozeanen, wo ein unerbittlicher Konkurrenzkampf tobte. Jedenfalls finden sich später in ihrer Evolutionsgeschichte nur noch wenige marine Arten. Dahinter könnte sich jedoch noch etwas anderes verbergen. So vermuten Paläontologen, dass diese erfinderischen Fische es bereits wie Lachse oder Aale gehalten haben und einen Teil ihres Lebens im Meer verbrachten und zum Laichen und Sterben in die Flüsse zurückkehrten.

Eine andere wichtige Gruppe der Plattenhäuter waren die Arthrodira, die ebenfalls das Süßwasser erobern sollten. Allerdings schafften sie es, daneben auch die Meere zu beherrschen. Die Arthrodira erschienen im Devon und waren gefährliche Räuber: mit Knochenplatten schwer gepanzerte, aber sehr aktive Schwimmer, die Jagd auf andere aktive Schwimmer machten. Ihr torpedoförmiger Körperbau glich dem der Haie heute. Und wie bei diesen saßen auch ihre Augen seitlich am Kopf. Ihre Kiefer waren mit vier massiven Zahnplatten bewehrt, die ständig nachwuchsen und sich beim Zubeißen selbst schärften. Ihren Namen, der zu Deutsch »Gelenkhälse« bedeutet, verdanken sie dem Bau ihrer Panzerung. Bei den primitiveren Formen, die einen langen, fast vollständig zusammenhängenden Panzer aus großen Knochenplatten besaßen, glitten Kopf- und Körperschild übereinander, wenn das Tier sein Maul aufsperrte. Später reduzierten sie dann ihren Rumpfpanzer so weit, dass er nur noch als eine Art Spange den vorderen Rücken bedeckte. Außerdem entwickelten sie auch so etwas wie Kugelgelenke, mit denen sie ihr Maul schnell weit aufreißen und große Beute erwischen konnten.

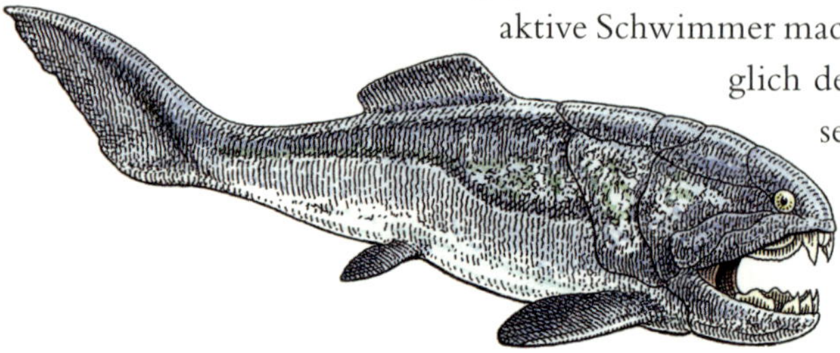

Dunkleosteus *war das größte Tier seiner Zeit:* Dunkleosteus terelli *war bis zu zehn Meter lang und mehr als eine Tonne schwer.*

SAG MIR, WER DU BIST ...

Die einzelnen Arten der Plattenhäuter existierten nicht lange, aber dafür entstanden andauernd neue Formen. Die Abfolge war so schnell, dass sich im Devon die Gesteine mit ihrer Hilfe präzise zeitliich einordnen lassen.

Woher die vielen Plattenhäuter stammen, ist jedoch unklar. So ist umstritten, ob sie alle von einem gemeinsamen Ahnen abstammen oder ob Panzerplatten damals einfach sehr »modern« waren und sich vollkommen unterschiedliche Gruppen von Fischen dieses Markenzeichen zulegten. Unklar sind auch die Verwandtschaftsverhältnisse bei den fossilen Acanthodii, den Stachelhaien, von denen wir gleich noch mehr hören werden (siehe S. 253ff.). Wahrscheinlich unterhalten einige Angehörige dieser Gruppen keine näheren Beziehungen, sondern sie sehen sich nur sehr ähnlich, weil sie unter vergleichbaren Bedingungen lebten und ähnliche Lösungen für die Herausforderungen ihrer Umgebung gefunden haben.

Zu den Arthrodira gehörten die Top-Räuber jener Tage. Bevor sie zum Ende des Devons verschwanden, brachten sie beispielsweise *Dunkleosteus* hervor, das größte Tier seiner Zeit: *Dunkleosteus terelli* war bis zu zehn Meter lang und mehr als eine Tonne schwer. Rekonstruktionen zeigen, dass er mit seinen dolchähnlichen Zahnplatten mörderisch zupacken konnte – auch wenn er an einen ausgewachsenen Weißen Hai unserer Tage nicht herankam. Dafür muss er mit enormer Geschwindigkeit zugebissen haben: Vielleicht zählt *Dunkleosteus* zu den ersten Fischen, die ihre Beute einsaugen konnten. Ein Happs und der Fisch war weg.

Die Antiarchi waren während des Devons erfolgreich. Ihr seltsamer wissenschaftlicher Name (Gegen-After) erklärt sich daraus, dass anfangs die Fossilien verkehrt zusammengesetzt wurden: Man glaubte, der After würde auf der Oberseite liegen.

Devonische Schlafzimmergeschichten

Viele Placodermi (Plattenhäuter) lebten in Riffen. Eines dieser Riffe liegt in den westaustralischen Kimberleys und genießt als Gogo-Formation unter Paläontologen Berühmtheit. Wo sich heute massive Riffkalke im ruhigen, von Krokodilen hochgeschätzten Wasser der Winjana-Schlucht spiegeln, brachen sich vor 375 Millionen Jahren die Wellen eines türkisblauen tropischen Meers. Das Riff quoll über von Leben. Korallen, Schwämme, Seelilien, Brachiopoden und Muscheln fischten nach Plankton. Zwischen ihnen huschten Trilobiten und Krebse hindurch. Sie waren auf der Hut vor den Eurypteriden, den Seeskorpionen, und den dekorativ aufgerollten Ammoniten. Aber auch die Plattenhäuter schätzten sie als Snack.

Zum Glück für die Paläontologen war an diesem Riff der Kreislauf von Fressen und Gefressenwerden längst nicht immer komplett, sodass erstaunlich viele Tiere zu Fossilien wurden – und zwar zu besonderen Fossilien: Wer in den Schlamm eingebettet wurde, um den wuchsen Konkretionen. In diesen harten, mineralischen »Zeitkapseln« überdauerten sie unbeschadet die Äonen, bis die Verwitterung sie heute aus dem Stein löst und im stacheligen Spinifex-Gras liegen lässt.

DIE ERDE IM DEVON IN ZAHLEN
(416 bis 359 Millionen Jahre vor heute)

Atmosphärischer Sauerstoffanteil	Über das gesamte Devon hinweg durchschnittlich etwa 15 Volumenprozent. Das entspricht 71 Prozent des heutigen Niveaus.
Atmosphärischer Kohlendioxidanteil	Über das gesamte Devon hinweg durchschnittlich 2200 ppm. Das ist etwa das 9-Fache des vorindustriellen Gehalts.
Durchschnittliche Oberflächentemperatur	Über das gesamte Devon hinweg durchschnittlich 20 Grad Celsius und damit 6 Grad Celsius über dem derzeitigen Wert
Meeresniveau	Etwa 180 Meter über dem heutigen, allmählich bis auf 120 Meter über Normalnull absinkend

Im Gogo-Riff lebten *Rolfosteus* und *Tubonasus,* zwei Arthrodira, Plattenhäuter mit röhrenförmigen Schnauzen, die wahrscheinlich shrimpähnliche Beute einsaugten. Gemeinsam mit zahllosen anderen Räubern stöberten sie nach kleinen Fischen und Krebstieren oder nach Muscheln. Über ihnen patrouillierten drei Meter große Jäger mit dolchähnlichen Zackenplatten: *Eastmanosteus calliaspis.* Sie waren ganz eindeutig Killer. Wo sie auftauchten, verzogen sich sicherheitshalber auch die fassförmigen *Holonema:* Plattenhäuter, die mit löffelförmigen Zahnplatten Algen von den Riffen weideten. Hin und wieder schwebte ein *Titanichthys* vorbei, ein sieben Meter langer Riese, der den Job der heutigen Walhaie innehatte: In seinem geräumigen, weit aufgerissenen Maul verschwanden ganze Schulen anchovisähnlicher Fischchen. Sobald er es schloss, drückte er das Wasser zwischen den Zahnplatten heraus, und seine Beute war gefangen. Es gab auch Ansitzjäger wie *Cowralepis*, die wie die modernen Engelhaie geduldig darauf warteten, dass ihnen ihre nächste Mahlzeit zu nahe kam. Wer sie übersah, um den war es geschehen: Die Evolution hatte auch bei den *Cowralepis* die Kiemen so umgerüstet, dass sie mit ihrer Hilfe seine Opfer einfach einsaugten.

Eigentlich funktionierte die Welt damals wie die unserer Tage: Sogar die Schwangerschaft gab es schon. Das entdeckte im November 2007 der Paläontologe John A. Long, der inzwischen am Natural History Museum of Los Angeles County arbeitet. Damals befreite er einen makrelengroßen Plattenhäuter aus einer Kalkstein-Konkretion. Das Tier gehörte zu den Ptyctodontida. Diese »Schnabelzähne« tragen ihren Namen, weil sie ihre Kiefer mit beeindruckenden Platten verstärkten, um hartschalige Bodenbewohner zu zerquetschen. Kopf und Vorderkörper der Ptyctodontida waren breit und kaum gepanzert, der Brustschild kurz, der ungeschützte Rumpf schlank und schuppenlos. Mit ihren peitschenförmigen Schwänzen glichen sie den Chimären und sie werden sich wohl bewegt haben wie Aale.

Dieser spezielle Ptyctodontid, den John A. Long vorsichtig herauslöste, war seltsam. »In der Nähe des Schwanzansatzes sah er irgendwie unordentlich aus, vollgestopft«, erinnert sich der Paläontologe. Unter dem Mikroskop sah er ein Wirrwarr aus zarten, winzigen Knochen: »Normalerweise hätte ich angenommen, die letzte Mahlzeit vor mir zu haben. Aber diese Kieferknöchelchen sahen genauso aus wie bei dem großen Tier. Sie waren intakt und hingen noch ziemlich gut zusammen, ebenso der Rest des Skeletts. Dann kam der Aha-Effekt: Das war kein Appetithappen, sondern ein Embryo!«

Später offenbarte das Rasterelektronenmikroskop, dass sogar noch die Nabelschnur intakt war, die einst den Embryo mit Nährstoffen aus

FISCH-SEX

Bereits in den 1930er-Jahren waren bei Ptyctodontida aus Schottland lange, knorpelige Fortsätze aufgefallen, die später auch bei anderen Fossilien dieser Gruppe entdeckt wurden. Es schienen Klasper zu sein, also die bei den Haien üblichen Hilfsmittel, um bei der Paarung den Samen in das Weibchen einzuführen. Diese fossilen Klasper waren jedoch plump und mit Knochenplatten und hakenförmigen Schuppen bedeckt. Bei einer Paarung schienen sie eher hinderlich gewesen zu sein. Deshalb überlegten die Paläontologen, ob die männlichen Ptyctodontida die Weibchen damit lediglich festgehalten hatten oder ob sie der Werbung dienten. *Materpiscis attenboroughi* hat diese Frage beantwortet – sie dienten der internen Fortpflanzung, der Befruchtung innerhalb des Körpers.

Materpiscis lebte vor 380 Millionen Jahren und gehörte zu den lebend gebärenden Fischen. Wie auf dieser Abbildung stellen sich die Paläontologen die Geburt eines Materpiscis vor.

dem Dottersack versorgt hatte. »Wir hatten wirklich eine 375 Millionen Jahre alte werdende Mutter mit ihrem Ungeborenen gefunden«, erzählt John A. Long. Weil das Tier auch noch zu einer neuen Art gehörte, erhielt es den Namen *Materpiscis attenboroughi,* was so viel bedeutet wie Attenboroughs Mutterfisch. Schließlich hatte der britische Tierfilmer und Naturforscher David Attenborough 1979 die Gogo-Fossilfundstätte im Outback weltbekannt gemacht.

Long und seine Kollegen gingen daraufhin erneut den Bestand an Fossilien aus der Gogo-Formation durch und fanden weitere tote Schwangere: ein *Austroptyctodus*-Weibchen, eine andere Art der Ptyctodontida, das bei ihrem Tod Drillinge erwartet hatte, und eine schwangere *Incisoscutum*-Dame, die zu den Arthrodira gehört: »Damit konnten wir für zwei der sieben Plattenhäuter-Gruppen innere Befruchtung und Lebendgeburt nachweisen.« Damit sind sie etwa 200 Millionen Jahre früher entwickelt worden als gedacht und reichen weit in die Geschichte der Wirbeltiere zurück: Ehe die ersten Haie durch die Meere schwammen, sollten noch 25 Millionen Jahre vergehen.

Von Stachelhaien und Haien

Dafür waren schon potenzielle Hai-Verwandte da: die Stachelhaie, die Acanthodii. Der deutsche Name sollte nicht täuschen und zu einer vorschnellen Festlegung führen: Zwar gleichen sich Haie und Stachelhaie von der Körperform her, aber viele Paläontologen halten die Acanthodii eher für Verwandte der Knochenfische, der Osteichthyes, zu denen heute Hering, Thunfisch, Barrakuda und Co. gehören. Das Beziehungsmuster unter Fossilien herauszutüfteln, kann recht verwirrend sein und ist alles andere als einfach.

Jedenfalls tauchten die ersten Stachelhaie schon im Silur auf. Den Höhepunkt erlebten sie jedoch erst jetzt, als sie neben den Ozeanen auch die Flüsse und Seen eroberten. Die Acanthodii waren zwar nicht sehr groß, aber ein hungriger Angreifer wird es sich trotzdem überlegt haben, ob er sich wirklich mit ihnen anlegen wollte. Der Grund waren die gefährlich scharfen Stacheln, mit denen sie am Vorderrand ihre Flossen verstärkten – und damit ist der erste Teil des Namens erklärt. Dass die Schwanzflosse dieser rätselhaften Fische jener der Haie gleicht, sorgte für den zweiten Teil. Die Stacheln waren geradezu liebevoll ornamentiert, ebenso die Schuppen, die anscheinend ein Leben lang nachwuchsen. Vielleicht legten die Stachelhaie wegen der Partnerwahl so viel Wert auf auffällige Muster auf ihren Körpern.

Ihr Skelett bestand aus Knorpel. Allerdings schützten viele von ihnen ihre Hirnschädel mit Knochenplatten. Einige versahen auch ihren Schultergürtel damit. Wer diesen Weg wählte, suchte wohl am Boden nach seiner Nahrung. Weil die Tiere dann nicht besonders manövrierfähig waren, legten sie sich zusätzlich noch viele scharfe Stacheln zu, die fest mit den Knochenplatten verbunden waren. Die standen in alle Richtungen ab und machten sie für ihre Feinde wohl ebenso appetitanregend wie ein Kaktus für einen Esel: Bloß nicht berühren.

Viele Stachelhaie waren selbst Jäger. Allerdings trugen die meisten Arten ihre Zähne nur im Unterkiefer. Trotzdem konnte ihr Gebiss durchaus beeindruckend sein. Etwa das der räuberischen *Ishnacanthiformes*. Auf den kräftigen Kieferknochen der schlanken Fische mit den langen Stacheln ragten aus kleinen Zacken Reihen von dreieckigen,

WAS AUS IHNEN GEWORDEN IST

Wer die Nachfahren der Plattenhäuter, der Placodermi, sind, darüber debattieren die Paläontologen. Die einen sehen in ihnen die Ahnen aller Knorpelfische (Chondrichthyes), also aller Haie und Rochen. Andere gehen davon aus, dass sie die Ahnen der Echten Knochenfische (Osteichthyes) von Hering bis Thunfisch sind (und damit auch die Ahnen der Landwirbeltiere, der Tetrapoden, zu denen auch der Mensch gehört). Für eine dritte Gruppe von Paläontologen sind die Plattenhäuter sowohl Ahnen der Knorpel- und Knochenfische (samt Landwirbeltieren) als auch die der ausgestorbenen Stachelhaie, der Acanthodii. Letzteres ist derzeit die bevorzugte Sicht. Jedenfalls könnten die Plattenhäuter als sehr primitive, mit Kiefern ausgerüstete Wirbeltiere nicht nur den Weg zu den modernen Fischen geebnet haben.

gebogenen Zähnen heraus. Geholfen hat es ihnen nichts: Sie waren den besseren Räubern nicht gewachsen und verschwanden. Im Lauf des Devons scheinen Schnelligkeit und Beweglichkeit im Überlebenskampf immer wichtiger geworden zu sein. So waren die erfolgreichsten Vertreter der Stachelhaie, die *Acanthodiformen,* sehr schnell, zahnlos und verzichteten auf jeden Panzer. Sie schossen hinter Schwärmen kleiner Fische oder Krebstiere her, die sie mit kammartig bezahnten Fortsätzen in den Kiemen (Kiemenreusen) aus dem Wasserstrom fischten.

Dass die Stachelhaie trotz allem im Laufe des Devons nicht mehr mithalten konnten, lag unter anderem an den Haien (Selachii). Die schwammen erstmals vor etwa 420 Millionen Jahren durch die Meere – eine Zeitspanne, die Nicolaus Steno sicherlich überrascht hätte, als er 1666 in Florenz den Haikopf sezierte. Wer die Ahnen der Haie waren, ist offen. Schließlich wird Knorpel nur sehr selten fossil überliefert. Außer Zähnen und Schuppen bleibt nicht viel von ihnen erhalten. Spätestens seit Beginn des Silurs finden sich Haischuppen in den Meeresablagerungen, aber keine Zähne. Waren die Proto-Haie also zahnlos? Haizähne tauchen erst im frühen Devon auf, vor etwa 420 Millionen Jahren, waren vier Millimeter winzig und gehörten *Leonodus.* Anscheinend hatte er den Trick mit dem laufend nachwachsenden Gebiss noch nicht heraus, darauf jedenfalls deuten genauere Analysen hin. Aber mehr als die Zähne kennt man von dem Tier nicht.

Die frühen Haischuppen gleichen denen der kieferlosen Fische, genauer: der Thelodonti – aber ob das wirklich ein Hinweis auf die Verwandtschaft ist, lässt sich nicht sagen. Falls etwas an der Idee dran ist, und sie hat viele Befürworter, könnten sie sich den Urahn mit den Plattenhäutern geteilt haben. Es mag aber auch sein, dass die Evolution Sinn für schwarzen Humor hat, denn durch neue Fossilfunde sieht es so aus, als ob – wie vorhin angesprochen – die Vorfahren der Haie unter den Stachelhaien zu suchen sein könnten, also unter den Tieren, die sie selbst möglicherweise verdrängt haben.

Hinter dieser Idee steckt der Fund eines gut erhaltenen Haifossils, von *Doliodus problematicus.* Der lebte vor rund 410 Millionen Jahren und er trug vor seinen Brustflossen knöcherne Stacheln, die denen der Acanthodii gleichen. Ein entscheidender Hinweis? Zwar wuchs *Doliodus* gerade einmal so groß wie ein durchschnittlicher Hecht, aber dafür besaß er schon eine ganze Batterie von scherenähnlichen Zähnen, die wie bei den modernen Haien in Reihen hintereinander gestaffelt waren. Wie gesagt, die Verwandtschaftsverhältnisse herauszutüfteln ist schwierig.

Wegen der Stacheln, mit denen sie den Vorderrand ihrer Flossen verstärkten, waren die Stachelhaie (Acanthodii) für einen anderen hungrigen Fisch wohl keine angenehme Beute.

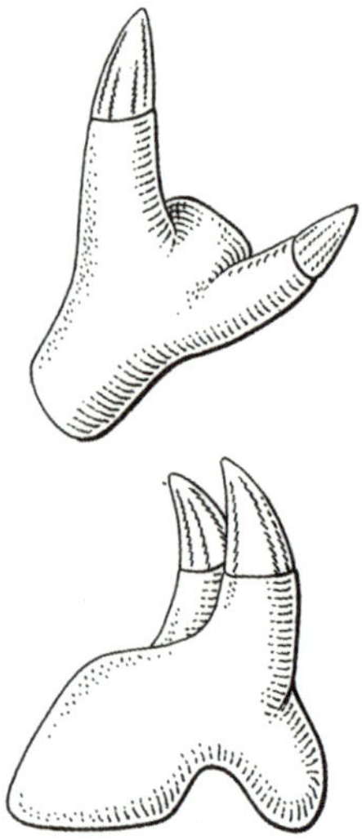

Von den Haien bleiben wegen ihres Knorpelskeletts meist nur Zähne, und die hatten anfangs noch nicht ihre typische Form. Die ersten haiähnlichen Arten wie etwa Cladoselache *tauchten während des Devons auf. Die Ahnen der modernen Haie erschienen im Jura.*

Ob die Haie nun engere verwandtschaftliche Beziehungen mit den Plattenhäutern unterhalten oder mit den Stachelhaien oder ob sie alle einen gemeinsamen Ahnen haben – ganz unabhängig von ihren Ursprüngen sind sie zweifelsohne eine ganz große Erfolgsgeschichte der Natur: Nachdem sie sich die Spitze der marinen Nahrungskette erobert hatten, gaben sie sie nicht mehr ab. Auf den Kontinenten wechselten die führenden Raubtiere – da erging es den zangenbewehrten Seeskorpionen (Eurypteriden) nicht anders als später den Gorgonopsiden, den »Wölfen« des Perms, den diversen Top-Räubern unter den Dinosauriern, den Säbelzahnkatzen ... Aber die Haie blieben.

Die Wurzeln der Ur-Haie verlieren sich noch im Dunkel der Erdgeschichte. Das ist anders bei den Ahnen der modernen Haie, die heute durch die Ozeane schwimmen: Die jagten im Jura, vor 199,6 bis 145,5 Millionen Jahren, im Erdmittelalter. Im Lauf der Zeit hat die Evolution den Hai optimiert, seinen stromlinienförmigen Körper, seine Sinnesorgane und sein Gebiss. Moderne Haie sind hoch entwickelte Wesen mit außerordentlichen Sinnesleistungen. Blut können sie noch aus mehr als einem Kilometer Entfernung »riechen«. Und dank der Lorenzinischen Ampullen im Kopfbereich, die Nicolaus Steno bei seiner Sektion des Weißen Hais im barocken Florenz aufgefallen waren, besitzen sie einen sechsten Sinn. Die dunklen Poren mit den gallertgefüllten Kanälchen nehmen im Wasser Temperaturunterschiede wahr und vor allem elektrische Felder. Mit einer einen Zentimeter langen Lorenzinischen Ampulle erkennen Haie eine Spannung von fünf Milliardstel Volt. Diese Fähigkeit entwickelten sie, weil ihre Beute mit jeder Muskelkontraktion elektrische Felder aussendet. Das macht diese Lorenzinischen Ampullen für die letzte Phase der Attacke so nützlich. Die Sinneszellen sind so fein, dass Hammerhaie (übrigens ebenso wie Rochen) im Sand vergrabene Beute ausmachen können. Evolutionsbiologen überlegen, ob die Hammerhaie ihre bizarre Kopfform erhielten, weil so die Lorenzinischen Ampullen über einen größeren Raum verteilt sind und damit eine noch empfindlichere Ortung erlauben. Ihr sechster Sinn schenkt den Haien sogar ein Navigationsgerät in den endlosen Weiten der Ozeane: Sie spüren damit die elektrischen Felder, die die Meeresströmungen erzeugen, wenn sie sich durch das Erdmagnetfeld bewegen.

Anscheinend ist die Fähigkeit, elektrische Felder wahrzunehmen, eine sehr alte Entwicklung der Evolution. Zwar beherrschen nur wenige moderne Tiere diesen Trick, aber die sind allesamt Nachfahren von weit zurückreichenden Abstammungslinien. Neben den Haien und Rochen sind es die Störe, die zu den Knochenfischen gehörenden Quastenflosser und die kieferlosen Neunaugen. Vielleicht, so vermuten einige Biologen, gehörten auch die Vorfahren der Fische, die im Devon den Landgang wagen sollten, zu dieser Gruppe mit dem besonderen Sinn. Jedenfalls kam Martin Cohn von der University of Florida zu diesem Schluss, nachdem er und sein Team Embryonen des Kleinen Gefleckten Katzenhais untersucht hatten. Dieselben Gene, die den Haien ihren sechsten Sinn verleihen, könnten danach beim Menschen für die Ausbildung der Gesichtsknochen und Zähne zuständig sein. Es soll auch Parallelen zwischen dem Seitenlinienorgan geben, mit dem Fische feinste Bewegungen in ihrer Umgebung wahrnehmen, und der Entwicklung des Innenohrs, das bei Landwirbeltieren für das Gleichgewicht zuständig ist. Aber das ist eine andere Geschichte.

Als das Devon zu Ende ging, hatten die Haie die Meere ebenso erobert wie die Flüsse und Seen. Wo immer ein Gewässer mit dem Meer in Verbindung stand, musste man vor ihnen auf der Hut sein. In den Ozeanen selbst muss es damals von ihnen gewimmelt haben. Leider kennen die Paläontologen von den meisten Arten dieser Zeit nur die Zähne: Die sind gezackt oder dolchförmig oder erinnern an Enterhaken – es sind die Überreste perfekter Raubtiergebisse.

Die vollständigeren Fossilfunde verraten, dass die devonischen Haie schnelle Schwimmer waren. Wahrscheinlich mussten sie sich höchstens vor den Plattenhäuter-Riesen wie *Dunkleosteus* in Acht nehmen – und vor anderen Haien, wie der Mageninhalt eines *Cladoselache* beweist, eines frühen Hais. Die waren bis zu zwei Meter lang und entsprachen mit ihren stromlinienförmigen Körpern und gedrungenen Köpfen schon ganz gut dem Stereotyp ihrer modernen Nachfahren. Der Gourmand, der gerne seinesgleichen fraß, sank nach seinem Tod mit noch vollem Bauch in die sauerstofflosen Tiefen. Er landete auf

KILLER

Eine Winde zieht den zappelnden Hai aus dem Wasser. Er hängt am Haken einer Langleine, mit der die Fischer die Hauptzutat für eine in Asien begehrte Suppe aus dem Meer holen: die Haifischflosse. Weil sich immer mehr Menschen diese knorpelige Spezialität leisten können, hat der Haifang Hochkonjunktur. Die Fischer packen das Tier und zerren es an Deck. Mit Stiefeln treten sie es nieder. Einer der Männer zieht ein scharfes Messer und säbelt zuerst die Rückenflosse ab. Der Hai windet sich. Versucht zu fliehen. Dann sind die Brust- und Bauchflossen weg. Hellrot klaffen die Wunden. Jetzt ist die Schwanzflosse dran. Der blutige Stumpf zappelt. Die Fischer werfen den Hai ins Meer zurück. Er stirbt qualvoll. Wie Millionen seiner Artgenossen: Er kann nicht mehr schwimmen, versinkt, erstickt.

Für die Fischer zählen nur die teuren Haifischflossen. Mit ihnen füllen sie ihr Boot. Sie sind ein Vermögen wert. Der Rest eines 300 Pfund schweren Lebewesens ist in ihren Augen Abfall. Jahr für Jahr tötet der Mensch 73 Millionen Haie. Auf der anderen Seite der Bilanz sind es 20 bis 30 Menschen, die weltweit Haiangriffen zum Opfer fallen – meist weil der Hai sie mit einer Robbe verwechselt.

einem Schlick, der sich im Lauf der Jahrmillionen in schwarze Tonsteine verwandelte, die heute in Cleveland, Ohio anstehen, und er wurde dort zum Fossil. Dieses Schicksal ereilte nicht nur ihn, sondern auch zahllose andere Haie, und so konnte Mike Williams vom Museum für Naturgeschichte in Cleveland eine Statistik über den Mageninhalt von 53 *Cladoselache*-Haien anfertigen. Die letzte Mahlzeit der meisten bestand aus Knochenfischen, gefolgt von garnelenartigen Krebstieren. Ein paar fraßen sich an den Conodonten satt, die damals noch nicht verschwunden waren. Die Beute gab auch Details zur Jagdweise der *Cladoselache*-Haie preis: Sie verschluckten ihre Beute als Ganzes, mit dem Schwanz zuerst.

Von den Ahnen der Heringe und Forellen

Anders als im ordovizischen »Meer ohne Fische« von Cincinnati hatte in den Riffen des Devons die Zukunft bereits begonnen – und die markieren die frühen Knochenfische (Osteichthyes). Heute gehören fast alle Fische, die im Salz-, Brack- oder Süßwasser schwimmen, in diese Gruppe. Sie machen 95 Prozent der rund 30000 bekannten

Fischarten aus und sie sind höchst anpassungsfähig: Es gibt Winzlinge wie den acht Millimeter großen *Paedocypris,* Schwergewichte wie den Mondfisch, der bis zu 2300 Kilogramm auf die Waage bringt, und Riesen wie den elf und mehr Meter langen Riemenfisch. Manche Knochenfische sind bizarr wie der Große Fetzenfisch oder die Anglerfische der Tiefsee. Die warten stundenlang regungslos auf Beute, während die Thunfische schnell wie ein Pfeil durchs Wasser schießen. Angehörige der Knochenfische leben am Boden der Tiefseegräben in mehr als zehn Kilometern Wassertiefe, während ihre Verwandten in 4500 Meter Höhe durch Gebirgsbäche schwimmen. An vulkanischen Quellen halten sie heiße 43 Grad Celsius aus und in den eisigen Gewässern der Antarktis lassen sie es sich bei −1,8 Grad Celsius gut gehen.

Die Knochenfische bewiesen im Lauf der Evolution ein enormes Potenzial. Ihre Wurzeln reichen mindestens 420 Millionen Jahre ins Silur zurück. Allerdings sind von ihren Ahnen bislang nur Fragmente gefunden worden: ein paar Schuppen hier, einige Zähne und Knochenstückchen dort, auch einmal ein Stück vom Schädel. Als das Devon anbrach, waren sie schon da – und einer von ihnen unternahm das große Abenteuer des Landgangs. Aber davon später mehr.

Zu den Knochenfischen zählt einmal die Gruppe der Strahlenflosser (Actinopterygii). Sie verdanken ihren Namen dem Bau ihrer Flossen, die von knöchernen Strahlen gestützt werden. Sie waren zunächst meist klein, vielleicht 15 Zentimeter groß. Allerdings bildete *Tegeolepis* mit fast einem Meter Länge eine bemerkenswerte Ausnahme. Und auch sonst war er mit seiner langen, spitzen Schnauze und den riesigen, scharfen Zähnen ein höchst ungewöhnlicher Vertreter.

AUF DIE GRÄTEN SOLLST DU SCHAUEN

Anders als bei den Knorpelfischen ist das Skelett bei der Sippe der Knochenfische, der Osteichthyes, ganz oder teilweise verknöchert.

Das bedeutet, die Fische tragen Knochen in ihrem Schädel, in den Wirbeln, dem Schulter- und Beckengürtel und ebenso in ihren Schuppen. Sie bringen sogar ihre Kiemen in einer Kammer unter, die mit einem knöchernen Deckel versehen ist. Außerdem besitzen die meisten Knochenfische eine Schwimmblase oder Lungen.

Die vielen primitiven Strahlenflosser des Devons sind die Ururahnen der Flösselaale *(Calamoichthys)* und Flösselhechte *(Polypterus)*, die heute in West- und Zentralafrika Flüsse und Seen besiedeln. Die aalartig langen Fische leben räuberisch, erhaschen kleine Fische, Frösche, Krebse, Würmer und Insektenlarven. Statt einer »richtigen« Rückenflosse besitzen sie viele kleine, mit knöchernen Strahlen versehene Flössel. Weil sie mit ihren Kiemen nicht genügend Sauerstoff aufnehmen können, dient ihnen ihre Schwimmblase als Ersatzlunge. Die Tiere müssen regelmäßig zum Luftholen an die Wasseroberfläche schwimmen. Andererseits verschafft diese Eigenschaft manchen von ihnen die Möglichkeit, das Wasser für einige Stunden zu verlassen und sich nach Schlangenart zum nächsten Tümpel zu schleppen.

Tegeolepis *gehört zu den Strahlenflossern. Mit etwa einem Meter Größe musste er sich vor wesentlich größeren Jägern wie den* Cladoselache-*Haien oder* Dunkleosteus *in Acht nehmen.*

Die altertümlichen Flösselaale und -hechte brauchen ihre »Ersatzlungen«, um in warmen, sauerstoffarmen Gewässern zurechtzukommen. Auch die Schlammspringer beherrschen diesen Trick und können deshalb bei Ebbe in den Mangrovenwäldern in Bäumen auf Nahrungssuche gehen. Die Vielfalt von Strategien bei der Sauerstoffversorgung ist eines der Erfolgsrezepte der Knochenfische: Sie entwickelten primitive Lungen, aus denen heraus sich später die Schwimmblasen und eben die modernen Lungen bildeten. Zumindest sieht das die derzeit gängige Theorie so.

Danach soll alles damit begonnen haben, dass Fische Luft verschluckten und im Kiemendarm verstauten. Dieses Stück Vorderdarm steht über Spalten mit den Kiemen in Verbindung, eigentlich, um die mit dem Wasser eingestrudelte Nahrung zu verdauen. Aber es taugt

DIE »ERFINDUNG« DER LUNGEN

Lungen und Schwimmblasen tauchen spätestens im Devon erstmals auf. Vielleicht waren noch nicht einmal die Knochenfische die Ersten, die damit experimentierten, sondern die Antiarchi (die Gegen-After bei den Plattenhäutern), schließlich scheinen einige Fossilien Abdrücke von Blasen oder Lungen zu zeigen. Aber sicher ist das nicht. Wie dem auch sei: Weil die Embryonen diverser Gruppen während ihrer Entwicklung Lunge und Schwimmblase unterschiedlich anlegen, liegt nahe, dass sie im Laufe der Evolution nicht nur einmal entwickelt wurden, sondern mehrfach und unabhängig voneinander.

In den nordwestaustralischen Kimberleys liegt mit mehr als 1000 Kilometer Länge die devonische Version des Großen Barriereriffs. Es waren vor allem Stromatoporen und Kalk abscheidende Algen, die diese Riffe aufbauten – und Korallen. Allerdings waren es andere Korallen als heute.

auch, um über spezialisierte Gewebe Sauerstoff aufzunehmen. Bis heute hat sich bei einigen primitiven Strahlenflossern die Verbindung zwischen Schwimmblase und Darm erhalten. Allerdings war diese Art der Luftversorgung nicht besonders effizient und so liefen die Versuche weiter. Schließlich gelang es, ein Stück Darm in ein Atmungsorgan umzufunktionieren, in eine primitive Lunge. Ein Luftsack im Körper hat aber noch einen Vorteil: Er verleiht Auftrieb. Das ist ausgesprochen energieeffizient und man kann seine Flossen für etwas anderes nutzen, als die Position im Wasser zu halten: Knochenfische hatten sie frei fürs bessere Manövrieren. Wer also auf den Zusatzsauerstoff nicht angewiesen war, funktionierte die Luftsäcke zu Schwimmblasen um.

Zu den Knochenfischen gehören nicht nur die Strahlenflosser, sondern auch die Fleischflosser (Sarcopterygii). Auch sie verdanken ihren Namen einem körperlichen Merkmal: Sie stützen ihre Flossen mit einem Knochen und das Ganze sieht dann aus wie fleischige Stiele. Aus ihren Reihen kamen die Ahnen aller Landwirbeltiere.

Im Devon waren die meisten Fleischflosser gefährliche Raubtiere, die zunächst durch die Weltmeere schwammen. Sie waren weltweit verbreitet und besiedelten mehrmals unabhängig voneinander das Süßwasser. Begonnen hat auch ihre Entwicklung im Silur. Dabei zeigt die hohe Spezialisierung des bislang ältesten fast vollständigen Fossils, dass ihre Geschichte noch sehr viel weiter zurückreichen muss. Damals lebte *Psarolepis*, ein kleiner Fleischflosser mit üblem Unterkiefer, der von herausragenden Reißzähnen gekrönt war. Ein anderer ist der 418 Millionen Jahre alte und etwa heringsgroße *Guiyu oneiros,* der »Geisterfisch«, der in China gefunden worden ist. Oder *Onchyodus,* ein drei bis vier Meter langer, schmaler Riese, der wie die Muränen heute in den Riffen auf Beute lauerte, um im richtigen Moment herauszuschießen. Einmal gepackt, gab es für die Beute kein Entrinnen mehr: Sie war hinter den dolchartigen Fangzähnen im Unterkiefer von *Onchyodus* wie hinter Gittern gefangen – ähnlich wie bei den Viperfischen heute. Bei beiden sind die Zähne zu lang, um ins Maul zu passen, und so können bei beiden die Mahlzeiten tödlich enden. Jedenfalls haben die Paläontologen in der Gogo-Formation in Westaustralien einen *Onchyodus* entdeckt, dem seine letzte Mahlzeit buchstäblich im Halse stecken geblieben ist. Das Tier war noch nicht ganz ausgewachsen und hatte sich an einem Plattenhäuter versucht, der mit 30 Zentimetern halb so lang war wie er selbst. Die Beute hatte er mit dem Schwanz zuerst verschlucken wollen, aber er war nicht schnell genug: Was zur Mahlzeit werden sollte, blieb zwischen den Kiefern stecken, er konnte nicht atmen und der Blutkreislauf stockte. Das war es dann. Wer zu gierig ist, den bestraft das Leben. Unter Fischen jedenfalls.

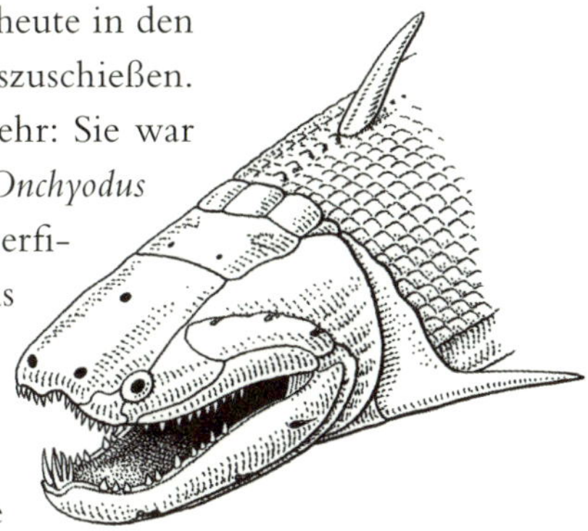

Im Devon lebte Psarolepis. *Seine Beute wird nicht erfreut gewesen sein, den kleinen Fleischflosser zu sichten*

10

Vom Landgang der Wirbeltiere – oder Wie aus Flossen Beine wurden

Landpflanzen sind mehr als grüne Sauerstofflieferanten. Bevor sie als Pelz die Kontinente überzogen, funktionierte das System Erde wenig vorteilhaft für Wirbeltiere mit ihren recht hohen Ansprüchen. Während der ersten vier Komma irgendetwas Milliarden Jahre ware uns die Welt sehr karg vorgekommen: In den Sedimenten finden sich weder Zeugnisse für Mäander, Flussschlingen also, oder für Uferzonen oder Auen, sondern nur für endlose Felswüsten. Die Seen in Senken waren wassergefüllte Löcher mit einem grünen Schimmer am Ufer, die Flüsse schlichte Gebilde aus zahllosen miteinander verflochtenen Wassersträhnen, die mit jedem Regenfall ihren Lauf änderten. Dann schossen die Fluten einfach aus den Bergen heraus und kippten die mitgeschleppten Massen an Steinen und Sand da ab, wo ihre Kraft nachließ. Hörte der Regen auf, trocknete die Ebene aus und zurück blieb ein dickes Tuch aus Schutt.

Die Ichthyostega *lebten im Oberdevon und zählen zu den ersten Landwirbeltieren, die sich eine Weile auf dem Trockenen aufhalten konnten. Allerdings waren ihre Hinterfüße noch paddelförmig: Wahrscheinlich verbrachten die* Ichthyostega *noch viel Zeit im Wasser.*

Das änderte sich erst, als größere Pflanzen das Land eroberten. Nachdem sie den Trick erlernt hatten, Wurzeln zu bilden und sich über spezialisierte Leitbündel mit Nährstoffen und Wasser zu versor-

Prototaxites waren wahrscheinlich Pilze. Mit zwei bis neun Metern Höhe und einem Stammdurchmesser von bis zu einem Meter waren sie die alles überragenden Landlebewesen ihrer Zeit.

gen, konnten sie sich über das Bodenniveau erheben und Abstand vom Gewässer gewinnen. Da erst entstanden die uns vertrauten Landschaften. »Mit ihren tiefen Wurzeln hielten die Pflanzen feines Sediment fest«, erklärt Neil Davies von der Dalhousie University im kanadischen Halifax. »Damit gab es die ersten richtigen Flüsse, denn es sind die Pflanzen, die das Wasser in ein Flussbett zwingen und bremsen, sodass sich Mäander ausbilden und Flussufer und Auen.«

Begonnen hatte alles gegen Ende des Silurs, vor 420 Millionen Jahren, als es an Land die ersten wirklich großen Organismen gab: »Es waren ein paar ganz verrückte Gewächse wie die Prototaxiten. Die waren zwei, drei Meter groß und erinnern irgendwie an Eiben. Aber vermutlich waren es – Pilze.« Was auch immer die Prototaxiten gewesen sein mögen, Moose, Algen, Flechten, Farne, Schachtelhalme – die ersten Wälder waren noch recht »schlicht«. Zwar wuchsen damals einige dieser heute eher kleinen Gewächse vergleichsweise in den Himmel, aber ihr Einfluss auf den Untergrund war recht begrenzt, denn sie brauchten wenig zum Gedeihen. Dann entwickelten sich Riesenfarne, Palmfarne tauchten auf, Bäume, die am Ende des Devons bis zu 30 Meter hoch wuchsen. Den Anfang machte vor etwa 385 Millionen Jahren *Archaeopteris.* Bäume benötigen für den Holzaufbau immens viel Kalium, Kalzium oder Magnesium und greifen deshalb über ihre Wurzeln tief in das Ökosystem ein. Um an diese Nährstoffe zu kommen, beschleunigten sie die Verwitterung: An ihren Wurzeln saß eine Mikroflora, die Säuren absonderte und so die Minerale angriff. Das Plus an Nährstoffen veränderte das System Erde tief greifend – an Land ebenso wie in den Meeren.

Mit ihren tiefen Wurzeln krempelten die Pflanzen die Erde um: Als sie finger- bis handlang geworden waren, übernahmen sie die Herrschaft über die Kontinente. Ihre Wurzeln lockerten den Untergrund, lösten Nährstoffe aus den Steinen, trieben die Verwitterung an und stabilisierten gleichzeitig feines Material. Die Gefäßpflanzen krempelten den gesamten Wasserzyklus um: Tiefe Böden entstanden und die Ökosysteme veränderten sich, weil die Wurzeln den Boden durchlüfteten und gleichzeitig wie Regenrohre wirkten, sodass die Feuchtigkeit besser eindrang. »Im Untergrund sammelten sich erstmals riesige Mengen an Grundwasser an und überall sprudelten plötzlich Quellen«, beschreibt Neil Davies den Umschwung.

Wälder wuchsen in Auen, an Seeufern und entlang der Meeresküsten, und weil sie sehr viel Wasser verdunsteten, stieg der Wasserdampfgehalt in der Luft: Es regnete mehr und so emanzipierte sich der Wald allmählich von den Uferzonen und breitete sich bis in die Bergregionen hinein aus. Das Ganze lief in rasantem Tempo ab:

Am Übergang vom Devon zum Karbon wuchs Archaeopteris *auf allen Kontinenten. Er war der wichtigste Baum in den frühen Wäldern.*

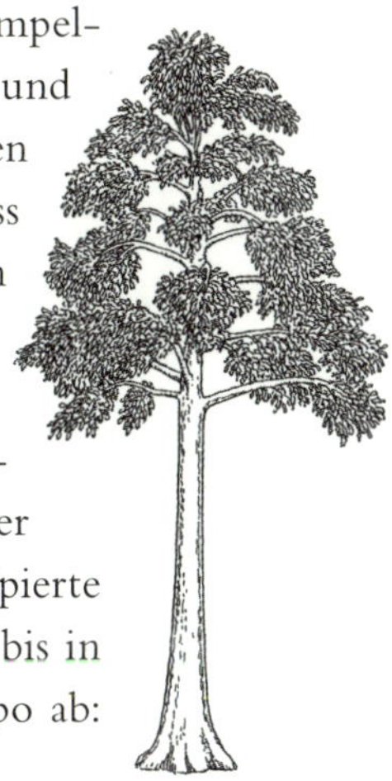

DANKSCHREIBEN AN DIE PILZE

Auch Pilze zählen zu den eukaryontischen Lebewesen mit Zellkern, Mitochondrien und anderem Inventar. Neben Tieren und Pflanzen bilden sie ein eigenständiges Reich. Ihre Gene verraten, dass sie eher mit den Tieren als mit den Pflanzen verwandt sind, und dafür spricht auch ihre Biochemie: Wie Tiere ernähren sie sich von organischem Material in ihrer Umgebung, das sie regelrecht verdauen, also mit Enzymen aufschließen.

Pilze spielen in der Natur eine zentrale Rolle: Sie recyceln totes organisches Material und gehören zu den sehr wenigen Organismen, die mit Lignin fertigwerden, den komplexen Verbindungen, die Pflanzenzellwände verholzen lassen. Auch beim Abbau von Zellulose, die den Hauptteil pflanzlicher Zellwände ausmacht, sind sie ganz vorne dabei. 80 bis 90 Prozent aller Pflanzen werden in ihrem Wachstum von Pilzen gestützt. So gäbe es ohne Pilze keine Bäume: Sie umschlingen mit fadenförmigen Zellen die Saugwurzeln der Pflanzen und bilden so den »Myzelmantel«, über den die Wurzeln Nährstoffe aus dem Boden aufnehmen.

WENN EIN STÜCK ERDGESCHICHTE VORBEISCHWIMMT

Der Quastenflosser *Latimeria* lebt in 100 bis 200 Meter Wassertiefe. Dort beobachtete ihn 1987 der Biologe Hans Fricke (damals Max-Planck-Institut für Verhaltensphysiologie in Seewiesen). Seitdem wissen wir, dass *Latimeria* ein geruhsames Wesen ist, das sich selbst noch mit der schwächsten Strömung treiben lässt. Dank seiner großen, sehr beweglichen Brust- und Bauchflossen bleibt sie an Ort und Stelle stehen und auch feines Manövrieren beim Anschleichen an die Beute ist kein Problem. Den Tag verbringt der Fisch in untermeerischen Höhlen, gerne in Gruppen. Geht die Sonne unter, taucht er einzeln in die Tiefe ab und geht auf die Jagd. Die Beute wird überrascht sein, wenn sie sieht, wie schnell dieser scheinbar so träge Fisch auf sie zuschießt: Ein Schlag mit der kräftigen Schwanzflosse und schon reißt er sein Maul auf. Da er noch ein bei anderen Fischen verlorenes Gelenk im Schädel besitzt, schnappt ein Quastenflosser so schnell zu, dass das Opfer unweigerlich zwischen die spitzen Zähne gesaugt wird.

Nach 10 oder 20 Millionen Jahren war die Entwicklung abgeschlossen – und die Flüsse waren von der Mündung bis zur Quelle stabile und zuverlässige Ökosysteme.

Die Wälder beschatteten das Wasser, ihre Wurzeln ragten hinein. Sie boten einen idealen Lebensraum für kleine Fische, die sich dorthin zurückzogen, und für die Fleischflosser, die sich dort wie im Schlaraffenland fühlen konnten und die von da aus den Landgang wagten: Aus ihren Reihen kamen die Ahnen der Tetrapoden, der Landwirbeltiere. Sie glichen am ehesten den modernen Quastenflossern oder den Lungenfischen.

Heute sind Quastenflosser lebende Fossilien, die von längst vergangenen Zeiten erzählen. Seit mehr als 409 Millionen Jahren schwimmen sie durch die Meere.

Die einen wie die anderen fristen heute ihr Dasein nur noch als »lebende Fossilien«: die Quastenflosser im Meer und die Lungenfische an Land – in Afrika, Südamerika und Australien. Die große Zeit der Fleischflosser war das Devon. Danach verloren sie an Bedeutung, die Quastenflosser schienen sogar bereits vor 70 oder 80 Millionen Jahren ausgestorben zu sein – »schienen«, wie sich am 22. Dezember 1938 zeigte, als sich einer von ihnen mit einem bühnenreifen Auftritt ins Bewusstsein der Paläontologen brachte. Es passierte vor der südafrikanischen Küste, an Bord eines Fischkutters namens *Nerine*. Mitten in der zappelnden Beute steckte ein besonders übel gelaunter Fisch, dem sein Schicksal nicht passte und der deshalb nach den Fingern des Kapitäns schnappte, so das Seemannsgarn. Seine letzte Tat sicherte ihm jedenfalls die volle Aufmerksamkeit des Kapitäns. Er hatte der wissenschaftlichen Leiterin des Museums von East London versprochen, ihr alle ungewöhnlichen Funde zu zeigen. Dieser Fisch war wirklich ungewöhnlich! Mit seinen beinähnlichen Flossen glich er einer missratenen Eidechse, dazu kamen ein Riesenmaul, mit Zähnchen besetzte Schuppen und ein massiver Knochenpanzer um den Kopf. Ein bizarres Tier. Dem stimmte Marjorie Courtenay-Latimer vom Museum zu, als sie den Fang im Hafen betrachtete und darüber nachdachte, wie sie den zentnerschweren Fisch ins Museum schaffen sollte. Zusammen mit einem Diener schleppte sie ihn zu einem Taxi. Allerdings war der Fahrer überhaupt nicht davon begeistert, einen stinkenden Kadaver zu befördern. Schon ihn zu überreden war eine Glanzleistung.

In ihrer Zeit als Kuratorin des Museums von East London in Südafrika entdeckte Marjorie Courtenay-Latimer (1907–2004) den ersten Quastenflosser, nachdem die Paläontologen seine Spur in mehr als 70 Millionen Jahre alten Gesteinen verloren hatten.

Das war aber erst der Auftakt zu dieser neuerlichen Geschichte über die Leidensfähigkeit von Wissenschaftlern. Marjorie Courtenay-Latimer wandelte auf den Spuren von Nicolaus Steno, nur dass sie keinen sich zersetzenden Hai vor sich hatte, sondern ein verwesendes blaues Etwas, von dem sie nicht wusste, was es sein sollte. Auch dieser Kadaver stank in der Sommerhitze erbärmlich. Trotzdem hievte auch sie ihren Fisch auf einen Labortisch und machte sich über Weihnachten daran, im Wettlauf mit den Bakterien ein paar Informationen für die Wissenschaft zu retten. Um in Fachbüchern nach der Art zu suchen, dafür reichte die Zeit nicht, das Tier zerfiel von Minute zu Minute. Also fertigte sie erst einmal eine Skizze an. Anschließend half ihr ein aufopferungsvoller Museumsangestellter, den Fisch in formalingetränkte Tücher zu hüllen, um ihn zu erhalten, bis ein Experte ihn begutachten konnte. Eilends sandte sie einen Brief samt Skizze an den Fischforscher James Leonhard Brierley Smith.

Weil das Formalin nicht durch die dicken Schuppen drang, ging die Schlacht gegen die Bakterien verloren. Am 26. Dezember hielt es selbst Marjorie Courteney-Latimer einfach nicht mehr aus: Sie rettete die Außenhaut und den Kopf und ließ den Rest so schnell wie möglich im Meer versenken.

VERWANDTSCHAFTSVERHÄLTNISSE

99,9 Prozent aller heute lebenden Wirbeltiere – mehr als 51 000 Arten – besitzen Kiefer. Dazu gehören die Knochenfische ebenso wie die Knorpelfische, wobei Letztere allerdings nur für zwei Prozent der Kiefermäuler stehen. Der Rest sind Knochenfische. Etwa die Hälfte der Knochenfische – rund 28 000 Arten – zählen zu den Strahlenflossern (Actinopterygii), die andere Hälfte zu den Fleischflossern (Sarcopterygii). Letztere teilen sich heute in mehrere Gruppen auf: Da sind die lebenden Fossilien der Lungenfische (Dipnoi) und der Quastenflosser (Coelacanthiformes, Hohlstachler). Aber vor allem sind da die Nachfahren der Tetrapodomorpha, der Ahnen aller Landwirbeltiere. Sie formten aus ihren Brust- und Bauchflossen Arme und Beine und stellen heute die absolute Mehrheit der Strahlenflosser.

Die Post brauchte auch damals ihre Zeit und so erreichte der Brief James Leonhard Brierley Smith erst am Mittag des 3. Januar 1939. Als er die Skizze sah, war er sprachlos. »Ich wäre kaum erstaunter gewesen, wenn ich auf der Straße einem Dinosaurier begegnet wäre«, erzählte er später. Die Zeichnung glich frappierend den Quastenflosser-Fossilien, die er aus paläontologischen Sammlungen kannte. Smith telegrafierte nach East London: »Sehr wichtig – Skelett und Kiemen von beschriebenem Fisch aufbewahren.« Dazu war es aber zu spät. Also zögerte Smith, nach East London zu fahren, schwankte zwischen Hoffnung und Zweifel und machte sich erst im Februar auf. Als er vor den Überresten stand, überlief es ihn heiß und kalt: ein Quastenflosser! Einer der gefürchteten Räuber des Devons war »auferstanden« – und erhielt den Namen *Latimeria chalumnae*.

Wie die Fische laufen lernten

Zwar sehen die Quastenflosser aus wie Fische mit Beinchen, aber mit uns sind sie trotzdem nur sehr weitläufig verwandt. Unsere Vorfahren hatten mehr mit den Lungenfischen zu tun, den Dipnoi. Die waren damals im Süß- wie im Salzwasser gefürchtete Räuber. Außer ihren Kiemen besaßen (und besitzen) sie Lungen, um sich aus der Atmosphäre mit Sauerstoff zu versorgen. Nur, wann begannen die Lungenfische damit, Luft zu »schlucken«? Der »natürliche« Zeitpunkt schien zu sein, als sie die flachen Uferbereiche eroberten, aber andererseits verbesserten auch ihre marinen Verwandten wie *Rhinodipterus* so ihr Sauerstoffbudget. Vielleicht hat die Entwicklung der Lungen also etwas mit globalen Schwankungen im Sauerstoffgehalt zu tun. Gegen Ende des Devons scheinen weite Teile des Meeres erstickend geworden zu sein. Schwarze Schiefer erzählen von Ozeanen, in denen in weiten Teilen so gut wie kein Sauerstoff im Wasser gelöst war. Moderne Lungenfische jedenfalls tauchen immer wieder zum Atmen auf. Einige Arten ertrinken sogar, wenn man sie unter Wasser festhält, und brauchen die Kiemen nur noch fürs Ausatmen, um Kohlendioxid abzugeben.

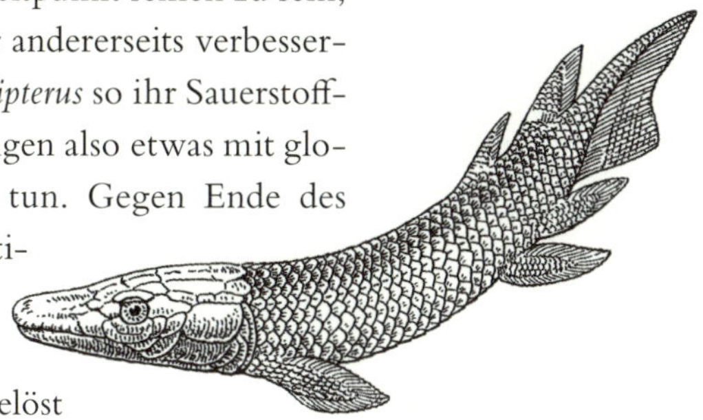

Rhinodipterus *fühlte sich während des Devons in den flachen Wasserbereichen der Riffe wohl. Er gehört zu den ältesten Fischen, die Lungen entwickelt hatten.*

Dass die Dipnoi die am nächsten mit uns verwandten lebenden Fische sind, dafür spricht eine ganze Reihe von gemeinsamen Merkmalen: Sie besitzen wie wir ein Lymphgefäßsystem, ihre Schädelstruktur ist ähnlich und sie trennen sauerstoffreiches Blut aus der Lunge und sauerstoffarmes Blut aus dem Körper. Außerdem deutet die Analyse ihrer Erbsubstanz darauf hin, dass sie nahe an der stammesgeschichtlichen Wurzel aller Landwirbeltiere stehen. Überhaupt – ihr Genom ist etwas Besonderes: Es ist das größte und komplexeste, das wir bislang kennen.

DER FISCH IN DER ZEITKAPSEL

Um lange Dürreperioden zu überstehen, graben sich afrikanische Lungenfische in Schlamm ein und sondern Schleim ab. Dabei entsteht eine Kapsel mit einem Loch in der Nähe des Mauls, durch die das Tier atmet. Darin kann ein Lungenfisch bis zu vier Jahre überleben: zusammengekugelt und mit dem Schwanz über den Augen, um sie vor der Austrocknung zu schützen. Währenddessen ernährt er sich vom Muskelgewebe und speichert seine Ausscheidungsprodukte, denen er das Wasser entzieht. Das recycelt er und führt es dem Körper wieder zu. Regnet es endlich, braucht der Fisch Stunden, um Wasser aufzunehmen und aus der Starre zu erwachen.

Die Fähigkeit, Dürren zu überstehen, haben die Lungenfische sehr früh entwickelt: Die ersten – allerdings leeren – Schlammkapseln stammen aus dem frühen Devon. Aus dem Perm sind die ältesten Kapseln bekannt, in denen noch Fische steckten. Für sie hat die Trockenheit ganz offensichtlich zu lange gedauert.

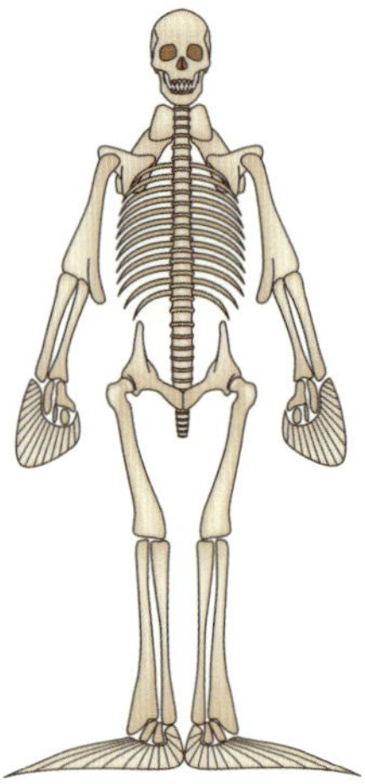

Um zu verdeutlichen, wie viel »Fisch im Menschen« steckt, hat der Paläontologe John A. Long einen optischen Vergleich entwickelt: Er nimmt das Körperskelett eines devonischen »Fischs auf Landgang« und bringt dessen Proportionen auf menschliche Maße …

Heute sind Lungenfische Fleischfresser mit einem vielfältigen Speiseplan, auf dem Fische ebenso stehen wie Muscheln, Schnecken, Würmer, Krebstiere und Insektenlarven. Ihre räuberische Lebensweise ist ein Erbe aus dem Devon. Ihr Gebiss verrät, dass manche sehr hartschalige Organismen zermalmten. Andere, wie *Griphognathus* mit seiner entenschnabelähnlichen Schnauze, nagten vielleicht Korallen ab, falls er nicht nach Art des Schnabeltiers seine Beute im Sediment aufstöberte und knackte. So oder so, im späten Devon war er sehr erfolgreich und eroberte die Gewässer dieser Welt.

Die Sache mit dem Laufen begann im Devon mit einem Tier, das so ähnlich aussah wie ein Lungenfisch: Es war der Ausgangspunkt für Lurche und Frösche, Salamander, Eidechsen, Krokodile und Vögel, Schildkröten, Hunde, Katzen, Kühe und Menschen, die heute auf der Erde leben. Allerdings musste ein Fisch, der von einem Leben auf dem Trockenen träumte, seinen Körper schon sehr stark umbauen. Das Landleben erfordert viel mehr als Lungen zum Atmen und Beine mit Füßen und Zehen zum Laufen. Um auf dem Trockenen leben zu können, musste man auch seinen Körper vor dem Austrocknen schützen lernen, neue Wege des Fressens entwickeln und vieles mehr.

Ganz zentral war der Umgang mit der Schwerkraft. Dazu braucht man Rippen, die verhindern, dass die Lungen zusammenfallen, und Wirbel, die ineinandergreifen. Auch in der Luft zu atmen ist nicht trivial. Bei der Atmung nutzt ein Fisch seinen Kopf wie eine Pumpe mit mehreren Ventilen: Er baut ein Druckgefälle auf, um das Wasser in den Mund einzusaugen und dann über die Kiemen herauszupressen. Dazu aber muss der Kopf fest mit dem Rest des Fischkörpers verbunden sein. Mit Lungen läuft das anders: Man nutzt den Brustkorb, der sich beim Einatmen dehnt und beim Ausatmen zusammensinkt. Dadurch bekommt man sozusagen den Kopf frei, die starre Verbindung wird nicht mehr gebraucht. Amphibien setzen auf Pumpatmung, indem sie die Luft für die Lungen mithilfe von Mund und Wangen einsaugen. Auch das geht nicht mit einem Fischskelett: Es mussten erst einige Knochen im Kiefer verschmelzen, damit der Blasebalgeffekt funktioniert – wobei bessere Kieferknochen auch beim Fressen an Land sehr nützlich sind.

Überhaupt sind starke Knochen und Muskeln wichtig, weil die Tiere an Land mehr Kraft brauchen als unter Wasser, wo sie mehr oder weniger schwerelos sind. So mussten die Knochen am Hinterkopf massiver werden, damit die Muskeln, die den Kopf heben, ansetzen können. Wer im flachen Wasser oder an Land lebt, für den ist ein beweglicher Kopf ungeheuer nützlich: Anders als die Fische im tiefen Wasser, kann er seinen Körper nicht mehr problemlos in die Richtung seiner Beute ausrichten. Da hilft ein beweglicher Hals schon sehr.

Angepasst wurden auch die Sinne. Vor allem das Gehör, schließlich lässt sich der Schall an der Luft nicht mehr fühlen. Nun wird dieser besondere Kieferknochen, die Hyomandibula, die bei Fischen die Bewegungen zwischen den verschiedenen Kopfkomponenten beim Fressen und Atmen koordiniert, nicht mehr beim Pumpen gebraucht. Deshalb entstand aus ihm zunächst ein Sensor für das Erfassen von Schallwellen. Später entwickelte sich daraus der Steigbügel im Mittelohr der Landwirbeltiere. Die Knochen veränderten also ihre Rolle.

Der Landgang selbst jedoch erwies sich als hervorragende »Idee«: Die frühen Tetrapoden lebten überall, waren Kosmopoliten, die die Kontinente Laurasia im Norden und Gondwana im Süden besiedelten, und zwar in den Tropen ebenso wie in den gemäßigten Breiten. Da die meisten Überreste früher Vierfüßer in Laurasia gefunden worden sind, stand dort vielleicht die Wiege der Landwirbeltiere.

Aber Fische mit der passenden Anatomie für einen Landgang waren anscheinend keine flüchtige Übergangserscheinung der Evolution, sondern verfolgten ihren ganz eigenen Lebensstil. »Sie besetzten mindestens zehn Millionen Jahre lang eine stabile eigenständige evolutionäre Position und lebten parallel zu ihren Abkömmlingen, den Landwirbeltieren«, betont Per Ahlberg von der Universität im schwedischen Uppsala, »so wie später im Jura, als sich die ersten Vögel neben den gefiederten Sauriern entwickelten.«

Hinter dieser Erkenntnis steckt, dass Ahlbergs Team gemeinsam mit polnischen Wissenschaftlern in einem Steinbruch im Heiligkreuzgebirge bei Krakau die 395 Millionen Jahre alten Fußabdrücke eines Wirbeltiers entdeckt hat. Bis zu 2,50 Meter lang waren die Lebewesen, die sich in der Gezeitenzone eines tropischen Meers tummelten. Das

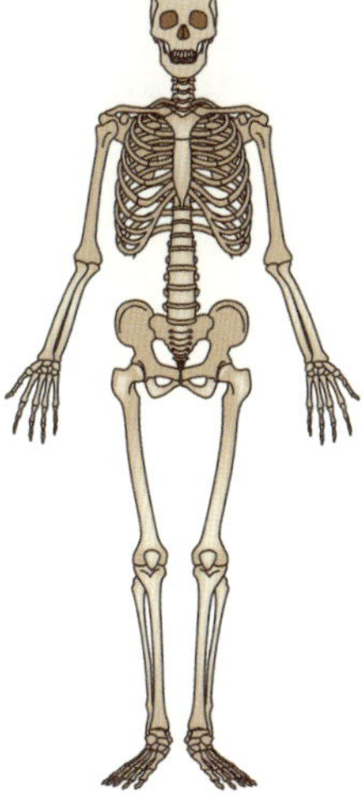

… Der Vergleich zeigt, dass die Vierbeiner in spe ihren Körper an vielen Stellen an das neue Element anpassen mussten. Die Bausteine, um zu Reptilien, Dinosauriern, Vögeln und Säugetieren werden zu können, sind ein Erbe ihrer evolutionären Vergangenheit im Wasser.

HÖREN UND LAUFEN WIE ICHTHYOSTEGA

Als Paläontologen ein *Ichthyostega*-Fossil in den Computertomografen beförderten, erlebten sie eine Überraschung: Sein Gehör erwies sich als sehr ungewöhnlich. Es war bereits hoch spezialisiert. Statt Trommelfellen besaß *Ichthyostega* Kammern mit verstärkten Wänden, die wahrscheinlich mit Luft gefüllt waren. In diese Kammern reichten feine Steigbügel, die wohl vibrierten, wenn Schall die Luft in den Kammern traf. Dann übertrugen sie die Vibrationen durch ein Loch im Schädelknochen in die Innenohren. Wahrscheinlich verbrachte *Ichthyostega* viel Zeit im Wasser.

Auch seine Art zu laufen war ungewöhnlich. Weil ihn sein Brustkorb umschloss wie ein Korsett, konnte er nicht wie ein Salamander laufen. Auf seinen Wirbeln saßen jedoch Dornen – wie bei modernen Säugetieren. Anscheinend bewegte sich *Ichthyostega* an Land eher wie eine Robbe. Er könnte das erste Wirbeltier sein, das einen speziellen Gang entwickelt hat, eben das Robben.

Ein Eusthenopteron *jagt. Diese Fleischflosser besaßen neben Kiemen auch eine Lungenblase, und ihr Flossenskelett war kräftig.* Eusthenopteron *zählt aufseiten der Fische zu den engen Verwandten der Landwirbeltiere. Er konnte das Wasser jedoch noch nicht verlassen – anders als* Ichthyostega *(hinten), der das Trockene schon schätzen gelernt hatte.*

Wasser war so seicht, dass die größeren Exemplare den Meeresboden mit den Füßen berühren konnten, wobei sie einzelne Fußabdrücke hinterließen. Andere stießen sich mit den Hinterbeinen vom Grund ab, um loszuschwimmen. So interpretieren die Paläontologen jedenfalls Spuren, die parallele Abdrücke eines Fußpaars zeigen. Mit diesen Fußabdrücken reicht die Überlieferung für die Existenz von vier Beinen zum Laufen (im Wasser) nicht nur 18 Millionen Jahre weiter zurück als bislang. Sie eröffnen auch die Möglichkeit, dass der Landgang nicht in den Sümpfen stattgefunden hat, sondern womöglich in der Gezeitenzone, etwa um bei Ebbe gestrandete Meeresorganismen zu verspeisen – so die Idee von Per Ahlberg und seinem Team.

Wie dem auch sei: Zu den ersten Fossilien, die die Paläontologen aus dieser Übergangszeit kennen, gehört *Eusthenopteron,* ein lang gestreckter Fisch mit Kiemen und Lungenblase und einem kräftigen Flossenskelett. Das verriet schon, wie Elle und Speiche der Landwirbeltiere einmal aussehen würden. Ein anderes war *Ichthyostega*, der in den 1930er-Jahren Zielscheibe spöttischer Karikaturen war: Kopf und Schwanz ähnelten den Fischen, während die Gliedmaßen schon voll entwickelt waren und die Füße samt Zehen zum Loslaufen getaugt hätten, ebenso die Wirbelsäule. Allerdings war *Ichthyostega* schon zu weit zum Landtier geworden, um die Anfänge zu beleuchten.

VERRÄTERISCHE SCHÄDELMUSTER

Wer an Land leben will, muss dort das Fressen sozusagen neu erlernen. Viele Fische saugen ihre Beute in den Mund hinein. In der dünnen Luft klappt das nicht: Man muss zubeißen und dafür Zähne und Schädel umbauen. Diese Anpassung durchliefen die Urahnen der Landwirbeltiere im Wasser. Das erkannten Harvard-Paläontologen beim Vergleich von Fossilien des Fischs *Eusthenopteron* sowie der Vierbeiner *Acanthostega* und *Phonerpeton* und eines modernen Fischs, und zwar waren es die Nahtstellen, mit denen die einzelnen Bauteile in ihren Schädeln miteinander verbunden waren: Danach saugte *Eusthenopteron* seine Mahlzeiten noch ein, während *Acanthostega* seine Beute in sehr flachem Wasser oder an Land mit einem kräftigen Biss erlegte.

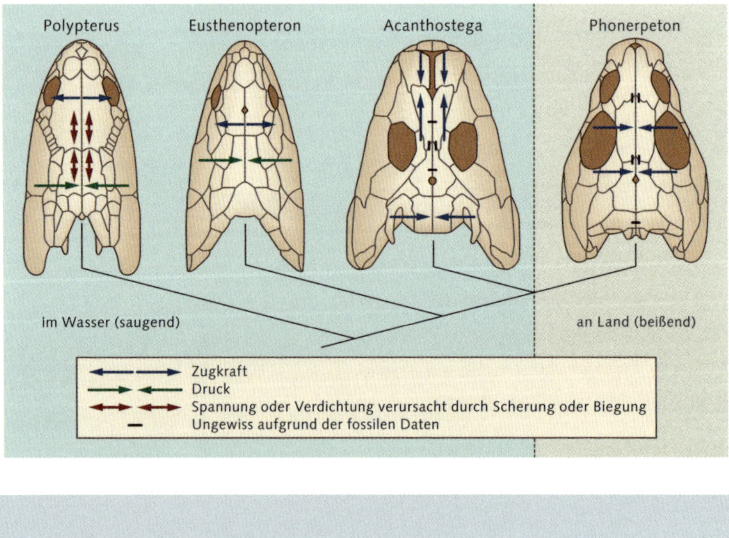

Licht in dieses evolutionäre Dunkel brachte *Acanthostega*. Der lebte vor rund 360 Millionen Jahren in einer Gegend, die heute Ostgrönland ist. Zunächst hatten die Paläontologen von ihm nur ein paar Schädelfragmente gefunden, die nicht viel hermachten. Aber dann entdeckte Jenny Clack von der University of Cambridge in England 1987 ein weiteres *Acanthostega*-Fossil, eines, das ihm einen wichtigen Platz in der Ahnenreihe der Landwirbeltiere sicherte, denn *Acanthostega* war weder Fisch noch Fleisch. Er besaß Gliedmaßen mit Füßen und Zehen, sogar ohne Flossenhäute, aber sie taugten nicht für ein Leben auf dem Trockenen: Es fehlten richtige Gelenke, um das Gewicht der Tiere an Land zu stemmen. Seine Gliedmaßen ähnelten mehr den Paddeln einer Robbe. Für einen ordentlichen Brustkorb waren seine Rippen zu kurz. Er hatte durchaus schon Lungen, die er jedoch mit Kiemen unterstützte. Sein Flossenschwanz war ruderförmig und wurde von langen, knöchernen Stacheln gestützt. Er war ein Mischwesen durch und durch. Aus der seltsamen Anatomie schloss Jenny Clack, dass *Acanthostega* seine Gliedmaßen nur im Wasser gebrauchte: um seinen Kopf besser aus dem sauerstoffarmen Wasser heben und leichter Luft atmen zu können. Seine Fisch-Vorfahren hatten niemals das nasse Element verlassen.

Auch das Kauen mussten die Wirbeltiere erst lernen. Um an Land Beute zu machen, waren umfangreiche Umbildungen im Kopfbereich notwendig. Eusthenopteron *saugte seine Mahlzeiten noch ein. Der ebenfalls ans Wasser gebundene* Acanthostega *war schon weiter: Er konnte seine Beute in sehr flachem Wasser oder am Ufer mit einem kräftigen Biss erlegen.*

Acanthostega brachte eine wichtige Wende. Bis Jenny Clack seine wahre Natur erkannte, hatte die gängige Theorie besagt, dass Fische sozusagen aufs Trockene krochen und dort Stück für Stück die notwendigen Accessoires für das Landleben erwarben. Nun war klar, dass die Geschichte in Wirklichkeit genau andersherum funktioniert hatte: Die Pioniere hatten alles beieinander, ehe sie den entscheidenden Schritt unternahmen. Die flachen Schädel dieser Übergangswesen legen nahe, dass die Ahnen der Landwirbeltiere aus den Reihen der Flachwasserspezialisten kamen: Dort jagten sie und pflanzten sich fort – und dann lockte sie das Land. Vielleicht wagten sich zuerst die Jungtiere vor, für die die Insekten und kleinen Gliedertiere eine fette Beute bedeuteten. Den Erwachsenen mag das zunächst noch zu wenig gewesen sein. Als beachtliche Raubtiere brauchten sie Handfesteres, auch wenn sie wohl alles gefressen haben, was ihnen vor die Schnauze kam: ob Krebs oder Fisch oder ihresgleichen. Insekten wären für sie wohl eher ein Snack gewesen.

ZEIGT HER EURE ZEHEN

Acanthostega trug an seinem Fuß acht wohlgeformte Zehen – und keine fünf, wie bei allen Landwirbeltieren danach üblich, sei es Eidechse oder Mensch oder Dinosaurier. Es gibt keine Ausnahme, nur Umformungen: So sind beim Fledermausflügel die Finger besonders lang. Beim Pferd sind Mittelfinger und mittlere Zehen verlängert, während alle anderen schrumpften. Im Devon war diese Fünf-Finger-Gesetzmäßigkeit offensichtlich noch nicht ausgeprägt. So besaß *Tulerpeton*, ein anderer früher Tetrapode, einen Fuß mit sechs Zehen. Und auch an dem von *Ichthyostega* aus Ostgrönland waren mehr als fünf. Eine fossile Fischflosse aus Pennsylvania besitzt acht Knochenstäbe. Dieser Fisch, wer immer es gewesen sein mag, hatte also acht Finger.

Warum aus dem Acht-Zehen-Fuß eines *Acanthostega* oder einer der anderen devonischen Uramphibien schließlich der moderne Fünf-Zehen-Fuß wurde, ist Gegenstand von Diskussionen. Aber es gibt eine plausible Erklärung, erzählt Jenny Clack von der University of Cambridge. Ihrer Meinung nach könnte der Fünf-Zehen-Fuß einfach für funktionierende Sprunggelenke die optimale Lösung gewesen sein: Er war nämlich einerseits stabil genug, um das Gewicht zu tragen und andererseits auch ausreichend flexibel fürs Laufen.

Acanthostega war zu Lebzeiten ein »Bindeglied« zwischen den Welten, aber stand schon auf der Seite der Uramphibien. Auf der anderen, der fischigen, lebte ein amphibienähnlicher Fleischflosser, den Neil Shubin von der University of Chicago zusammen mit einem Kollegen 2004 auf Ellesmere Island in der kanadischen Arktis entdeckte. Trotz Schnee und schneidend kaltem Wind wohnten er und sein Team wochenlang in Zelten und klopften Fossilien aus gefrorenen Felsen heraus. Unter anderem steckten in dem Gestein, das vor 375 Millionen Jahren in den Überschwemmungsebenen eines Flusses entstanden war, drei Tiere mit flachem Kopf. Mühsam legten Präparatoren die Fossilien mit Zahnarztwerkzeugen frei. Beim ersten Exemplar wuchs dabei ein kleiner würfelförmiger Knochen aus dem Stein heraus, der in der großen Flosse eines Fischs gesteckt haben musste. Die Frage ist nur, wo, denn alle Knochen waren durcheinandergeraten. Allerdings war an einem Ende dieses Knöchelchens ein Gelenk erkennbar, das vier anderen Knochen Platz bot. »Das glich verdächtig einem Handgelenk«, erinnert sich Neil Shubin. Der Fisch im zweiten Block erwies sich als das große Los, denn eine Flosse war vollständig erhalten: »Sie enthielt genau den gleichen Knochen, und zwar an der richtigen Stelle am

Ende des Unterarmknochens! Wir hatten einen Fisch mit Handgelenk gefunden.« Dieses Tier besaß Handflächen und Finger und es bewies, dass »in unseren eigenen Gelenken ein ganzes Aquarium von Fischen steckt. Sie haben den Körperbau entwickelt, den alle Landwirbeltiere gemeinsam haben«, führt Neil Shubin aus.

Die Paläontologen tauften das Tier *Tiktaalik*, was in der Sprache der Inuit von Ellesmere Island so viel bedeutet wie »großer Süßwasserfisch«. *Tiktaalik* hatte Schultern, Ellbogen und Handgelenke, die aus den gleichen Knochenelementen bestanden wie beim Menschen. Er verfügte sogar über die Ansätze zu den Kugelgelenken und Gelenkpfannen, die unsere Schultern beweglich machen. Liegestütze waren für *Tiktaalik* kein Problem und Muskelansätze an den Knochen verraten, dass er sie oft gemacht hat.

Tiktaaliks Schuppen und seine Flossen samt Flossenhäuten sind wie die eines gewöhnlichen Fischs, aber seine Extremitäten folgten bereits dem Landwirbeltier-Muster »Ein Knochen dann zwei Knochen dann viele Knöchelchen dann viele Knochen« (genauso sind Arme und Beine aufgebaut): So war auch er ein Mittelding zwischen Fischen und

Tiktaalik *ist wie ein Mosaik: Er zeigt, in welcher Reihenfolge die Fische die Merkmale der Landwirbeltiere entwickelt hatten, bevor sie das Trockene erobern konnten.*

Amphibien. Der flache Krokodilkopf mit den Augen auf der Oberseite verrät ebenso wie die stabilen Rippen, dass er auf dem Boden seichter Tümpel oder Bäche herumkroch und sich auch vor dem Uferschlamm nicht scheute.

Vor 375 Millionen Jahren waren Uferzonen vergleichsweise sichere Lebensräume, denn im tieferen Wasser war man überall von Räubern umgeben, die durchaus fünf Meter lang werden konnten. Für sie hätte ein halb so großer *Tiktaalik* eine willkommene Mahlzeit abgegeben. Von ihnen hielt er sich natürlich lieber fern. Kurze Ausflüge aufs Trockene hingegen dürften für das Tier kein größeres Problem gewesen sein. »*Tiktaalik* ist der Fisch, der am nächsten mit uns Landwirbeltieren verwandt ist. Er zeigt uns, wie die Evolution Flossen zu Gliedmaßen umgestaltete, und auch, wie sie den Kopf veränderte«, urteilt Neil Shubin. *Tiktaaliks* Kopf war beweglicher als der eines normalen Fischs. Er war nicht mehr direkt mit den Schultern verbunden, sondern er hatte bereits einen Hals und konnte ihn drehen. Auch seine Hirnschale hatte sich im Vergleich zu seinen Vorfahren verändert, die Kiemenkammer, Ober- und Unterkiefer – alle diese Teile wurden beweglicher und gleichzeitig auch massiver. *Tiktaalik* nimmt eine Zwischenposition zwischen dem stark verbundenen Kopf eines Fischs und dem robusten, beweglichen Schädel eines Landwirbeltiers ein.

EREIGNISSE DER BESONDEREN ART

Während des Devons hatte sich die Erde gewandelt. An Land und im Meer, überall wimmelte es nur so von Leben. Aber der Frieden hielt nicht ewig. Als sich das Devon dem Ende zuneigte, wurde die Situation instabil. Krisenzeiten brachen an: Vor 374 Millionen Jahren traf zunächst das Kellwasser-Ereignis vor allem die Bewohner der flachen, warmen Meere. Unklar ist, was dieses Kellwasser-Ereignis ausgelöst hat. Vielleicht sorgte der immer dichter werdende Pelz aus Landpflanzen dafür, dass sehr viel mehr Nährstoffe in die Ozeane gelangten. Weite Bereiche könnten überdüngt gewesen sein. Jedenfalls verschlechterte sich die Sauerstoffversorgung, brach in einigen Zonen sogar zusammen. Auf diese erste Krise folgte eine zweite, das Hangenberg-Ereignis. Auch zu dessen Ursachen gibt es nur Vermutungen: Neben der Überdüngung durch die vielen Nährstoffe von Land könnte auch die Vergletscherung eine Rolle gespielt haben, durch die der Meeresspiegel dramatisch sank.

Der Rochen in uns

Die Frage ist, wie eng die Verbindung zwischen Landwirbeltieren und den Fischen ist. »Ersann« die Evolution für den Landgang ein neues genetisches Rezept oder reichte ihr die Variation des vorhandenen? Klar ist: Ob Mensch oder Neunauge – in allen Nerven-, Haut- oder Knochenzellen eines x-beliebigen Körpers steckt immer die gleiche für das jeweilige Lebewesen typische Erbsubstanz. Allerdings sind in jedem Zelltyp andere DNA-Abschnitte aktiv: Sie produzieren unterschiedliche Proteine, die Aussehen und Verhalten der Zelle verändern. Klar ist auch, dass jedes Tier einmal mit einer einzelnen befruchteten Eizelle beginnt, die die gesamte Erbinformation in sich trägt. Während der Embryonalphase sorgen fein eingestellte genetische Schalter dafür, dass der in der DNA festgeschriebene Bauplan haargenau umgesetzt wird. Dazu werden ganze Genbatterien wie in einer Symphonie in genau den richtigen Entwicklungsstadien ein- und ausgeschaltet – und das Lebewesen wächst heran.

Biologen haben festgestellt, dass an der Ausbildung von Gliedmaßen mehrere Dutzend Gene beteiligt sind, von denen keines sozusagen seinen Einsatz verpassen oder die Melodie vergessen darf. Eines davon tauften die Wissenschaftler Hedgehog (Igel), weil eine Mutation in einer Sequenz bei Fliegen kleine Borsten entstehen lässt, die an einen Igel erinnern. Dieses Gen ist zuerst bei den Embryonen von Taufliegen entdeckt worden, aber auch bei Hühnerembryonen ist es aktiv. Da Insekten und Vögel nur sehr, sehr weitläufig miteinander verwandt sind, muss es schon eine ururalte Erfindung sein. Bei Insekten sorgt es dafür, dass die Körpersegmente und die Flügel richtig aufgebaut werden, bei Wirbeltieren hingegen ist es für die Rechts-links-Symmetrie zuständig und dafür, dass die Gliedmaßen korrekt entstehen. Mit Experimenten stellten die Biologen fest, dass bei allen Landwirbeltieren das Rezept, nach dem die DNA Ober- und Unterarme aufbaut, Handgelenke und Finger, fast identisch ist. Der Mensch macht da keine Ausnahme. Wenn bei einem Embryo mit der Funktion dieses »Igel-Gens« etwas schiefläuft, sehen die Hände aus wie breite Paddel mit zwölf gleich gebauten Fingern.

Aufgrund dieser Erkenntnisse wollte Neil Shubins Kollege Randall Dahn von der University of Chicago der Frage nachgehen, wie eng die Verbindung zwischen Fischen und, sagen wir, uns ist. Sprich: Ist dieses »Igel-Gen« nicht nur für die korrekte Ausbildung von Händen und Füßen zuständig, sondern auch für die einer ordentlichen Flosse? Weil sie die ersten Tiere waren, die Flossen mit einem Skelett im Inneren besaßen, hätte Randall Dahn am liebsten Haie für seine Experimente eingesetzt. Aber Hai-Embryonen in ausreichender Menge zu bekommen ist nicht einfach und so blieb er zwar bei den Knorpelfischen, wich aber auf die evolutionär jüngeren Rochen aus.

Bei Haien wie Rochen besteht das Skelett aus langen und kurzen, dicken und dünnen Knorpelstäben. Die Analyse der Rochen-DNA ergab, dass es auch da ein »Igel-Gen« gibt, genau wie bei den Haien übrigens. Dann ging es ins Labor und nach vielen Experimenten war klar, dass dieses Gen bei Knorpelfischen genauso reagiert wie beim Menschen oder beim Huhn. Stören äußere Reize seine Funktion, verdoppelt sich beim Huhn die Flügelstruktur und beim Rochen entsteht eine spiegelbildlich gebaute Flosse.

Mit dieser Erkenntnis gab sich Randall Dahn nicht zufrieden. Er wollte mehr über die Arbeitsweise der Evolution bei der Entwicklung der Gliedmaßen herausfinden. Bei Landwirbeltieren sorgt dieses »Igel-

WOVON DIE HOX-GENE ERZÄHLEN

Zu den Genen, die während der Embryonalphase den Körperbauplan festlegen, gehören auch die sogenannten Hox-Gene. Sie werden im Tierexperiment gezielt manipuliert, sodass sie den Körperbau der heranwachsenden Tiere verändern.

Martin John Cohn von der University of Florida fand heraus, dass eines der Hox-Gene, das bei modernen Fischen bei der Entwicklung der Brust- und Bauchflossen eine Rolle spielt, ebenso bei der Entwicklung von Gliedmaßen und Genitalien von Säugetieren aktiv ist. Auch da gibt es also eine direkte Verbindung zwischen den Fischen des Paläozoikums und uns. Allerdings ist auf dem Weg vom Fisch zum Landwirbeltier auch einiges verloren gegangen. So brachen sehr früh in der Entwicklung im Nackenbereich biochemische Wege zusammen, die die Entwicklung der Gliedmaßen steuern. Zwar können Biologen an allen möglichen Körperpartien zusätzliche Gliedmaßen wachsen lassen, wo sie nicht hingehören – aber nicht im Nacken.

Gen« auch dafür, dass sich die Finger voneinander unterscheiden. Beim Rochen ist das nicht notwendig, denn in einer normalen Rochenflosse stecken viele Knorpelstäbe, die alle gleich aussehen. Was passierte nun, wenn man zwischen die identischen Skelettstäbe ein Kügelchen implantierte, das mit den Proteinen aus dem »Igel-Gen« einer Maus getrankt worden war? Das Ergebnis: Die Stäbe entwickelten sich unterschiedlich und sprachen genauso auf das Protein an wie in einer Hand oder in einem Fuß – sprich: Die Knorpelstäbe, die dem Kügel chen näher standen, hatten eine andere Form als die weiter entfernten. Und das hatte das Mäuseprotein bewirkt. Die Schlussfolgerung daraus: Selbst wenn sie im Stammbaum so weit auseinanderliegen wie Knorpelfische und Säugetiere, die biologischen Mechanismen, die zum Aufbau von Flossen oder Beinen führen, sind gleich. Fische und Vierbeiner besitzen für die Entwicklung von Flossen und Gliedmaßen identische Gensets, die jedoch Unterschiedliches steuern. »Tiere«, so kommentiert das Neil Shubin, »sind in einem sehr realen Sinn Variationen des gleichen Themas – und dieses Thema liegt in dem Rezept, nach dem wir aufgebaut sind.«

Um vom Fisch zum Vierbeiner zu werden, waren viele Umbauten notwendig. So mussten aus Flossen Arme und Beine mit Fingern und Zehen werden. Die Wirbel mussten ineinandergreifen, die Schwanzflosse musste verschwinden, der Kopf beweglich und die Schnauze verändert werden.

11

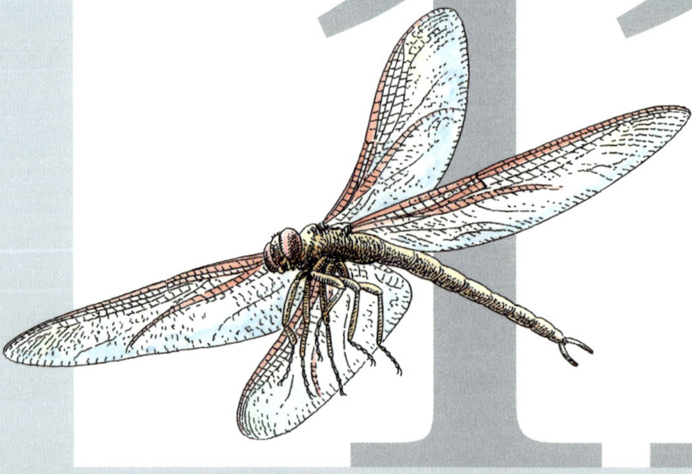

Von Riesenlibellen und einer tödlichen Krise – oder Das feurige Ende des Erdaltertums

In den Wäldern wachsen Bäume wie Säulen empor. Durch ihre dichten Kronen dringt kaum Licht: Selbst wenn hoch oben über den Wipfeln die pralle Mittagssonne gleißt, herrscht am Boden tiefe Dämmerung. Nur wo umgestürzte Baumriesen Lücken in das grüne Dach gerissen haben, schießen Farne empor und wuchern dichte Mooskissen. Die Luft ist schwül. Es riecht modrig. Wo ein schlammig brauner Bach die Lichtung quert, lässt sich eine Libelle nieder. Heftig pumpt ihr mächtiger Körper und ihre ellenlangen Flügel funkeln im Licht. Hinter ihr raschelt es und ein Tausendfüßer schiebt sich vorbei. So lang wie Hunderte von Millionen Jahre später ein Mensch, tragen ihn seine Beine wie mit einer endlosen La-Ola-Welle vorwärts. Überraschend schnell verschwindet er wieder in der Düsternis des Waldes. Es ist windstill, nichts regt sich. Ein leises Blubbern. Zwei Nasenlöcher und ein Stückchen Schnauze tauchen auf, um ein paar Sekunden später wieder zu versinken. Zurück bleiben einige Luftblasen auf dem Wasser. Als die Libelle schwerfällig abhebt, zerreißt das metallische Sirren ihrer Flügel die Stille im Steinkohlenwald.

Das Karbon war eine ungewöhnliche Zeit. Der Sauerstoffgehalt in der Luft war sehr viel höher als heute, sodass Insekten riesig werden konnten. Eine 70 Zentimeter große Libelle hätte derzeit keine Chance, sie würde ersticken, da die Tracheenatmung nicht effizient genug ist.

In den Kohlesümpfen des Karbons wuchsen vor allem Schuppen- und Siegelbäume. Sie gehören zu den heute unscheinbaren Bärlappgewächsen, die damals Höhen von 40 Metern erreichen konnten. In dieser Zeit entstanden die weltgrößten Kohlevorräte.

Die Insekten hatten die Lüfte erobert und das Fliegen gelernt – und für lange Zeit machte ihnen niemand diesen Raum streitig. Als Nächstes würde das erst jemand von den Sauriern lernen, aber bis dahin sollten Gebirge entstehen und vergehen.

An Land war die Welt des Karbons bizarr. Es gab riesige Insekten und auch die Amphibien waren geradezu erschreckend groß. In den Kohlesümpfen machten auf sie noch größere Fische Jagd: Die Rhizodontia (die »Wurzelzähner«, die ihren Namen ihren besonders tiefen Zahnwurzeln verdanken) konnten zu gewaltigen Killern heranwachsen, bei denen allein der Kopf einen Meter lang war und die Zähne eher Brotmessern glichen. Die Flüsse und Sümpfe, die früher einmal ihren ersten Siedlern als Zuflucht erschienen sein mögen, hatten sich zu höchst gefährlichen Lebensräumen entwickelt.

Das Karbon war eine ungewöhnliche Zeit. Der Grund waren die Bäume. Sie holten Unmengen an Kohlendioxid aus der Luft, indem sie es durch die Fotosynthese in Biomasse verwandelten und für den Aufbau der komplexen Verbindungen nutzten, die man Holz nennt. Aber

Holz ist biologisch kaum abbaubar. Selbst heute schaffen das nur spezialisierte Organismen. Die Bakterien und Pilze damals mussten zunächst den Umgang mit dem neuen Stoff lernen und das dauerte viele Millionen Jahre. Also endete viel von dem Kohlendioxid, das die Bäume durch die Fotosynthese aus der Luft fischten, im Holz. »Wenn ein Baum umfiel, verrottete er nicht und der Kohlenstoff wurde nicht wieder freigesetzt«, erklärt Robert Berner von der Yale University in New Haven. »Damals bildeten sich die großen Kohleflöze, Flöze voll gefangenem Kohlenstoff.«

Die Riesenlibelle Meganeura monyi *gehört mit einer Flügelspannweite von bis zu 70 Zentimetern zu den größten Insekten, die jemals gelebt haben.*

Gleichzeitig trieben die Bäume mit ihren tiefen Wurzeln samt der daran haftenden Lebensgemeinschaft von Bakterien und Pilzen die Verwitterung an, um für den Holzaufbau genügend Nährstoffe aus dem Boden zu bekommen. Außerdem lockerten sie den Boden auf: Plötzlich konnte mit gelöstem Kohlendioxid angereichertes Regenwasser tief einsickern und Minerale zersetzen. Daraus ätzte es Kalzium heraus, mit dem es sich verband, und alles zusammen landete über viele Etappen schließlich im Meer. Dank der Baumwurzeln schaffte die Verwitterung viel mehr Kohlendioxid aus der Luft als jemals zuvor.

DIE ERDE IM KARBON IN ZAHLEN
(359 bis 299 Millionen Jahre vor heute)

Atmosphärischer Sauerstoffanteil	Über das gesamte Karbon hinweg durchschnittlich etwa 32,5 Volumenprozent. Das entspricht etwa 163 Prozent des heutigen Niveaus.
Atmosphärischer Kohlendioxidanteil	Über das gesamte Karbon hinweg durchschnittlich 880 ppm. Das ist etwa das 3-Fache des vorindustriellen Niveaus.
Durchschnittliche Oberflächentemperatur	Über das gesamte Karbon hinweg durchschnittlich 14 Grad Celsius, also etwa auf dem derzeitigen Niveau
Meeresniveau	Allmählich von 120 Meter über dem heutigen Niveau auf derzeitige Werte sinkend, am Ende stieg der Meeresspiegel kontinuierlich auf plus 80 Meter an.

Gleichzeitig verschwand dieses Kohlendioxid dauerhaft – nicht nur in Form von Kohlenflözen, sondern auch, weil es in den warmen, flachen Ozeanen des Karbons als Kalkkristalle zu Boden rieselte. Oder es wurde Teil von Brachiopodenschalen oder Seesternarmen oder von wem sonst auch immer, der es aus dem Wasser fischte, um seinen Körper damit aufzubauen. Weil diese Hartteile nicht verdaulich waren, sammelte sich das in ihnen gespeicherte Kohlendioxid nach dem Tod des Lebewesens in den Sedimenten an und wurde mit der Zeit ebenfalls zu Kalkstein. So begann im Lauf der Jahrmillionen der Treibhauseffekt zu schwächeln: Eine Eiszeit setzte ein. Auf dem Südkontinent Gondwana finden sich die Spuren dieser Eiszeit in den Regionen, die damals rund um den Pol lagen: in Argentinien, in Süd- und Zentralafrika, in Madagaskar und Indien. Im Norden der Erde war anscheinend das ebenfalls polnahe Sibirien betroffen. Dieser Spuk dauerte 80 Millionen Jahre und er endete erst im Perm.

Die Geschichte mit dem Kohlendioxid steht jedoch nur für einen Teil des Geschehens – und hier nähern wir uns den Riesenlibellen. Denn bei der Fotosynthese wird ja nicht nur Kohlendioxid verbraucht, sondern auch Sauerstoff hergestellt. Und die Bäume betrieben dieses

VON FRUCHTFLIEGEN UND ALLIGATOREN

In Laborexperimenten lassen Biologen Fruchtfliegen oder Käfer unter künstlich erhöhten Sauerstoffkonzentrationen heranwachsen. Von einer Generation zur nächsten werden die Insekten um bis zu 15 Prozent größer und das Merkmal vererbt sich sogar. Allerdings reagieren nicht alle: Grashüpfer zum Beispiel bleiben klein, egal, ob sie 5 Prozent Sauerstoff atmen oder 40 Prozent.

Weil im Karbon nicht nur die Insekten gigantisch waren, sondern auch die Amphibien und die Reptilien wie der jaguargroße *Dimetrodon*, experimentierte John Vanden Brooks, damals an der Yale University, mit Alligatoreiern. Zwar gab es im Karbon keine Alligatoren, aber sie taugen als Vergleich zu den Lebewesen damals und so wurden die Eier bei unterschiedlich hohem Sauerstoffgehalt bebrütet. Das Ergebnis war eindeutig: Ein höherer Sauerstoffgehalt steigert den Stoffwechsel der Alligatorembryonen, sie wachsen schneller heran – solange nicht mehr als 27 Prozent in der Luft ist. Danach verschwinden die positiven Effekte – die Alligatoren sind eben doch »Kinder« unserer Zeit. Bei 30 Prozent wachsen sie so schnell wie bei den modernen 21 Prozent – und stieg das Sauerstoffniveau höher, zeigte das Gas seine giftige Seite: Die Embryonen entwickelten sich langsamer, schließlich begann das Gewebe zu verbrennen.

Geschäft in einem ganz großen Ausmaß. Der Sauerstoff sammelte sich an, kletterte auf einen Anteil von vielleicht 30 Prozent an der Atmosphäre und damit auf knapp ein Drittel über dem modernen Wert. Es war das »Allzeithoch«. Dank des vielen Sauerstoffs konnten aus Krabbeltieren Giganten werden. Der Grund ist, dass Libellen, Tausendfüßer, Hundertfüßer oder Spinnentiere nicht mit Lungen atmen, sondern mit Tracheen. Das sind Kanalröhren, mit denen sie Sauerstoff in ihre Körper transportieren. Weil er dabei passiv aus der Luft ins Blut dringt, ist diese Methode nicht sonderlich effizient, sodass Insekten und Co. heute eher klein sind. Ihre Sauerstoffversorgung reicht derzeit nicht für einen riesigen Körper aus. Im Karbon jedoch sollen sie wegen des hohen Sauerstoffgehalts in der Luft über sich hinausgewachsen sein.

Die Schwertschwänze (Xiphosura) sahen im Karbon nicht viel anders aus als ihre modernen Verwandten, die Pfeilschwanzkrebse. Damals wie heute ragt ihr kreisförmiger Kopfschild über ihre klauenbewehrten Krabbelbeine hinaus. So krochen sie über den Sand tropischer Meere und warmen Brackwassers.

Von Brachiopoden, die sich für Korallen hielten …

In den Meeren ging es weniger exotisch zu. Aber auch dort hatte sich seit dem Ende des Devons einiges geändert, schließlich hatte das Kellwasser-Ereignis vor 347 Millionen Jahren mindestens 75 Prozent aller bekannten marinen Arten hinweggerafft. Benannt wurde es nach einem Tal im Harz, wo die schwärzlich graue Steinlage 1850 zum ersten Mal von dem Geologen Friedrich Adolf Roemer beschrieben worden ist. Mit der Zeit stellte sich heraus, dass diese unscheinbare Schicht von einem der fünf großen Massenaussterben erzählt, einem, das weitaus schlimmer war als das berühmte am Ende der Kreide, bei dem die Dinosaurier den Planeten »verließen«. Das Kellwasser-Ereignis traf die Ozeane, vor allem die Bewohner der flachen, warmen Meere, die Riffbildner des Devons, die Stromatoporen und Korallen. Aber auch die Trilobiten gerieten in Bedrängnis, die Acritarcha, die Ammonoideen, Conodonten oder Brachiopoden. An Land hinterließ es kaum Spuren. Allerdings war es eine Katastrophe in Zeitlupe: Über mehrere Millionen Jahre hinweg ging die Artenvielfalt immer weiter zurück.

Irgendwann hatten sich die Bedingungen dann wieder normalisiert – aber nur, um 15 Millionen Jahre später erneut auf die abschüssige Bahn zu geraten: Das Hangenberg-Ereignis, das seinen Namen von einer Gesteinsschicht im Rheinischen Schiefergebirge erhielt, steht immerhin für das sechstgrößte Aussterben seit dem Auftauchen der Tiere. Und wieder ging weiten Bereichen der Meeresböden der Sauerstoff aus. Diesmal gehörten vor allem die Wirbeltiere zu den Opfern, darunter alle Plattenhäuter und die meisten Fleischflosser. Die Krise schlug jedoch auch an Land zu und traf die Lebensgemeinschaften im Süßwasser und auf dem Trockenen. Neue Funde im Süden Schottlands belegen, dass die Vierbeiner danach sehr schnell sehr viele neue Formen hervorbrachten: Sie waren allesamt Raubtiere, die sich auf die unterschiedlichste Beute spezialisiert hatten. Und es setzten sich wohl auch die Fünf-Finger-und-Zehen-Extremitäten durch.

In einem flachen, marinen Ökosystem des frühen Karbons kreuzt ein Schwarm von Knochenfischen der Gattung Amphicentrum *über drei Knorpelfische hinweg. Ein* Deltoptychius *macht sich über eine Seelilie her. Links über ihm schwimmt* Janassa, *hinten links* Chondrenchelys.

Der Auslöser dieser beiden Krisen im späten Devon ist unklar. Wahrscheinlich hatten sie etwas mit Sauerstoffmangel im Meerwasser zu tun, jedenfalls wurden damals überall schwarze Schiefer und bitumenhaltige Kalksteine abgelagert, die von anaeroben Bedingungen erzählen. Außerdem waren die Ozeane Isotopenanalysen zufolge überdüngt – wie heute die Ostsee. Vielleicht hatte der immer dichter werdende Pelz aus Landpflanzen dafür gesorgt, dass sehr viel mehr Nährstoffe in die Ozeane gelangten, als sie vertragen konnten. Jedenfalls verschlechterte sich die Sauerstoffversorgung, brach in einigen Zonen sogar zusammen. Beim Hangenberg-Ereignis könnte neben der Überdüngung von Land auch eine Vergletscherung eine Rolle gespielt haben: Damals sank der Meeresspiegel dramatisch.

Wie auch immer: Das Artensterben am Ende des Devons hatte die Meere verändert. Viele Riffbaumeister gab es nicht mehr, sie wurden nach und nach von anderen Korallen, Schwämmen und Bryozoen, den Moostierchen, ersetzt. Die Graptolithen, die so lange zur Basis der Nahrungskette gehört hatten, waren verschwunden, die »unsterblichen« Trilobiten ein Schatten ihrer selbst: Zwar hatten sie einige Vertreter durchgebracht und sich wieder aufgerappelt, aber sie entwickelten nie mehr die Formenvielfalt früherer Tagen. Sie waren schlicht, schmucklos, verzichteten auf lange Stacheln und andere »Ornamente«.

ERSTICKENDE MEERE

Das Kellwasser-Ereignis zählt zu den ozeanischen anoxischen Ereignissen, sprich: Unterhalb der Oberflächenschicht erstickten die Meere. Das ist im Lauf der Erdgeschichte mehrfach passiert. Wahrscheinlich waren jeweils die ozeanischen Strömungssysteme gestört, sodass in der Tiefsee der Wasseraustausch zwischen Polen und Äquator abbrach. Die Sedimente aus diesen Zeiten verraten jedenfalls, dass das Klima immer sehr warm war und dass durch hohe Erosionsraten von Land immense Nährstoffmengen eingeschwemmt wurden.

Die Überdüngung lässt in den lichten obersten Metern des Meeres, in die der Wind Sauerstoff einarbeitet, die Zahl der Algen explodieren. Dort blüht das Leben. Unterhalb dieser Zone ersticken die Ozeane am eigenen Abfall: Wie schon im Präkambrium sind die Mengen zu groß, um damit fertigzuwerden. Einen wachsenden Teil des Abbaus leisten anaerobe Bakterien, die Fäulnisgase wie Schwefelwasserstoff freisetzen. Der vergiftet alle anderen und schließlich faulen die toten Organismen nur noch, werden von niemandem mehr gefressen. In den Meeressedimenten sammeln sich große Mengen organischen Kohlenstoffs an, deshalb auch die für diese Ereignisse typische schwarze Färbung. Diese Schichten sind oft das Ausgangsgestein für Erdöl und Erdgas. Was wir heute verfeuern, stammt aus Zeiten, die aus Sicht eines Vielzellers sehr unangenehm waren.

Dafür krochen Seeigel in Mengen über den Meeresboden und Seelilien-Wälder überwucherten sandige Flächen. Es gab so viele von ihnen, dass ihre Überreste im Lauf der Zeit an etlichen Orten der Erde Kalksteinfelsen aufbauten. Das Karbon muss Suspensionsspezialisten wie ihnen hervorragende Bedingungen geboten haben. Allerdings konnten die Muscheln nicht so recht davon profitieren: Noch siedelten sie etwas abseits. Seit Jahrmillionen der Evolution waren und blieben sie die Statisten auf der Bühne des Lebens und konnten den Brachiopoden ihre Hauptrolle nicht streitig machen. Die hockten wie eh und je in den nahrhaftesten und besten Lebensräumen. Nun war sogar ihre Hochzeit angebrochen und es gab sie in allen Variationen: große und kleine, flache und kugelrunde, gerippte und glatte, Einzelgänger und »Herdentiere«.

Besonders erfolgreich waren die Productiden, deren erste Vertreter schon im Devon aufgetaucht waren und die sich mit einem langen Stachel im Sand verankerten oder an Riffen festkrallten. In seichten, tropischen Gewässern lebten die bizarren Richthofenien in regelrechten »Klumpen« zusammen: kleine, kegelförmige Tiere, die sich auf ein

Gewirr von Stacheln stützten und sich hinter einer zur Siebplatte umgeformten Armklappe davor schützten, dass Schmutz in ihr Verdauungssystem gelangte. Auf den ersten Blick hätte man sie für Korallen halten können, aber diese »Deckel« wiesen sie eindeutig als Brachiopoden aus. Allerdings als solche, die vorzogen, zusammen mit Schwämmen und Bryozoen in Kolonien zu leben und sozusagen die Bahama Banks und Yucatán-Halbinseln des Paläozoikums aufzubauen.

Nachdem sie die schweren Zeiten am Ende des Devons gerade so überstanden hatten, ging es auch den Ammonoideen wieder so richtig gut. Sie brachten immer neue Formen hervor – allerdings mobilere, die vergleichsweise gut schwimmen konnten (der Trend zu immer größerer Beweglichkeit und Schnelligkeit setzte sich fort): Von den langsamen Kopffüßern konnten sich nur ein paar Nautiloideen halten. Dafür entstand eine neue Gruppe – die Belemniten. Auch sie entwickelten sich wahrscheinlich aus den lang gestreckten Bactriten heraus und verlagerten der Schnelligkeit wegen ihre Schale einfach nach innen. Den Rest ihrer früheren Wohnkammer verwandelten sie in eine lange, zungen- oder stabförmige Körperstütze. Für den Auftrieb sorgten gasgefüllte Kammern. Sie waren durch eine kegelförmige, kalkige Spitze im hinteren Teil so ausbalanciert, dass die Belemniten waagerecht schwimmen konnten. Viele Jahrmillionen später sollte diese Spitze unter Menschen einige Berühmtheit erlangen und unter dem Namen »Donnerkeil« als Heilmittel gegen den Hexenschuss und allerlei andere Zipperlein gelten.

Belemniten waren beeindruckend. zehnarmige Räuber, lang gestreckt wie Kalmare, mit Seitenflossen für die Steuerung. Anscheinend verwirrten sie ihre Feinde schon mit Tinte, ihre Fangarme besaßen jedoch noch keine Saugnäpfe, sondern Haken. Das dürfte sie aber nicht weniger gefährlich gemacht haben. Wahrscheinlich jagten sie wie die heute von südamerikanischen Fischern gefürchteten Humboldt-Kalmare in Schwärmen nahe der Wasseroberfläche. Und es dürfte Fisch auf ihrem Speisezettel gestanden haben – und umgekehrt.

Die Fische hatten alle behäbigeren Formen wie die Plattenhäuter hinter sich gelassen. Nicht einmal mehr *Dunkleosteus* hatte Platz in dieser neuen, temporeichen Welt. Die Haie nutzten dieses »Vakuum«: Die

WOZU KNOCHEN, WENN ES KNORPEL GIBT?

Haie, Rochen und ihre Verwandten, die Chimären, bauen ihre Skelette überwiegend aus Knorpel. Knochen setzen sie nur ganz ausnahmsweise ein: in Zähnen, Schuppen und Stacheln, die sie aus dentinartigem Material bilden. Bei einigen frühen Haiformen fanden sich jedoch außen auf der Knorpelhaut Zellen, die für die Knochenbildung verantwortlich waren. Die Haie könnten also durchaus ursprünglich die Fähigkeit besessen haben, »richtige« Knochen zu bilden. Wahrscheinlich verzichteten sie im Lauf der Evolution darauf – möglicherweise, weil das flexible, aber zähe Knorpelskelett eine gute Anpassung an ihre rastlose Lebensweise auf der ständigen Suche nach Nahrung ist.

Rolle als größter Fisch im Meer übernahm der bis zu sechs Meter große *Stethacanthus*, ein Hai mit langen Bruststacheln und einem knöchernen Kopfschild aus »Zähnen«. Die Männchen schmückten ihre Rückenflosse mit markanten »Bürsten«, auf denen viele kleine Stacheln aus zahnähnlichen Schuppen saßen. *Stethacanthus* verdient mit Sicherheit in einer Liste der bizarrsten Lebewesen dieser Erde einen Platz ganz weit vorne.

Ein männlicher Stethacanthus *»schmückte« sich mit einer ambossförmigen Rückenflosse, mit der er vielleicht Rivalen abschrecken oder Weibchen beeindrucken wollte.*

Durch die Meere des späten Paläozoikums schwammen viele neue Haiarten. Etwa *Ctenacanthus,* dessen Flossen durch fein ornamentierte Stacheln wie Kämme aussahen. Oder die verrückten *Edestoid*-Haie, deren Kopf Nicolaus Steno mit Sicherheit in Entzücken versetzt hätte: Ihr Körper war stromlinienförmig, gerade richtig für einen schnellen Schwimmer, und aus ihrem Maul hingen regelrechte Räder oder Wirbel aus Zähnen. Wozu sie dienten, weiß niemand. Es gibt den Verdacht, dass sie damit Ammoniten täuschen wollten: Die sollten das kreissägenartige Gebilde für einen Artgenossen halten und nichtsahnend in die Falle tappen. Vielleicht preschte *Edestus* aber auch nach Art der modernen Sägehaie in Ammonitenschulen hinein und schlug wild mit dem Kopf um sich, um mit seinen Zahnwirbeln Beute zu machen. Jedenfalls waren die *Edestoid*-Haie sehr erfolgreich, denn sie lebten bis weit ins Perm hinein.

In den spätpaläozoischen Meeren setzten auch die Strahlenflosser ihren Siegeszug fort. Dazu entwickelten sie unter anderem die modernen Flossen und schufen damit im Karbon die *Neopterygii*, die Neuflosser. Zu ihnen gehörte *Discoserra*, ein eleganter kleiner Fisch, der den Diskusfischen heute ähnelte. Wahrscheinlich lebte er zwischen Schwämmen und Algen. Seine Schnauze glich einer Pinzette und er hatte lange, aber nicht sehr kräftige, kammartige Zähne. Seine Mundöffnung war winzig, sodass er wohl kleine Beutetiere eingesaugt hat.

Außerdem brachten die Strahlenflosser etwas später, im Perm, die *Chondrostei* hervor, die Knorpelknöcher. Ihren Namen verdanken diese Tiere ihrem wenig verknöcherten Knorpelskelett und sie haben es bis heute geschafft, Nachfahren auf der Erde zu halten: die Löffelstöre, die Störe und die Flösselhechte. Letztere hatten im Perm frühe Ahnen, in Form der bis zu 40 Zentimeter langen Kupferschieferheringe *(Palaeoniscum)*. Sie lebten rund um die Welt und bevorzugten Brackwasser. Ihre torpedoförmigen Körper verraten, dass sie wohl aktive und sehr schnell schwimmende Raubfische waren.

Zu den bizarrsten Tieren, die jemals in einem Meer gelebt haben, gehören wohl die Edestoid-*Haie, aus deren Maul seltsame Wirbel aus Zähnen hingen.*

Als das Meer und Land schier endlos waren

Doch noch einmal zurück ins Karbon. Das war für die sesshaften Bewohner der Küstengewässer eine schwierige Zeit. Die vielen dünnen Lagen mariner Sedimente in den Kohleflözen verraten, dass der Meeresspiegel stark schwankte. Warum, darüber lässt sich bislang nur spekulieren. Anscheinend banden die Gletscher der Permokarbonischen Vereisung mal mehr, mal weniger Wasser in Form von Eis. Außerdem scheint die Tektonik regelrechte Aktivitätsschübe durchlebt zu haben, durch die ein neues Gebirge entstand: die Varisziden. Die erstreckten sich – von heute aus betrachtet – als Mittelgebirge von Amerika über Nordafrika nach Spanien, Frankreich und Deutschland bis nach Polen hinein. Mit ihnen vollendete die Plattentektonik die Erschaffung des Superkontinents Pangäa, des »All-Lands«, das den deutschen Meterologen Alfred Wegener zur Formulierung der Theorie von der Kontinentaldrift inspirierte.

Seit dem Silur hatten sich alle damaligen Kontinente auf Kollisionskurs befunden. Als schließlich noch Sibiria andockte, war der Superkontinent Pangäa komplett. Zu Beginn des Perms lagen über dem Südpol die Gletscher der permokarbonischen Vereisung. Später – im heiß-trockenen Klima – entstanden die reichsten Salzlagerstätten der Erdgeschichte.

Als das Perm begann, gab es einen gigantischen Kontinent, der vom Süd- bis fast zum Nordpol reichte. Das Meer konnte das Klima kaum ausgleichen: Im Landesinneren waren die Sommer heiß und die Winter eisig kalt. Geformt war Pangäa wie ein lang gestrecktes C und um das All-Land herum schwappte der Panthalassische Ozean, der fast drei Viertel der Erde bedeckte. Nur Südchina und Südostasien schwammen als Inseln vor der Ostküste. Zwischen diesen Inseln und dem Superkontinent erstreckte sich die kleine und tiefe Paläotethys (sie war der Vorläufer der großen Tethys, die später beim Auseinanderbrechen Pangäas in Richtung Europa aufreißen sollte und deren trauriger Rest das Mittelmeer ist).

Die flachen Zonen des Panthalassischen Ozeans und der Paläotethys sprudelten über von Leben. Es herrschte sogar eine gewisse Begeisterung für den Gigantismus. So erlebten die einzelligen Foraminiferen nicht nur allgemein eine große Blüte, sondern sie brachten auch Riesenformen hervor: die Fusulinen, die am Boden seichter Tropenmeere lebten. Dort bauten sie ihre fingerlangen, spindelförmigen Kalkgehäuse auf, indem sie eine Schicht aus winzigen Kammern mit perforierten

Wänden um die andere legten. In ihrem Querschnitt sahen die räuberischen Rieseneinzeller schließlich wie zarte Klöppelspitzen aus.

Während des Perms gab es in Äquatornähe noch ein anderes Meer, genauer: ein Binnenmeer, also einen gefluteten Bereich Pangäas, in den von Norden her immer wieder Wasser aus dem Panthalassischen Ozean schwappte. Dieses Zechsteinmeer war riesig, bedeckte weite Teile Europas (auch Deutschlands) und reichte von Nordostgrönland bis Litauen. Es war eine Art Tropenversion der Ostsee, in der es in weiten Teilen zuging wie in einer Salzsiederei. Dort verdunstete das Wasser unter der brennenden Sonne. Dickte die Brühe ein, bildeten sich zunächst Gipskristalle. Das Wasser verdunstete weiter. Dann setzten sich Steinsalzkristalle ab, Natriumchlorid – Kochsalz also – und Anhydrit, Kalziumsulfat. Die Sonne brannte weiter und Kalium- und Magnesiumsalze rieselten zu Boden. Da der Untergrund des Zechsteinmeers langsam absank, häuften sich die Kristalle zu mächtigen Salzflözen an, bis aus dem Panthalassischen Ozean einmal mehr Wasser

DIE SUPERKONTINENTE DER ERDGESCHICHTE

Pangäa war der jüngste Superkontinent und er bestand zwischen 300 und 150 Millionen Jahren vor heute. Sein Vorgänger Rodinia existierte zwischen 1100 und 800 Millionen Jahren vor unserer Zeit. Die älteren Superkontinente sind umstritten: Columbia etwa vor 1800 bis 1500 Millionen Jahren und Ur vor drei Milliarden Jahren.

Superkontinente vereinen jeweils so ziemlich alle Landmassen ihrer Zeit. Es könnte sogar eine Art Zyklus geben, nach dem sich so etwa alle 500 Millionen Jahre Superkontinente zusammenfügen. Anschließend zerbrechen sie, aber nur, um an anderer Stelle neu zu entstehen. Es scheint, als habe die Plattentektonik ein Faible für Puzzle.

GPS-Satellitenmessungen zeigen, dass sich auch derzeit die Kontinente wieder auf einen gemeinsamen Treffpunkt zubewegen: Bleiben alle auf Kurs, werden in 75 bis 100 Millionen Jahren der Atlantische und der Indische Ozean gewaltige Meere sein. Alle Landmassen werden verschmolzen sein, und zwar genau da, wo heute der Westpazifik liegt. Und der Pazifik – er verschwände nach einer Milliarde Jahre der Existenz.

Es gibt noch eine andere Möglichkeit. Danach schließen sich der Arktische Ozean und die Karibik. Nord- und Südamerika verschmölzen miteinander. Schließt sich der Arktische Ozean, verbinden sich die vereinten Amerikas mit Eurasien. Selbst Australien wird irgendwo zwischen Japan und Indien dazugestoßen sein. Nur die Antarktis bleibt außen vor: Sie scheint auf ihrer Position über dem Südpol gestrandet zu sein.

DIE ERDE IM PERM IN ZAHLEN
(299 bis 251 Millionen Jahre vor heute)

Atmosphärischer Sauerstoffanteil	Über das gesamte Perm hinweg bei durchschnittlich 23 Volumenprozent. Das entspricht 115 Prozent des heutigen Niveaus.
Atmosphärischer Kohlendioxidanteil	Über das gesamte Perm hinweg durchschnittlich 900 ppm. Das ist etwa das 3-Fache des vorindustriellen Niveaus.
Durchschnittliche Oberflächentemperatur	Über das gesamte Perm hinweg durchschnittlich 16 Grad Celsius, also rund 2 Grad Celsius über dem derzeitigen Niveau
Meeresniveau	Zunächst bei plus 60 Metern über dem heutigen Niveau, dann fiel es zum Ende des Perms auf –20 Meter ab.

vordrang und Ton- oder Mergelsteine die Salzschichten versiegelten. Dieses Zechsteinmeer war über weite Teile ein Dorado für Mikroorganismen, die es lieben, wenn Gips- und Salzkristalle wie kleine Eisberge auf dem jadegrünen Wasser schwimmen, den Strand wie mit weißem Schaum bedecken und in der Sonne glitzern. Wo es nicht so extrem war, fühlten sich Bryozoen, Moostierchen, wohl, Muscheln und Fossilien von Ammonoideen sind auch gefunden worden.

Im frühen Perm lebten Dimetrodon *und* Edaphosaurus pogonias. *Beide gehören als Pelycosaurier zu den frühen Synapsiden, den Tieren, aus denen die Ahnen der Säugetiere hervorgehen sollten.*

Pangäa selbst war ein Kontinent der Extreme. In seinem Inneren war das Klima trocken und lebensfeindlich. Wüsten und Steppen breiteten sich aus: Wo wenige Millionen Jahre zuvor noch Riesenlibellen durch die Küstensümpfe des Karbons gejagt waren, erstreckten sich nun riesige Wüsten. Nichts stellte sich den Wanderdünen in den Weg, die der Wind übers Land trieb. Immerhin verraten ein paar fossile Fußspuren, dass es auch dort Leben gab. In den Eiswüsten des Südens hingegen scheinen sich nur Mikroorganismen wohlgefühlt zu haben, die das Extreme lieben: Zu Beginn des Perms herrschten über den am Pol gelegenen Teilen Pangäas immer noch die Gletscher. Sie verschwanden erst vor 290 Millionen Jahren, als das Perm schon ein paar Millionen Jahre alt war. Es dauerte, ehe das System Erde die Entwicklung der Bäume und die Entstehung der Kohleflöze verdaut hatte.

DIE ENTWICKLUNG DES »LAND-EIS«

Nachdem die Amphibien den großen Schritt an Land geschafft hatten, dämmerte die Zeit der Reptilien. Sie entstanden irgendwann während des Karbons in einem der dichten Wälder. Die entscheidende »Erfindung« war diesmal das »Amnioten-Ei«. Darin steckt der Embryo geborgen in seiner Embryonalhülle, dem Amnion. Er ernährt sich vom Dotter und ein zweites Säckchen nimmt seine Stoffwechselprodukte auf. Außen herum schützt ihn eine feste Schale. Das älteste bekannte Reptilienei stammt aus Schottland und ist ein schwarzes Etwas auf einem schwarzen Stein. Mit diesem widerstandsfähigen Ei emanzipierten sich die Reptilien vom Wasser. Während die Amphibien zur Fortpflanzung dorthin zurück müssen und nur hoffen können, dass keine Dürre ihren Laich austrocknet, haben es die Reptilien einfacher.

Pangäa, das waren auch die endlosen Wälder von *Glossopteris*, von Samenfarnen. Sie wuchsen im Süden, wo die Eiskappe endete. Von Norden eroberten die frühen Nadelholzgewächse mehr und mehr Lebensraum. An den Rändern des Kontinents hatte es das Leben leicht. Dort konkurrierten in üppigen Regenwäldern Bäume mit riesigen Baum- und Samenfarnen und Bärlapp- und Schachtelhalmgewächsen um Nährstoffe und Licht. An einigen Stellen entstand sogar immer noch das Ausgangsmaterial für spätere Kohleflöze.

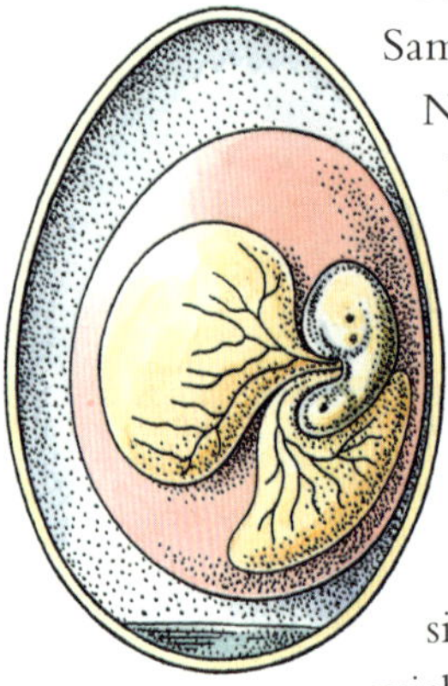

Um sich vom Wasser als Lebensraum emanzipieren zu können, musste auch die Fortpflanzung angepasst werden. So entstand im Karbon das »Amnioten-Ei«.

Irgendwo auf diesem ungewöhnlichen Riesenkontinent spielte sich damals ein entscheidender Schritt ab. Aus den Amphibien entwickelten sich die Reptilien. Ihnen ging es damals blendend: Das heiße Klima war für sie optimal, denn genau wie Fische oder Amphibien können sie ihre Körpertemperatur nicht konstant halten, sondern sind von der Umgebungstemperatur abhängig. Durch diesen besonderen Stoffwechsel und dank einer dicken Lederhaut gegen das Austrocknen fühlten sie sich in den ausgedehnten Halbwüsten ausgesprochen wohl. Die Reptilien erlebten eine Blüte. Ihre Herkunft aus einer fünfzehigen Amphibie, die vor gar nicht langer Zeit eher schwerfällig aus dem Wasser gekrochen war, merkte man ihnen kaum mehr an. Sie waren für die damalige Zeit schnell, beweglich und konnten gut beißen – egal ob ins Fleisch eines anderen oder in zähe Pflanzenkost. Das waren entscheidende Vorteile im harten Überlebenskampf und die Evolution

»experimentierte« mit ihnen. So spalteten sich die Reptilien in mehrere Gruppen auf: Eine dieser Gruppen schlug einen Weg ein, der zu den Ururahnen aller Dinosaurier führte, eine andere mauserte sich zur Stammlinie aller Säugetiere. Allerdings waren die Saurier-Ahnen seinerzeit eher klägliche Wesen, denen niemand zugetraut hätte, dass aus ihren Reihen einmal die Herrscher des Erdmittelalters kommen würden. Während des Perms waren unsere eigenen entfernten Urahnen die Nummer eins an Land. Dass die Säugetiere entstehen und die Herrschaft übernehmen, dahin schien es kein weiter Weg mehr zu sein.

Als die Tiere fast verschwanden

Dass es anders kam, hat etwas mit dem Geschehen zu tun, das das Perm beenden sollte. Zu diesem Zeitpunkt war das Leben vielfältiger als jemals zuvor. Dann wirbelte die bislang schlimmste Katastrophe, die die Erde je gesehen hat, alles durcheinander. Vor 251,5 Millionen Jahren begann das größte Massenaussterben aller Zeiten: Mehr als 95 Prozent der uns bekannten Tierarten im Meer und mehr als 75 Prozent der an Land starben aus. Seit die Pflanzen und Tiere die Erde erobert hatten, sind sie nie wieder ihrer Vernichtung so nahe gewesen wie damals. Selbst die Insekten, die normalerweise ziemlich immun gegen Massenaussterben sind, traf es hart. Es muss etwas sehr Ungewöhnliches vorgefallen sein, etwas, das die Organismen an Land ebenso traf wie die im Meer.

Meeressedimente jener Zeit tragen die Zeichen des Untergangs. Die Wellen zerschlugen tote Riffe, während Bakterien wieder Mauern und Hügel auftürmten: Nach 400 Millionen Jahren forderten sie von den Tieren ihren Platz zurück. Weite Bereiche des Panthalassischen Ozeans und die Paläotethys müssen sich in bizarre Urwelten zurückverwandelt haben, in denen dicke Schleier von Sauerstoff hassenden Mikroben waberten. In flachen Meeresbecken wuchsen riesige Fächer aus Kalkkristallen auf dem Schlick. Die Erde schien Hunderte von Jahrmillionen zurückgeworfen worden zu sein: So lange waren diese Fächer verschwunden, weil im und auf dem Boden zu viele Lebewesen wuselten, als dass Kristalle hätten wachsen können. Da sie jetzt wiederauftauchten, muss die Verwitterung ins Leere gearbeitet haben: Anscheinend brauchte kaum mehr jemand Kalk für seinen Körperbau. Aus heutiger Sicht wirken weite Meeresbecken wie leer gefegt.

Was kann die Erde ins Chaos stürzen? Mit dieser Frage beschäftigt sich unter anderem Douglas Erwin vom Smithsonian Museum für Naturgeschichte in Washington, D. C. »Es hat schon viele Erklärungsversuche gegeben und der exotischste ist wohl eine Idee indischer Physiker. Danach sollen sich hypothetische Dunkle-Materie-Teilchen im Erdkern angereichert und durch ihre Energie Genschäden und eine Flut von Krebserkrankungen ausgelöst haben«, erzählt der Geologe. Er selbst glaubt eher, dass nicht ein einzelnes Geschehen dieses Massensterben ausgelöst hat, sondern eine ganze Kaskade von Ereignissen, die alles immer schlimmer machten. Um diese Kaskade zu enträtseln, versucht er den Ausgangspunkt zu finden: Begann das Sterben an Land oder im Meer? Hinweise darauf sollte das Kohlendioxid jener Tage geben, und zwar durch den Kohlenstoff, den Lebewesen in ihre Körper eingebaut haben. Die Isotopenuntersuchungen in den Grenzschichten zwischen Perm und Trias lassen vermuten, dass das große Sterben fast gleichzeitig zu Wasser und an Land einsetzte. »Vielleicht war das Meer ein wenig früher dran, aber nicht viel«, urteilt Douglas Erwin. Die Sedimente liefern noch ein Indiz: Nach dem großen Sterben, in der Trias, war der Sauerstoffgehalt in der Luft erheblich gesunken und die Erde hatte sich stark aufgeheizt.

Was war geschehen? Die erste Spur führt die Paläontologen nach Sibirien, das am Ende des Perms hoch im Norden von Pangäa lag. Dort begann vor 251,5 Millionen Jahren der größte Vulkanausbruch aller Zeiten – jedenfalls der größte, von dem wir wissen. Es geht um Flutbasalte und die Menschheit sollte sehr dankbar sein, dass sie noch nicht einmal eine leise Ahnung davon hat, was diese speziellen Ausbrüche bedeuten. Der Theorie nach passiert dabei Folgendes: Durch die Hitze des Erdkerns angetrieben, steigt von der Grenze zwischen Erdmantel und Erdkern ein »Superplume« auf: eine Art Riesenpilz aus ultraheißem, aber durch den enormen Umgebungsdruck festem Gestein. Wie ein Schneidbrenner frisst er sich durch den gesamten Erdmantel.

Die Sibirischen Trapp-Basalte bildeten sich vor 251 Millionen Jahren durch den größten bekannten Vulkanausbruch der Erdgeschichte. Die Ausbrüche sollen für das größte der fünf Massenaussterben der vergangenen 540 Millionen Jahre verantwortlich sein.

Damals hielt Sibirien den Plume zunächst auf, aber weil die dicke Kontinentalkruste wie eine Decke wirkte, wurde er noch heißer. Er schob sich weiter hoch, der Umgebungsdruck wurde immer geringer, Gestein begann zu schmelzen und ein unvorstellbar gewaltiges Magmenreservoir entstand. Irgendwann hielt die Erdkruste dem Druck nicht mehr stand und riss auf. Aus mindestens vier Förderspalten ergoss sich Basaltstrom über Basaltstrom. Die türmten sich zu mehrere Kilometer mächtigen schwarzen Gesteinsdecken auf – und begruben ein Gebiet fast von der Größe Europas unter sich. Das Sibirische Trapp-Plateau entstand. Das Magma hätte ausgereicht, um den ganzen Globus mit einer 25 bis 30 Zentimeter dicken Schicht zu überziehen.

Dieser Ausbruch lief nicht schön gleichmäßig über eine Million Jahre hinweg ab, vielmehr wechselten Ruhephasen mit gigantischen Schüben. 45 solcher Schübe haben die Geologen inzwischen identifiziert.

Dann quollen innerhalb weniger Jahre unvorstellbare Lavamassen aus. Beim Ausbruch der Dekkan-Trapps vor 65 Millionen Jahren – zu der Zeit, als auch die Saurier verschwanden – konnten die Lavaströme mehr als 1000 Kilometer lang werden. Und der Ausbruch der Dekkan-Basalte reicht noch lange nicht an den der Sibirischen Flutbasalte heran.

Um die Macht der Flutbasalte zu erahnen, hilft ein besonderer Ausbruch aus historischer Zeit. Am 8. Juni 1783 öffneten sich in dem großen System um den isländischen Katla-Vulkan Erdspalten und 130 Krater – der Laki-Ausbruch begann. Bis zum Februar 1784 förderten sie 14 Kubikkilometer Lava. Dabei schossen glühende Fontänen mehrere Hundert Meter in die Höhe, giftige Gase töteten das Vieh, Pflanzen verdorrten. Durch die Hungersnot starben in Island mehr als 10 000 Menschen – ein Fünftel der Bevölkerung. Der Vulkan schickte seine Giftwolken auch nach Europa, wo sie Menschen und Vieh töteten. Die großen Mengen an Schwefel und Aschen, die er förderte, beeinträchtigten den Treibhauseffekt. Rund um die Erde sank die Temperatur, gab es Missernten und Hungersnöte.

Dieser Ausbruch war gegen einen einzelnen der Sibirischen Trapp-Basalte nicht einmal ein Fünkchen. Isotopenmessungen an chinesischen Meeressedimenten verraten, dass am Ende des Perms gewaltige Mengen an Kohlen- und Schwefeldioxid die Atmosphäre und das Ozeanwasser geflutet haben. Gleichzeitig explodierten auch auf den Inseln vor Pangäa (die heute Südchina sind) Vulkane, die unglaubliche Aschemengen in die Luft schleuderten. Fast jeder dieser Ausbrüche war größer als alles, was wir heute so kennen. Die Erde veranstaltete ein Feuerwerk.

DER TOD, DER AUS DER ERDE KOMMT

Vier der fünf großen Massenaussterben in der Erdgeschichte fallen zeitlich mit einem Flutbasaltausbruch zusammen – oder genauer: mit der Entstehung einer Large Igneous Province, einer magmatischen Großprovinz. Das sind Gebiete in der Erdkruste, die über mehrere Millionen Quadratkilometer hinweg von magmatischen Gesteinen bedeckt sind. Die Flutbasalte, die vor 251,5 Millionen Jahren aus Sibirien flossen, läuteten die Zerfallsphase von Pangäa ein, auch wenn dieser erste Versuch stecken blieb: Bis heute hängen Europa und Asien zusammen. Aber auch kleinere Aussterbe-Ereignisse der Erdgeschichte decken sich zeitlich mit Flutbasaltausbrüchen. So soll vor 55 Millionen Jahren der mit der Öffnung des Nordatlantiks verbundene Ausbruch gigantische Mengen an Treibhausgasen freigesetzt habe. Die Folge: Die Temperatur in den Polregionen stieg um 5 Grad Celsius an. Auch in der Mitte des Kambriums vor 510 Millionen Jahren könnte ein Aussterbe-Ereignis durchaus mit einem Flutbasaltausbruch in Verbindung gestanden haben. Die Überreste dieser magmatischen Provinz von Kalkarindji bedecken heute noch mehr als zwei Millionen Quadratkilometer in Nordaustralien.

DER SCHNELLE TOD IN SAUREN MEEREN

Mehr Kohlendioxid in der Luft bedeutet nicht nur, dass sich die Erde aufheizt, vielmehr löst sich auch mehr davon im Ozeanwasser. Das ist reine Chemie und nichts kann es verhindern. Dabei entsteht Kohlensäure – die Meere werden saurer und das stört die Ökosysteme beträchtlich. Experimente zeigen, dass Planktonorganismen, die Kalk für ihren Körperbau brauchen, ihre Form verlieren und wohl auch ihre Überlebensfähigkeit. Muschellarven vertragen das auch nicht und verschwinden zunehmend. Korallen können kein Kalkskelett mehr aufbauen, die Polypen werden gefressen. Selbst Fischlarven brauchen Kalk für den Aufbau der Gleichgewichtsorgane in ihrem Gehör. Ist das Meer zu sauer, wird die Larvenentwicklung gestört. Wer von Fisch- und Muschellarven oder Kalkalgen abhängt, muss seinen Speisezettel umstellen oder verschwinden.

In Experimenten zeigt sich jedoch auch, dass die Organismen, die ohne Kalk auskommen, sich ganz gut in den saureren Ozeanen zurechtfinden. Algen, die auf Siliziumdioxid setzen, haben sogar einen Vorteil: Sie können das viele Kohlendioxid nutzen und ihre Fotosynthese ankurbeln. Das Problem: Die schnell gewachsenen Kieselalgen bekommen den Krebschen, die mit diesem »Fast Food« gefüttert werden, nicht gut: Sie wachsen langsamer und haben weniger Nachkommen – und können damit die Lücke in den Nahrungsnetzen auch nicht füllen.

Was dieses Feuerwerk so tödlich machte, waren anscheinend vor allem die Gesteinsschichten in Sibirien, in die das Magma bei seinem Aufstieg aus dem Erdinneren eingedrungen war. »Es suchte sich seinen Weg ausgerechnet durch eine der größten Kohlelagerstätten der Welt und durch ordovizische Schichten, in denen reichlich Gips steckte«, erklärt Linda Elkins-Tanton von der Carnegie Institution in Washington, D.C. Die Hitze kochte unfassbare Mengen an Kohlendioxid, Schwefelverbindungen und anderen sehr unangenehmen Verbindungen aus den Sedimenten heraus, die mit jedem Lavaschub die Atmosphäre fluteten. Die unterirdisch schwelenden Flöze setzten dem Ganzen reichlich Methan zu, ein weitaus potenteres Klimagas als Kohlendioxid.

Das Szenario: Die Schwefelverbindungen verwandelten den Regen in Säure, die Pflanzen verätzte und Böden zerstörte. Die traurigen Bilder von abgestorbenen Wäldern aus den 1970er und 1980er Jahren zeigen, was ungereinigte Industrieabgase anrichten können – aber vor 251 Millionen Jahren waren die schlimmsten Albträume der Apokalyptiker Realität. Gleichzeitig trieb das viele Kohlendioxid samt

Der Ausbruch der Sibirischen Flutbasalte war wegen der Gesteinsschichten, die das Magma durchschlug, so gefährlich: Es drang in eine der größten Kohlelagerstätten der Welt ein und in gipsreiche Schichten, sodass ein tödlicher Cocktail aus Treibhausgasen und Schadstoffen entstehen konnte.

Schwefel die Meeresversauerung an. Alle Lebewesen, die Kalk für ihren Körperbau einsetzten, kamen in große Schwierigkeiten – und damit auch die, die diese Lebewesen gefressen hatten. Außerdem geriet das Klima aus den Fugen, die Temperaturen kletterten. Das Methan setzte noch eine zweite »Waffe« gegen das Leben ein: In der Luft oxidiert es allmählich zu Kohlendioxid und verbraucht dabei reichlich Sauerstoff. Der schwand ohnehin schon dahin, da immer weniger Pflanzen Fotosynthese betrieben. Der Sauerstoffgehalt in der Luft stürzte ab – bis auf 13 Prozent.

Die »Atemnot« wird vor allem die Lebewesen an Land getroffen haben, denn ihre Wurzeln lagen im Karbon, in einer Zeit, als die Erde mit rund 30 Prozent das Allzeithoch beim Sauerstoff erlebt hatte. Die Evolution war noch an reichlich Sauerstoff gewöhnt und nun standen die Tiere – bildlich gesprochen – plötzlich am Strand und hatten so wenig Luft wie heute in 5000 Metern über dem Meeresspiegel. Dadurch arbeiteten auch Wind und Wellen kaum noch Sauerstoff ins Wasser ein. Selbst in den flachen Meereszonen herrschten auf einmal erstickende Verhältnisse.

Die Kaskade war perfekt, ein »Dominostein« nach dem anderen fiel. Dass dieses Szenario der Realität nahekommen könnte, lassen die stabilen Kohlenstoffisotope C-12 und C-13 vermuten. Jonathan Payne von der Stanford University hat ihre Verhältnisse während dieser kritischen Zeit in Sedimenten aus China bestimmt. Danach nahm gegen Ende des Perms der von den Lebewesen verarbeitete Kohlenstoff langsam zu. An der Schwelle zur Trias explodierte sein Gehalt regelrecht: Innerhalb von maximal 160 000 Jahren gelangten in mehreren gewaltigen Schüben unvorstellbare Mengen an organischem Kohlenstoff in Luft und Meere. Dieser stammte aus den gekochten Kohlenflözen. Nach dieser »Explosion« kehrte sich das Verhältnis um, das Signal für den organischen Kohlenstoff wurde winzig. Dem Leben muss es plötzlich sehr schlecht gegangen sein. Diese Signalabfolge findet sich weltweit in den Gesteinen aus dieser Zeit.

Jonathan Payne hat auch die Kalziumisotope untersucht, die in diesen chinesischen Kalksteinen stecken. Sie zeigen an, dass sich während der Krise die Isotopenzusammensetzung veränderte, und zwar typisch für eine Meeresversauerung. Weil saureres Meerwasser Kalk in Lösung hält, lässt sich auch abschätzen, wie viel Kohlenstoff der Trapp-Vulkanismus freigesetzt hat. Die Mengen sind beeindruckend: Sie entsprechen dem Zwei- bis Achtfachen dessen, was weltweit an Öl-, Gas- und Kohlevorräten vorhanden sein soll. »Selbst wenn wir alles verbrennen, werden wir nur die Hälfte bis ein Achtel dessen in die Atmosphäre freisetzen, was damals in die Luft gepumpt worden ist«, erklärt Jonathan Payne. »Allerdings ist die Frage, ob das Ganze damals genauso schnell ablief wie heute. Ob etwas in Jahrhunderten oder in Zehntausenden von Jahren passiert, macht für die Ökosysteme schon einen Unterschied.« Je schneller, desto schlimmer.

12

Das Zeitalter der Ungeheuer – oder Die wundersame Welt des Erdmittelalters

Sandstein, Sandstein, Sandstein – Sandstein, eine Lage Tonstein, dann wieder Sandstein. In Ochsenblutrot, Rosarot, Marsrot, Braunrot, Ochsenblutrot. Die Steine der Unteren Trias sind – Spezialisten mögen es verzeihen – schlicht langweilig: Ob in Süddeutschland, China, den USA, irgendwie sehen sie alle gleich aus und beschreiben eine Welt, die eintönig war, wüst und leer. Fossilien sind rar: Anscheinend gab es nicht viel, was versteinern konnte. In den Meeren feierten längst vergessen geglaubte Ökosysteme wie Bakterienriffe und Mikrobenmatten ihr Comeback, weil niemand sie mehr abfraß.

Mehr als 150 Millionen Jahre lang schwammen Ichthyosaurier (oben) durch die Meere. Sie starben zu Beginn der Oberkreide aus: vielleicht, weil sie zu wenige Jungtiere gebaren, um die Verluste durch die neuen, großen Raubfische auszugleichen. Liopleurodon, *ein Pliosaurier (unten), bildete die Spitze der marinen Nahrungskette.*

Die Vielfalt von einst war dahin: Trilobiten gab es keine mehr, keine Fusulinen, keine Graptolithen, keine Goniatiten, keine Eurypteriden. Unter den Bryozoen, den Moostierchen, waren viele Arten verschwunden, ebenso unter den Seelilien. Die Runzelkorallen erhielten keine zweite Chance, obwohl sie sich über 200 Millionen Jahre hinweg als enorm anpassungsfähig erwiesen hatten. Die Welt hatte sich auch von fast allen Brachiopodenarten verabschiedet, von den stacheligen Productiden ebenso wie von den riffbauenden Richthofenien.

Die Landmasse von Pangäa war gewaltig, aber bereits im Perm begann der Zerfall. In der Obertrias sollte sich die Öffnung des Nordatlantiks andeuten: Zwischen dem, was Nordamerika werden sollte, und dem künftigen Europa entstanden Riftsysteme, in die schließlich ein Meer einbrach.

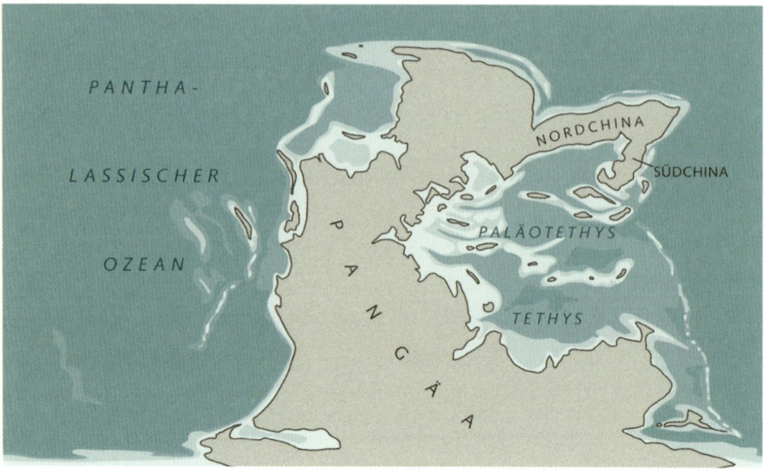

In den Meeren hatte sich der Tod besonders gerne die trägen oder sesshaften Tiere vorgenommen. Seine Lieblingsopfer lebten am Boden und strudelten sich das Notwendige zusammen. So etwas Aufwendiges wie einen Kreislauf mit einem Herzen besaßen sie nicht, sie atmeten über den Gasaustausch an der Körperoberfläche. Anscheinend kamen »Kreislaufbesitzer« wie Muscheln, Schnecken oder Ammonoideen besser über die Krise hinweg. Allerdings ist diese Aussage relativ, denn auch unter ihnen holte sich der Tod einen gehörigen Anteil. Er radierte die behäbigen und oft schwer gepanzerten Formen der Kopffüßer aus – übrigens auch unter den Fischen. Es war, als ginge ihm wieder einmal alles Langsame oder Einfache auf die Nerven.

Auf den ersten Blick erscheint es unsinnig, dass die »Kreislaufbesitzer« im Vorteil waren. Schließlich sind ihre Stoffwechselraten höher, sie verbrauchen mehr Energie und Sauerstoff. Warum sollten in einer Zeit, in der in den Meeren der Sauerstoffgehalt sinkt, die passiven Tiere sterben, die doch eigentlich die Gewinner sein müssten? Richard Bambach von der Smithsonian Institution of Natural History hofft, eine Erklärung für dieses Paradoxon gefunden zu haben: Wenn das Meerwasser wenig Sauerstoff enthält, ist es meist kohlendioxidreich. Kohlendioxid stört jedoch den Stoffwechsel der Meerestiere und vergiftet sie. Ohne gute Entgiftungstricks bekommt man Schwierigkei-

Die Erde während der Kreidezeit. Seit dem Jura hatte sich der Zerfall Pangäas beschleunigt, die Bruchstücke waren Nordamerika, Europa, Asien und Gondwana. Dann zerbrach Gondwana selbst: Australien und Antarktika spalteten sich ab, Afrika samt Südamerika, dann Indien. Der Südatlantik öffnete sich, und es entstand eine Verbindung zum Nordatlantik.

ten. Da die aktiven Tiere, die viel Sauerstoff brauchen, auch bei ihrer Atmung viel Kohlendioxid produzieren, verfügen sie über diese Tricks: Kiemen für den Gasaustausch oder den Kreislauf, mit dem sie aktiv Giftstoffe hinausschleusen. Vielleicht kamen sie deshalb besser in einer widrigen Welt klar. Es müssen jedoch noch andere Faktoren eine Rolle gespielt haben. Denn bei den Muscheln haben beispielsweise nicht unbedingt die »fleischigen« mit dem höchsten Stoffwechsel überlebt, sondern eher die kleinen, an denen vergleichsweise wenig dran war. Es brauchte wohl einiges, um dem Tod zu entgehen – und vor allem: Glück.

Nach dem Chaos hatten jedenfalls erneut die Aktiveren die besseren Karten. Allerdings lag die Erde zu Beginn der Trias zunächst noch auf der Intensivstation. Meist störte niemand die weiten Sandflächen des Ozeanbodens – oder falls doch, hinterließ er jedenfalls keine Spuren. Wie desolat der Zustand des Meeres war, zeigen die Kohlenstoffisotope: Ihren Signalen zufolge war er zu warm, übersäuert, arm an Sauerstoff und reich an giftigem Schwefelwasserstoff. Für eine genauere Diagnose hat Jonathan Payne von der Stanford University nicht nur die Kohlenstoffisotope der »Guizhou-Karbonatplattform« in Südchina analysiert, sondern auch die Spurenmetalle darin und die Kalksteine selbst. Das Ergebnis: Die Ursache der starken Anomalie bei den Koh-

DIE ERDE IN DER TRIAS IN ZAHLEN
(251 bis 199,6 Millionen Jahre vor heute)

Atmosphärischer Sauerstoffanteil	Über die gesamte Trias hinweg bei durchschnittlich 16 Volumenprozent. Das entspricht 80 Prozent des heutigen Niveaus.
Atmosphärischer Kohlendioxidanteil	Über die gesamte Trias hinweg durchschnittlich 1750 ppm. Das ist das 6-Fache des vorindustriellen Niveaus.
Durchschnittliche Oberflächentemperatur	Über die gesamte Trias hinweg durchschnittlich 17 Grad Celsius und damit etwa 3 Grad Celsius über dem derzeitigen Niveau.

lenstoffisotopen liegt in der ungeheuren Produktivität der Meere. Allerdings waren es Bakterien und nicht Algen oder Tiere, die da im Überfluss gediehen. Sie schufen Umweltbedingungen, die es höheren Lebewesen schwer machten, ihren Platz wieder einzunehmen. Außerdem ließen die Vulkanausbrüche in Sibirien zu Beginn der Trias zwar nach, und je schwächer und seltener sie wurden, umso leichter konnten Tiere mit ihren Störungen fertigwerden. Aber wirklich zu Ende waren sie erst nach fünf Millionen Jahren.

Das heißt, zunächst blieb es schwierig. Hier und da entstanden am Meeresboden »minimalistische« Ökosysteme, in denen nur wenige Arten zusammenhockten. So stammen aus der frühesten Trias seltsame Steine, die voll winziger Schnecken sind oder Muscheln – alle jeweils von einer einzigen Art, als wären es »Klone«. »Vier oder fünf Arten scheinen plötzlich überall in großer Zahl gelebt zu haben«, erklärt der Paläoökologe David Bottjer vom Geologischen Institut der University of Southern California in Los Angeles.

»Die frühe Trias war die Zeit der Opportunisten, die nicht an eine kleine, begrenzte Nische gebunden sind«, fährt David Bottjer fort. Nach der Katastrophe zogen sie ihren Vorteil aus der Schwäche der anderen. Weil sie sehr bescheiden sind in ihren Ansprüchen, verbreiteten sie sich global und konnten die Welt für eine Weile dominieren.

»Diese Arten flippten regelrecht aus. Plötzlich gab es sie in riesigen Mengen überall, selbst da, wo sie normalerweise nicht leben«, erzählt der Paläoökologe. Deshalb erhielten sie auch den Namen »Desaster-Taxa«, also Gruppen von Lebewesen, die von der Katastrophe profitieren, wenn man so will, die »Kriegsgewinnler«.

Zu diesen Opportunisten gehörte die Brachiopode *Lingula*: vielleicht, weil sie durch ihr Jahrmillionen währendes Schattendasein im allseits unbeliebten Brackwasser an den Überlebenskampf unter widrigen Umständen gewöhnt war, vielleicht hatten ein paar von ihnen an einem geschützten Ort überlebt. Jedenfalls gab es an den Ufern Pangäas immer wieder Buchten, in denen *Lingula* in Gesellschaft von ihresgleichen so eng hockte wie die Passagiere in der Tokioter U-Bahn zur Hauptverkehrszeit. Auch eine Muschel namens *Claraia* bildete an den nördlichen Küsten Rasen aus Zehntausenden von Individuen. Fressfeinde scheinen diese Sieger des Augenblicks kaum gehabt zu haben. Niemand wies sie mehr in die Schranken – bis die Verhältnisse sich normalisierten. Dann gerieten sie wieder ins Abseits, denn dem Konkurrenzkampf waren sie immer noch nicht gewachsen.

Irgendwo während dieser ersten schwierigen Jahrmillionen der Trias müssen die Ahnen der späteren Artenvielfalt »überwintert« haben.

DREH DICH NICHT UM, DER TOD GEHT UM

Das schwerste Massenaussterben aller Zeiten am Ende des Perms traf nicht nur die Meere, sondern auch die Kontinente. Wälder und Sümpfe verschwanden. Flüsse verloren ihre Mäander und verwandelten sich zu den verflochtenen Gebilden, die sie vor der Landnahme der Pflanzen gewesen waren. Zu den »Katastrophengewinnern« an Land gehörten zunächst die Holz zersetzenden Pilze. Schließlich waren Bäume unter den Opfern der Katastrophe. Die bedeutete für sie Nahrung im Überfluss. Sie erlebten eine Massenvermehrung und hinterließen entsprechend viele Sporen als Mikrofossilien in den Gesteinen. Die Vegetation muss damals also eingebrochen sein – und damit rissen auch an Land die Nahrungsketten. Die meisten Landwirbeltierarten starben aus, darunter auch viele der Therapsiden, der »säugetierähnlichen« Reptilien. Aber sie brachten den entscheidenden Vertreter durch, genau wie die »Ahnenfamilie« der Saurier, denen der Tod ebenfalls zugesetzt hatte. Im Lauf der Trias entstanden dann sowohl Säugetiere als auch Saurier – und die waren die nächsten dominanten Lebewesen.

Fundstellen in China belegen, dass sich das Leben in Etappen erholte. Einige Hochseetiere beispielsweise scheinen recht schnell zurückgekommen zu sein. Die Conodonten etwa und vor allem die Ammonoideen: Obwohl ihnen das Massenaussterben übel zugesetzt hatte, schwammen sie bereits zwei Millionen Jahre nach dem Großen Sterben in erstaunlich vielen verschiedenen Arten durch die Ozeane. Allerdings brachten diese neuen Arten immer nur wenige Exemplare hervor: Die Biomasse war sehr gering. Das spricht dafür, dass sie – wie die berühmten Darwin-Finken auf den Galapagosinseln – durch Artbildung knappe Ressourcen so gut wie möglich nutzen mussten.

Der Lebensraum dieser Conodonten und Ammonoideen war das freie Wasser. Am Meeresboden scheinen die Verhältnisse länger schwieriger – das heißt wahrscheinlich: sauerstoffärmer – geblieben zu sein. Die ersten Zeichen der Erholung finden sich dort später als im Hochseeraum. Am Boden übernahmen dann die Foraminiferen die Vorreiterrolle. Bei ihnen waren die Überlebenden winzig, legten dann jedoch allmählich wieder an Körpergröße zu und bildeten neue Arten. Nach fünf Millionen Jahren waren sie so vielfältig, als sei nie etwas geschehen. Damals tauchten auch wieder Grab- und Wurmgänge auf. Auch den anderen Bodentieren ging es also wieder gut, vom Wurm bis zum Seeigel.

Die neue Welt

Das Erdmittelalter, das mit der Trias angebrochen war, begann also etwas zögerlich. Als die Welt wieder normal wurde, nutzten Muscheln und Schnecken ihren Startvorteil und entfalteten sich geradezu explosionsartig. Sehr zum Kummer der Brachiopoden, die gegen so viel »Kraft« nicht ankamen. Ihnen blieb nur, sich im Dasein eines Mauerblümchens einzurichten. Anders die Schwämme, Bryozoen und Algen: Als nach sieben Millionen Jahren wieder die ersten Riffe entstanden, waren sie die Baumeister. Sie erfanden diesen alten Lebensraum neu, und zwar in den sonnendurchfluteten Zonen ebenso wie in den dunklen Wassertiefen, wo Würmer, Bakterien und armlange Glasschwämme während der Obertrias kirchturmhohe Riffe aufbauten. Später, im Jurameer, wuchsen gewaltige Schwammriffe, die heute noch in Süddeutschland zu bewundern sind.

Die Ahnen der neuen Korallen brauchten hingegen länger für die Rückkehr als Riffbildner. Nach etwa zehn Millionen Jahren gingen die modernen Stein- und Hexakorallen zwar an den Start, aber zunächst hielten sie sich am Rand. Die Steinkorallen wuchsen als Einzelgänger in der tieferen Zwielichtzone. Wahrscheinlich setzten sie noch nicht auf die Symbiose mit Fotosynthese betreibenden Algen. Diese besondere Beziehung entstand wohl erst später in der Trias, vielleicht nach einem neuerlichen, aber nicht sehr gravierenden Einbruch in der weltweiten Artenvielfalt. Vielleicht stammt sie aber auch aus dem Jura. Jedenfalls brachte genau diese Symbiose die modernen Korallen groß heraus. Mithilfe der Kalkalgen, die – damals wie heute – abgestorbene Riffteile mit einer festen Kruste überziehen und sie so vor der Zerstörung durch Wellen und Stürme bewahren, konnten sie riesige Systeme aufbauen.

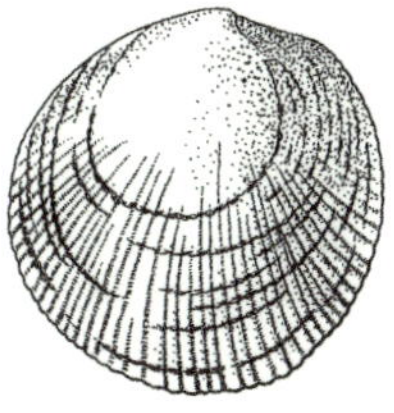

Die Muschel Claraia *gehört zu den »Krisengewinnlern«: Trotz – oder gerade wegen – des Massenaussterbens um sie herum bildete sie Rasen aus unzähligen Individuen.*

In den mesozoischen Meeren, also denen des Erdmittelalters, steuerte das Leben auf einen neuen Höhepunkt zu. Es war vielfältig wie nie zuvor und die Ozeane ernährten auch bis dato nicht gekannte Riesentiere: Fische, die es von ihrer Länge her mit einem Auflieger-Lkw samt Anhänger aufnehmen könnten, und gewaltige Meeresreptilien machten die Gewässer unsicher. Am anderen Ende der Nahrungskette ging es dem Plankton prächtig, denn vom Land gab es reichlich Dünger. Auf den kleineren Kontinenten, die nun zunehmend durch den Zerfall Pangäas entstanden, herrschten längst nicht mehr so extreme, wüstenhafte Bedingungen. Das warme Klima des Erdmittelalters tat ein Übriges: Die Pflanzen gediehen und sorgten dafür, dass große Mengen an leicht bioverfügbaren Nährstoffen in die Ozeane gelangten. Auch die Plattentektonik half dem Plankton: Als sich die neuen Meere öffneten, gelangten durch die vulkanische Aktivität an den Mittelozeanischen Rücken riesige Mengen an Kalzium ins Meer – und damit reichlich Ausgangsmaterial für kalkiges Plankton jeder Art. Das wuchs nicht nur reichlich, sondern es setzten sich auch die modernen Formen durch. So tauchen die hübschen, kugeligen Kalkalgen (die

ÜBER DIE VERGÄNGLICHKEIT VON MEEREN UND GEBIRGEN

Während des Juras zerbrach der Superkontinent Pangäa. Zunächst trennte sich der Nordkontinent Laurasien vom Südkontinent Gondwana. War die Tethys bis dahin in weiten Bereichen ein Flachmeer gewesen, das Landmassen geflutet hatte, entstanden nun zwischen Laurasien und Gondwana Tiefseebecken. Später zerbrach Laurasia in Nordamerika und Eurasien. Das war die Geburt des Nordatlantiks. Als er sich öffnete, entstanden die nordamerikanischen Kordilleren. Außerdem fluteten Flachmeere weite Teile Nordamerikas und Europas.

Damals zerfiel auch Gondwana. Australien und die Antarktis trennten sich gemeinsam ab, ebenso Indien samt Madagaskar. Zuletzt verließ Südamerika den Verband. Durch diese Abspaltungen öffneten sich der Indische Ozean und der Südatlantik, was für die südamerikanischen Kordilleren sorgte. Afrika blieb allein zurück, drängte aber nach Norden. Dadurch begann sich die Tethys wieder zu schließen, die Alpen entstanden. Indien »raste« nun allein mit einem Tempo von neun Metern pro Jahrhundert in Richtung Eurasien.

Korallenpolypen sind wirbellose Tiere, die aus einem sackförmigen Körper und einer von Tentakeln umgebenen Mundöffnung bestehen.

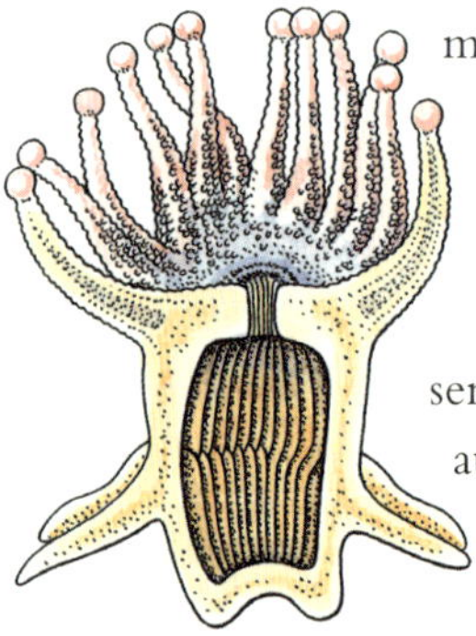

Coccolithophorida) auf. Nach ihrem Absterben hinterließen sie und ein paar andere Lebewesen so viele mikroskopisch kleine Kalkplättchen, dass sie mächtige Kreideablagerungen aufbauten, die der letzten Phase des Erdmittelalters den Namen verleihen sollten: die Kreidezeit. Aber auch andere Mitglieder des Planktons gediehen: einzellige Algen wie die Dinoflagellaten etwa oder Kieselalgen. Sie alle bildeten die Basis der Nahrungskette und damit die Grundlage für den Reichtum mesozoischer Meere.

Zu den Profiteuren zählten die Ammoniten. Sortiert man ihre Fossilien, gibt es viele identisch aussehende Formen – nur die Größe ist unterschiedlich. Inzwischen haben die Paläontologen herausgefunden, dass die Weibchen vier- bis fünfmal größer wuchsen als ihre Partner. Sie hielten es also wie viele Fische, bei denen auch die Weibchen auf Größe setzen, um mehr Eier produzieren zu können. Offen ist, ob sie nur einmal im Leben fruchtbar waren und nach der Eiablage starben wie moderne Tintenfische oder ob sie sich mehrfach fortpflanzen konnten.

Jedenfalls bewohnten Ammoniten im Laufe ihres Lebens unterschiedliche Lebensräume in den Meeren, wie ein Team um Matthias Harzhauser vom Naturhistorischen Museum Wien mithilfe von Isotopenanalysen an Ammonitenschalen nachweisen konnte. Je nach sexueller Reife, Reproduktionszyklen oder Nahrungsressourcen wanderten sie vom flachen Meer ins tiefe und umgekehrt.

Mit dem Mesozoikum war die große Zeit der Ammoniten angebrochen. Es gab sie in allen erdenklichen Variationen: als »klassische« flache Spiralform mit Rippen, Wellen, Stacheln oder glatt. Manche Arten streckten ihre Gehäuse, andere bogen sie zu »Bischofsstäben« oder »Büroklammern«. Wieder andere bevorzugten Knotenartiges oder Wirres oder kegelförmige Spiralen. Etwa *Didymoceras stevensoni* aus der späten Kreidezeit: Gekrönt mit einem lockeren Haken, glich er einem bizarren Hut für das Pferderennen in Ascot, wenn er aufrecht im Meer schwebte und hinauf- und hinabwippte. Behände können solch extravagante Kreaturen nicht gewesen sein. Eigentlich ist erstaunlich, dass sie überhaupt existierten. Vielleicht waren viele von ihnen »Geschöpfe der Nacht«, die sich nur im Schutz der Dunkelheit hinauswagten.

Während der Kreide gediehen die winzigen, kugeligen Kalkalgen so gut, dass sie mächtige Gesteine aufbauen konnten, die dieser Zeit ihren Namen gaben.

Der »gemeine« Ammonit jedenfalls wird in der Nahrungskette den Platz eines sehr beliebten Snacks eingenommen haben. Davon ist Neil Landman vom American Museum of Natural History in New York aufgrund der Bisswunden überzeugt, die viele gut erhaltene Ammonitengehäuse zieren. Als »Großwildjäger« sieht er sie nicht: Wahrscheinlich suchten einige Ammonitenarten nach Aas, während die meisten mit ihren Tentakeln nach kleiner, schwimmender Beute oder nach Plankton angelten.

Zu diesem Schluss kommen die Paläontologen nach der Analyse der Fresswerkzeuge von 70 Millionen Jahre alten Baculiten aus der späten Kreidezeit. Baculiten waren bizarr. Als hätte sie die Nostalgie gepackt, trugen sie ihre Gehäuse wieder gerade und erinnerten an die Orthoconen Cephalopoden der Anfänge. Ihre »Kiefer« und Raspelzungen waren winzig, sodass sich die Feinstrukturen nur mit einer Art Riesenmikroskop untersuchen lassen, das mit der Röntgenstrahlung aus dem Teilchenbeschleuniger der European Synchrotron Radiation Facility in Grenoble arbeitet. So konnte Isabelle Kruta vom Pariser Muséum National d'Histoire Naturelle beweisen, dass die Baculiten Plankton verspeisten. Bei einem fanden sich sogar noch die Reste seiner letzten Mahlzeit: winzige Schneckenlarven und Krebstiere. Der Tod hatte ihn beim Fressen überrascht.

Während der Trias lebten auf Madagaskar mit den Prosauropoden frühe Dinosaurier (hinten) ebenso wie Traversodontida *(Mitte) und* Chiniquodontidae *(vorne links), die zu den Therapsiden, den säugetierähnlichen Reptilien, gehören. Es gab auch pflanzenfressende Reptilien wie den Rhynchosaurier (vorne rechts).*

Während viele Ammoniten also eher sanfte Riesen waren, waren ihre Zeitgenossen, die Belemniten, von anderem Kaliber. Sie spielten genau wie die Tintenfische eine gewichtige Rolle unter den schwimmenden Räubern. Ihr Körperbau war ganz auf die Jagd ausgelegt. Riesig wuchsen sie außerdem, vor allem im Jura, als *Megateuthis giganteus* drei Meter lang wurde.

Andererseits waren die Belemniten aber auch eine sehr beliebte Beute – ebenfalls eine Parallele zu den Tintenfischen heute. So verstopften bei einem zwei Meter langen Haifossil die »Donnerkeile« (Rostren) von 250 Belemniten den Magen: Dieser *Hybodus hauffianus* war anscheinend in einer Belemnitenschule in einen wahren Blutrausch geraten und hatte sich zu Tode gefressen. Die unverdaulichen Rostren waren einfach zu viel für ihn gewesen.

Auch wenn dieses spezielle Exemplar einen »Darwin Award« für eine extrem dumme Art, aus dem Leben zu scheiden, verdient hätte, so waren die Hybodontiformes generell im Mesozoikum sehr erfolgreich. Wer auf ihrem Speisezettel stand, wird nicht sehr erfreut gewesen sein, einen dieser Jäger mit den großen, stumpfen Köpfen zu ent-

IN EINEM LAND VOR UNSERER ZEIT

Auch an Land fasste das Leben wieder Tritt, nur vollkommen anders als zuvor. Auf Madagaskar (damals Teil Pangäas) zogen vor 230 Millionen Jahren Herden von großen Pflanzenfressern wie Rhynchosaurier und Traversodontiden übers Land. Erstere waren Cousins der echten Saurier und kombinierten stämmige Krokodilkörper mit mächtigen »Papageienschnäbeln«. Die Traversodontiden gehörten zu den Überlebenden bei den säugetierähnlichen Reptilien und kauten ihre Pflanzenkost in dicken »Hamsterbacken« durch. Prosauropoden als erste pflanzenfressende Saurier zogen Höherwachsendes vor: Dank ihres aufrechten Gangs kamen sie bequem an frische Baumtriebe heran. Aber kein Paradies ohne Schlange. Auf die Pflanzenfresser hatten nicht nur Raubsaurier Appetit, sondern auch die Chiniquodontiden: hundegroße Jäger mit scharfen, spitzen Zähnen, die uns Säugern näherstehen als die Pflanzenfresser unter den säugetierähnlichen Reptilien. Damals, in Madagaskar, schien noch alles offen. Schon bald jedoch sollten die Dinosaurier die Erde regieren – und die Säugetiere in ihrem Schatten bleiben …

Didymoceras stevensoni *gehörte zu einer Gruppe bizarrer Ammoniten, deren spiralförmige Gehäuse in einem Haken endeten.*

decken. Man landete doch zu schnell zwischen diesen seltsamen Zähnen mit den vielen Spitzen auf einer breiten Basis. Andere Hybodontiformes hatten »plattenartige« Beißwerkzeuge und kleinere Greifzähne an der Spitze des Mauls. Anscheinend packten sie damit Schalentiere wie mit einer Pinzette und zerdrückten sie. Überhaupt tauchten im Verlauf des Erdmittelalters immer mehr Haie, Knochenfische und kleinere Reptilien auf, die sich ihr Leben mit dem Zertrümmern und Verspeisen von Meeresfrüchten »verdienten«.

Andersherum waren die Hybodontiformes, die noch aus dem Erdaltertum stammten, für einen potenziellen Angreifer eher unattraktiv: Wer einmal in diese scharfen, widerstandsfähigen Stacheln an den Rückenflossen gebissen hat, dürfte sich das unerfreuliche Erlebnis zeitlebens gemerkt haben. Aber auch für sie wuchsen die sprichwörtlichen Bäume nicht in den Himmel: Sie mussten sich zunehmend mit der Konkurrenz durch andere Knorpelfische auseinandersetzen. Schließlich schafften es die Ahnen der Haie, zweimal sich und ihre Verwandtschaft sozusagen neu zu »erfinden«. Einmal im Karbon, nachdem viele Plattenhäuter und auch einige andere große Fischarten ausgestorben waren. Diese Knorpelfische nutzten ihre Chance und brachten unter

DIE MIT DEM MAGEN DENKEN

Kraken lernen, wie man Futter aus einem verschlossenen Glas holt, sie spielen, ahmen andere nach (etwas, was der Mensch vor gar nicht so langer Zeit höchstens noch den Menschenaffen zugetraut hatte). Sie sind die »Genies« im Reich der Wirbellosen. Allerdings ist ihr Gehirn ganz anders aufgebaut als das der Wirbeltiere. Bei Letzteren wurde es am oberen Ende des Verdauungstrakts angelegt. Bei einem gut entwickelten Wirbeltiergehirn steuert ein Hirnstamm lebenserhaltende Funktionen wie Herzschlag und Atmung, das Kleinhirn koordiniert Bewegungen, das Vorderhirn plant, bewertet und entscheidet. Diese Areale lassen sich klar unterscheiden.

Anders das Kopffüßer-Gehirn: Wie viele andere Wirbellose haben auch die Kopffüßer ihr Gehirn um ihren Verdauungstrakt herum aufgebaut, nämlich ringförmig um den Schlund. Dabei werden zwei Nervenzentren, die wie große, glatte Billardkugeln aussehen, durch eine breite Gewebebrücke verbunden. Dieses Weichtiergehirn entwickelte sich vor Hunderten von Millionen Jahren in sehr einfacher Form bei den Ahnen aller Muscheln, Schnecken und Kopffüßer. Im Lauf der Zeit wurde es – wie bei den Wirbeltieren – immer komplexer, bis hin zum Kraken, der bei den Wirbellosen sozusagen die Stellung des Menschen innehat.

ARMLOSE URSPRÜNGE

Diskutiert wird, aus welcher Gruppe von Lebewesen die Vorfahren aller Ammoniten, Belemniten, Kraken oder Kalmare stammen. Traditionellerweise werden sie unter kambrischen Tieren gesucht. Infrage kommen die Einschaler (Monoplacophora), die aufgrund ihres Aussehens auch Urmützenschnecken oder Napfschaler genannt werden. Vertreter dieser Tiere leben heute meist in der Tiefsee. Während des Paläozoikums bevorzugten sie jedoch das Flachwasser.

Als mögliche »Elternart« kommt *Knightoconus antarcticus* infrage. Zwar besaß er keinen Sipho, konnte also nicht mithilfe des gasgefüllten Gehäuses schwimmen, aber der primitive Kopffüßer *Plectronoceras* sieht ihm ähnlich.

Das Fehlen des Siphos gilt bei den Gegnern dieser Theorie als Gegenargument für diese Abstammungslinie. Für sie ist *Nectocaris pteryx* aus den Burgess-Schiefern das Fossil der Wahl. *Nectocaris* könnte ein sehr primitiver Kopffüßer gewesen sein. Er war höchstens fingerlang, sein Körper flach, mit großen Seitenflossen, aber ohne Gehäuse.

Die Ahnen der Tiere, zu denen die modernen Kopffüßer gehören, haben sich vor mehr als 470 Millionen Jahren während des frühen Ordoviziums vom Vorfahr des heutigen *Nautilus* getrennt. Später spalteten sich dann die Oktopusse und die Kalmare ab. Der Vampirtintenfisch stammt noch aus der Zeit davor. Dass er heute noch durch die Tiefsee schwimmt, hat er wohl seiner Fähigkeit zu verdanken, mit sehr wenig Sauerstoff auszukommen. Er überlebt dort, wo seine Konkurrenten längst aufgegeben haben.

anderem die Ahnen der modernen Seekatzen (Chimären) hervor. Den zweiten Schub schafften sie während des Juras, als sich unter anderem die Rochen abzweigten und die modernen Haie. Im Jura entstanden die »Sieben-Kiemenspalten-Haie«, zu denen heute die Kragenhaie gehören. Mit ihren mannsgroßen, aalartigen Körpern und einem riesigen »Reptilienmaul« sind sie die urtümlichsten aller lebenden Haie. Für sie scheint die Zeit stehengeblieben zu sein. Trotz ihrer Faszination ist kaum etwas über die Kragenhaie bekannt, denn sie führen eine recht verborgene Existenz in den tiefen Wasserzonen von Kontinental- und Inselabhängen. So vermuten die Biologen nur, dass sie ihre Opfer nach Schlangenart erlegen, indem sie mit dem Kopf vorstoßen. Und sie vermuten, dass die Schwangerschaft der Kragenhaie rekordverdächtig ist: Japanische Forscher glauben, dass zwischen Befruchtung und Geburt dreieinhalb Jahre vergehen.

Im Erdmittelalter trieben zwei Faktoren die Evolution der Haie und ihrer Verwandten an: erstens die neue Konkurrenz durch die oft riesigen Meeresreptilien und zweitens die Fische. Die ließen durch den zunehmenden Druck und die wachsende Konkurrenz auch untereinander ihre altertümlichen Formen hinter sich. Besonders die Knochenfische modernisierten ihren Bestand erheblich. Die Echten Knochenfische tauchten auf, die Teleostei, die heute mit mehr als 28 000 Arten die größte Gruppe unter den Fischen stellen. Das Geheimnis ihres Erfolgs ist ihre enorme Anpassungsfähigkeit.

Nur ein Beispiel: Die Teleostei haben sogar Arten hervorgebracht, die »ohne Blut« auskommen. 1929 erzählten Walfänger dem norwegischen Biologen Johan Ruud, dass es vor South Georgia Fische ohne Blut gebe. Seinen ersten lebenden Eisfisch *(Chaenocephalus aceratus)* bekam Ruud jedoch erst 1953 zu Gesicht. Schon ein Blick auf die Kiemen bewies, dass dieses Tier etwas Besonderes war: Sie leuchteten nicht rot, sondern schimmerten weißlich. Im Blut der Eisfische fehlt der rote Farbstoff Hämoglobin, deshalb kann Sauerstoff nicht chemisch gebunden und transportiert werden. Dass es sie trotzdem gibt, liegt daran, dass eiskaltes Wasser viel mehr Sauerstoff speichert als warmes und dass polare Fische weniger Sauerstoff benötigen als ihre »Kollegen«

Im Erdmittelalter hätte für einen Taucher eine Schule von Ammoniten zu den beeindruckenden Anblicken gehört.

DIE EVOLUTION SCHREITET VORAN

Während der Kreidezeit bewiesen die Knochenfische noch einmal ihr Potenzial, als sich aus den Teleostei die Neoteleostei abspalteten, die »Neuen Knochenfische«. Ihre Schwanzflosse ist oft groß und tief gegabelt, typisch für schnelle Jäger, die weite Strecken zurücklegen. Sie verbesserten ihre Manövrierfähigkeit und bauten ihre Kiefer so um, dass sie ihre Mahlzeiten regelrecht kauen konnten: Sie nehmen einen Bissen und zermalmen ihn dann zwischen den Zahnplatten im Rachenraum. Dorsche und Petersfische gehören heute in diese Gruppe, Meeräschen und Stichlinge, die Plattfische, Barsche und Thunfische, Sonnenfische, Karpfen, Aale, Lachse oder Piranhas – und auch viele Tiefseefische.

in den Tropen. Nur deshalb überlebte der Urahn aller Eisfische eine Mutation, die in seinem Erbgut den Globin-Gen-Komplex im Blut auslöschte. Danach lief die Perfektionierung: Die Eisfische verringerten ihren Stoffwechsel, sie vermehrten die Menge an Blut, machten es dünnflüssiger und damit leichter zu pumpen, vergrößerten Adern und Herz und verbesserten seine Pumpleistung. Außerdem ist die Haut der Eisfische stark durchblutet, sodass über sie – ebenso wie über die Kiemen – Sauerstoff aufgenommen wird.

Es gibt zahllose solcher Spezialisierungen. Aber auch grundlegend betrachtet verbesserten die Knochenfische ihren gesamten Körperbau. Durch einander überlagernde Schuppen gleiten sie leichter durchs Wasser, was ihnen sowohl als Jägern wie auch als Gejagten einen großen Vorteil bringt. Schneller schwimmen zu können, diesem Ziel dient auch die Verstärkung des Schwanzskeletts. Weil sie ihren Oberkiefer beweglich machten, können sie ihn wie ein Besteck an die verschiedensten Ernährungsvorlieben anpassen. Sie verbesserten ihr Hörvermögen, indem sie aus den ersten vier Wirbeln eine Reihe von Knöchelchen bildeten, um eine Verbindung zwischen dem Innenohr und der Schwimmblase zu schaffen. Und, und, und …

Zu den ersten Echten Knochenfischen zählte *Pholidophorus*, dessen Fossilien aussehen wie getrocknete Heringe. Er besaß noch altertümliche, wie rhombenförmige Mosaiksteinchen nebeneinandersitzende Schuppen. Außerdem setzte er in seinem Rückgrat einen Teil Knorpel statt Knochen ein. Ein schnell schwimmender Räuber war er trotz-

Xiphactinus war ein kräftig gebauter Raubfisch, ein schneller Jäger des Freiwassers – und mit seinem großen Maul und seinen fünf bis sechs Metern Länge ebenfalls ein gefährlicher.

dem, machte wohl im offenen Wasser auf kleine Krebse und andere Fische Jagd. *Pholidophorus* musste im Jura aufgeben. Eine andere frühe Gruppe, die Elopomorpha, hat es hingegen geschafft, Vertreter in die Gegenwart zu bringen. Zu ihnen gehören die Tarpune, die mit ihrer riesigen Schwimmblase auch Luft aufnehmen, um in sauerstoffarmem Wasser zu überleben. Eine andere Gruppe sind »Tiefseemonster« wie die schlangenartig langen Sackmäuler mit ihren grotesk riesigen Mündern. Molekulargenetiker glauben, dass all diese seltsamen Fische einen gemeinsamen Ahnen hatten, der im Jura lebte.

In dieser Zeit tauchten auch die Osteoglossomorpha auf, die Knochenzünglerartigen. Zu ihnen gehörten die Ichthyodectiformes, die zu den vielen »Meeresungeheuern« des Erdmittelalters zählen. Sie waren gefährliche Jäger, die vier, fünf oder sogar sechs Meter lang werden konnten, etwa *Xiphactinus*, der in der Oberkreide lebte.

Mithilfe seiner muskulösen Schwanzflosse konnte dieser Knochenzünglerartige bis auf Tempo 60 beschleunigen. Wenn er dann noch sein Maul weit aufriss, war es um eine potenzielle Beute geschehen. Der fossile Mageninhalt verrät, dass einen *Xiphactinus* Großes interessierte. Er war der Räuber der Räuber, dem ein anderer großer Fisch ebenso willkommen war wie kleinere Meeresreptilien. Solange sie noch jung waren, mussten sich selbst die Ichthyo- und Plesiosaurier vor ihnen in Acht nehmen. Ausgewachsen waren jedoch sie die Herren der mesozoischen Ozeane – und dann trauten sie sich auch an einen verletzten *Xiphactinus* heran, um ihn bei lebendigem Leibe anzufallen.

ERBEN DER VORZEIT

Knochenzünglerartige schwimmen heute vor allem durchs Süßwasser. Die mehr als zweieinhalb Meter langen *Arapaima* gehören zu ihnen. Sie sind zwar die größten lebenden Süßwasserraubfische der Erde, aber eigentlich nur noch ein Schatten ihrer selbst. Um 1820 brachten es die wirklich großen Exemplare noch auf vier Meter. Weil sie gut schmecken, wurden und werden sie jedoch überfischt. Ob es sie in 100 Jahren noch geben wird, ist offen: *Arapaima* stehen auf der Roten Liste der bedrohten Arten.

Die Plesiosaurier waren beeindruckende Meeresreptilien mit spindelförmigem Körper und einem sehr langen Hals, in dem bis zu 72 Wirbel steckten. Sie sollen – wie die Ichthyosaurier und Mosasaurier – ihre Körpertemperatur unabhängig von der des Wassers auf 35 bis 39 Grad Celsius gehalten haben.

Ein anderes dieser Monster war *Leedsichthys*, der im Jura lebte und zu Pachycormidae gehörte, einer ausgestorbenen Familie der Knochenfische. Das Tier brachte es auf mindestens zwölf, vielleicht sogar 22 Meter. Weil sein Skelett nur teilweise verknöchert war und die Knorpel längst zerfallen sind, wissen wir es nicht so genau. Zum Vergleich: Der Walhai bringt es als größter Fisch heute höchstens auf 14 Meter. Wie der Walhai lebte *Leedsichthys* von Plankton. Er seihte es durch einen Filterapparat aus mehreren Reihen mit 40 000 sehr feinen Zähnen. Wahrscheinlich schwamm der Riese nur langsam – und das machte kranke Tiere verletzlich. So sollen Meereskrokodile sie angefallen haben, um ein paar Brocken Fleisch aus ihnen herauszubeißen.

Die neuen Herrscher der Ozeane

Ein Abend vor 150 Millionen Jahren. Die Sonne steht tief über dem Horizont. Kurz taucht ein Kopf auf. Der spindelförmige Körper dazu zeichnet sich als dunkle Silhouette im Dämmerlicht des Abendozeans ab, bevor das Tier lautlos wie ein Schatten in die dunkle Tiefe gleitet:

DIE ERDE IM JURA IN ZAHLEN
(199,6 bis 145,5 Millionen Jahre vor heute)

Atmosphärischer Sauerstoffanteil	Über den gesamten Jura hinweg bei durchschnittlich 26 Volumenprozent. Das entspricht 130 Prozent des heutigen Niveaus.
Atmosphärischer Kohlendioxidanteil	Über den gesamten Jura hinweg durchschnittlich 1950 ppm. Das ist das 7-Fache des vorindustriellen Niveaus.
Durchschnittliche Oberflächentemperatur	Über den gesamten Jura hinweg durchschnittlich 16,5 Grad Celsius und damit etwa 3 Grad Celsius über dem derzeitigen Niveau

Ein *Ophthalmosaurus* geht auf die Jagd. Mit seinen tellergroßen Augen späht er um sich. Für ihn ist die Schwärze licht. Er entdeckt eine Schule von großen Kalmaren. Mit einigen kräftigen Schlägen der Schwanzflosse nimmt er Fahrt auf, hält auf sie zu, öffnet seine lange Schnauze, packt sich einen. Sein Abendessen wehrt sich kurz, schlingt verzweifelt drei Tentakel um den Kopf des Räubers. Aber gegen den Saurier richtet er nichts aus. Ein schneller Biss: Die Gene der Beute sind aus dem Spiel heraus und der *Ophthalmosaurier* ist etwas weniger hungrig als zuvor.

Dass das Erdmittelalter die Zeit der Echsen war, ist eine Binsenweisheit. Schon in der späten Trias eroberten die Reptilien die Kontinente. Kaum waren sie entstanden, zog es sie in die Lüfte – und wieder zurück ins Meer. In der Trias stapften die ersten Schildkröten übers Land, im Jura schickten sie bereits Vertreter in die Ozeane. Ganz ähnlich hielten es die Krokodile, die ihre Beine zu Paddeln umbildeten und auch den Schwanz für den Antrieb einsetzten. Meereskrokodile schwammen oft Hunderte von Kilometern weit hinaus. Von ihren ausgedehnten Wanderungen zeugen bis heute hin Magensteine, die sie in den Sedimenten zurückließen. Als schnelle Jäger verachteten sie einen notgewasserten Flugsaurier ebenso wenig wie einen schönen Belemniten. Sie waren perfekte Jäger der offenen Meere.

Dass die Reptilien die Ozeane eroberten, war naheliegend, schließlich war der Konkurrenzdruck an Land sehr hoch, und als der Superkontinent Pangäa zu zerbrechen begann, überfluteten flache, fruchtbare Meere weite Bereiche der Kontinente: Sie müssen auf »gestresste« Reptilien mindestens ebenso anziehend gewirkt haben wie seinerzeit die nahrhaften und scheinbar so sicheren Ufer auf die Fische, die den Landgang wagten. Und die Reptilien ließen sich locken und entwickelten sich zu wahren Meeresungeheuern.

Allerdings zu solchen, die immer wieder zum Atmen an die Oberfläche zurückkehren mussten – so fischähnlich manche von ihnen auch ausgesehen haben mögen. Das gilt unter anderem für die *Ophthalmosaurier* mit ihren riesigen Augen, die unter der Haut von starken Knochenringen in Form gehalten wurden. Trotz ihrer Größe zählten sie wohl keineswegs zu den aggressivsten Meeresreptilien. Um diesen Titel bewarb sich eher der ebenfalls mit tellergroßen Augen versehene *Temnodontosaurus*. Er glich einem Delfin mit einer Hechtschnauze. Seine Rückenflosse machte ihn fischähnlich, ebenso der gegabelte Schwanz. Besonders gerne verspeiste *Temnodontosaurus* große Wirbeltiere.

In Küstennähe lebten die Placodontia. Sie ähnelten Krokodilen, die in einen Schildkrötenpanzer gekrabbelt sind. Mit stumpfen Pflasterzähnen und Zahnplatten zermalmten sie Schalentiere, die sie vom Meeresboden klaubten. Trotz ihrer Panzerung überlebten sie das Ende

REPTILIEN IM AUFWIND

In der Trias, vor rund 240 Millionen Jahren, begannen die Ahnen der Saurier ihren Siegeszug. Das Massenaussterben am Ende des Perms hatte ihnen zwar auch zugesetzt, aber vor allem hatte es viele der säugetierähnlichen Therapsiden ausgelöscht. Das war ihre Chance. Die anfangs kaum hundegroßen, aber sehr beweglichen Vorfahren der Dinosaurier wuchsen schnell zur vielfältigen Gruppe der Landwirbeltiere heran. Und mehr noch: Sie eroberten auch den Luftraum und die Meere. Die ersten Saurier an Land lebten in heißen Steppen. Sie waren wahrscheinlich Fleischfresser und stellten sich beim Laufen auf ihre Hinterbeine. Die Pflanzenfresser unter den Sauriern kamen erst später dazu. Übrigens stammen nicht nur Saurier aus dem Erdmittelalter, sondern auch Frösche, Schildkröten, Krokodile und Säugetiere.

EIN SCHLAGLICHT AUF DIE SÄUGETIERE

Vor 160 Millionen Jahren, im Jura, erstreckte sich in der heutigen Liaoning-Provinz in China eine Seenlandschaft, in der kleine Dinosaurier lebten, die Ahnen der Vögel, dazu Amphibien, Insekten – und kleine Säugetiere. Zum Beispiel *Juramaia sinensis*, eines dieser nur wenige Gramm schweren Spitzmauswesen. Die Backenzähne des Tiers verraten etwas ganz Besonderes. »*Juramaia* steht im evolutionären Stammbaum ganz nah an der ›Astgabel‹, an der sich die Entwicklung von Beuteltieren und Plazentatieren trennte«, erläutert Zhe-Xi Luo, Carnegie Museum of Natural History, Pittsburgh. *Juramaia* besaß zwar noch keine Gebärmutter, steht aber den modernen Plazentatieren sehr viel näher als den modernen Beuteltieren. »Wir können das Tier unserer Ahnenreihe zuordnen«, urteilt der Paläontologe.

Damit ist *Juramaia* entweder die Urgroßmutter oder – und das ist wahrscheinlicher – die Urgroßtante einer sehr erfolgreichen Gruppe: Immerhin gehören heute 94 Prozent aller modernen Säugetiere zu ihren Nachfahren, vom Wal bis zum Menschen. »In der Säugetierevolution spaltete sich eine Gruppe nach der anderen ab aus den gemeinsamen Vorfahren: als Erstes die Kloakentiere, dann die Plazentatiere und die Beuteltiere.« Schulter und Handknochen des Fossils verraten, dass *Juramaia sinensis* darauf spezialisiert war, auf Bäume zu klettern und dort nach Insekten zu suchen: »Während des Juras lebten die meisten Säugetiere am Boden. Dann eroberten sich die ersten die Bäume und damit einen neuen Lebensraum. So könnte *Juramaia* sich und ihren Nachfahren frühzeitig einen evolutionären Vorteil gegenüber den Beuteltieren verschafft haben.« Diesen Vorteil bauten die Höheren Säugetiere dann aus, als sie mit der Gebärmutter eine neue Art der Fortpflanzung entwickelten: Die war für den durchschlagenden evolutionären Erfolg ihrer Gruppe entscheidend. Und der Weg dahin führte über die Bäume.

der Trias nicht – ebenso wenig wie ihre Verwandten, die Nothosauria (Bastardechsen), die etwas von einem Krokodil hatten, dessen Hals und Schwanz jemand grotesk in die Länge gezogen hat. Auf sie traf man wahrscheinlich nicht nur im flachen Wasser, sondern auch am Strand, wo sie mithilfe ihrer paddelartigen Flossenfüße vorwärts robbten und ihren schuppigen Körper in der Sonne wärmten. Wie die See-Elefanten wirkten sie an Land plump, aber im Wasser bewegten sie sich geschwind, tauchten ab, hielten auf einen Fischschwarm zu. Plötzlich schossen sie vor und packten mit ihren spitzen Zähnen ein paar Opfer, während die anderen auseinanderstoben.

Bevor die Bastardechsen verschwanden, entwickelten sich aus ihnen heraus noch die Plesiosaurier (Fast-Echsen), die so groß wurden wie die Raubwale heute. Die Plesiosaurier jagten für den Rest des Mesozoikums Fischen und Ammoniten einen Schrecken ein. Dank ihrer zu großen, flügelartigen Paddeln umgestalteten Beine »flogen« sie wie Meeresschildkröten durchs Wasser. Auf dem extrem langen Hals mit den bis zu 72 (!) Wirbeln saß ein kleiner Kopf, mit dem sie wohl nach Schlangenart blitzschnell vorstoßen konnten.

Während die Plesiosaurier in Küstennähe blieben, hatte es ihre Cousins, die Pliosaurier, auf die hohe See verschlagen. Ihr Hals war zwar mit 13 Wirbeln verhältnismäßig kurz, ihr Kopf hingegen mit vier Metern umso größer. Die Pliosaurier zählten zu den größten Raubtieren der jurassischen Ozeane, aber mit einem räuberischen Pottwal heute hätten sie ebenso wenig mithalten können wie mit einem Blauwal.

Temnodontosaurier waren schnelle, kraftvolle Schwimmer, die in den Tiefen jurassischer Meere Beute machten. Wichtig bei der Jagd waren vor allem ihre Augen, die zu den größten gehörten, die je ein Wirbeltier entwickelt hat.

Auf ihren Wanderungen durch die Weiten der Meere trafen die Pliosaurier immer wieder auf Ichthyosaurier wie *Ophthalmosaurus* oder *Temnodontosaurus*. Die meisten von ihnen waren ganz auf die schnelle Jagd spezialisiert und hatten den Kontakt zum Land vollkommen verloren. Noch nicht einmal um ihren Nachwuchs zu gebären, mussten

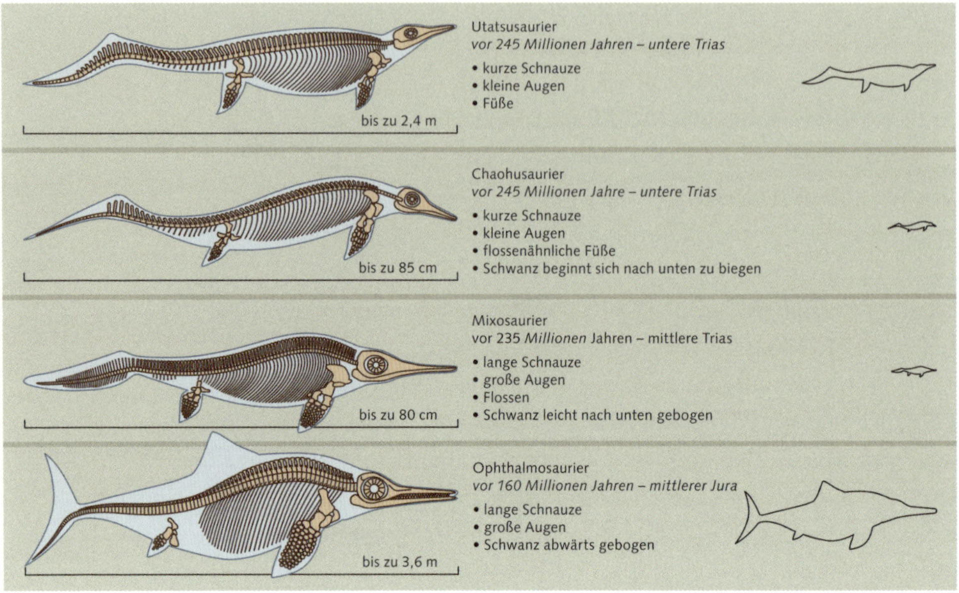

Die Ichthyosaurier entstanden aus echsenartigen Vierbeinern, die sich durch flache, küstennahe Gewässer bewegten. Mit der Zeit entwickelten diese Tiere mehr und mehr die Spindelform der heutigen Delfine. Ihre Repilienherkunft blieb erkennbar: Anders als bei Fischen ist ihr Schultergürtel nicht mit dem Schädel verwachsen, und in ihren Flossen lassen sich noch die Arm- und Handknochen unterscheiden.

sie in die Gefilde ihrer Ahnen zurückkehren: Ichthyosaurier-Mütter, die ihre Schwangerschaft nicht überlebten und zum Fossil wurden, tragen die Embryonen immer noch in sich. Wie die Wale heute brachten sie also auf dem Meer lebende Junge zur Welt.

Der Weg ins Meer

Die Ichthyosaurier brachten seit der Trias viele Arten hervor, von denen die kleinsten vielleicht so lang waren wie ein Arm, die größten – der jurassische *Leptopterygius* – mehr als 15 Meter (und damit nicht einmal halb so groß wie ein Blauwal). Im Jura erreichten die Ichthyosaurier ihren Höhepunkt; vor 93 Millionen Jahren verschwanden sie. Es waren bizarre Tiere mit Augen, die die Dimensionen von Bowlingkugeln erreichen konnten. Doch es waren die tödlich spitzen Zähne in ihrem Maul, die den Paläontologen zu klären halfen, wie Dinosaurier den Weg in die Meere gefunden haben.

Es geht dabei um zwei der ältesten Ichthyosaurier: den *Utatsusaurus*, der in Gesteinen der japanischen Hauptinsel Honshu entdeckt worden ist, und den *Chaohusaurus*. Beide sahen nicht sonderlich fischähnlich aus, sondern eher wie Echsen mit Flossen. Sie standen am Beginn einer Entwicklung hin zu erstklassigen Schwimmern, die durch ganze Ozeane kreuzten. Zunächst mussten die Ichthyosaurier dafür ihre schmalen Reptilienfüße in Paddel umwandeln. Dieser Prozess war bei *Utatsusaurus* und *Chaohusaurus* noch nicht weit fortgeschritten. *Utatsusaurus* hatte jedoch bereits den Daumen beziehungsweise die große Zehe verloren. Der Rest musste noch kommen. Und zwar spaltete die Evolution im weiteren Verlauf der Entwicklung die Finger und Zehen auf. *Platypterygius* beispielsweise brachte es schließlich auf elf Finger. Für das Leben im Ozean verbreiterten die Ichthyosaurier auch die Knochenelemente, sodass sie plattenförmig wurden. So entstanden dicht gepackte Knochenpaddel.

Auch der restliche Körperbau der Reptilien musste für das Leben im Wasser optimiert werden. *Utatsusaurus* und *Chaohusaurus* waren noch sehr echsenähnlich, das heißt, ihre Wirbel waren noch schmal und die Wirbelsäule war damit beweglich. Sie müssen geschwommen sein wie die Meeresleguane der Galapagosinseln oder wie Katzenhaie, vermutet Ryosuke Motani von der University of California in Davis: »Also mit wellenförmigen Bewegungen nach rechts und links. Dafür braucht man einen flexiblen Körper und den bekommt man durch viele Wirbel. Bei den Katzenhaien sind es 40 Wirbel im vorderen Teil des Körpers – genau wie bei den ersten Ichthyosauriern.«

Diese Art zu schwimmen ist jedoch kräftezehrend. Wer sich so fortbewegt, kann die Küstenbereiche nicht verlassen. Zwar gibt es in den flachen Wasserzonen des Schelfbereichs um die Kontinente herum viel zu fressen, aber auch reichlich Konkurrenz. Es macht also Sinn, sich die Hochsee zu erobern. »Wenn sie dort bis zur nächsten Mahlzeit große Distanzen zurücklegen müssen, ist dieser Schwimmstil zu ineffizient«, fährt Ryosuke Motani fort. Das Pendant zu den fischähnlichen Ichthyosauriern ist deshalb eher der Weiße Hai: »Haie wie Ichthyosaurier versteiften ihren Körper, damit er sich nicht mehr mit jedem Flossenschlag bewegt. Dafür machten beide ihre Wirbel so massiv, dass sie einem Stapel Hockey-Pucks gleichen.« Außerdem verstärkten beide Gruppen die tief gegabelte Schwanzflosse und trimmten sie so ganz auf Effizienz.

Es gibt aber auch Gemeinsamkeiten zwischen Fischsauriern und Walen. So müssen beide zum Atmen an die Oberfläche. Dass ein fischähnlicher Ichthyosaurier dabei wohl aus ebenso großen Tiefen auftauchen konnte wie ein moderner Pottwal, belegen die versteinerten Reste der Mahlzeiten in den Mägen: Beide lieben Tiefseetintenfische. Der Pottwal holt sich diese Beute aus 1000 und mehr Metern herauf. Die Saurier könnten Ähnliches geleistet haben, schließlich gleichen ihre Anpassungen denen von tief tauchenden Walen und Robben: stromlinienförmige Körper, um die Reibung zu reduzieren, eine schwammartige Knochensubstanz und viel Körpermasse. »Je schwerer ein solches Tier ist, desto mehr Sauerstoff kann es in Muskeln, Blut und Organen speichern und desto langsamer verbraucht sein Körper den Sauerstoff«,

UND WIEDER GING DER TOD UM

Als die Trias vor 201,4 Millionen Jahren zu Ende ging, traf ein neuerliches Massenaussterben die Welt. Im Wasser und an Land verschwanden 50 bis 80 Prozent aller Arten. Zu den Opfern zählten die Conodonten und die Placodontia, ebenso viele Arten der Ammonoideen, die Plesio- und Ichthyosaurier. An Land fielen unter anderem die letzten Therapsiden heraus und die Thecodontier, die Vorfahren der Dinosaurier. Allerdings erholten sich die Überlebenden diesmal während des Juras schnell und brachten neue Arten hervor.

Auslöser für das Massensterben waren wahrscheinlich erneut Flutbasalte, denn damals öffnete sich der Zentralatlantik. In einem Areal, größer als Brasilien und Argentinien zusammen, stapelten die Ausbrüche kilometerdicke Basaltdecken übereinander. Das Klima geriet aus den Fugen, weil die Basalte kohlenstoffreiche Sedimente durchbrachen, und Schwefelverbindungen machten den Regen ätzend.

In Ostgrönland stehen in einem Fjord steinerne Zeugen dieses Geschehens an. Vor 200 Millionen Jahren wuchsen dort tropische Wälder, deren Überreste in einer Steilwand stecken. Um zu verstehen, wie schnell die Pflanzen verschwunden sind und warum, hat Jennifer McElwain vom University College Dublin Gesteine und Pflanzenfossilien untersucht. Die Statistik über die Verteilung der Blätter erwies sich als aussagekräftig: »Zu unserer Überraschung fanden wir heraus, dass die Pflanzenvielfalt, geologisch gesehen, abrupt verloren ging, innerhalb von Tausenden von Jahren. Der Verlust an Biodiversität fällt mit einem scharfen Anstieg des Treibhausgases Kohlendioxid zusammen.« Und den verursachte der Vulkanausbruch: Es war wahrscheinlich das alte Spiel.

WARMBLÜTER ODER WECHSELWARM?

Die Meeresleguane der Galapagosinseln müssen als wechselwarme Tiere immer wieder an Land und sich aufwärmen. Die fischförmigen Meeressaurier hingegen scheinen das nicht nötig gehabt zu haben: Sie zogen endlos durch die Meere, tauchten in eisige Tiefen hinab und jagten erfolgreich, ohne zwischendurch an Land zu gehen. Konnten sie also ihre Körpertemperatur unabhängig von der des Meerwassers regeln? Darauf deuten die Sauerstoffisotope in ihrem Zahnschmelz hin, den Wissenschaftler von der Universität von Lyon untersucht haben. Das Verhältnis dieser Isotope taugt als »Paläo-Thermometer« und die Forscher besorgten sich ihre Proben aus dem Zahnschmelz von Ichthyosauriern, Plesiosauriern und Mosasauriern. Dazu analysierten sie dann noch Zahnfossilien von anderen Fischen aus der gleichen Zeit und Region. In den Knochen und Zähnen wechselwarmer Tiere wie etwa Fische entspricht die Zusammensetzung der Sauerstoffisotope genau der des Wassers. Ein Vergleich sollte also zeigen, wie es um den Stoffwechsel der Meeressaurier bestellt war. Das Ergebnis: Die drei Sauriergruppen konnten ihre Körpertemperaturen unabhängig von der Wassertemperatur bei etwa 35 bis 39 Grad Celsius halten. Ihre Wärmeregulation muss also schon ähnlich funktioniert haben wie bei den heutigen Meeressäugern.

erklärt Ryosuke Motani. Geht man von seinen Körpermaßen aus, konnte ein mittlerer Fischsaurier 20 Minuten lang die Luft anhalten und damit 600 Meter tief tauchen – mindestens.

Moderne Zeiten

Vor rund 145 Millionen Jahren begann die letzte Phase des Erdmittelalters – die Kreide. Damals entwickelte sich in den flachen, lichtdurchfluteten Meeresbereichen der Schelfe oder Inseln ein neues Ökosystem: Seegraswiesen überzogen im flachen Wasser die sandigen Böden. Heute sind diese Wiesen die Heimat vieler Organismen und wichtige Kinderstuben. Während der Kreidezeit wird das nicht viel anders gewesen sein.

Damals zeichneten sich die modernen Meere immer deutlicher ab, auch wenn noch Riesenammoniten wie *Parapuzosia seppenradis* mit einem Durchmesser von über zwei Metern durchs Wasser schwebten und Meeresreptilien mit modernen Haien, Rochen und Echten Knochenfischen konkurrierten. In der Bodenfauna tauchten große Krebse und Krabben mit Scheren zum Zerquetschen auf. Und räuberische Schnecken. Sie legten ihr »Image« als reine Vegetarier und Detritus-Schlürfer ab und nutzten ihre Raspelzunge lieber dazu, sich durch dicke Schalen zu bohren und saftiges Fleisch zu verzehren.

Gegen so viele geschickte Angreifer zogen sich die letzten Brachiopoden und gestielten Seelilien in die Randbereiche zurück: ins Brackwasser oder in die Tiefsee. Dort war der Konkurrenzkampf weniger hart und sie entgingen vielen hungrigen Mäulern. Auch die Napfschnecken flüchteten sich deshalb in die Gezeitenzone.

In einer Welt mit neuen Angreifern wurden neue Verteidigungslinien gezogen. Schnecken schmückten ihre Außenpanzer mit langen Stacheln, die es dem Fressfeind schwer machen sollten. Bei den Muscheln gab es einen Wettlauf um die dicksten Schalen, um zwickenden und bohrenden Gegnern etwas entgegensetzen zu können. Oder sie gruben sich immer tiefer ins Sediment. Dazu verlängerten sie eine fleischige Röhre, den Sipho, durch den sie sich auch im Boden mit allem Lebenswichtigen versorgten. So »fühlten« sie sich sicher und vor Feinden geschützt.

Rudisten gehören zu den wohl seltsamsten Muscheln, die je gelebt haben. Im Erdmittelalter bauten sie in der Tethys gewaltige Riffe auf.

ARCHELON, DIE »MUTTER ALLER SCHILDKRÖTEN«

Archelon aus der Oberkreide war die größte Schildkröte, die jemals gelebt hat. Er wurde etwas mehr als vier Meter lang und die Spitzen der ausgebreiteten Vorderpaddel lagen dann vier Meter auseinander. Um nicht vom eigenen Gewicht erdrückt zu werden, hatte Archelon seinen Knochenpanzer zurückgebildet. Er bestand nur noch aus ein paar quer verlaufenden Knochenbändern, die aus den Rippen hervorgegangen sind. Vermutlich überzog eine dicke, ledrige Haut den Rückenpanzer, ähnlich wie bei den Lederschildkröten, die ihre nächsten lebenden Verwandten sind. Vielleicht war er auch von Hornplatten bedeckt. Wahrscheinlich verbrachte das Tier die meiste Zeit seines Lebens auf dem Meer, wo es Quallen fraß oder Belemniten. Vielleicht hat es aber auch Seegras nicht verachtet, wenn es ihn an eine Küste verschlug.

Außerdem versuchten sich die Muscheln in den flachen Schelfmeeren der Tethys als beeindruckende Riffbauer, und zwar mit den Rudisten, also Muscheln, die wie Korallen lebten. Dazu hatten sie die untere Klappe ihrer Schalen kegelförmig umgebaut und die obere zu einem Deckel verwandelt. Genau wie die Korallen machten sich die Rudisten mit den Algen gemein, um die Nährstoffe ihrer Umgebung besser nutzen zu können. Dass diese Algen bei der Fotosynthese gleichzeitig auch noch das im Wasser gelöste Kohlendioxid nutzten und es so unschädlich machten, war für beide Gruppen sicherlich ein angenehmer Nebeneffekt. Schließlich konnte es so die Kalkskelette nicht mehr auflösen. Obwohl beide Gruppen also auf ähnliche Strategien setzten, hatten es die Korallen schwer, sich gegen die Neuen durchzusetzen: Das lag an der Chemie des Meerwassers, denn für ihren »Geschmack« war während der Kreide einfach zu viel Magnesium darin. Das behinderte sie beim Aufbau ihrer Skelette und sie belegten deshalb hinter den Rudisten nur die hinteren Plätze.

Archelon *lebte während der Kreidezeit vor rund 75 bis 65 Millionen Jahren. Er schwamm damals durch die flachen Gewässer, die weite Teile des zentralen Nordamerikas überflutet hatten.*

Wo Rudisten wuchsen, übernahmen sie das Ökosystem wie Japanischer Staudenknöterich, weil sie sich auf jeder festen Oberfläche festsetzten und alles einfach überwucherten, ob es nun Korallen waren oder die Kompagnons der eigenen Art. Dabei waren Rudisten Hochstapler. Selbst wenn ihre Schalen Höhen von weit über einem Meter erreichten, war der Weichkörper, der sie produzierte, nicht größer als

NAPOLEONS KRIEGSBEUTE

Den ersten Schädel eines Mosasauriers hatte 1770 der Chirurg und »Gentleman-Paläontologe« C. H. Hoffmann in einem Steinbruch bei Maastricht gefunden. Das Fossil, das später seinem Entdecker zu Ehren *Mosasaurus hoffmannii* genannt werden sollte, machte schnell als Monstrosität Furore. Deshalb erteilte Napoleon bei der Belagerung Maastrichts seinen Truppen den Befehl, den Schädel zu erbeuten. Dem Erfolgreichen sollen – so die Legende – 600 Flaschen Wein als Prämie gewinkt haben. Nach der Besetzung der Stadt durch die revolutionären Truppen gelangte der Schädel jedenfalls nach Paris, zu Georges Cuvier, der ihn als Teil einer Echse identifizierte – und der ihn in seine Beweisführung aufnahm, dass Tierarten aussterben konnten. Das geraubte Fossil gilt heute als französisches Nationalerbe und wird im Pariser Museum für Naturgeschichte ausgestellt.

der einer modernen Auster. Der Rest war »Verpackung«. Dass eine Rudistenmuschel im Lauf von wenigen Jahren mehrere Kilogramm an Kalk absondern konnte, war wohl nur in den besonderen Meeren der Kreidezeit möglich. Für sie war die Tethys das reine Paradies: Wo die Plattentektonik den Untergrund schnell absinken ließ, konnten die wuchskräftigen Muscheln mit den Veränderungen Schritt halten und bis zu 1000 Meter dicke Schichten aufbauen. Arabische Ölproduzenten sind dankbar dafür, schließlich geben diese Rudistenkalke wunderbare Speichergesteine ab.

Die Party der Rudisten währte nicht ewig. Sie verschwanden 100 000 Jahre vor dem Ende der Kreide. Auch die Meeresreptilien gingen damals den Weg alles Irdischen. Meereskrokodile sah man nur noch selten, ebenso die Ichthyosaurier. Nach 155 Millionen Jahren verschwanden sie endgültig, noch vor dem Ende der Kreide. Warum, das ist unklar. Vielleicht wurden die küstennah lebenden Ichthyosaurier Opfer schneller Meeresspiegelschwankungen, ihren »Hochsee-Verwandten« dürften die jedoch gleichgültig gewesen sein. Aber auch sie gingen unter, und zwar etwa zu der Zeit, als die Haie wieder einmal einen Entwicklungsschub durchmachten. Ein Zusammenhang ist jedoch nicht belegt.

Zu den wenigen Meeresreptilien, die noch jagten, gehörten die Plesiosaurier. Auch sie hatten ihren Höhepunkt überschritten, brachten aber noch einmal etwas Besonderes hervor: die *Elasmosaurier* – 14 Meter lange Riesen, deren Körper zu mehr als der Hälfte aus einem Hals bestand, auf dem ein recht kleiner Kopf saß. Zwar waren die Plesiosaurier ohnehin die Giraffen unter den Meeresreptilien – nur was in aller Welt macht ein Tier mit einem so absurd langen Hals? Vielleicht verfolgten sie eine Jagdstrategie, bei der sie sich von unten an Fisch- oder Belemnitenschwärme anpirschten, wobei ihr gewaltiger Körper mit der Dunkelheit des Wassers verschmolz und unsichtbar blieb. Der kleine Kopf, der sich da näherte, wirkte nicht weiter erschreckend. Der Elasmosaurier konnte seine Beute genau fixieren, denn sie zeichnete sich deutlich gegen den hellen Himmel ab. So konnte er selbst schnell schwimmende, ans Leben im offenen Meer angepasste Knochenfische erlegen, weil sie nicht ahnten, in welcher Gefahr sie schwebten.

Der lange Hals und der kleine Kopf waren aber auch ihre Achillesferse. Aus der frühen Kreide gibt es ein *Elasmosaurier*-Fossil, dessen Schädel große, runde Bissmarken der Attacke eines *Kronosaurus* aufweist. Der gehörte zu den kurznackigen Pliosauriern und war selbst vielleicht zehn Meter groß – ein gefährlicher Räuber, dessen längste Zähne etwas von einer Machete hatten.

Vor 70 Millionen Jahren verschwanden die *Elasmosaurier.* Länger hielt nur die Gruppe der Mosasaurier (Maas-Saurier) durch. Sie sehen aus wie lang gezogene Komodowarane. Am Ende der Kreidezeit gehörten sie zu den gefährlichsten Räubern der Ozeane. Einige Arten brachten es sogar auf eine Länge von bis zu 17 Metern. Während der 25 Millionen Jahre, die ihre evolutionäre Blüte dauerte, brachten sie Räuber wie *Tylosaurus* hervor, die von ihresgleichen lebten, von Fischen, Ammoniten, jungen Meeresreptilien oder tief fliegenden Flugsauriern. Aber es gab auch *Globidens*, eine Form der Mosasaurier, die – wie früher die Placodontia – Muschelbänke »abgrasten«.

Ihr schlangenförmiger Körperbau lässt vermuten, dass Mosasaurier eher als langsame, aber wendige Schwimmer unterwegs waren. Der breite Ruderschwanz diente als Hauptantrieb. Mit seiner Hilfe konnte das Tier wohl sehr schnell beschleunigen, um seine Mahlzeit zu packen. Eine ausdauernde Hatz wird sein Ding nicht gewesen sein. Seine Augen waren recht groß und sein Geruchssinn anscheinend

DIE ERDE IN DER KREIDE IN ZAHLEN
(145,5 bis 65,5 Millionen Jahre vor heute)

Atmosphärischer Sauerstoffanteil	Über die gesamte Kreide hinweg durchschnittlich 30 Volumenprozent. Das entspricht 150 Prozent des heutigen Niveaus.
Atmosphärischer Kohlendioxidanteil	Über die gesamte Kreide hinweg durchschnittlich 1700 ppm. Das ist das 6-Fache des vorindustriellen Niveaus.
Durchschnittliche Oberflächentemperatur	Über die gesamte Kreide hinweg durchschnittlich 18 Grad Celsius und damit etwa 4 Grad Celsius über dem derzeitigen Niveau

Ein Mosasaurus *auf der Jagd:* *Der* Xiphactinus *hatte kaum noch eine Chance, dem Schicksal zu entgehen.*

unterentwickelt, sodass er wohl eher an der Meeresoberfläche jagte als in der Dunkelheit der Tiefsee. Wenn man von den Muschelfressern wie *Globidens* absieht, bestand das Gebiss der Mosasauriden schier aus »Zahndolchen« und war ganz hervorragend geeignet, um große, frei im Meer schwimmende Beute zu fangen. Weil sich die Opfer damit aber nicht zerkauen oder zerteilen ließen, mussten sie sie als Ganzes hinunterwürgen. Dabei half ein Gelenk in ihrem Unterkiefer und außerdem beförderten Gaumenzähne das Tier nach unten.

Zur Beute der Mosasaurier wird auch immer wieder einmal ein *Hesperornis* gehört haben. Diese flugunfähigen und (fast) flügellosen Tauchvögel sammelten sich an den Küsten Nordamerikas in großen Kolonien an. Ihr Element war das Meer. Dort erwiesen sich diese anderthalb Meter großen Tiere dank ihrer kräftigen Beine und übergroßen Füße als ausdauernde, geschickte Schwimmer. Und sie tauchten hervorragend. Allerdings mussten sie dafür die leichten Vogelknochen dicker und damit schwerer machen, um besser in die Tiefe zu gleiten. *Hesperornis* waren effiziente Räuber: Die spitzen, nach hinten gerichteten Zähnen ließen keinen glitschigen Fisch mehr aus dem Schnabel entwischen. Sie zählten zu den letzten Wundern des Erdmittelalters – das nun bald zu Ende ging.

13

Von Eiszeiten, Walen und Riesenhaien – oder Säugetiere an die Macht

Das Erdmittelalter endete vor 65 Millionen Jahren – mit einem Massenaussterben. Und zwar dem berühmtesten, dem, das nach rund 150 Millionen Jahren der Existenz der Dinosaurier ein furioses Ende setzte: sei es durch den Einschlag eines Himmelskörpers oder durch den Ausbruch der Dekkan-Basaltdecke oder durch beides. Auch ob es den Sauriern vor der Katastrophe noch gut ging, ob sie auf dem absteigenden Ast oder bereits verschwunden waren, ist Gegenstand wissenschaftlicher Debatten. Jedenfalls traf die Krise das Leben an Land und in den Meeren schwer. In den Ozeanen zerrissen Nahrungsnetze: In vielen Gesteinsprofilen aus der Zeit unmittelbar nach der Katastrophe verraten die Kohlenstoffisotope, dass die Planktonproduktion eingebrochen war.

Allerdings ist das Muster dieses Massenaussterbens ungewöhnlich. Welcher »Killer« auch immer zuschlug, er war durchaus selektiv in seiner Opferwahl. So kamen die Kieselalgen (Diatomeen) und Radiolarien, die beide ihr Skelett aus Opal aufbauen, recht gut durch die Krise. Das gilt auch für die Dinoflagellaten mit ihren Hüllen aus Zel-

Zur Evolutionsgeschichte moderner Wale wie den Pottwalen (oben) gehört Basilosaurus *(unten). Die ersten, in den 1830er Jahren in Louisiana entdeckten Fossilien hielt man für Reptilien, weshalb sein Name übersetzt »Königsechse« bedeutet. Dann stellte sich heraus, dass* Basilosaurus *ein Raubwal war, dessen Körperlänge die seiner Nachfahren heute weit übertrifft.*

lulose. Wer jedoch von den Planktonorganismen auf Kalk zum Aufbau seines Körpers setzte, hatte schwer zu kämpfen. Der Tod raffte bei den Kalkalgen (Coccolithophorida) viele Arten dahin, ebenso bei den Foraminiferen. Bei ihnen überstanden nur drei Arten die schwere Zeit. Es waren die Ausfälle bei diesen beiden Gruppen, die für den Einbruch bei der Planktonproduktion verantwortlich waren. Das spricht dafür, dass Meeresversauerung eine Rolle gespielt haben könnte. Und folgerichtig litten dann auch die Korallen unter der veränderten Wasserchemie, aber auch unter dem Planktonmangel, sodass sie den Fortfall der Rudistenkonkurrenz nicht sofort für sich nutzen konnten. Anders als bei früheren Krisen verschwanden sie jedoch nicht vollkommen. Korallen wie *Siderastrea* kehrten zurück, sobald ihnen die Bedingungen wieder passten.

Dass die vom Kalk als Baumaterial abhängigen Korallen die Krise als Lazarus-Art meisterten – also »versteckt«, ohne dass Fossilien zu finden sind –, gehört zu den Merkwürdigkeiten des Massenaussterbens am Ende des Erdmittelalters. Denn seltsamerweise überstanden die See- und Schlangensterne trotz ihrer Kalkskelette die Katastrophe vergleichsweise gut, ebenso die Seelilien und Haarsterne. Letztere sollten unmittelbar danach sogar eine regelrechte Blüte erleben. Vielleicht, weil es etliche ihrer Nahrungskonkurrenten getroffen hatte. Diese Blüte war jedoch von kurzer Dauer: Sobald sich die Muscheln, Bryozoen und in gewissem Maß auch Brachiopoden von dem Schlag erholt hatten, drängten sie sie wieder ins Abseits. Ungewöhnlich war ebenfalls, dass es bei den Knochenfischen keine größeren Probleme gab. Erstaunlicherweise liegen ihre Verluste nur bei etwa zehn Prozent der Arten – und das, obwohl viele doch recht anspruchsvoll sind. Dass die Krebse sich gut schlugen, war hingegen zu erwarten, schließlich sind sie ausgesprochen hart im Nehmen.

Auf der Seite der Verluste stehen nicht nur die Kult-Dinos. Auch die Zeit der Ammoniten war abgelaufen, ebenso die der Belemniten. Kraken und Kalmare hingegen überstanden die Katastrophe und die Nautiloideen brachten wenigstens die Perlboote durch. Warum es die einen schafften und die anderen nicht, ist offen. Vielleicht machte den Ammoniten der Planktonmangel den Garaus. Aber was die räuberischen Belemniten vergrätzte und den Kraken nichts anhaben konnte – wer weiß? Mag sein, dass beim Muster des Aussterbens eine Rolle spielte, dass Ammoniten und Belemniten schon vor dem Ende der Kreide in der Krise gesteckt hatten. Ihre Artenvielfalt war zurückgegangen, ebenso die der Schnecken und der Muscheln. Die bereits erwähnten Rudisten beispielsweise waren schon in der späten Kreide unter Druck geraten, ebenso wie die Inoceramen, die Riesenmuscheln, die einen Meter und mehr groß werden konnten. Auf der Liste derer, die schon vor ihrem endgültigen Aus Probleme hatten, stehen auch etliche Arten der am Boden lebenden Foraminiferen.

Die Welt schien sich bereits in der späten Kreidezeit allmählich zu verändern. Damals passierte vieles gleichzeitig und manche Trends liefen auch in der Erdneuzeit weiter. Plattentektonische Bewegungen vertieften die Meeresbecken, die dadurch mehr Wasser fassten. Als Folge sank der Meeresspiegel, sodass die weiten Flachmeere verloren gingen, die über viele Jahrmillionen hinweg einen idealen Lebensraum geboten hatten. Das war noch zu Zeiten der Kreide Pech für die Haie und Mosasaurier gewesen, die die Spitzenstellung von den bereits verschwundenen Ichthyo- und Plesiosauriern geerbt hatten. Aber auch bei den Mosasauriern hatten höchstens einzelne Exemplare das Ende des Erdmittelalters erlebt … Welche Veränderungen den Sauriern damals zusetzten, wird wohl noch Stoff für viele Veröffentlichungen liefern.

SPIELARTEN DER SÄUGETIERE

Als primitivste der drei heute lebenden Säugetiergruppen gelten die Kloakentiere (Ursäuger), zu denen Schnabeltier und Ameisenigel gehören. Sie bringen keinen lebenden Nachwuchs zur Welt, sondern legen Eier und sind damit so etwas wie Zeitreisende, die übrig geblieben sind von den Anfängen der Säuger.

Dann gibt es die Beuteltiere, die winzige Junge zur Welt bringen. Ihre Mutter feuchtet das Fell an, damit sie in den Beutel kriechen können, in dem sie getragen und gesäugt werden. Beuteltiere tauchten in der Kreidezeit in Nordamerika auf, von wo aus sie die Welt besiedelten. Heute leben sie noch in Australien und Südamerika.

Am durchsetzungsfähigsten und am verbreitetsten waren und sind die Plazentatiere, die ihre Jungen vor der Geburt in der Gebärmutter heranziehen und nach der Geburt säugen.

Nach dem Ende des Massenaussterbens erholten sich die Ökosysteme erstaunlich schnell. Das jedenfalls legt unter anderem die Betische Kordillere nahe, ein Gebirgszug im Südosten Spaniens, der vor 65 Millionen Jahren ein Tiefseeboden war. Dort überlebte nur eine einzige am Boden lebende Foraminiferenart. Aber bereits wenige Hundert Jahre später finden sich wieder mehrere Arten – allerdings nur solche, die gut mit sauerstoffarmen Bedingungen zurechtkommen. Etwa nach 1500 Jahren – also geologisch gesehen noch nicht einmal ein Wimpernschlag – war die Gesellschaft der Foraminiferen wieder zur Normalität zurückgekehrt, die dunklen Schatten vergessen. Gesteine aus Tunesien verraten, dass in der Tethys der Prozess ähnlich ablief. Die überlebenden Foraminiferen kamen mit wenig Sauerstoff klar (und mit kühleren Temperaturen). Hier wie da normalisierten sich die Bedingungen schnell. Auch dort spricht das Tempo der Erholung dafür, dass Lazarus-Arten die gelichteten Reihen aufgefüllt haben. Was die Meere weltweit angeht, zeigen die Kohlenstoffisotope, dass sie sich nach rund 400 000 Jahren erholt hatten.

Vor Repenomamus robustus *mussten sich kleine und junge Dinosaurier durchaus in Acht nehmen: Dieses Säugetier war ihnen ein ernst zu nehmender Gegner.*

Als die Erdneuzeit begann, schlug die Evolution neue Wege ein. Das heißt: Obwohl rein zahlenmäßig bei diesem Massenaussterben längst nicht so viele Arten verschwanden wie bei drei der anderen, sind doch auf allen Stufen die einflussreichen, zentralen Organismen herausgefallen. Die Ökosysteme mussten neu formiert werden – so wie am Ende des Perms, als das Erdaltertum »unterging« und mit dem Erdmittelalter die Karten neu gemischt wurden. Jetzt erhielten die Säugetiere ihre Chance. Während des Erdmittelalters hatten sie auf den ersten Blick im Vergleich zu den Sauriern wenig »sexy« gewirkt: Sie schienen allesamt spitzmausartige Winzlinge gewesen zu sein, die verängstigt und mit zitternden Schnurrbarthaaren im Gebüsch hockten und ein paar Insekten fingen, während die Dinosaurier auf der Hauptbühne donnernde Jagden veranstalteten. Doch die Ehre der Säugetiere konnte dank Funden aus Nordamerika, Australien, der Mongolei und China gerettet werden. Überall dort strich vor 130 Millionen Jahren ein katzengroßes Säugetier namens *Repenomamus robustus* durch dichte Wälder. *Repenomamus* hatte Appetit auf Dinos. Gerne riss er den einen oder anderen Nestling in Stücke und verleibte ihn sich ein. Er

DIE ERDE IM PALÄOGEN IN ZAHLEN
(65,5 bis 23,03 Millionen Jahre vor heute)

Atmosphärischer Sauerstoffanteil	Über das gesamte Paläogen hinweg bei durchschnittlich 26 Volumenprozent. Das entspricht 130 Prozent des heutigen Niveaus.
Atmosphärischer Kohlendioxidanteil	Über das gesamte Paläogen hinweg durchschnittlich 500 ppm. Das ist das Doppelte des vorindustriellen Niveaus.
Durchschnittliche Oberflächentemperatur	Über das gesamte Paläogen hinweg durchschnittlich 18 Grad Celsius und damit etwa 4 Grad Celsius über dem derzeitigen Niveau

Schon die Säugetiere des Erdmittelalters bewiesen ihr Potenzial: Vor 164 Millionen Jahren hatte Castorocauda lutrasimilis *mit dem Wasser ein neues Element erobert.*

war zudem keineswegs das einzige Säugetier mit Hunger auf Echsen. Da war auch der hyänengroße *Repenomamus giganticus*. Der Anblick seiner Kiefer wird kleine Saurier in Schreckstarre versetzt haben (falls sie so reagierten wie Hühner).

Selbst ins Wasser waren die Säugetiere damals schon vorgedrungen: In der heutigen Mongolei lebte vor vielleicht 164 Millionen Jahren *Castorocauda lutrasimilis*. Er war so groß wie ein Schnabeltier, hatte Fell und den breiten, schuppigen Schwanz eines Bibers und auch recht ähnliche Hinterbeine mit Schwimmflossen. Seine Zähne erinnern an einen Seehund. Wahrscheinlich jagte *Castorocauda* seinerzeit nach Otterart im Wasser Fische, die er dann an Land verspeiste – eine Strategie, die durchaus jener glich, die mehr als 100 Millionen Jahre später, in der Erdneuzeit, die frühen Urwale anwenden sollten.

Im Vergleich zu den Dinosauriern wuchsen die Säugetiere während des Erdmittelalters nicht über die Maßen groß heran, aber aus den reinen Landbewohnern waren sogar Tiere hervorgegangen, die sich im Wasser ebenso wohlfühlten wie auf dem Trockenen. Damit hatten sich die Säugetiere insgesamt ähnlich schnell fortentwickelt wie die Dinosaurier, auch wenn sie deren Herrschaft nicht gefährden konnten. Aber die große Stunde der Säugetiere sollte ja noch kommen.

Klimaschaukel

Schon in der Kreide hatte ein langsamer Klimawandel eingesetzt. Die Erde befand sich in einem zunächst sachten Übergang vom Treib- zum Kühlhaus. Die Gründe für den Umschwung waren vielschichtig und wir haben erst eine blasse Ahnung davon, wie die Klimamaschine funktioniert. Unter anderem spielt die Plattentektonik eine Rolle. Im Erdmittelalter, als sie Pangäa und dann Gondwana und Laurasia geduldig Stück für Stück auseinandergenommen hatte, war sie über lange Zeit ungeheuer aktiv gewesen. Im Lauf der Erdneuzeit verlor die Öffnung neuer Ozeane zunächst an Tempo und damit ließ erst einmal die vulkanische Aktivität nach, sodass weniger Treibhausgase freigesetzt wurden. Gleichzeitig begann eine Zeit der Plattenkollisionen. Gebirge hoben sich empor. Die frischen Gesteine trieben die Verwitterung an und diese fischte mehr Kohlendioxid als zuvor aus der Luft. Besonders stark wurde dieser Effekt, als vor 50 Millionen Jahren Indien den östlichen Teil der Tethys schloss und Eurasien rammte: Aus dieser heute noch anhaltenden Kollision begann der Himalaja zu wachsen, der umso tiefer ins Klimageschehen eingriff, je größer er im Lauf der Jahrmillionen wurde.

Azolla – oder die Rechnung der Pflanzen

Klimaforscher vermuten, dass vor 49 Millionen Jahren im Arktischen Ozean Algenfarne den irdischen Thermostat etwas heruntergeregelt haben. Das jedenfalls legen Bohrkerne nahe, die vom Lomonossow-Rücken stammen, einem abgespaltenen Stück Eurasien, das inzwischen in der polaren Tiefsee »versunken« ist. Danach lag zu dieser Zeit eine Linse aus leichtem Süßwasser auf dem Ozean. Der Grund: Am Ende der Kreide war durch Meeresspiegelschwankungen die Verbindung des Arktischen Ozeans mit den anderen Weltmeeren abgerissen. Er war isoliert, neues Wasser brachten nur Regen und Flüsse. Weil Letztere nährstoffreiches Süßwasser anschleppten, waren die Bedingungen für den Algenfarn *Azolla* – sprich: die Entengrütze – ideal. Am Ende der Blüte sanken Myriaden von Pflanzen als dicke grüne Matte auf den Meeresboden und schafften so reichlich Kohlendioxid in Form von Biomasse in die Tiefsee. Passiert das hin und wieder, macht das dem Klima nicht viel. Aber damals spielte sich dieses Phänomen über 800 000 Jahre hinweg in jedem Frühling ab. Berechnungen zufolge kann in der Summe so etwas Kleines wie die Entengrütze durchaus den Treibhauseffekt dämpfen.

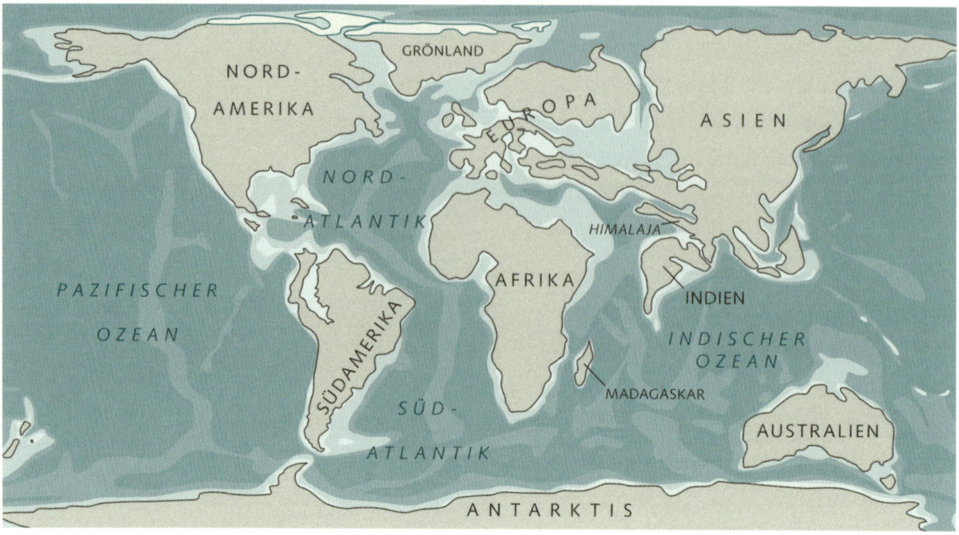

Während des Paläogens verschwanden zwischen Afrika und Europa die Reste der Tethys. Australien und Antarktika hatten sich zwar getrennt, lagen jedoch dicht beieinander. Nord- und Südamerika waren noch nicht miteinander verbunden. Dafür kollidierte die Indische Platte mit der Eurasischen, der Himalaja begann zu wachsen.

Im Paläogen wuchsen in tektonischen Senkungsgebieten dichte Wälder: Wie im Karbon waren sie der Rohstoff, aus dem mächtige Kohlelagerstätten werden sollten. Und genau wie im Erdaltertum entzogen sie dabei der Atmosphäre auch reichlich Kohlendioxid in Form von Biomasse. In dieser Phase breiteten sich auch endlose Grasländer aus, die nicht nur die Ökosysteme an Land bereicherten und den Aufstieg von Grasfressern ermöglichten (samt ihren Fressfeinden natürlich), sondern auch ins Klima eingriffen und den Treibhauseffekt schwächten.

Besonders wichtig waren aber wohl die Veränderungen in den Polarregionen: In der Antarktis arbeitete die Plattentektonik intensiv am Projekt »Eiszeit«. Vor 65 Millionen Jahren war das Klima dort subtropisch, Beuteltiere fühlten sich ebenso wohl wie etliche Millionen Jahre zuvor die altertümlichen Saurier, die sich dort lange hatten halten können. Als sich dann vor 40 Millionen Jahren Australien samt Neuguinea von der Antarktis trennte, begannen die neuen Meeresströmungen das warme Wasser von ihren Küsten abzudrängen. Auf den hohen antarktischen Gebirgen wuchsen Gletscher, vielleicht zum ersten Mal seit dem Perm.

Aber das war nur das Vorspiel. Das Klima schwankte, war mal wärmer, mal kühler, mal gab es Gletscher, mal verschwanden sie wieder. Dann öffnete sich vor 23 Millionen Jahren die Drake-Passage zwischen der Antarktis und Südamerika: Seitdem rauscht ein starker Meeresstrom rund um den Kontinent über dem Pol und hält die Wärme von ihm fern. Weil gleichzeitig der Kohlendioxidgehalt in der Atmosphäre sank, kühlte sie mehr und mehr aus. Schließlich verdrängten die Gletscher selbst den Wald an der Küste: Seit 15 Millionen Jahren beherrschen sie das Land.

Im Neogen ist der ehemalige Superkontinent Pangäa zerfallen, die Landkarte wird zu der, die wir heute kennen: Die Kontinente rücken auf ihre heutige Position. Nord- und Südamerika werden durch den Isthmus von Panama verbunden. Die letzten Reste der Tethys werden subduziert, die Alpen bauen sich auf, ebenso der Himalaja in Asien.

In der Arktis lief der Prozess ähnlich ab. Nachdem es dort während des gesamten Mesozoikums angenehm warm gewesen war und sich der Abkühlungstrend erst spät abgezeichnet hatte, kam es vor 55,8 Millionen Jahren zu einem ungewöhnlichen Temperaturmaximum (von der möglichen Ursache dieses Paläozän-Eozän-Wärmemaximums wird noch die Rede sein). Es herrschten plötzlich subtropische Verhältnisse.

Doch bald darauf setzte sich die Abkühlung wieder durch. Als vor 49 Millionen Jahren über dem Pol die Entengrütze *(Azolla)* blühte, lagen die Oberflächentemperaturen nur noch bei rund zehn Grad. Ein paar Millionen Jahre später müssen die ersten Gletscher gewachsen sein, denn in den Meeressedimenten finden sich Dropstones, zerkratzte Steine, die mit dem Eis hinausgetragen und mit seinem Abschmelzen freigelegt wurden. Aber noch immer siegten die Gletscher nicht: Das Klima schwankte zwischen warm und kalt.

Dann, vor 17,5 Millionen Jahren, öffnete die Plattentektonik mit der Framstraße zwischen Grönland und Spitzbergen eine Tiefseerinne. Über sie erhielt der Arktische Ozean wieder sauerstoffreiches Wasser: Nach Dutzenden von Millionen Jahren, in denen seine tieferen Wasserschichten so erstickend gewesen waren, dass nur anaerobe Mikroben sich darin wohlfühlten, »atmete« das Meer über dem Pol wieder durch.

Die Framstraße griff in die Wasserzirkulation des Atlantiks ein. Und als sich dann vor rund drei Millionen Jahren auch noch die Landenge von Panama schloss, sprang das moderne Strömungsregime an: Der Isthmus von Panama verband Nord- und Südamerika und unterbrach damit den Wasseraustausch zwischen Pazifik und Karibik. Das lenkte die warmen Wassermassen der Karibik nach Norden, in Richtung Grönland. Aus diesem warmen Strom verdunstete reichlich Feuchtigkeit – und weil diese in den nun dank des niedrigen Treibhauseffekts kalten Regionen als Schnee fiel, war der Stoff da, aus dem die Gletscher der Eiszeit wachsen konnten. So jedenfalls eine der Theorien.

Der Weg in die Eiszeit war allerdings keine schiefe Ebene, auf der es einfach nur abwärts ging, sondern eher eine mehr als 60 Millionen Jahre währende klimatische »Achterbahnfahrt«, und zwar eine durchaus wilde. Die Bedingungen im Meer jedoch stellten sich schon recht früh grundlegend um. Sauerstoffisotope verraten, dass nach dem Paläozän-Eozän-Wärmemaximum die durchschnittliche Temperatur am Meeresboden um zwölf Grad Celsius sank, und damit auf Werte knapp oberhalb des Gefrierpunkts. Das passierte innerhalb weniger Millionen Jahre – geologisch betrachtet ein regelrechter Absturz. Die Umweltveränderungen in der Tiefsee müssen immens gewesen sein, denn etwas später, beim Wechsel zwischen Eiszeit und Warmphase, schwankten die Temperaturen am Meeresboden nur noch um zwei bis drei Grad Celsius.

Ausbrüche und Entwicklungen

Die Erdneuzeit ist eine unruhige Epoche. Zunächst hatten sich die marinen Ökosysteme nach dem Massenaussterben am Ende der Kreide relativ schnell wieder erholt. Nach 100 000 Jahren hatten die drei überlebenden planktonischen Foraminiferen viele neue Arten hervorgebracht. Auch das kalkige Nanoplankton kam zurück, wenn auch langsamer, und es erreichte nie mehr sein mesozoisches Formhoch. Für die Produktivität der Meere sorgten stattdessen die kieseligen Diatomeen und die Dinoflagellaten mit ihrem Zelluloseskelett.

Alles schien im Lot zu sein, etwa zehn Millionen Jahre lang. Dann, vor 55,8 Millionen Jahren, setzte schlagartig ein galoppierender Treibhauseffekt ein – das Paläozän-Eozän-Wärmemaximum. In der Arktis lag die Oberflächentemperatur des Ozeans bei rund 24 Grad. Es war sehr regnerisch und selbst in der halbjährigen polaren Winternacht sank die Temperatur nicht unter 13 Grad Celsius. An den Ufern wuchsen Zypressen, Mammut- und Zitronenbäume und im Meer schwam-

KLIMASCHWANKUNGEN DER ERDNEUZEIT

- **Paläogen (65,5–23,03 Millionen Jahre vor heute)**

Das **Paläozän** begann kühler und trockener als die Kreide. Vor 55,8 Millionen Jahren stiegen die globalen Durchschnittstemperaturen plötzlich innerhalb von höchstens 1000 Jahren um fünf bis sieben Grad Celsius scharf an. Diese Anomalie, das Paläozän-Eozän-Wärmemaximum (PETM), sollte 200 000 Jahre dauern.

Das **Eozän** war zunächst warm und auch feucht: Ob an den Polen oder in der Tiefsee – die Temperaturen lagen weit über den derzeitigen. Dann schlug der Abkühlungstrend wieder durch, allerdings wiederholt unterbrochen von kurzen, scharfen Erwärmungsphasen.

Am Übergang zum **Oligozän** stürzten die Temperaturen innerhalb weniger Tausend Jahre ab, wahrscheinlich durch den antarktischen Zirkumpolarstrom. Gletscher entstanden, konnten sich jedoch noch nicht recht halten.

- **Neogen (23,03–2,58 Millionen Jahre vor heute)**

Im **Miozän** stiegen die Temperaturen zunächst an und brachten selbst nördlichen Breitengraden subtropische bis gemäßigte Bedingungen. Das Eis verschwand wieder. Gegen Ende des Miozäns kippte das Klima erneut und Gletscher wuchsen.

Im **Pliozän** war das Klima wieder relativ stabil und noch recht warm, teilweise wärmer als heute. Zum Ende hin vereisten die Polkappen – bis heute (noch) endgültig.

- **Quartär (vor 2,58 Millionen Jahren bis heute)**

Mit dem Pleistozän begann das eigentliche Eiszeitalter.

men tropische und subtropische Planktonarten. 200 000 Jahre dauerte diese höchst abnorme »Hitzewelle«.

Mit Beginn dieser ungewöhnlichen Temperaturspitze zeigen die Kohlenstoffisotope in den Meeren eine Störung an und es verschwanden wieder etliche Arten, vor allem solche, die am Boden des Nordatlantiks lebten. Dort fehlen plötzlich die Bioturbationen: Niemand mehr scheint die Sedimente durchwühlt zu haben. Auch die Korallen litten unter der Hitze und die gerade wieder hoch emporgewachsenen Riffe gerieten unter Druck. Im Treibhaus gab es aber auch Gewinner: Die planktonischen Foraminiferen erlebten eine Blüte, ebenso die Dinoflagellaten.

In Gashydraten steckt gefrorenes Methan in einem Käfig aus Wassereiskristallen. Sie sind nur in einem engen Temperatur- und Druckrahmen stabil.

Was passiert sein könnte, darüber gibt es lediglich Theorien. So könnten Gashydrate dahinterstecken, also gefrorene Knollen aus Wasser und Methan. Sie liegen tief im Ozeanboden und sind nicht sonderlich stabil: Entlastet ein Erdrutsch oder ein Abfall im Meeresspiegel den Untergrund oder steigt die Temperatur im Tiefseewasser, könnten sie schlagartig in großen Mengen schmelzen und in kürzester Zeit Unmengen an Methan freisetzen. Das erstickt die Bodenlebewesen. Gelangt es dann in die Atmosphäre, heizt Methan noch mehr ein als Kohlendioxid. Außerdem reagiert es mit Sauerstoff zu Kohlendioxid, was Sauerstoff verbraucht, und es lässt das Meerwasser saurer werden …

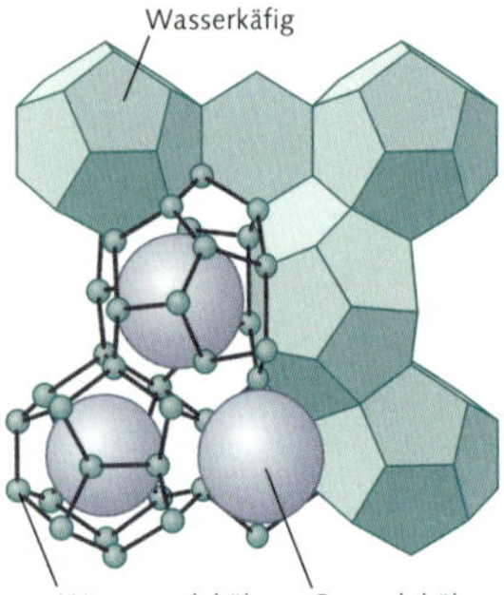

WENN METHAN ZU EIS GEFRIERT

Im Meeresboden und auch im Permafrost der Kontinente gibt es Gebiete, in denen Gashydrate auftreten. Das sind Eisknollen, in denen gefrorenes Methan in einem Käfig aus Wassereiskristallen eingeschlossen ist. Sie entstehen, wenn der Druck hoch und die Temperatur niedrig genug ist – und wenn es entsprechend viel freies Gas im Sediment gibt.

Die Ölindustrie schätzt diese Knollen, denn sie gelten als Hoffnungsträger für die Energieversorgung der Zukunft: In ihnen sollen gewaltige Vorräte stecken, nämlich doppelt so viel Kohlenstoff wie in allen Erdöl-, Erdgas- und Kohlevorräten der Welt zusammen – nicht nur, weil sie in weiten Teilen der Kontinentalabhänge vorkommen, sondern auch, weil in einem Kubikmeter Gashydrat rund 160 Kubikmeter Methan gefangen sind. Das sind gigantische Mengen an Treibhausgasen, die da klimawirksam werden könnten, wenn man sie verbrennt.

Nun lösen sich große Mengen Gashydrate trotz aller Instabilität nicht von alleine auf, vor allem nicht in einer Welt, in der es kühler wird. Es gab auch keine Menschen, die so viel Klimagase freisetzten, dass sie den Treibhauseffekt ankurbeln konnten. Aber es gab etwas, das ihre Rolle übernahm: Vor 55,8 Millionen Jahren riss ein Flutbasaltausbruch den Nordatlantik auf. Das Kohlendioxid, das er ausstieß, sorgte für einen ersten Temperaturanstieg – und könnte das Gashydrat-Domino angestoßen haben, mit allen möglichen Folgen für die Ökosysteme weltweit.

Es könnte durchaus auch anders abgelaufen sein: Diese Flutbasalte brachen durch kohlenstoffreiche Tonsteine. Dabei drang die Lava in die Sedimente ein und bildete Kissen, die 100 oder 300 Meter dick anwuchsen. So kochte diese Lava großräumig die Tonsteine durch und verwandelte den Kohlenstoff darin in Methan. Das sammelte sich in großen Mengen im Boden, entwich – und so weiter.

Als das Klima vor 55,8 Millionen Jahren aus den Fugen geriet, brachte das auch die Meeresströmungen durcheinander. Die chemischen Analysen von Foraminiferen verraten, dass sich im Pazifik und im Atlantik der Transport von warmem Wasser aus südlichen in nördliche Regionen abrupt änderte. »Innerhalb von nur 5000 Jahren kamen diese Strömungen zum Erliegen und kehrten sich dann um«, beschreibt es Flavia Nunes von der kalifornischen Scripps Institution of Oceanography, »und anschließend dauerte es 100 000 Jahre, ehe das ozeanische Fließband zum ursprünglichen Zustand zurückkehrte.« Auch wenn damals die Anordnung der tektonischen Platten anders war als heute und damit auch die Meeresströmungen, so ist das doch ein böses Omen für die Menschheit, die heute mit ihrem Klimawandel ein ganz ähnliches Experiment durchführt.

Damals begann eine klimatisch instabile Zeit. Isotopenuntersuchungen an Foraminiferen im Schlamm des tropischen Atlantiks vor Südamerika legen nahe, dass es im Lauf des Paläozäns immer wieder kurze, scharfe »Wärmeausbrüche« gegeben hat, allerdings waren sie allesamt sehr viel kleiner als das Ereignis vor 55,8 Millionen Jahren. Jedes Mal stieg die Temperatur innerhalb weniger Jahrtausende an, um etwas langsamer wieder abzufallen. Dem britischen Ozeanografen

WAS SÄUGETIERE EINT

Zur Grundausstattung eines Säugetiers gehört seit Anbeginn ein Fell, auch wenn einige Arten es im Lauf ihrer Evolution wieder abgelegt haben. Einzigartig sind auch ihre Milchdrüsen, die sich wahrscheinlich aus Schweißdrüsen, vielleicht aber auch aus den Talgdrüsen heraus entwickelt haben. Ein weiteres Merkmal ist ihr im Vergleich zu den Reptilien großes Gehirn. Das besaß schon *Hadrocodium wui*, unser nächster Verwandter bei den säugetierähnlichen Reptilien, den Cynodonten. Dieser befellte Vetter aller Säugetiere jagte vor 195 Millionen Jahren in den Palmfarnwäldern des frühen Juras. Er wog so viel wie eine mittelgroße Büroklammer, sein Schädel war fliegengroß – und trotzdem war sein Gehirn ungewöhnlich groß. Der Gehirnabdruck verrät, dass der Geruchssinn von *Hadrocodium* überentwickelt war. Überhaupt scheint der Geruchssinn ein wichtiger Faktor bei der Evolution unserer Ahnen gewesen zu sein. Von etlichen der Säugetierarten, die jemals auf der Erde gelebt haben, kennen die Paläontologen nur eines: ihre Zähne. Aber die sind für Säugetiere charakteristisch und reichen zur Bestimmung.

Paul Wilson von der Universität Southampton ist dabei aufgefallen, dass sich diese Ereignisse alle 100 000 bis 400 000 Jahren abspielten – und zwar übereinstimmend mit zyklischen Veränderungen der Umlaufbahn der Erde um die Sonne. Er vermutet, dass am Anfang große Mengen von gelöstem organischem Kohlenstoff in der damals sauerstoffarmen und schlecht belüfteten Tiefsee standen. Die Bahnschwankungen beeinflussten die Meeresströmungen und sorgten dafür, dass immer wieder einmal Schübe von sauerstoffreicherem Wasser in die Tiefsee gelangten. Wann immer das passierte, oxidierte der organische Kohlenstoff und gelangte als Kohlendioxid in die Atmosphäre, wo dann die Temperaturen kletterten. Anschließend saugte das Plankton dieses Kohlendioxid allmählich wieder auf, die Lage normalisierte sich.

Im Lauf der Erdneuzeit war das Klima also äußerst variabel und die Ökosysteme mussten sich immer wieder umstellen – das heißt, es gab reichlich Anreize für die Evolution. Außerdem hatte das Zeitalter der Säugetiere, die mehr als zwei Drittel ihrer Entwicklung zu Lebzeiten der Saurier absolvieren mussten, begonnen. Die neue Welt bot ihnen so viele Chancen, dass sie mit großem Tempo immer neue Formen hervorbrachten. Als einzige andere Gruppe konnten die Vögel mithalten. Die Eidechsen, Krokodile und Schildkröten hingegen waren zwar auch an den Start gegangen, gerieten jedoch schnell ins Hintertreffen. Eine wesentliche Grundlage für den Erfolg der Säugetiere haben dabei die Blütenpflanzen und Gräser gelegt. Sie waren im Erdmittelalter entstanden und hatten die Krise gut überlebt. Davon profitierten nun die Säugetiere: Sie brachten oft riesige Grasfresser hervor und neue Jäger, und zwar vielfältiger als je zuvor.

In den Meeren legten zu Beginn der Erdneuzeit die Muscheln los. Riesige Austernriffe von *Pycnodonte callifera* wuchsen heran, bei deren Anblick einem Feinschmecker das Wasser im Mund zusammengelaufen wäre. Immer mehr Muschelarten lernten, mit instabilen Sandflächen klarzukommen. Die lockten auch die Seeigel: Irgendwo in der Tethys flachten damals die noch brötchenförmigen Vorfahren der stachellosen Sanddollars ihre Körper ab, mit dem Ziel, sich auf unsicherem Grund schnell einzugraben und zu verankern. Dieses Erfolgsrezept verfolgten übrigens auch viele Muscheln.

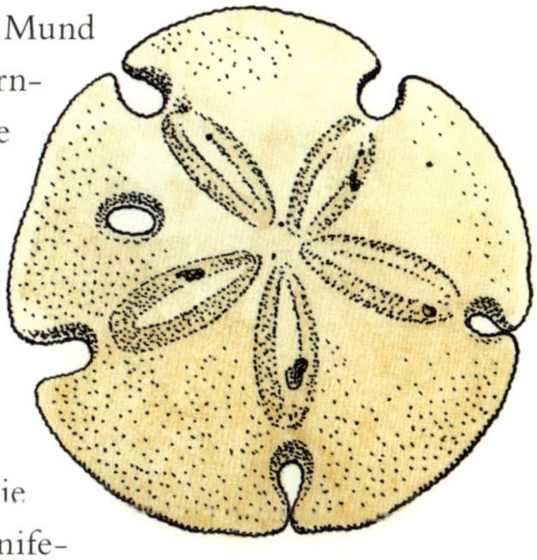

Sanddollars leben heute an flachen Sandküsten. Sie ernähren sich von organischen Partikeln auf den Sandkörnern.

Damals begann in den warmen Wassern der Tethys die Hochzeit der Nummuliten. Diese kreisrunden Foraminiferen wuchsen auf bis zu 16 Zentimeter Größe heran. Für einen Einzeller mussten sie also ungeheuer viel Kalk produzieren. Wahrscheinlich gelang ihnen das schon mithilfe von symbiontischen Algen. Im Paläogen konnten die Nummuliten so zahlreich werden, dass sie Gesteine aufbauten. Die waren Millionen Jahre später bei den Menschen als Baustoff beliebt. Als Herodot 450 v. Chr. die Pyramiden von Giseh sah, bemerkte er in den Steinen seltsame Scheiben. Er hielt sie für versteinerte Linsen, dachte, es seien die Überreste des Essens, das die Sklaven beim Pyramidenbau bekamen.

Die neue Zeit brachte auch den Knochenfischen – allen voran den Echten Knochenfischen (Teleostei) – einen ungeheuren Aufschwung. Sie entwickelten sich zur artenreichsten Wirbeltiergruppe. Der Trend dabei lautete meist: Immer schneller, immer beweglicher. Auch wenn die Arten damals noch andere waren als heute, so wären uns die Fische doch bekannt vorgekommen – in den Korallenriffen ebenso wie in der offenen See oder am Meeresboden. Die modernen Gruppen tauchten auf: die Heringsartigen, die Lachsfische, die Anglerfische, die Welsartigen und die Eidechsenfische, die Fliegenden Fische und die Seenadeln, die Seepferdchen, Skorpionfische, die Doktorfische, die Drachenkopfartigen, die Kardinalbarsche, Barrakudas, Sandaale, Bandfische, die Plattfische und Flundern und Himmelsgucker … Die Haie hatten die Krise ebenfalls gut gemeistert und behielten ihren Platz an der Spitze der Nahrungskette. Sie tummelten sich vor allem in der Tethys und ihren Randmeeren. Allerdings entwickelte sich Konkurrenz von überraschender Seite.

Und dann kamen die Wale …

In dem kleinen Fluss wartet unbeweglich ein *Ambulocetus*. Auszumachen ist er im Röhricht nicht. Es ist heiß und erfahrungsgemäß dauert es nicht lange, bis ein durstiges Tier trinken möchte. Und so ist es auch diesmal. *Ambulocetus* prescht vor, schlägt seine Zähne in den Hals seines Opfers, zieht es mit aller Kraft ins Wasser, ertränkt es. Als sich sein Mittagessen nicht mehr regt, klettert er aus dem Wasser, um in aller Ruhe die Fleischbrocken zu verschlingen.

Ambulocetus natans sieht aus ein Wolpertinger aus Krokodil und Robbe: Etwa so groß wie ein Seelöwe, besaß er kräftige Kiefer, vorne Flossen, hinten muskulöse Hinterbeine mit riesigen Füßen, einen Pelz. Er schwamm wohl wie ein Otter, indem er seinen Körper auf und ab bog. An Land watschelte er wahrscheinlich nach Art der Seehunde. Ein Reptil ist er nicht, sondern ein Säugetier, nämlich ein früher Wal, der vor 48 Millionen Jahren jagte. Genauer: Er war einer der vielen Wale, die den Übergang vom Land- zum Wasserleben markieren.

»Ein Tier, das nur an Land lebte und sich hin und wieder zur Jagd ins flache Wasser begab, dann in die Flüsse oder Seen, könnte sich schließlich ganz in ein Tier verwandelt haben, das nur noch im Wasser lebt und den Meeren trotzt«, so hatte sich Charles Darwin den Ursprung der Wale vorgestellt. Was er wohl sagen würde, wenn er erführe, dass er damit richtig gelegen hatte?

WALVERWANDTSCHAFTEN

Lange hielten Paläontologen die ausgestorbenen Mesonychia für die Vorfahren der Wale: die einzigen echten Fleischfresser unter den Huftieren. Dann stellten Molekularbiologen fest, dass die Wale eng mit den Paarhufern verwandt sind: Der DNA zufolge sind Flusspferde ihre nächsten lebenden Verwandten. Allerdings bringen es deren älteste Fossilien auf 15 Millionen Jahre und nicht auf 50 Millionen wie die der Wale. Dann entdeckten Paläontologen ein *Rodhocetus*-Skelett. Dieses Tier, das aussah wie ein Krokodil mit Schwimmflossen, hatte ein Sprungbein, wie es sonst nur bei Paarhufern vorkommt. Es müsste also ein Bindeglied zwischen Walen und Paarhufern geben. Hans Thewissen vom Northeastern Ohio Universities College of Medicine hofft, es mit den Raoellidae gefunden zu haben. Raoellidae waren Paarhufer und besaßen dieses besondere Sprungbein, das in dieser Form nur bei frühen Walen und eben den Paarhufern vorkommt. Sie lebten vor 50 Millionen Jahren auf dem indischen Subkontinent, suchten ihre Nahrung im Wasser – und über sie liefe die Verwandtschaft zu den Flusspferden.

Die Wale entstanden an den Ufern der Tethys, vor etwa 50 Millionen Jahren, wo sie zunächst noch als Vierbeiner an Flüssen lebten. Dann wagten sie sich als archaische Wale (Archaeoceten) ins Wasser, bevölkerten erst die seichten, warmen Küstenzonen und eroberten allmählich die Weiten der Meere. Ein paar Millionen Jahre später, nach einigem Auf und Ab des Klimas, tauchten die modernen Wale auf: die Bartenwale und die Zahnwale.

Die Entdeckung der Walgeschichte begann 1977 in Pakistan. Damals fand Philip Gingerich von der University of Michigan in Meeressedimenten zwei Fragmente von Beckenknochen. Sie stammten von einem recht großen Tier, das laufen konnte. Einmal stellten sich die Paläontologen die Frage nur scherzhaft: Hatten sie einen »laufenden Wal« gefunden? Aber zunächst dachten sie nicht weiter darüber nach. Zwei Jahre später fanden Philip Gingerich und sein Team in Nordpakistan weitere seltsame Spuren: ein Schädelstück und ein Kieferfragment eines Tiers, das sie später *Pakicetus* nannten. Es hatte begonnen, seine Ohren für das Hören unter Wasser umzubauen.

Pakicetus jagte wohl in seichten Flüssen nach Fischen und klaubte Schalentiere zusammen. Nachdem andere Forscher weitere Knochen von *Pakicetus*-Skeletten gefunden hatten, stand fest, dass er aussah

Die ersten Wale vor 50 Millionen Jahren hatten noch nichts mit den faszinierenden Riesen von heute zu tun. Wal-Urahn Rodhocetus *liebte Fische, während* Ambulocetus *(hinten) Fleisch bevorzugte und Säugetiere angriff, die dem Wasser zu nahe kamen.*

wie – ein Wolf: mit einer langen Schnauze, an der die Nasenlöcher noch vorne saßen, während die Augen eher wie bei einem Krokodil hoch auf dem Kopf lagen. Seine Sprunggelenke deuten auf die Verwandtschaft mit Paarhufern hin, also mit den Nilpferden, Schweinen oder Kamelen. *Pakicetus* lebte noch nicht im Wasser, die Flüsse waren lediglich sein Jagdrevier. Wer das schäferhundgroße Tier vor 50 Millionen Jahren gesehen hätte, wie es nach Otterart auf Fischjagd ging, hätte niemals vermutet, dass seine Nachfahren Riesen hervorbringen würden, die mit einem Gewicht von 170 Tonnen die größten Dinosaurier in den Schatten stellen.

Für das Leben im Wasser mussten die Wale ihre Körper vollkommen umbauen. Da sich Schall im dichteren Wasser anders ausbreitet als in der Luft, bauten die Jäger als Erstes ihr Gehör und ihren Schädel auf Wassertauglichkeit um. Später, als die Wale das offene Meer eroberten, schloss sich auch der äußere Gehörgang, eine Maßnahme, die für das Tiefseetauchen unbedingt notwendig war.

Um vom Ansitzjäger der Küste zum Herrscher der Hochsee zu werden, verlagerten die Wale die Augen aus ihrer »Krokodilposition« zu den Seiten hin. Die Nasenöffnung wanderte von der Schnauzenspitze hoch auf den Kopf, wo sie das Blasloch formte.

Am augenfälligsten war jedoch, dass sie sich ihrer Beine entledigten. Aus den Vorderbeinen machten sie Flossen und die Hinterbeine schrumpften zu äußerlich unsichtbaren Anhängseln. Ihr Becken ist nur noch der Ankerpunkt für winzige, nutzlose Muskeln (allerdings haben Pottwale noch kleine Knochenrudimente, die an die Beine von einst erinnern). So schwierig es gewesen war, Extremitäten zu bekommen, so langwierig war es nun, sich ihrer zu entledigen. Auf dem Weg zur perfekten »Fischform« kennen die Forscher inzwischen alle möglichen Übergangsformen und es dauerte viele Millionen Jahre, ehe es geschafft war.

Ambulocetus jedoch konnte wohl noch problemlos laufen, wenn auch durch die bizarr großen Hinterbeine und die paddelähnlichen Füße sehr grotesk. Als Protocetid war *Rodhocetus* schon besser auf das Leben im offenen Ozean abgestimmt. Zwar konnte er sich notfalls noch an Land mit seinen Vorderflossen wie ein Seelöwe bewegen, aber sein eigentliches Element war das Wasser, wo er mit seinen langen, zarten,

EIN LEBEN OHNE SÜSSWASSER

Auch Meeressäuger brauchen Süßwasser. Seekühe versorgen sich damit, indem sie immer wieder zum Trinken in Flüsse schwimmen. Robben und Seelöwen nehmen es vor allem über die Fische auf, die sie fressen, genau wie die Wale. Die trinken aber zusätzlich noch ein paar Schlucke Salzwasser. Deshalb haben sie leistungsfähige Nieren entwickelt, die aus Tausenden von Einzelläppchen bestehen und die das ganze Salz abscheiden.

Das Salzwasser half Hans Thewissen vom Northeastern Ohio Universities College of Medicine dabei, herauszubekommen, wann die Wale sich ganz auf das Meer eingelassen haben. Dazu untersuchte er stabile Sauerstoffisotope, deren Verhältnis sich im Süß- und Salzwasser unterscheidet. Wenn Tiere Wasser aufnehmen, bauen sie den Sauerstoff in ihre Zähne und Knochen ein. So verrieten die Zähne von *Pakicetus*, dass er Süßwasser trank und noch viel Zeit an Land verbrachte. Bei *Ambulocetus* zeigen die Isotope ein gemischtes Bild: Manche Exemplare tranken kein Meerwasser, andere schon. Vielleicht hat er seine Kindheit an Land verbracht und ging danach ins Meer. Bei den Protocetidae schließlich zeigen die Werte, dass sie nur noch im Ozean lebten.

mit Schwimmhäuten versehenen Füßen an der Oberfläche paddelte. Wenn es schneller gehen sollte, setzte er auf vertikale Schwanzschläge, um im Wasser voranzukommen. Dafür hatte er seine Wirbelsäule optimiert.

Vollkommen an das Leben im Wasser angepasst war dann *Basilosaurus*. Er lebte vor ungefähr 41 bis 35 Millionen Jahren und war mit seinen 18 bis 20 Metern wohl das größte Säugetier seiner Zeit. *Basilosaurus* hatte einen kurzen, stumpfen Kopf, einen schmalen, schlangenähnlichen Körper wie ein mittelalterlicher Drache und lächerlich winzige Hinterbeine. Fürs Laufen taugte dieses Erbe nicht mehr. Vielleicht, so sinnieren seine Entdecker, waren sie für die Paarung nützlich: Die könnte im Meer bei zwei schlangenlangen Körpern ansonsten recht kompliziert gewesen sein. Die Arme von *Basilosaurus* waren Flossen und für den Antrieb sorgte der zur Fluke umgestaltete Schwanz. Er beherrschte also schon die energieeffiziente Schwimmart der modernen Wale, die mit der Fluke auf und ab schlagen, wobei alle Bewegung von einem einzigen Punkt in der Wirbelsäule ausgeht. Bei seinen Jagdzügen auf Fische und andere Meeressäuger kam *Basilosaurus* immer wieder zum Luftholen an die Oberfläche. Anders als die modernen Wale musste er seinen Kopf jedoch aus dem Wasser strecken: Er besaß noch kein Blasloch.

Es dauerte einige Millionen Jahre, bis die Urwale die Tethys und von da aus die Weltmeere erobert hatten. Als sie entstanden, gab es

WIE DIE SÄUGETIERE DAS TAUCHEN LERNTEN

Ob Wal oder Robbe – viele Meeressäuger haben das Tieftauchen gelernt. Dafür mussten sie höchst effiziente Lungen entwickeln. So kann ein Wal mit einem einzigen Atemzug 90 Prozent des gesamten Luftvolumens seiner Lunge austauschen. Zum Vergleich: 15 Prozent sind es beim Landsäuger. Außerdem entziehen sie ihrer Atemluft etwa doppelt so viel Sauerstoff wie wir und diesen Sauerstoff speichern sie nicht nur mit dem Hämoglobin im Blut, sondern auch in der Muskulatur, wo es der Muskelfarbstoff Myoglobin bindet. Wer tief und lange taucht, minimiert auch seinen Sauerstoffverbrauch, indem er die Herztätigkeit und die Blutzirkulation massiv absenkt und viele Organe für einige Zeit von der Sauerstoffversorgung abkoppelt. Pottwale und Weddellrobben können so bis zu 90 Minuten tauchen.

WIE MAN ZUM WAL WIRD

Inzwischen haben die Paläontologen viele frühe Wale entdeckt. Am Anfang steht *Pakicetus*. Dann folgen *Ambulocetus* und als Nächstes die Remingtonocetidae: amphibisch lebende Tiere mit nadelspitzen Schnauzen für die Fischjagd. Ihre Augen waren klein, die Ohren standen weit auseinander: Wahrscheinlich orientierten sie sich unter Wasser mit dem Gehör. Die Protocetidae sind die ersten bekannten Wale, die von der Tethys aus die Welt eroberten. Aus ihnen entwickelten sich die delfinartigen Dorudontinae, die vielleicht die Ahnen von *Basilosaurus* und den modernen Walen waren.

noch die Randmeere der Tethys, die reich an Nährstoffen waren und schier vor Fischen platzten. Da außer den Haien kein wirklich großer Räuber mehr da war, konnten sich die Urwale ausbreiten. Dann sank der Meeresspiegel, viele flache Meere verschwanden fürs Erste, Indien rammte Asien, die Tethys war Geschichte, der Himalaja stieg auf. Australien und die Antarktis trennten sich, öffneten den Südozean: Ein neuer Meeresstrom entstand, die Erde rutschte Stückchen für Stückchen in Richtung Eiszeit.

In dieser Phase wurden die Meere nicht nur kälter und damit sauerstoffreicher, weil kaltes Wasser mehr Sauerstoff aufnehmen kann als warmes. Die neuen Strömungen stellten auch die Menge und die Verteilung der Nährstoffe grundlegend um und damit auch die des Planktons. Der Paläontologe Ewan Fordyce von der University of Otaga in Neuseeland glaubt, dass deshalb so ziemlich zur selben Zeit die Zahn- und die Bartenwale entstanden, die dann die Urwale verdrängten. Einer der Neuen war *Llanocetus*. Er lebte vor 34 Millionen Jahren vor

DIE RÄUBERISCHEN WURZELN DER BARTENWALE

Bartenwale sind heute – in unseren Augen – sanfte Riesen. Um ihre bis zu 180 Tonnen schweren Körper zu erhalten, brauchen sie Tag für Tag etwa 3,6 Tonnen Nahrung in Form von kleinen Krustentieren und Fischen, die sie mit ihren Barten aus dem Wasser fischen. Dafür müssen sie gewaltige Wassermassen durchseihen und das geht nur mit der entsprechenden Anatomie: Sie haben riesige, breite Köpfen und dementsprechend voluminöse Mäuler samt Barten entwickelt. Und anders als bei Säugetieren üblich, verschmelzen ihre Unterkiefer nicht mehr, damit sie das Maul noch weiter aufreißen und mehr Wasser verschlucken können. Nur – in welcher Reihenfolge liefen diese Veränderungen? Die Antwort könnte *Janjucetus* liefern: ein 25 Millionen Jahre altes, delfingroßes Mitglied der Bartenwalfamilie. »Danach wurde als Erstes der Schädel verbreitert«, erklärt Erich Fitzgerald vom Museum Victoria im australischen Melbourne.

Janjucetus besaß noch Zähne, und zwar Furcht einflößend große. Seine Unterkiefer waren zwar nicht mehr miteinander verschmolzen, aber noch so fest verbunden, dass er sie nicht zusätzlich aufspannen konnte. Wahrscheinlich saugte das Tier Kraken und Fische ein, indem er Zunge und Unterkiefer fallen ließ, und der vergrößerte Schädel verstärkte den Sog. Später kamen dann die flexiblen Unterkiefer und die Barten dazu – und damit war die Anpassung ans tonnenweise Verspeisen von Kleintieren gelungen, die Bartenwale konnten riesig werden, glaubt Erich Fitzgerald. Er sucht nun nach den Fossilien, um seine Theorie zu belegen.

der Küste der Antarktis und er steht zwischen den archaischen und den modernen Walen. Anscheinend ernährte er sich schon vom Krillfang, so wie die Bartenwale heute.

Auch die Bartenwale begannen als Raubtiere – wie Janjucetus. *Er hatte sich noch nicht zum friedlichen Planktonfresser entwickelt und besaß Zähne.*

Im Lauf ihrer Evolution entwickelten die Barten- und Zahnwale ihre sensorischen Fähigkeiten in unterschiedliche Richtungen weiter. Ein fossiler Ohrknochen legt nahe, dass die Zahnwale anscheinend schon vor 28 Millionen Jahren nach Fledermausart jagten, indem sie hochfrequente Töne ausstießen und das Echo empfingen. Die Bartenwale hingegen erzeugen sehr tiefe Töne, um über große Strecken miteinander zu kommunizieren.

Beide Gruppen hatten auch keine Verwendung mehr für das komplexe Säugetiergebiss mit seinen Schneide-, Eck- und Backenzähnen. Die Zahnwale setzten auf einheitliche Zinken: Damit schnappen und verschlucken sie Fische, ohne zu kauen. Die Bartenwale legen ihre Zähne zwar noch im Embryonalstadium an, aber dann bilden sie stattdessen kammähnliche Platten aus, die Barten, die von ihrem Gaumendach herunterhängen und Plankton aus dem Meerwasser sieben.

... und andere folgten ...

Die Ozeane reizten auch andere Säugetiere. Etwa die Ahnen der Rüsseltiere (Proboscidea). An den Stränden der Tethys schickten sie vor 50 Millionen Jahren die Seekühe (Sirenia) ins Rennen. Deren landlebende Vorfahren waren schweinegroße Tiere mit recht stämmigen Beinen: *Pezosiren portelli*. Sie liefen wie Flusspferde über Land, bevorzugten aber das Wasser. Dort hielt sich »Portells gehende Sirene«, wie der Name übersetzt heißt, meistens auf. Sie paddelte und schwamm wie ein Riesenotter und »graste« Unterwasserpflanzen ab.

Schädel, Zähne, die dicken Rippen, die als »Tauchgewichte« dienten – sie alle verraten die Verwandtschaft von *Pezosiren portelli* und anderen frühen Formen mit den Seekühen. Die Beine sollten bald verschwinden, als die Seekühe vom amphibischen Lebensstil zu dem eines

DAS MEER UND DIE VÖGEL

Die Wurzeln der Pinguine reichen 60 Millionen Jahre weit zurück und liegen in Peru. Dort hat Julia Clark von der University of Texas in Austin einen Riesenpinguin gefunden, von dem sogar Teile der Federn und etwas Weichgewebe erhalten geblieben sind. *Inkayacu paracasensis* (Wasserkönig von Paracas) lebte vor 36 Millionen Jahren. Er war anderthalb Meter groß und hatte einen sehr langen, spitzen Schnabel. Allerdings steht *Inkayacu paracasensis* nicht für den Übergang von einem in der Luft zu einem im Wasser »fliegenden« Vogel. Den hatten die Ahnen des Wasserkönigs schon lange hinter sich gebracht: Die Flügel und auch die Federn der Flügel besaßen schon ihre typische Form, waren dicht an dicht übereinandergepackt, um steife, schmale Flossen zu bilden. Die Körperfedern waren bereits so breit wie bei modernen Pinguinen und senkten so den Wasserwiderstand. Eine Veränderung jedoch fehlte: die Farbe. *Inkayacu paracasensis* war nicht schwarz-weiß, sondern wie ein modernes Pinguinküken gefärbt, nämlich rötlich braun und grau. Das verraten die mikroskopisch kleinen Körnchen in den Federn, die für die Farbgebung zuständig sind, die Melanosome. Sie haben noch nicht die einzigartige breite Form wie bei den heutigen Pinguinen.

Die Pinguine entstanden also nicht als Anpassung an die beginnenden Eiszeiten. Ihr Ursprung reicht vielmehr weit in eine warme Welt zurück. Doch warum änderte die Evolution ihre Färbung? »Es könnte sein, dass die pinguintypische Form der Melanosome die Feinstruktur der Federn widerstandsfähiger macht oder die Wasserschlüpfrigkeit verbessert«, rätselt Julia Clarke, »vielleicht waren die neuen Melanosome aber auch eine Anpassung an die kälteren Wasser der Eiszeiten?« Dann wäre zumindest ihre Färbung den Eiszeiten geschuldet.

Wassertiers wechselten und sich die flachen Küstenzonen eroberten. Wie die Wale formten sie die Vorderbeine zu Flossen um und bildeten die Hinterbeine gleich ganz zurück. Aus dem Schwanz wurde eine waagerechte Flosse, die auch bei ihnen für den Hauptantrieb sorgt. Außerdem verlegten sie die Nasenöffnungen höher auf den Kopf: praktisch beim Atmen an der Wasseroberfläche.

Der Pinguin-Ahne Inkayacu paracensis *konnte zwar schon nicht mehr fliegen, allerdings fehlte ihm noch die typische schwarz-weiße Färbung.*

Über Jahrmillionen hinweg waren sie als Pflanzenfresser sehr erfolgreich. Sie schätzten vor allem die warmen, flachen Randmeere der Tethys und brachten immer neue Arten hervor. Erst als sich die Erde auf Eiszeit einstellte, verschwand die Vielfalt von einst – und »nur« die modernen Seekühe blieben zurück.

Ein paar Klimaschwankungen später, vor 23 Millionen Jahren, als die Erde wieder einmal wärmer war, zog es das nächste Säugetier ins Wasser: die Ahnen aller Robben, Seelöwen und Walrosse. Die sollen übrigens auch die Ahnen der Wiesel, Otter und Bären gewesen sein, die allesamt um diese Zeit entstanden. Um keine falschen Vorstellungen zu erwecken: Da stürzte sich kein altertümlicher Grizzly ins Meer. Das Stammtier hatte eher etwas von einem Wiesel. Von ihm zu den ersten echten Robben, Ottern, Seelöwen und Walrossen sollten nur wenige Millionen Jahre vergehen.

Irgendwo am Anfang der Kette, die zu den Robben und ihren Verwandten führte, steht *Puijila darwini*, ein otterähnliches Wesen, das in der heutigen Arktis auf die Jagd ging – genauer, auf Devon Island. Dort wuchsen damals Wälder aus den Vorfahren unserer Lärchen, Tannen, Birken, Walnussbäume … Das Klima war angenehm, selbst im Winter wurde es nicht zu kalt. *Puijila darwini* hatte sich am Ufer eines fischreichen Sees eingerichtet, der den vor 39 Millionen Jahren durch den kosmischen Einschlag entstandenen Haughton-Krater füllte. An Land bewegte *Puijila* sich sehr geschickt. Sein Körper war etwas länger als der einer Katze und stromlinienförmig, mit langem Schwanz und kräftigen Beinen. Die flachen Finger- und Fußknochen legen nahe, dass er Schwimmhäute zwischen ihnen aufspannte. Und die langen Fangzähne lassen auf eine räuberische Lebensweise schließen.

Desmostylia waren vielleicht das pazifische Gegenstück der Seekühe. Anders als Letztere konnten sie sich wahrscheinlich noch an Land fortbewegen und lebten eher wie Seelöwen.

Während *Puijilas* noch nichts vom Ozean hielt, hatte sich *Enaliarctos* vor etwas mehr als 20 Millionen Jahren schon daran gewöhnt. Er bevorzugte Kalifornien und gilt als Ahn aller Robben. Der Schwanz war kurz, die Gliedmaßen zwar noch erkennbar, aber bereits im Umbau zu Flossen und mit Schwimmhäuten zwischen den Zehen versehen. Seine Augen waren groß wie bei den Seelöwen. Mit ihnen teilt er auch die empfindlichen Tasthaare an der Schnauze und das aufs Hören unter Wasser spezialisierte Innenohr. Wie der Seelöwe legte auch *Enaliarctos* kaum Wert auf den Geruchssinn, darauf lassen jedenfalls die Abdrücke des Gehirns im Schädel schließen. Es gibt aber einen wichtigen Unterschied: ihr Gebiss. Die Zähne von *Enaliarctos* waren noch darauf ausgerichtet, die Beute zu »zerschneiden«. Wahrscheinlich musste er seine Mahlzeit also an Land zerlegen und fressen. Seelöwen müssen das schon lange nicht mehr.

RÄTSEL DER NATUR

Vor 30 Millionen Jahren taucht an den Küsten des Nordpazifiks ein seltsames Säugetier auf: *Desmostylia*. Es lebte amphibisch und ernährte sich wohl von Pflanzen – eine damals offenbar sehr erfolgreiche Strategie, schließlich ging es auch den Seekühen hervorragend. So konnte sich *Desmostylia*, die das pazifische Gegenstück der Seekühe sein soll, mehr als 20 Millionen Jahre halten. *Desmostylia* hat etwas von einer Kreuzung aus Seelöwe und Zwergflusspferd. Mit einer Länge von 1,80 Metern brachte es das Tier auf ein Gewicht von vielleicht 200 Kilogramm. Was an Flusspferde erinnert, ist ihr kräftiger Körperbau mit den stämmigen Beinen. Allerdings waren diese auffallend breit und die Füße paddelförmig. Laufen konnte *Desmostylia* wohl trotzdem. Vielleicht verließen die Tiere das Wasser zur Paarung oder auch zum Schlafen. Ihr Gebiss lässt sich einfach nur als ungewöhnlich beschreiben: Schneide- und Eckzähne ragten wie Stoßzähne nach vorne, die Backenzähne sahen aus wie eine Ansammlung von Vulkanen. Wahrscheinlich weideten sie Algen ab, dafür spricht auch die chemische Signatur ihrer Knochen. Wohin *Desmostylia* im Stammbaum des Lebens gehört, ist ein Rätsel. Im Grunde gleicht ihnen heute kein lebendes Tier mehr. Die Paläontologen überlegen, ob sie, wie die Seekühe, mit den Rüsseltieren verwandt sind. Die Frage ist dann, wie sie in den Nordpazifik gekommen sind.

... auch die fischige Konkurrenz

Das Miozän, als es noch ein letztes Mal vor der Eiszeit richtig warm war, war nicht nur die Hochzeit der Meeressäuger. Auch die Haie brachten neue Formen hervor. Etwa den Walhai, der größte Fisch unserer Tage. Er schwimmt inzwischen seit 15 Millionen Jahren durch die Meere, immer dem Plankton nach. Vor allem aber erschien damals ein Hai auf der Bühne, der alles andere in den Schatten stellte: Vor 28 Millionen Jahren tauchte *Megalodon* auf, der mit 16 Metern größte Hai aller Zeiten – und vielleicht das einflussreichste Meereswirbeltier, das jemals gelebt hat. Ihn hätte Nicolaus Steno sicherlich mit Begeisterung seziert. Gegen seine Beißkraft ist der Weiße Hai ein Kätzchen: Selbst einen großen Wal biss *Megalodon* mit den gestaffelten Reihen seiner bis zu 16 Zentimeter langen Dolchzähne in der Mitte durch. Die fossilen Walknochen mit *Megalodon*-Bissmarken belegen, dass dieser Hai ein »Super-Raubtier« war. Bis vor anderthalb Millionen Jahren war er die Gefahr im Ozean schlechthin. Er jagte in Küstengewässern genauso wie auf hoher See – und er war schnell. Ihm zu entkommen war fast unmöglich. Er erlegte Delfine ebenso wie Fische, Pottwale, Grönlandwale, Robben, Seekühe und riesige Meeresschildkröten. Selbst die Weißen Haie *(Carcharodon carcharias)* mieden die Meeresregionen, wo *Megalodon* herrschte. Der Gigant scheint auch nicht vor Kannibalismus zurückgeschreckt zu sein.

Bei der Jagd konzentrierte er sich anscheinend zunächst auf Schultern, Flossen oder Brustkorb seiner potenziellen Beute – Partien, die ein Weißer Hai meidet. *Megalodon* zerschmetterte mit seiner enormen Beißkraft die stabilen Knochen und beschädigte empfindliche Organe wie Herz oder Lunge. Sein Opfer war wehrlos und starb schnell an seinen schweren Verletzungen. Eine andere Taktik wandte er später bei sehr großen Walen an: Als Erstes zerbiss er Flossen, Fluke oder Rückgrat, damit seine Beute ihm nicht entkommen konnte. Erst dann tötete er sie. Bei kleiner Beute machte er sich nicht so viel Mühe. Er rammte sie und fraß sie auf.

Megalodon hatte einen gewaltigen Einfluss auf die Lebensgemeinschaft in den Meeren. Er gebar lebendige Junge, die er in warmen

Küstengewässern wohl versorgt wusste. Dort konnten die »Kleinen« Fische jagen, so viel sie wollten, Seekühe und kleine Wale. Die ausgewachsenen Tiere bevorzugten die Hochsee und dort vor allem die Regionen, wo die großen Wale waren. Die entwickelten gegen den Superjäger ihre eigenen Strategien. Manche Zahnwalarten jagten in Gruppen, andere wuchsen selbst zu Giganten heran wie *Livyatan melvillei*, ein ausgestorbener Verwandter des Pottwals, der 13 oder gar 17 Meter lang werden konnte. Allein sein Schädel war drei Meter lang, die Zähne brachten es auf rekordverdächtige 36 Zentimeter.

Doch wie *Livyatan* starb auch *Megalodon* aus. Warum, ist unklar. Wahrscheinlich kam er mit der neuen Welt nicht mehr klar, die sich nach der Verbindung von Nord- und Südamerika einstellte. Plötzlich war alles anders: Die Meeresströmungen schlugen neue Routen ein, die wachsenden Gletscher senkten den Meeresspiegel und die Meere waren kälter. Das passte den Wärme liebenden Riesenfischen gar nicht. Vor allem *Megalodons* Junge brauchten Wärme: Es gab kaum noch Gebiete, in denen sie aufwachsen konnten – und dort landeten sie dann verstärkt in den Mägen der anderen großen Räuber, allen voran der großen Delfine, die damals auftauchten. Den Erwachsenen ging auch noch die wirklich große Beute aus, die sie zum Überleben brauchten. Denn als es kälter wurde, nahm auch die Vielfalt der Wale ab – und die überlebenden Arten bevorzugten die nahrungsreichen, kalten Polarregionen. Dorthin konnte ihnen *Megalodon* nicht folgen. Seine Zeit war einfach vorbei.

Eiswelten

Die Gletscher eroberten die Erde. Zunächst an den Polen und in den Hochgebirgen, schließlich stießen sie in die mittleren Breiten vor. Die gleichmäßig warme Welt, die Hunderte von Millionen Jahre bestanden hatte, war verschwunden. Stattdessen gab es ausgeprägte Jahreszeiten. Wärme liebende Meeresbewohner verschwanden, wenn sie sich nicht an die Kälte anpassen oder in die subtropischen und tropischen Breiten zurückziehen konnten. Weil dort die Meere nicht abkühlten,

Vor 28 Millionen Jahren erschien Megalodon *in den Meeren. Er war der größte Hai aller Zeiten und vielleicht das einflussreichste Meereswirbeltier, das je gelebt hat.*

wuchs die Temperaturdifferenz zwischen den Tropen und den Polen. Die Meeresströmungen wurden stärker und damit auch der Sauerstoff- und Nährstofftransport in den Ozeanen. Für das Plankton brachen optimale Zeiten an. Seit der Zirkumpolarstrom um die Antarktis rauscht, legt das aufwallende kalte, nährstoffreiche Tiefenwasser die Basis für den ungewöhnlichen Planktonreichtum und damit die Nahrungsgrundlage für viele Tiere bis hin zu den Walen. Aber das Leben vor dem Eis mit Wassertemperaturen um den Gefrierpunkt erforderte einige Anpassungen, etwa von den Fischen. So haben einige Arten vor 14 Millionen Jahren in der Antarktis und vor zweieinhalb Millionen Jahren in der Arktis gelernt, aus Verdauungsenzymen einen biologischen Frostschutz zu entwickeln. Sie produzieren ihn in ihren Lebern. Die DNA verrät, dass die den Trick unabhängig voneinander erfanden und es keinen genetischen Austausch zwischen ihnen gegeben hat.

DIE ERDE IM NEOGEN IN ZAHLEN
(23,03 bis 2,588 Millionen Jahre vor heute)

Atmosphärischer Sauerstoffanteil	Über das gesamte Neogen hinweg durchschnittlich 21,5 Volumenprozent. Das entspricht 108 Prozent des heutigen Niveaus.
Atmosphärischer Kohlendioxidanteil	Über das gesamte Neogen hinweg durchschnittlich 280 ppm. Das ist das vorindustrielle Niveau.
Durchschnittliche Oberflächentemperatur	Über das gesamte Neogen hinweg durchschnittlich 14 Grad Celsius und damit das derzeitige Niveau

Als das Eis die Erde allmählich eroberte, veränderte das die Meere bis in die Tiefsee hinein. Obwohl sie uns so weit entfernt und stabil scheint, war die Tiefsee über lange Zeiträume hinweg ein unsicherer Lebensraum. Wann immer die Meeresströmungen nachließen, erstickte sie beispielsweise. Als schon Jahrmillionen vor dem endgültigen Sieg der Gletscher die kalten Tiefenströmungen entstanden waren, konnten sich viele Bodenbewohner nicht an die neuen Temperaturen anpassen. Und so gab es auch bei ihnen große Verschiebungen. Aber die neuen, kalten Meere waren gut mit Sauerstoff versorgt und ein optimaler Lebensraum – wenn auch ein vollkommen anderer als zuvor. Also fanden sich neue Tiere ein, die diese dunkle Welt besiedelten.

Wer in der Tiefsee zurechtkommen will, muss sich an ein Leben ohne Licht ebenso gewöhnen wie an eines in der Kälte (jedenfalls in den modernen Meeren), an den ewigen Hunger und vor allem an den Hochdruck. Er ist die große Herausforderung für einen Einwanderer, denn ein Oberflächenwesen würde dort unten einfach zerquetscht. Wer überleben will, muss seine gesamte Biochemie umstellen, etwa die Zellmembranen. Die Fettsäuren in diesen Membranen werden bei Kälte und Hochdruck hart wie Butter im Kühlschrank. Deshalb bauen Tiefseebewohner mehr ungesättigte Fettsäuren in diese Membranen ein. Eine andere Herausforderung sind druckfeste Enzyme. Sie steuern und kontrollieren in den Zellen als Katalysatoren alle möglichen biochemischen Reaktionen, sei es Verdauung, Atmung, die Herstellung von Proteinen und, und, und. Geraten sie unter Druck, arbeiten Enzyme langsamer und weniger präzise, können sogar reißen. Tiefseebewohner haben druckunempfindliche Enzyme, die ihre eigene Struktur schützen können.

Die Anpassung an den normalerweise tödlichen Druck läuft anscheinend seit der Abkühlung der Erde in den Polarregionen. Während der Eiszeiten scheint diese Anpassung in den Gewässern rund um die Antarktis besonders vielen Tieren gelungen zu sein. Dort stand offenbar die Wiege für viele Tiefseearten, die sich später in die Meeresbecken hinein ausbreiteten. Der Abstieg läuft in Zonen, wo im Winter schweres, kaltes Oberflächenwasser hinabsinkt. Meeresbiologen beobachten gerade in einem norwegischen Fjord, wie die Larven einer Seegurke die Tiefsee erobern. Sie vertragen höhere Drücke als die erwachsenen Tiere, deshalb überleben ein paar von ihnen, wenn das kalte Winterwasser sie ein Stück den Kontinentalhang hinunterspült. Sie werden erwachsen, ertragen den Druck, pflanzen sich fort und diese neuen Larven nehmen irgendwann die nächste Etappe. Über Tausende von Jahren laufen zahllose kleine genetische Veränderungen – und schließlich ist die Einwanderung geschafft.

Der Anglerfisch gehört zu den bizarrsten Tiefseetieren. Er lockt seine Beute mithilfe von Leuchtbakterien in der »Angel« an. Diese Angel hat sich wahrscheinlich aus einem der vordersten Stachel der Rückenflosse entwickelt.

Die Frage ist, was aus ihnen und den anderen Bewohnern der Meere werden wird, wie sich die Systeme in den kommenden Jahrzehnten, Jahrhunderten und Jahrtausenden verändern werden. Denn während der Eiszeiten erschien in Afrika – der Mensch. Und obwohl er nicht ins Meer zurückging wie die seltsamen Paarhufer, aus denen sich vor 50 Millionen Jahren die Wale entwickeln sollten, greift er doch tiefer in die Ozeane ein, als es selbst *Megalodon* möglich war. Aber das ist eine andere Geschichte, die Geschichte des Quartärs, des Eiszeitalters, in dem wir leben. Und um die anzureißen, dazu kehren wir noch einmal zu Nicolaus Steno zurück.

Epilog

Gestern, heute, morgen

Als *De solido* endlich im Frühjahr 1669 erschien, hielt sich Nicolaus Steno in den österreichischen Alpen auf. Eilig hatten ihm seine Freunde einige Exemplare zugesandt, die er nun auf seiner weiteren Reise an Gastgeber und Freunde verteilte. Allmählich wurde das dünne Heftchen mit dem sperrigen Titel bekannt – und brachte Steno zum Teil heftigen Gegenwind ein.

So legte sich der englische Universalgelehrte Robert Hooke mit ihm an. Hooke war ein schwieriger Charakter, so schwierig, dass heute keine Porträts mehr von ihm existieren, auch nicht das offizielle der Royal Society of London for Improving of Natural Knowledge, der Königlichen Gesellschaft von London zur Förderung der Naturwissenschaften. Es ist auf rätselhafte Weise verschwunden.

Robert Hooke war wirklich begabt, aber eitel, paranoid – ein Querulant, »der boshafteste und dünkelhafteste Mensch der Welt«, wie er von seinen Mitmenschen charakterisiert wurde. Er glaubte, dass jeder ihm Böses wollte. Isaac Newton beispielsweise beschuldigte er unter anderem, von ihm die Idee gestohlen zu haben, dass die Schwerkraft mit dem Quadrat der Entfernung abnimmt. Mit Christiaan Huygens stritt er darum, wer von ihnen beiden die erste Uhr mit einer Unruh gebaut hatte.

Als die englische Übersetzung von Stenos Text erschien, geriet Hooke wieder einmal in Wallung. Er hatte versteinertes Holz untersucht und dabei unter dem Mikroskop die gleichen Pflanzenzellen gefunden, die er zuvor an lebendem entdeckt hatte. Seine Schlussfolgerung daraus war, dass Holz sich in Stein verwandelte, weil es »mineralische« Säfte aufsog, die seine Poren füllten und zu Stein aushärteten. Als er Stenos Erklärungen zu den Fossilien las, stand für Hooke fest, dass man, um seiner Karriere zu schaden, seine Ideen heimlich Steno hinterbracht hätte.

Es waren aber nicht nur unerträgliche Platzhirsche, die heftig gegen Steno opponierten. Anderen Forschern bereitete *De solido* religiöse Probleme: Mit einer wörtlichen Bibelauslegung ließen sich die Erkenntnisse des Dänen nicht in Einklang bringen. Für Steno war jedoch klar, dass das Studium der Heiligen Schrift nicht ausreiche, um die Wahrheit zu erkennen: Die Bibel sei von Gott inspiriert, jedoch nicht in wortwörtlichem Sinne auszulegen. Die Forderung, in Glaubensfragen allein auf die Bibel zu vertrauen, habe zu Zwist und Heuchelei geführt, schrieb er. Vor allem den gläubigen Naturforschern der protestantischen oder anglikanischen Kirchen war dieser Gedanke schier unerträglich. Ebenso der andere, der aus Stenos Schriften folgte, nämlich dass Arten aussterben. Wie ließ sich das mit der perfekten Schöpfung vereinbaren? Mit diesem Aspekt hatten auch Zeitgenossen Schwierigkeiten, die ihm wohlgesinnt waren, etwa der britische Theologe und Naturforscher John Ray.

Vor dem endgültigen Urteil wartete Ray, wie einige andere auch, auf die von Steno in *De solido* versprochene vollständige Abhandlung, die alle Zweifel beseitigen werde. Allerdings sollte die nie erscheinen, da Nicolaus Stenos Leben eine ganz andere Richtung nahm. Wegen seines Übertritts zum Katholizismus hatte er sich gegen heftige Anwürfe wehren müssen und dann verbrachte er auch noch zwei für ihn schreckliche Jahre am Hof von Kopenhagen, wohin der neue König ihn unter Zusicherung der Religionsfreiheit gerufen hatte.

Allerdings wurde die mehr schlecht als recht eingehalten und beide Seiten kamen nicht gut miteinander aus. Also kehrte Steno erneut nach Florenz zurück, wo er sich jedoch von den Naturwissenschaften abwandte und Priester wurde.

Er schrieb nur noch eine geologische Arbeit, und zwar im August des Jahres 1671, als er im Auftrag der Accademia del Cimento eine Exkursion in die Alpen unternahm. Er besuchte Grotten im Gresta-Tal am Garda- und bei Moncodogno am Comer See, um die von Aristoteles überlieferte Antiperistasis-Theorie zu prüfen. Danach sammelt und verstärkt die Natur Kräfte, um entgegengesetzte Kräfte zu überwinden: so wie das Fieber eine Erkältung bekämpft oder wie die glühende Lava im Inneren eines Vulkans das Gegengewicht zum Schnee des Gipfels sein sollte. Eine Höhle sollte danach im Winter warm und im Sommer kalt sein. Genau das galt es zu überprüfen. Die Höhlen vor Ort boten dafür die idealen Voraussetzungen, schrieb Steno in seinen Briefen an Großherzog Cosimo III.: »Die Grotte von Moncodogno hat meine Erwartungen bei Weitem übertroffen, weil sie Eigentümlichkeiten aufwies, von denen ich weder in Büchern gelesen noch sie sonst wo angetroffen habe.«

Er beschreibt, dass sich das Eis in der Mitte der Grotte befindet, in Form von Säulen, und zwar genau dort, wo beständig Wassertropfen herabfallen. Diese Wassertropfen gefrieren und bauen die Säulen auf. Feine Eiskrusten überziehen die Felsen. Kein Windzug sei zu spüren gewesen, das Licht der Kerze habe ruhig gebrannt. Es gab nur Kälte, eine so große Kälte, »dass die Füße mir in kurzer Zeit erstarrten«.

Das liege nicht daran, dass es draußen warm sei, schließt Steno am Ende seiner Untersuchungen, sondern daran, dass draußen selbst im Hochsommer noch große Mengen Schnees lägen, die den innersten Teil der Grotte so kalt hielten, dass das Wasser gefriere. Für die aristotelische Idee finde er »keine Basis«.

Noch einmal hatte Steno die Genauigkeit seiner Beobachtung und die Schärfe seines Verstandes unter Beweis gestellt. Doch das wird keine große Bedeutung mehr für ihn gehabt haben. Für ihn ging das Kapitel »Wissenschaft« zu Ende, er sollte sich ganz dem Priesterberuf widmen. Aber die Grundlage dafür, dass er zu den Riesen zählt, auf

deren Schultern wir stehen, war gelegt. Allerdings geriet er, im Gegensatz zu Newton, Kopernikus, Galilei oder Kepler, weitgehend in Vergessenheit. Im 17. Jahrhundert wurde *De solido* zunächst mehrfach neu aufgelegt: nicht nur auf Latein, sondern auch auf Französisch, der neuen Wissenschaftssprache. Die Geologen wandten seine Prinzipien an und diskutierten über sie, wenn sie im Bergbau mit praktischen Problemen konfrontiert waren. Immer wieder taucht sein Name in naturgeschichtlichen Büchern auf. Ihren großen Durchbruch sollten Stenos Ideen jedoch erst im 18. Jahrhundert erleben: Seine geologischen Prinzipien wurden allgemein anerkannt – aber da war er selbst aus der Erinnerung verschwunden. Das mag zum einen an den religiösen Verstrickungen seiner Zeit liegen, zum anderen aber auch daran, dass er seinen Kollegen weit voraus war. Mit *De solido* hatte er jedoch gezeigt, dass ein Wissenschaftler aus der heutigen Welt längst vergangene Welten ableiten kann.

Wie groß ein Heilbutt werden kann, ist zu Beginn des 21. Jahrhunderts nur noch schwer vorstellbar: 123 Kilogramm wog dieses Tier, das 1910 vor dem US-Bundesstaat Massachusetts gefangen wurde. Im Nordatlantik ist der Heilbutt heute durch Überfischung fast verschwunden, und was noch gefangen wird, ist winzig.

Und so verraten Fossilien und Steine den Geologen, wie die Erde zu dem Ort geworden ist, auf dem wir leben. Die Erdgeschichte ist eine Geschichte des Wandels. Arten entstanden und verschwanden, auch die an der Spitze – wie *Megalodon*. Und eines Tages auch der Mensch: Von der nüchternen Warte der Geologie her betrachtet wird auch die Art *Homo sapiens* eines Tages verschwinden, sei es, dass sie sich weiterentwickelt, sei es, dass sie ausstirbt.

Wie dem auch sei: Wie *Megalodon* gehört der Mensch zu den Lebewesen, die tief in die Ökosysteme eingreifen und sie prägen. Dass dies dem Menschen auch bei den schier endlosen Ozeanen gelingen könnte, hatte vor 40, 50 Jahren kaum jemand vermutet. »Lange hatten wir das Gefühl, dass das Meer so groß ist und unser Einfluss relativ dazu so klein, dass Probleme nur lokal auftreten, zum Beispiel, wenn ein Tanker auf Grund läuft«, erklärt der Meeresbiologe Boris Worm von der Dalhousie University im kanadischen Halifax. »Inzwischen wissen wir es jedoch besser. Die Einflüsse des Menschen haben globale Auswirkungen und verändern das Meer als Ganzes.«

Der Mensch hat einiges angerichtet: Überfischung, Klimawandel, Meeresversauerung, Überdüngung, Plastikmüll, Verschmutzung – die Liste der schädlichen Einflüsse ist lang. Und so wird das sechste Massensterben, so es denn von uns in Gang gesetzt wird, nicht nur unser eigenes »Reich« treffen, das Festland, sondern auch die Ozeane, wo wir scheinbar nur zu Gast sind. Was bereits verloren gegangen ist, lässt sich nur erahnen, erklärt Steve Palumbi, Leiter der Hopkins Marine Station an der Stanford University in Monterey, Kalifornien: »Stellen wir uns die Meere vor, wie sie waren, bevor wir die großen Fische und die Wale gejagt haben. Außer uns haben sie kaum natürliche Feinde, sodass es so viele von ihnen gab, wie die Ökosysteme hergaben.« Die Veränderungen, die der Mensch ausgelöst hat, sind so groß, dass wir uns noch nicht einmal mehr ansatzweise vorstellen können, wie die Meere einmal von Leben gewimmelt haben müssen.

Für uns verlaufen normalerweise die Veränderungen unter der Wasseroberfläche im Verborgenen. Deshalb ist die Frage, wann sich der Zustand der Meere als »natürlich« bezeichnen ließ. Damit beschäftigt sich der Umwelthistoriker Poul Holm seit vielen Jahren: »Die Ergebnisse der Forschungen sind erstaunlich. Ganz offensichtlich wird die Nordsee beispielsweise schon seit mehreren Jahrhunderten stark befischt. Dort reichen die Ursprünge der kommerziellen Seefischerei 1000 Jahre weit zurück, in die Zeit, als die Normannen England eroberten.«

1050 veränderten sich die Ernährungsgewohnheiten der Menschen. Während sie bis dahin eher Süßwasserfische aßen, finden die Archäologen plötzlich in den Küchenabfällen der Städte Schichten mit Seefischknochen: Hering und Kabeljau tauchen in großen Mengen auf. Anscheinend reichten Flüsse und Seen nicht mehr, um die wachsende Bevölkerung zu ernähren, und die Fischer wagten sich mit ihren einfachen Schiffen erst einmal an die Meeresküste. Um 1250 tauchen in den Küchenabfällen Fische wie Seelachs auf, die im tieferen Wasser leben, erklärt Poul Holm. »Die fängt man nicht mehr mit offenen Schiffen, sondern mit solchen, die ein Deck haben und sich für das Fischen in tieferen Gewässern der Nordsee eignen. Und wir erkennen im archäologischen Kontext, dass die Ökosysteme sofort reagierten: Die größten Kabeljaue verschwinden schnell und es werden nur noch kleinere Exemplare gefangen. Es hat uns wie ein Blitz getroffen, dass der Fischfang fast von Anfang an die Umwelt veränderte.«

Aber im Mittelalter gingen die Bestände noch nicht deutlich zurück. Wann das geschah, verraten die Daten der niederländischen Heringsfischerei. »Das Heringsaufkommen sinkt um das Jahr 1800. Wir können das genau nachvollziehen, weil die Fänge für die Berechnung der Steuern extrem genau dokumentiert worden sind«, erläutert Poul Holm. Die Ökosysteme verarmten zu einer Zeit, als die Weltbevölkerung die erste Milliarde überschritt und in Europa die industrielle Revolution lief – aber noch vor den modernen Fangtechnologien.

Durch die hat die Menschheit allein in den vergangenen 20 Jahren 90 Millionen Tonnen Fisch und Meeresfrüchte herausgeholt. Inzwischen jedoch werden die Fänge trotz der Computer an Bord, der Hightech-Sonare und der intelligenten Fischnetze nicht größer. Wie beim Öl könnte auch beim Fisch das Maximum überschritten sein. Die Meere geben einfach nicht mehr her, urteilt Poul Holm. »Vor 50 Jahren erschien ein sehr einflussreiches Buch, das erklärte, dass die Menschheit sich im 21. Jahrhundert den Ozeanen zuwenden und sie als unerschöpfliche Proteinquellen ausschöpfen werde. Heute wissen wir leider, dass die Meere nur eine sehr begrenzte Kapazität haben, uns zu versorgen.«

Die Ozeane reagieren auf den Druck des Menschen: Sie werden sich verändern, anpassen, irgendwann ein neues Gleichgewicht finden – wie immer im Lauf der Erdgeschichte. Allerdings lebten in früheren Krisenzeiten keine sieben Milliarden Menschen auf der Erde, Tendenz: steigend. Um sie zu ernähren, werden auch heute noch die Meere als Reserve angesehen. Die Frage ist, ob diese Hoffnung nicht trügt. Falls es noch verhindert werden kann, sollte sich der Mensch hüten, das sechste Massensterben anzustoßen: Die Erdgeschichte lehrt nämlich, dass es dauert, ehe ein neues Gleichgewicht gefunden ist – zu lange für ein Menschenleben und auch zu lange für viele Generationen von Menschenleben. Die Geologie rechnet in anderen Dimensionen – und das ist eine der Lehren, die wir aus Stenos Erkenntnissen ziehen können.

Glossar

Albedo

Albedo (»Weißheit«) ist in der Klimatologie ein wichtiger Faktor, der beeinflusst, wie viel Sonnenenergie von der Erde absorbiert oder in den Weltraum zurückgestrahlt wird. Während weiße Oberflächen wie Eis Sonnenenergie zurückwerfen, »schlucken« dunkle sie. Die durchschnittliche Albedo der Erde ist 0,3. Das heißt: 30 Prozent des ankommenden Sonnenlichts wird durch Wolken, Luft und Boden (vor allem durch Schnee und Eis) in den Weltraum reflektiert, 70 Prozent wird absorbiert – zu 20 Prozent von der Atmosphäre und zu 50 Prozent vom Boden. Dieser Teil der Energie erwärmt die Erde.

anaerobe Bedingungen

In einem Ökosystem gibt es unter **anaeroben** (anoxischen) Bedingungen keinen freien Sauerstoff. Er liegt nur in gebundener Form vor, also etwa als Wasser, Kohlenstoffdioxid, Nitrat oder Sulfat. **Anaerobe** Organismen sind – im Gegensatz zu den **aeroben** – in ihrem Stoffwechsel nicht auf freien Sauerstoff angewiesen. Oft ist er sogar giftig für sie.

Biomarker

In Sedimenten können biologische Substanzen wie Fettsäuren oder Kohlenwasserstoffe als **Biomarker** dienen: Das heißt, sie erlauben Rückschlüsse auf die Lebewesen, die sie einst produzierten, aber auch auf Klimaveränderungen oder die Ablagerungsbedingungen der Gesteine. Die stabilen Isotope in diesen Verbindungen geben zudem Informationen über den Ursprung dieser Substanzen. Kohlenstoffisotope beispielsweise verraten etwas über biologische Prozesse wie die Fotosynthese, Wasserstoffisotope hingegen über klimatische Faktoren. Allerdings sind Biomarker nicht unbedingt stabil: Hoher Druck oder hohe Temperaturen können nicht nur das Sediment verändern, sondern auch die Biomarker. Dann geben diese Stoffe Auskunft über die geologische Geschichte der Gesteine.

Biomineralisation

Bei der **Biomineralisation** entsteht durch die Zelltätigkeit von Organismen ein besonderer Typ von anorganischen Mineralen, eben die **Biominerale**. Beispiel: Knochen oder Zähne. Sie sind im Grunde »Verbundwerkstoffe« aus einem überwiegend anorganischen Anteil, dem Hydroxylapatit, und einem organisch-biologischen Anteil, dem Kollagen. Der mineralische Anteil verleiht Knochen und Zähnen Festigkeit, der organische sorgt für Flexibilität.

Bioturbationen

Unter **Bioturbationen** versteht man das Durchwühlen und Durchmischen von Böden oder Sedimenten durch Lebewesen. Dabei entstehen – je nach Organismengruppe – charakteristische Spuren, die fossil überliefert werden können.

Black Smoker

Black Smoker oder **Schwarze Raucher** gehören zu den heißen, vulkanischen Quellen der Tiefsee. Sie entstehen, weil Meerwasser an diesen Hydrothermalsystemen durch die Risse, Spalten und Poren des Meeresbodens dringt und in der Nähe der Magmenkammer auf rund 300, 400 Grad Celsius aufgeheizt wird. Das Wasser reagiert mit dem Basalt seiner Umgebung, verliert Sauerstoff und gelöste Salze. Dafür verwandelt es sich in eine heiße Säure, die die Minerale des Gesteins angreift, um schließlich, mit Metallen und Schwefelwasserstoff beladen, an den vulkanischen Quellen am Ozeangrund hervorzusprudeln. Der Druck am Boden der Tiefsee sorgt dafür, dass dieses Wasser flüssig bleibt. Beim Kontakt mit dem kalten Meerwasser flocken sofort Schwefelminerale aus, Katzengold (Pyrit) etwa oder Kupfersulfid, die dann wie schwarzer Rauch herausquellen. Ein Teil dieser Minerale lässt Schlote wachsen, der Rest wirbelt wie Dampf aus einem Kamin.

Chordatiere

Chordatiere sind ein Stamm im Tierreich, zu denen die Wirbeltiere und damit auch die Menschen gehören, aber auch die nur im Meer lebenden Manteltiere und die Schädellosen: Deren bekannteste Vertreter sind heute die Lanzettfischchen. Alle Chordatiere haben gemeinsame Merkmale, die aber nur bei den Larven oder Embryonen deutlich zu erkennen sind. So besitzen alle einen stabförmigen Stützapparat im Rücken (Chorda dorsalis oder Notochord genannt), den Nervenstrang darüber (das Neuralrohr) oder auch das bauchseitig gelegene Herz.

Cyanobakterien

Cyanobakterien sind Bakterien, die die Sauerstoff produzierende Fotosynthese betreiben. Sie zählen zu den ältesten uns bekannten Lebensformen überhaupt und besiedelten wohl schon im Archaikum die Erde.

Enzyme

Enzyme sind Eiweiße, die biochemische Reaktionen katalysieren, also einleiten oder antreiben, ohne sich dabei zu verbrauchen. Sie erfüllen wichtige Funktionen im Stoffwechsel und steuern die meisten biochemischen Reaktionen im Körper.

Fotochemie

Unter **Fotochemie** versteht man chemische Reaktionen, die durch das Licht angeregt werden.

Fotosynthese

Mit der **Fotosynthese** schaffen es Pflanzen, Algen und auch einige Bakterien, Lichtenergie in chemische Energie umzuwandeln. Dazu benutzen sie Licht absorbierende Farbstoffe, allen voran das Chlorophyll. Das Kohlendioxid aus der Luft und dem Wasser wird in Traubenzucker und Sauerstoff umgewandelt. Diesen Sauerstoff setzt die Pflanze dann frei. Ältere Versionen der Fotosynthese, die von einigen Bakterien betrieben werden, setzen Schwefelwasserstoff statt Wasser ein. Dabei wird kein Sauerstoff frei.

Grünsteingürtel

Grünsteingürtel (Greenstone belts) sind Gesteinsabfolgen aus dem Archaikum, die aus vulkanischen Gesteinen und den durch die Verwitterung daraus entstandenen Sedimenten bestehen. Im Lauf der Zeit haben erhöhte Drücke und steigende Temperaturen diese Gesteine zwar verändert, aber sie blieben als solche erkennbar. Diese schwache Metamorphose reichte jedoch aus, damit grünlich gefärbte Minerale wie Chlorite oder Amphibole entstanden. Ihnen verdankt das Gestein seinen Namen. Die Grünsteingürtel sind Teile von archaischen Granit- und Gneiskomplexen in den ältesten Teilen der Kontinente, den sogenannten Kratonen.

Hemichordata

Hemichordata oder **Kiemenlochtiere** bilden einen Stamm, zu dem weniger als 100 bekannte Arten gehören. Sie zählen zu den Neumündern, den Deuterostomia, da sich während der Embryonalentwicklung der Mund neu bildet. Der Name Hemichordata – halbe Chordatiere – sollte andeuten, dass sie die Urform der Chordatiere sind. Ob sie wirklich diese Position im systematischen Aufbau des Lebens innehaben, wird diskutiert. Es könnte sein, dass sie eher mit den Stachelhäutern (Echinodermata) verwandt sind. Möglich ist auch, dass die Tiere, die heute unter Hemichordata zusammengefasst werden, in Wirklichkeit unterschiedliche Vorfahren haben und damit keinen gemeinsamen Ahnen besitzen.

Isotope

Als **Isotope** bezeichnet man die Varianten eines Elements, wenn die Atomkerne gleich viele Protonen, aber verschieden viele Neutronen enthalten. Chemisch reagieren sie sehr ähnlich, aber nicht absolut identisch, sodass sich anhand des Verhältnisses der verschiedenen Isotope eines Elements untereinander beispielsweise Umweltbedingungen ablesen lassen.

Kambrische Radiation

Die **Kambrische Radiation** oder **Kambrische Explosion** bezeichnet das scheinbar plötzliche Erscheinen von Vertretern fast aller Tierstämme vor rund 543 Millionen Jahren zu Beginn des Kambriums. Die Tiere tauchen dabei fast gleichzeitig innerhalb eines geologisch kurzen Zeitraums von fünf bis zehn Millionen Jahren auf. Erst im Lauf des 20. Jahrhunderts konnte dieses Rätsel gelöst werden, als man Ahnen dieser Tiere fand.

Kiemenbögen

Kiemenbögen, auch **Viszeralbögen,** entstehen während der Embryonalentwicklung von Wirbeltieren. Es sind paarige Skelettbögen, die die ursprüngliche Mundhöhle und den Kiemendarm der Wirbeltiere umgeben. Aus ihnen geht im weiteren Verlauf der Entwicklung ein Teil des Wirbeltierschädels (Viscerocranium) hervor. Zwischen den Kiemenbögen liegen die **Kiemendarmspalten** (Viszeralspalten).

Kiemendarm

Der **Kiemendarm** ist ein Organ, das bei den zu den Chordatieren gehörenden Manteltieren und Schädellosen auftritt. Sie brechen durch einen Teil des Vorderdarms durch. Mit ihrer Hilfe ernähren sich die Manteltiere und Schädellosen, indem sie Wasser durch die Mundöffnung einsaugen und durch die Kiemenspalten herausdrücken, wobei kleinste Nahrungspartikel daran hängen bleiben und über einen Schleim in den Verdauungstrakt befördert werden. Bei der Embryonalentwicklung aller Wirbeltiere tritt der Kiemendarm auf, bildet sich später jedoch zurück.

Klimagase

Klimagase oder **Treibhausgase** sind gasförmige Stoffe in der Atmosphäre, die zum Treibhauseffekt beitragen – sowohl zum natürlichen als auch zum menschengemachten. Dazu gehören vor allem der Wasserdampf, aber auch Kohlendioxid, Methan und Lachgas oder die berüchtigten Ozonkiller wie die FCKW (Fluorchlorkohlenwasserstoffe). Bis auf den Wasserdampf, der in größeren Mengen vorkommt, stecken sie nur in winzigen Spuren in der Atmosphäre, aber sie haben trotzdem einen gewaltigen Einfluss: Sie absorbieren einen Teil der vom Boden abgegebenen Wärmestrahlung, die ohne sie ins Weltall abfließen würde. Außerdem senden sie selbst wieder Wärmestrahlung aus, die zum Teil auf die Erde gerichtet ist und so die Erdoberfläche zusätzlich zum Sonnenlicht erwärmt. So kommt der natürliche Treibhauseffekt zustande, der die durchschnittliche Temperatur an der Erdoberfläche um etwa 33 Grad Celsius auf plus 15 Grad Celsius anhebt. Die Klimagase sind unterschiedlich effektiv. Methan ist ein etwa 25-mal wirksameres Klimagas als Kohlendioxid. Lachgas bringt es fast auf das 300-Fache und einige der Ozonkiller wie FCKW auf das knapp 15 000-Fache. Mit Kohlendioxid, Methan, Lachgas und ein paar anderen Substanzen drehen wir Menschen an der irdischen Klimaanlage.

Kohlenstoffkreislauf

Unter **Kohlenstoffkreislauf** versteht man ein verwobenes System, bei dem durch verschiedene chemische, geologische, physikalische oder biologische Prozesse kohlenstoffhaltige Verbindungen zwischen Gesteinen, Wasser, Luft und Lebewesen ausgetauscht werden. In der Atmosphäre tritt der Kohlenstoff vor allem in Form von Kohlendioxid auf, aber auch als Methan oder in den menschengemachten FCKW (Fluorchlorkohlenwasserstoffen).

Aus der Luft herausgefischt wird der Kohlenstoff auf verschiedenen Wegen. Einer ist die Fotosynthese. Sie verwandelt das Kohlendioxid in Kohlenhydrate und setzt dabei Sauerstoff frei. Dieser Prozess läuft in neuen Wäldern besonders effektiv, wenn die Bäume noch schnell wachsen, aber auch im Frühling, wenn die Pflanzen wieder ausschlagen. Ein anderer Weg ist die Verwitterung. Im Regenwasser gelöst, wird das Kohlendioxid zur Kohlensäure und greift dann die Gesteine an. Letztlich landet das ehemals in der Atmosphäre schwebende Kohlendioxid dann über mehrere Stufen im Meer, wo die Meerestiere es in Form von Kalk zum Aufbau ihrer Körper nutzen.

Überhaupt sind die Meere gewaltige Kohlenstoffspeicher, vor allem dank Organismen wie Algen und Cyanobakterien. Zu Lebzeiten bauen sie Kohlenstoff in ihre Körper ein und nach ihrem Tod sinken sie ab. Werden sie nicht gefressen, können sich ihre Körper auf dem Weg nach unten zersetzen und den »gefangenen« Kohlenstoff wieder freigeben. Aber das passiert meist in tieferen Meeresschichten, in denen keine Tiere und Pflanzen leben, sodass der Austausch mit der Atmosphäre zumindest stark verlangsamt wird. Ein Teil der Lebewesen übersteht den langen Weg in die Tiefsee und schafft so den Kohlenstoff in ihren Körpern bis zum Meeresgrund, wo sie ihn dann für viele Jahrmillionen deponieren. Aber nicht nur Lebewesen sind an dieser Kohlenstoffpumpe beteiligt. Ein Teil des Kohlendioxids aus der Luft löst sich direkt im Meerwasser, wenn es an der Oberfläche eingearbeitet wird. Je kälter das Wasser ist, desto größer ist die Löslichkeit des CO_2. Die Meeresströmungen, die aufgrund von Unterschieden in Temperatur und Salzgehalt die Ozeane »umrühren«, schaffen dieses kalte, dichte und damit schwere Oberflächenwasser mit seinem gelösten Kohlendioxid in die Tiefe.

Kohlenstoff wird aber auch wieder in die Atmosphäre freigesetzt, beispielsweise durch die Atmung von Pflanzen und Tieren oder durch den Zerfall organischer Materie, an der Pilze und Bakterien arbeiten. Sie zerlegen Biomasse wieder in Kohlendioxid oder in Methan, falls kein Sauerstoff da ist. Auch die Vulkane recyceln den Teil des Kohlendioxids, der durch die Plattentektonik in Form von Meeressedimenten in die Erde hineingezogen wurde. Der Mensch selbst arbeitet durch die Verbrennung von Gas, Kohle oder Öl am Kohlendioxidrecycling, ebenso durch die Landwirtschaft und mit vielen anderen Dingen, die wir Tag für Tag tun, etwa wenn wir Zement für unsere Städte herstellen. Dazu wird Kalkstein stark erhitzt, CO_2 wird frei.

Der Kohlenstoffkreislauf reagiert auf Veränderungen wie etwa den Klimawandel. Wenn sich die Oberflächenwasser der Meere erwärmen, landet das darin gelöste Kohlendioxid wieder in der Luft. Außerdem strömen aus den tiefgefrorenen Böden (Permafrost) in der Arktis und Antarktis und den Hochgebirgen große Mengen an Methan, das darin gespeichert ist. Wenn sich diese Böden erwärmen, nehmen die Bakterien ihre Tätigkeit auf und zersetzen die einst gefrorene Biomasse. Ein anderer Effekt betrifft die Meere: Wenn sie durch das von uns freigesetzte Kohlendioxid sauer werden, wird das dann »ätzende« Wasser selbst den fast schon endgelagerten Kohlenstoff aus den obersten Lagen der Tiefseesedimente wieder herauslösen. Wenn er dann mit den Tiefenströmungen in den Meeren um die Welt fließt, kann er nach ein paar Tausend Jahren wieder an die Oberfläche wallen und uns erneut Ärger in Form des Treibhauseffekts bereiten.

Ohne den Eingriff des Menschen ist der Kohlenstoff erst dann aus dem System Erde für viele, viele Millionen Jahre heraus, wenn er tief im Meeresboden begraben ist, als Kohle oder Öl tief im Untergrund lagert oder als Kalkstein in ein Gebirge eingebaut worden ist. Auch die Böden – vor allem die Waldböden – speichern viel Kohlenstoff in Form von organischem Material. Hier kann es Hunderte oder Tausende von Jahren stabil bleiben, es sei denn, wir zerstören den Wald. Dann kommt es zurück ins Spiel und verstärkt den Treibhauseffekt.

Konkretionen sind unregelmäßige oder rundliche Mineralansammlungen, die sich in einem feinkörnigen Sediment gebildet haben, als sie aus zirkulierenden wässrigen Lösungen ausfielen. Eine Konkretion beginnt um einen Kristallisationskeim herum, meist, weil sich dort der Chemismus ändert, und wächst dann immer weiter nach außen. **Konkretionen**

Konvektionszellen (Strömungszellen) sind eine Möglichkeit des Wärmetransports. Sie entstehen, wenn in beweglichen Massen genügend große Temperaturunterschiede auftreten, sei es in der Luft, in Flüssigkeiten oder auch in den durch Hitze und Druck beweglichen Gesteinen des Erdmantels. Werden beispielsweise Luftmassen erwärmt, dehnen sie sich aus, verlieren dabei an Dichte und erhalten so einen Auftrieb gegenüber der Umgebung. Sie beginnen aufzusteigen. Die kühleren Luftmassen sind hingegen dichter und schwerer. Sie sinken ab. Weil das nicht an ein und derselben Stelle geht, bewegt sich die Luft so lange zur Seite, bis sie die Auftriebskraft überwindet und nach unten sinken kann. Wenn sie über den Boden fließt, wird die kühle Luft wieder aufgeheizt und der Kreislauf beginnt erneut: Eine Strömungszelle entsteht. **Konvektionszellen**

Konvergenz ist in der Biologie die Entwicklung von ähnlichen Merkmalen bei nicht näher verwandten Arten, die im Lauf der Evolution durch Anpassung an eine ähnliche Funktion und **Konvergenz**

ähnliche Umweltbedingungen entstanden sind. Das heißt: Besitzen zwei verschiedene Arten sehr ähnliche Formen, bedeutet das nicht unbedingt eine nahe Verwandtschaft, sie können auch unter ähnlichen Bedingungen leben.

Lazarus-Art Eine **Lazarus-Art** ist eine Art, die bei einem Aussterben zu verschwinden scheint, die aber später, wenn sich die Verhältnisse normalisiert haben, wiederauftaucht. Sie hat die schweren Zeiten im Verborgenen überstanden, sodass einfach nur ihre Fossilien für einen bestimmten Zeitraum nicht bekannt sind.

Massenaussterben Bei einem **Massenaussterben** verschwinden innerhalb von geologisch gesehen kurzer Zeit mehr als die Hälfte aller bekannten Arten.

Metamorphose Bei der **Metamorphose** laufen im Erdinneren durch Veränderungen bei Druck und/oder Temperatur Reaktionen ab, durch die Minerale neu entstehen oder sich umbilden. Das Resultat sind Metamorphite. Das Gestein bleibt dabei fest. Wird die Temperatur so hoch, dass das Gestein vollständig schmilzt, spricht man von Magmatisierung, bei der sich Magmen bilden.

Mittelozeanische Rücken **Mittelozeanische Rücken** sind oft hoch aufragende Gebirgszüge am Meeresgrund. An ihnen quillt Magma aus dem Erdinneren, das als neuer Meeresboden erstarrt, der anschließend von neuem Magma verdrängt wird. Die Mittelozeanischen Rücken verzieren die Erde wie die Nähte einen Baseball und ziehen sich durch alle Weltmeere.

Moränen **Moränen** entstehen aus von Gletschern oder dem Inlandeis transportiertem Material: von großen Blöcken über Geröll und Sand bis hin zu Ton. Das Material wird dabei vom Untergrund und den Seiten abgehobelt oder gelangt durch Steinschlag oder Lawinen auf die Gletscheroberfläche. Der Begriff bezieht sich sowohl auf die Sedimente selbst als auch auf die Geländeformen, die dabei entstehen.

Nekton **Nekton** bezeichnet alle Tiere in den Ozeanen und Binnengewässern, die aktiv und unabhängig von der Strömung schwimmen können.

Notochord Der **Notochord,** oder die **Chorda dorsalis,** durchzieht Chordatiere als elastischer Strang zwischen Neuralrohr und Darm. Er besteht aus spezialisierten Zellen, die von einer Bindegewebshülle umgeben sind. Der Notochord ist stammesgeschichtlich das ursprüngliche Achsenskelett der Chordatiere und dient als Stützelement und Muskelansatzstelle. Alle Chordatiere legen es zumindest während ihres Embryonalstadiums an. Während die Schädellosen (Acrania) und manche Fische wie Neunaugen oder Störe den Notochord behalten, wird er bei anderen Wirbeltieren während der Embryonalphase durch die Wirbelsäule ersetzt.

Orogenese Bei der **Orogenese** (Gebirgsbildung) laufen tektonische Prozesse ab, die Gebirge entstehen lassen. Sie ist Folge der Plattentektonik und die Gebirge türmen sich in den Kollisionsbereichen zweier Erdkrustenplatten auf.

Ozon **Ozon** ist ein Sauerstoffmolekül, das aus drei und nicht aus zwei Atomen Sauerstoff besteht. In der Stratosphäre bildet es die lebenswichtige Ozonschutzschicht, in den bodennahen Luftschichten hingegen ist es ein gefährliches Reizgas und wird dann als Ozonsmog (Sommersmog) bezeichnet. Er tritt bei wärmerem Wetter auf und entsteht aus den Stickoxiden aus dem Verkehr und den Fabriken in Verbindung mit der UV-Strahlung der Sonne. Bodennahes Ozon in hohen Konzentrationen greift die Lungen an, schädigt Pflanzen und Tiere.

Ozonschicht

Die **Ozonschicht** der Erde entsteht, weil 20 bis 50 Kilometer über dem Boden die energiereiche UV-Strahlung der Sonne auf freie Sauerstoffmoleküle trifft. Die bestehen aus zwei Sauerstoffatomen. Die Strahlung spaltet diese Moleküle in einzelne Atome auf, die sich dann mit einem anderen Sauerstoffmolekül zusammentun. So entsteht Ozon, ein dreiatomiges Sauerstoffmolekül. Diese Reaktion ist jedoch keine Einbahnstraße. Die UV-Strahlung zerstört auch Ozonmoleküle, zerlegt sie in ihre Bestandteile. Mit der Zeit stellt sich ein Gleichgewicht zwischen Entstehen und Zerstörung ein und so ist die Erde zu ihrer Ozonschicht gekommen. Gleichgültig, in welche Richtung dieser Prozess läuft: Es wird dabei immer die besonders harte UV-Strahlung absorbiert – dem Sonnenschirm Ozonschicht sei Dank.

Parthenogenese

Bei der **Parthenogenese** (Jungfernzeugung) entstehen Nachkommen aus unbefruchteten Eizellen. Sie tritt beispielsweise bei Pflanzen und Blattläusen auf, bei Schnecken, manchen Fischarten und einigen Echsenarten. Die Nachkommen sind die Klone ihrer Mutter.

Pelagial

Das **Pelagial** (nach griechisch *pélagos* – Meer) ist der Lebensraum des freien Wassers.

Permafrost

Permafrost bezeichnet die dauerhaft tiefgefrorenen Böden der Arktis, Antarktis und der Hochgebirge.

Plankton

Das **Plankton** umfasst alle Organismen, die im Wasser leben und von den Strömungen getrieben werden, die also nicht gezielt eine Richtung einschlagen können. Das **Zooplankton** umfasst die Tiere, die sich treiben lassen, **Phytoplankton** ist hingegen pflanzlich.

Platingruppe

Die **Platingruppe** ist die zehnte Gruppe im Periodensystem der Elemente und umfasst die Elemente Nickel, Palladium, Platin und das 1994 hergestellte Darmstadtium.

Plattentektonik

Plattentektonik ist die grundlegende Theorie über die tektonischen Vorgänge in der Lithosphäre, also der Erdkruste und dem obersten Mantelbereich, und über die Kräfte im Erdinneren. Der Motor der Plattentektonik ist die innere Hitze der Erde, die sie loswerden muss. Diese Hitze stammt von dem 5000 bis 6000 Grad Celsius heißen Erdkern und dem radioaktiven Zerfall im Erdmantel. Diese Hitze wird über Strömungen abgeführt: Im Erdmantel bilden sich Konvektionszellen, in denen warmes Material aufsteigt und kaltes absinkt. Dabei sind die Mantelgesteine zwar fest, stehen aber niemals still. Sie »brodeln«, denn durch den Druck und die Hitze im Erdinneren sind sie verformbar geworden und strömen wie ein äußerst zäher Brei in einem Kochtopf. Warmes Material tief aus dem Planeten gerät so bis nahe an die Oberfläche, wo es dann an der Unterseite der kühlen Erdkruste entlangwandert, sie dabei ein Stück weit mitzieht und dadurch abkühlt. Irgendwann stößt das Material auf eine benachbarte Konvektionszelle, wo es dann, deutlich kühler, in den Mantel hinein abtaucht, um sich im Erdinneren wieder aufzuheizen und später am anderen Ende seiner Zelle erneut aufzusteigen. Wo Konvektionszellen »aufwallen«, erheben sich die Mittelozeanischen Rücken, an denen neuer Meeresboden entsteht. Wo sie sich wieder nach unten richten, ziehen sie den inzwischen mit mächtigen Sedimentpaketen beladenen Meeresboden an Tiefseegräben mit hinein in den Erdmantel. Dieses Recycling-Phänomen wurde Subduktionszone genannt. Die Plattentektonik ist der Grund dafür, dass es Meere gibt, Berge, Vulkane und Erdbeben.

Plume

An einem **Plume** steigt ultraheißes, aber festes Gestein wie ein gigantischer Schneidbrenner tief aus dem Erdinneren auf. In der Nähe der Oberfläche, wo der Druck zu gering wird, entsteht dann Magma – ein Hotspot bildet sich, der Vulkane an der Oberfläche speist. Das passiert nicht nur unter Hawaii, sondern zum Beispiel auch in der Eifel.

Rifte Rifte (von englisch *rift* – Spalte) bilden sich über Schwächezonen in der Erdkruste, dort, wo die im Erdmantel aufsteigenden Konvektionsströmungen oder Plumes auf sie treffen. Die Erdkruste wird darüber gedehnt und reißt schließlich auf. Magma fließt. An solchen **Riftsystemen** kann ein Kontinent auseinanderbrechen, etwas, das wahrscheinlich gerade am Ostafrikanischen Graben passiert. Verändern sich die Konvektionsströmungen im Erdmantel nicht, bricht Afrika dort eines Tages auseinander und ein neues Meer entsteht. Dann wird aus dem Ostafrikanischen Graben ein Mittelozeanischer Rücken.

RNA Die **RNA,** die Ribonukleinsäure, ist eine Nukleinsäure, die aus einem Zuckermolekül (Pentose), aus einem Phosphatrest sowie den vier Basen Adenin, Guanin, Cytosin und Uracil zusammengesetzt ist. Die drei ersten Basen kommen auch in der Erbsubstanz DNA vor. Das Uracil ersetzt in der RNA das Thymin der DNA. Die RNA erfüllt in der Zelle viele Aufgaben, unter anderem die Umsetzung der genetischen Information in Proteine, oder es dient als mRNA (Messenger-RNA) als Informationsträger. Vom Aufbau gleichen sich RNA und DNA. Allerdings sind RNA-Moleküle einsträngig, während die DNA doppelsträngig ist.

Schädellose Die **Schädellosen** (Cephalochordata oder Acrania) gehören zu den Chordatieren. Während heute die einzigen Vertreter der Schädellosen die Lanzettfischchen sind, waren diese Tiere im Erdaltertum zunächst sehr erfolgreich. Es sind schlanke Tiere ohne knöchernen Schädel und ein echtes Gehirn, auch eine Wirbelsäule und Extremitäten fehlen.

Schelf Der **Schelf,** oder auch **Kontinentalschelf** oder **Festlandsockel,** ist die Bezeichnung für den flachen, küstennahen Meeresboden um die Kontinente herum. Er fällt dann mit dem Kontinentalabhang in die Tiefsee ab.

Schichtstufenland **Schichtstufenland** ist eine Geländeform, die aus leicht geneigten, fast parallel verlaufenden Gesteinsschichten aufgebaut ist.

Seefedern **Seefedern** *(Pennatulacea)* gehören wie die Korallen zu den Blumentieren (Anthozoa).

Stamm **Stamm** ist eine hierarchische Rangstufe in der Systematik der Biologie.

Stein von Rosetta Der **Stein von Rosetta** ist eine Stele, in die ein Priesterdekret in den drei Sprachen Altgriechisch, Demotisch und in ägyptischen Hieroglyphen eingemeißelt ist. Mithilfe des Rosettasteins konnten die Hieroglyphen entziffert werden.

Subduktionszone An einer **Subduktionszone** tauchen ozeanische Platten unter kontinentale oder andere ozeanische Platten in den Erdmantel ab.

Symbiosen **Symbiosen** sind Wechselbeziehungen zwischen Organismen verschiedener Arten, die für beide Partner – die **Symbionten** – vorteilhaft sind.

Thermodynamik Die **Thermodynamik** ist ein Teilgebiet der Physik, das sich damit beschäftigt, wie durch Umverteilung von Energie Arbeit verrichtet wird.

Treibhauseffekt Der natürliche **Treibhauseffekt** bezeichnet den Vorgang, bei dem bestimmte Gase in der Atmosphäre einen Planeten warm halten – wärmer, als er es nur aufgrund der bei ihm ankommenden Sonnenstrahlung wäre. Ohne diesen Treibhauseffekt flöge die Erde als kosmischer Schneeball um die Sonne. Der Treibhauseffekt funktioniert einfach: Die Energie der Sonne erreicht uns in Form des Sonnenlichts, das auf die Erdoberfläche dringt und von ihr aufgenommen wird. Die Oberfläche erwärmt sich dadurch und strahlt dann selbst Wärme ab wie ein Ofen. Wärme ist nichts anderes als ein besonders langwelliges Licht, Infrarotlicht. Bestünde die Luft nur aus Stickstoff und Sauerstoff, würde dieses Infrarotlicht einfach ins All entweichen und auf der Erde herrschten minus 18 Grad Celsius. Aber Gase wie Wasserdampf, Kohlendioxid, Methan und einige andere Spurengase »fangen« einen Teil des von der Erde abgestrahlten Infrarotlichts ein und blockieren seine Abstrahlung in den Weltraum. Sie wirken wie ein Filter: Das Sonnenlicht darf passieren, einen Teil der Wärmestrahlung halten sie fest.

Wasserkreislauf

Der **Wasserkreislauf** umfasst den Transport und die Speicherung von Wasser auf globaler wie regionaler Ebene. Die Sonne lässt Wasser verdunsten: vor allem aus dem Meer, aber auch aus Seen, Flüssen und Bächen, aus dem Boden, dem Schmelzwasser der Gletscher oder von den Pflanzen. Der Wasserdampf verteilt sich unsichtbar in der Luft und steigt auf, gelangt in kühlere Atmosphäreschichten, wo er zu Wolken kondensiert. Der Wind transportiert diese feuchten Luftmassen beispielsweise zum Festland. Treffen sie auf ein Gebirge, steigen sie auf und kühlen dabei ab. Weil kalte Luft weniger Feuchtigkeit aufnehmen kann als warme, sind die Wolken bald mit kondensiertem Wasser gesättigt und es beginnt zu regnen, zu hageln oder zu schneien – je nach Temperatur. Fällt der Regen in ein Gewässer, schließt sich der Kreis und der Wasserkreislauf beginnt von vorn. Fällt er auf den Boden, kann er von Pflanzen aufgenommen werden und wieder als Dampf in die Luft gelangen. Oder er versickert ins Grundwasser und fließt von da aus über die unterirdischen Grundwasserleiter in Richtung Meer. Oder sein Wasser speist Quellen und legt dann den Weg in den Ozean über die Bäche oder Flüsse zurück. Auch dann schließt sich der Kreis.

Wechselwarm

Wechselwarm oder **poikilotherm** sind Tiere, deren Körpertemperatur nicht konstant ist. Fische, Amphibien, Reptilien oder Insekten und andere wirbellose Tiere sind wechselwarm. Ihre Körpertemperatur entspricht der Umgebung. Sie sind bei Kälte weniger aktiv als bei Wärme. Vögel oder Säugetiere sind **homoiotherm** oder **gleichwarm**. Sie können ihre Körpertemperatur regeln und gleichmäßig halten.

Literatur und Quellen

Aldridge, Richard, et al., *The Cambrian Fossils of Chengjiang, China*. Malden/Oxford/Carlton: Wiley-Blackwell 2004

Angeli, Roberto, *Niels Stensen, Anatomico, Fondatore della Geologia, servo di Dio*. Florenz: Libreria Editrice Fiorentina 1968

Beerling, David, *The Emerald Planet: How Plants Changed Earth's History*. Oxford: Oxford University Press 2008

Brasier, Martin, *Darwin's Lost World: The Hidden History of Animal Life*. Oxford: Oxford University Press 2009

Burghardt, Gordon M., *The Genesis of Animal Play: Testing the Limits*. Massachusetts: The MIT Press 2006

Cioni, Raffaello, *Niels Stensen, Scientist Bishop*. New York: P. J. Kennedy & Sons 1962

Cochrane, Eric, *Florence in the Forgotten Centuries 1527–1800*. Chicago: The University of Chicago Press 1973

Cutler, Alan, *Die Muschel auf dem Berg. Über Nicolaus Steno und die Anfänge der Geologie*. München: Albrecht Knaus 2004

Davis, Richard Arnold, Meyer, David L., *A Sea without Fish: Life in the Ordovician Sea of the Cincinnati Region*. Bloomington: Indiana University Press 2009

Desmond, Adrian, Moore, James, *Darwin: Biographie*. Berlin: List 1992

Eldridge, Niles, *Wendezeiten des Lebens – Katastrophen in Erdgeschichte und Evolution*. Heidelberg: Spektrum Akademischer Verlag 1994

Eldridge, Niles, *Darwin: Discovering the Tree of Life*. New York: Norton & Company 2005

Fortey, Richard, *Leben: Eine Biographie – Die ersten vier Milliarden Jahre*. München: dtv 2003

Gould, Stephen Jay, *Wonderful Life: The Burgess Shale and the Nature of History*. New York: W. W. Norton & Company 1990

Hazen, Robert M., *Genesis: The Scientific Quest for Life's Origin*. Washington, D. C.: Joseph Henry Press 2005

Horner, Jack, Gorman, James, *Evolution rückwärts: Auf den Spuren des Dinosauriers im Huhn*. Heidelberg: Spektrum Akademischer Verlag 2010

Kermit, Hans, *Niels Stensen, The Scientist who was Beatified*. Leominster: Gracewing 2003

Klein, Stefan, *Da Vincis Vermächtnis oder Wie Leonardo die Welt neu erfand*. Frankfurt a. M.: Fischer 2008

Lane, Nick, *Oxygen: The Molecule that Made the World*. New York: Oxford University Press 2004

Long, John A., *The Rise of Fishes: 500 Million Years of Evolution.* Baltimore: The Johns Hopkins University Press 2. Ed. 2010

Mayr, Ernst, *Das ist Evolution.* München: Goldmann 2005

McPhee, John, *Annals of the Former World.* New York: Farrar Straus & Giroux 2000

Moe, Harald, *Nicolaus Steno: An illustrated biography: his tireless pursuit of knowledge, his genius, his quest for the absolute.* Kopenhagen: Rhodos 1994

Morris, Simon Conway, *The Crucible of Creation. The Burgess Shale and the Rise of Animals.* New York: Oxford University Press 1999

Narbonne, Guy M., Fedonkin, Mikhail A., Gehling, James G., Grey, Kathleen, Vickers-Rich, Patricia, *The Rise of Animals: Evolution and Diversification of the Kingdom Animalia.* Baltimore: The Johns Hopkins University Press 2008

Prothero, Donald, R., *After the Dinosaurs: The Age of Mammals.* Bloomington: Indiana University Press 2006

Redi, Francesco, *Opere Di Francesco Redi: Esperienze Intorno Alla Generazione Degli' Insetti. Osservazioni Intorno Agli Animali Viventi Che Si Trovano Negli Animali Viventi. Osservazioni Intorno A' Pellicelli del Corpo Humano, Altre Volte Publicate Solto'l Nome.* Charleston: Nabu Press 2011

Repcheck, Jack, *Der Mann, der die Zeit fand: James Hutton und die Entdeckung der Erdgeschichte.* Stuttgart: Klett-Cotta 2007

Rosenberg, Gary D. (Ed.), *The Revolution in Geology from the Renaissance to the Enlightenment.* Memoir 203. Boulder: The Geological Society of America 2009

Scherz, Gustav, *Niels Stensen.* Kopenhagen: Kgl. Dänisches Ministerium des Äußeren 1963

Scherz, Gustav: *Pionier der Wissenschaft: Niels Stensen in seinen Schriften.* Kopenhagen: Munkgaard 1963

Selden, Paul, Nudds, John, *Fenster zur Evolution: Berühmte Fossilfundstellen der Welt.* Heidelberg: Spektrum Akademischer Verlag 2007

Shubin, Neil, *Der Fisch in uns: Eine Reise durch die 3,5 Milliarden Jahre alte Geschichte unseres Körpers.* Frankfurt a. M.: Fischer 2009

Steno, Nicolaus, Scherz, Gustav, *Steno: Geological Papers.* Odense: Odense University Press 1969

Storch, Volker, Welsch, Ulrich, Wink, Michael, *Evolutionsbiologie.* Heidelberg: Springer 2005

Ward, Peter D., *Der lange Atem des Nautilus: Warum lebende Fossilien noch leben.* Heidelberg: Spektrum 1992

Ward, Peter D., *Gorgon: Paleontology, Obsession, and the Greatest Catastrophe in Earth's History.* New York: Viking Press 2004

Wood, Rachel, et al., *Reef Evolution.* New York: Oxford University Press 1999

Register

F

G

H

U

V

W

X

Y

Z

Danksagung

Jahrmilliarden der Evolution haben die Erde zu dem faszinierenden Planeten gemacht, der sie heute ist – und der sie hoffentlich auch bleiben wird. An dieser Stelle möchte ich all denen meinen Dank ausdrücken, die mir so bereitwillig Auskunft über ihr Forschungsgebiet gegeben haben, allen voran Professor Jes Rust vom Steinmann Institut für Geologie, Mineralogie und Paläontologie der Universität Bonn. Er hat das Buch gegengelesen und wichtige und spannende Anregungen gegeben. Vielen herzlichen Dank!

Auf Konferenzen und bei Labor- und Institutsbesuchen nahmen sich viele Wissenschaftler Zeit, um mir ihre Forschungen zu erklären. In der Reihenfolge ihres Auftretens im Buch bedanke ich mich bei Frances Westall vom Centre de Biophysique Moléculaire in Orléans, bei Stephen Moorbath von der University of Oxford, Simon Wilde von der Curtin University of Technology im australischen Bentley, Bob Hazen von der Carnegie Institution in Washington, D. C., Martin van Kranendonk vom Westaustralischen Geologischen Dienst in Perth und Dolf Seilacher, Emeritus von den Universitäten Tübingen und Yale, bei William Martin von der Heinrich-Heine-Universität in Düsseldorf, Michael Russell vom NASA Jet Propulsion Laboratory in Pasadena sowie Eric Wolf und Brian Toon von der University of Colorado in Boulder.

Mein besonderer Dank gilt auch Martin Brasier von der University of Oxford, Joe Kirschvink vom California Institute of Technology in Pasadena, Andrew Knoll von der Harvard University in Cambridge, Massachusetts, und Blair Hedges von der Penn State University. Ebenso Roberto Danovaro von der Polytechnischen Universität Marche in Ancona, Daniel Rothmann vom Massachusetts Institute of Technology und Adam Maloof von der Princeton University, Gordon Love von der University of California in Riverside, Elizabeth Turner vom Department of Earth Sciences der Laurentian University, Sudbury, Ontario, Nicholas Butterfield von der University of Cambridge, David Bottjer von der University of Southern California und Bruce Runnegar von der University of California in Los Angeles.

Ich danke Simon Conway Morris von der University of Cambridge sehr, ebenso Guy Narbonne von der Queen's University in Kingston, Ontario, Kevin Peterson vom Dartmouth College in Hanover, New Hampshire, Richard Fortey vom Londoner Natural History Museum und Michael Steiner von der FU Berlin, Benjamin Gill von der Harvard University und Peter van Roy aus Yale, Richard Bambach von der Smithsonian Institution of Natural History, Neil Shubin von der University of Chicago und dem leider inzwischen verstorbenen Tjeerd van Andel, Emeritus der Stanford University. John A. Long vom Natural History Museum of Los Angeles County gab bereitwillig über seine Forschungen Auskunft, ebenso Randall Kochevar von der Hopkins Marine Station der Stanford University, Per Ahlberg von der schwedischen Uppsala-Universität im schwedischen Uppsala, Randall Dahn von der University of Chicago, Robert Berner von der Universität Yale in New Haven, John Vanden Brooks von der Arizona State University, Douglas Erwin vom Smithsonian Nationalmuseum für Naturgeschichte in Washington, D. C., Linda Elkins-Tanton von der Carnegie Institution in Washington, D. C. und Jonathan Payne von der Stanford University, Neil Davies von der Dalhousie University in Halifax, Brendan Murphy von der St. Francis Xavier University in Antigonish, Zhe-Xi Luo, Carnegie Museum of Natural History, Pittsburgh, Jennifer McElwain vom University College Dublin, Ryosuke Motani von der University of California in Davis, Gordon Burghardt von der University of Tennessee, Flavia Nunes von der kalifornischen Scripps Institution of Oceanography, Paul Wilson von der University of Southampton und Michael Kuba von der Hebrew University in Jerusalem.

Mein Dank gilt Deborah Kelley von der University of Washington und Gretchen Früh-Green von der ETH Zürich, John Baross von der University of Washington und Jack Corliss von der Central European University in Budapest, Hans-Peter Bunge von der Ludwig-Maximilians-Universität in München, Onno Oncken vom Geoforschungszentrum Potsdam und Kent Condie vom New Mexico Institute of Mining and Technology in Soccorro.

Diese Liste ist mit Sicherheit nicht vollständig, denn das Buch entstand auch aus der jahrelangen Arbeit für die Wissenschaftssendung *Forschung aktuell* beim Deutschlandfunk, sodass viele Interviews zwar noch vom Inhalt her in Erinnerung geblieben sind, aber nicht mehr mit einem speziellen Namen verknüpft wurden. Diese Gesprächspartner möchte ich hiermit um Verzeihung bitten.

Des Weiteren geht mein Dank an die Redakteure des Senders, die mir so bereitwillig die Möglichkeit bieten, der Geologie zu frönen: Stellvertretend seien hier Uli Bumenthal, Christiane Knoll, Gerd Pasch und Monika Seynsche genannt.

Schließlich möchte ich mich herzlich bei Nikolaus Gelpke und Katja Scholtz vom mareverlag und meiner Lektorin Claudia Jürgens bedanken. Ich bin sehr froh, mit ihnen zusammenarbeiten zu dürfen.

Dagmar Röhrlich, geboren 1956 in Aachen, studierte Geologie und arbeitet heute als freie Wissenschaftsjournalistin. Für ihre Arbeiten im Rundfunk und in den Printmedien hat sie etliche renommierte Auszeichnungen erhalten, darunter den »Georg-von-Holtzbrinck-Preis« für Wissenschaftsjournalismus. Zuletzt erschien von ihr der marewissen-Band *Tiefsee: Von Schwarzen Rauchern und blinkenden Fischen* (2010). Dagmar Röhrlich lebt in Köln.

Jürgen Willbarth, 1940 in Stargard / Pommern geboren, studierte Grafikdesign in Berlin und ist seitdem auf allen Gebieten der visuellen Kommunikation tätig; seine Schwerpunkte sind u.a. Logo- und Markendesign, Plakat- und Verpackungsgestaltung, Schriftgestaltung und Kalligrafie, außerdem arbeitet er als Illustrator und Zeichner für Printmedien und Buchverlage. Zuletzt illustrierte er den marewissen-Band *Arktis und Antarktis: Von Pinguinen, Polarlichtern und stürzenden Stürmen* (2011). Jürgen Willbarth lebt in Schwerin.

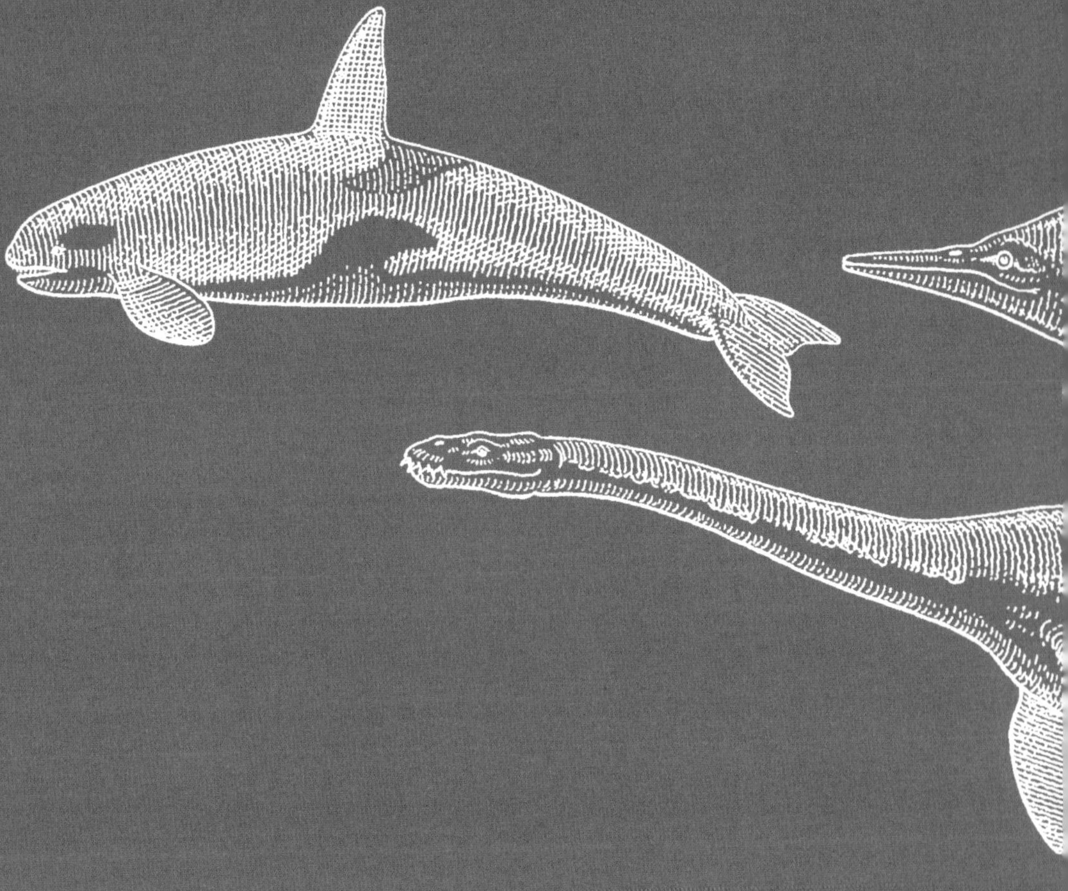